Pavlo Baron

Pragmatische IT-Architektur

Pavlo Baron

Pragmatische IT-Architektur

Schlanke Technologien und Konzepte für dynamische Unternehmen

entwickler.press

Pavlo Baron: Pragmatische IT-Architekturen
Schlanke Technologien und Konzepte für dynamische Unternehmen
ISBN: 978-3-86802-027-4

© 2009 entwickler.press
Ein Imprint der Software & Support Verlag GmbH

Bibliografische Information der Deutschen Nationalbibliothek
Die Deutsche Nationalbibliothek verzeichnet diese Publikation in der
Deutschen Nationalbibliografie; detaillierte bibliografische Daten sind
im Internet über http://dnb.d-nb.de abrufbar.

Ihr Kontakt zum Verlag und Lektorat:
Software & Support Verlag GmbH
entwickler.press
Geleitsstraße 14
60599 Frankfurt am Main
Tel: +49(0) 69 63 00 89 - 0
Fax: +49(0) 69 63 00 89 - 89
lektorat@entwickler-press.de
http://www.entwickler-press.de

Projektleitung: Maike Möws
Lektorat und Korrektorat: Frauke Pesch
Layout: SatzWERK, Andreas Franke, Siegen (www.satz-werk.com)
Umschlaggestaltung: Maria Rudi
Belichtung, Druck & Bindung: M.P. Media-Print Informationstechnologie GmbH,
Paderborn

Inhaltsverzeichnis

entwickler.press

E Einleitung

E.1 Wie dieses Buch entstanden ist

Die Flut der Literatur zum Thema Agilität und Lean-Was-Auch-Immer in der IT ist schier erschlagend. Zum einen warten diverse Bücher und ihre Autoren leider mit punktuellen Referenzerfolgen auf, die dem Leser eine einzelne konkrete Methodik als das Nonplusultra suggerieren. Zum anderen zielt heutzutage in der IT (aber nicht nur dort) jeder moderne Ansatz, jede Neuauflage eines alten Kamels, jede Verkaufsmasche, ob passend oder nicht, darauf ab, die Komplexität der Dinge zu minimieren, die Dinge einfacher zu sehen bzw. wahrnehmen zu lassen als sie es sind, und sich auf das Wesentliche zu konzentrieren, um schneller, ballastfreier ans Ziel zu kommen.

Während diese Bewegung in der Softwareentwicklung und in den IT-Prozessen langsam, aber sicher die „alte" Schule verdrängt (was auch immer das sein mag, denn die Interpretation unterscheidet sich je nach Marketingstärke des Verdrängers), lastet dem Thema IT-Architektur mit all ihren Disziplinen und den ebenso zahlreich darüber in recht abstrakter Weise geschriebenen Büchern nach wie vor – und das teilweise zu Recht – eine gewisse Schwere, Unbeweglichkeit, Selbstzweckmäßigkeit und Überproportionalität an. Und das ist ja auch kein Wunder – die Architektur hat sich vielerorts vor allem durch das Phänomen des Ivory Towers ins Abseits geschossen. Und sie steht mit ihren Regelungen, Vorgaben und Rahmen dem nackten Wursteln im Weg, dem fast umgekehrten Phänomen, das in der Moderne sehr häufig mit Agilität verwechselt wird. Nach Meinung der Pseudo-Agilisten ist und bleibt Architektur weiterhin die Domäne der aufgeblasenen und realitätsfremden, der prozessfixierten und unbeweglichen Dinosaurier bzw. Dilettanten. Was ja auch nur die halbe Wahrheit ist.

Die Wahrheit liegt, wie immer, im Niemandsland. Weder Ivory Tower noch Wursteln führen zum mittel- bzw. langfristigen Ziel, so viel ist klar. Aber was tut es dann? Wo ist der passende Platz für die architektonischen Überlegungen in einer IT-Welt, in der sich Zustände fast schon im Minutentakt ändern, in der die IT auf die Marktveränderungen fast schon weit vor deren Ankündigung reagieren können soll, und in der deswegen viele von langatmigen Prozessen zu schierem Wursteln übergehen, um bloß mit den Anforderungen mithalten zu können?

Die Antwort darauf liegt im Pragmatismus – in dem der Architektur und des Architekten selbst. Aber nur eine magere, verstreute Auswahl von Publikationen und Büchern beschäftigt sich mit dem Thema, während sich die Masse auf die deutlich einfacher handhabbaren theoretischen Aspekte und Case Studies konzentriert. Es entsteht eine Lücke, die jeder nur mit langer Eigenerfahrung, vielen Stirnbeulen und verbrannten Fingern füllen kann.

Genau in diese Lücke stößt das Buch mit seiner Entstehung, um dem Leser anhand der Erfahrung und der unterschiedlichen Beispiele, aber auch mithilfe der dazugehörigen theoretischen Basis eine pragmatische Einstellung zum Management, zum Business, deren Anforderungen, der Flut der Methodiken, Technologien, Hypes etc. zu vermitteln und ihm aktiv dabei zu helfen, eine Art Filter für den eingehenden informativen Wust aufzubauen, sich das Cherry Picking anzugewöhnen und damit Erfolg zu haben.

Dafür ist dieses Buch entstanden, und hoffentlich kann es auch die besagte Lücke schließen, was natürlich nur Sie, der Leser, beurteilen können. Verstehen Sie das Buch als eine Art Anleitung für angewandte Architektur, als „Best Of" von Theorie, Praxis und der möglichen näheren Umgebung. Verstehen Sie es dagegen nicht als theoretisches Handbuch oder praktische Ereignisschilderung. Verstehen Sie es schließlich ganz pragmatisch – so, wie Sie es eben selbst verstehen möchten.

Und als Letztes bleibt an dieser Stelle nur noch anzumerken: Der Autor kann nicht wirklich gut zeichnen, alle Zeichnungen in dem Buch sind aber von ihm.

E.2 Wer dieses Buch lesen sollte

Man könnte sagen, dass jeder IT-Mensch dieses Buch lesen sollte (der Autor freut sich natürlich ungemein über die daraus resultierenden Tantiemen) – ob reiner Techie oder der Leiter und Lenker in persona. Das wäre zwar sinnvoll, röche jedoch stark nach unbegründeter Werbetrommel.

Daher ist die Zielgruppe so zu definieren: Das Buch ist an all diejenigen gerichtet, die das Verlangen bzw. das Interesse haben, zu verstehen, wie man mit einer IT-Architektur in Theorie, einer pragmatischen inneren Einstellung sowie einer gehörigen Portion bestehender Eigenerfahrung und/oder der Erfahrung anderer in einem beliebigen denkbaren Kontext nicht nur überleben, sondern vor allem Erfolg haben kann.

Huch! Sind Sie nach erneutem Durchlesen dieses Satzes der Meinung, dass Sie zu der Zielgruppe gehören? Dann herzlich willkommen. Wenn nicht, kommt man ja beim Lesen bekanntlich auf den Geschmack – denken Sie da nur an die bereits erwähnten Tantiemen. Und warum so früh aufgeben, wenn man das Buch ohnehin höchstwahrscheinlich gekauft hat? Das ist Pragmatismus.

Jetzt aber im Ernst: Die Zielgruppe sind vor allem IT-Architekten in Unternehmen, in denen Dynamik immer noch vor Prozessstarre geht. Es ist gedacht für Architekten der ITs unterhalb der Monster-ITs (schlanke Mittelständler, Startups etc.), aber auch für die Monster-IT-Architekten, die wissen wollen, was in der Welt unterhalb der Selbstzweckarchitektur und des Vollzeitarchitekturmanagements abläuft und die wieder Bodenkontakt suchen. Auch für IT-Manager ist das Buch interessant, um zu sehen, wie man trotz operativen Drucks noch den Blick für das Strategische behält. Auch für das mittlere, rein operative IT-Management wie Betriebs- oder Entwicklungsleiter, um auf die pragmatischen Wege des Architekturaufbaus hinzuweisen. Im Prinzip also für jeden, der am Thema IT-Architektur Interesse hat, jedoch eher deren realistische und nicht theoriebehaftete Aspekte in Betracht zieht.

Und: Das Buch hat zwar einen theoretischen Teil, ist aber keinesfalls als theoretisch zu erwarten – die Theorie wird nur oberflächlich und kurz überflogen, da es dazu mehr als ausreichend hervorragende Literatur gibt. Volle Konzentration gilt in diesem Buch der pragmatischen Anwendung der Theorie.

E.3   Aufbau und Gliederung

In diesem Buch wird neben theoretischen und praktischen Erläuterungen die Anekdote als wichtiges Veranschaulichungselement verwendet und ist immer im Kasten „Aus dem wahren Leben" zu finden. Die Geschichten, die hierzu verwendet werden, entstammen der eigenen Erfahrung des Autors oder bauen auf die Überlieferungen seiner Kollegen auf. Die darin geschilderten Situationen werden der Einfachheit halber immer aus der Ich-Perspektive erzählt und sind aus rein pragmatischen Gründen (jawohl, hier geht es schon los!) bis zur Unkenntlichkeit verzerrt, verlieren dadurch jedoch in keinster Weise ihre Schärfe. Als weiteres interessantes Mittel der Informationsvermittlung dienen die Kästen mit der Überschrift „(Anti-) Pattern". Diese vertiefen die jeweilige Thematik durch eine lustige Schilderung eines Fehlverhaltens oder einer Grundeinstellung. Aber auch positive Muster werden in solchen Kästen dargestellt.

Im Buch wird implizit auf diverse Patterns und Anti-Patterns um die IT-Architektur herum eingegangen. Falls sich unterwegs ein Handlungstipp ergibt, wird dieser auch explizit gekennzeichnet. Und am Ende jedes Kapitels befindet sich ein Unterkapitel, das auf die Messbarkeit des jeweiligen Aspekts eingeht und dazu ebenfalls Tipps liefert.

Das Buch ist in acht Kapitel gegliedert. In Kapitel 1 wird darauf eingegangen, welche Motivation und welcher Leitgedanke hinter dem Pragmatismus in der IT-Architektur stecken. Es wird auf die Spannungsfelder zwischen Theorie und Praxis, Forschung und Anwendung sowie auf die Kombination aus Business und Technologie eingegangen.

Kapitel 2 behandelt die theoretischen Aspekte der IT-Architektur, stellt sie jedoch fortwährend unter pragmatischer Sicht dar. Es wird erörtert, welche Teildisziplinen der IT-Architektur es gibt, welche Ziele die Architektur verfolgt, welche Prinzipien ihr zugrunde liegen und welche Sichten darauf existieren. Zum Schluss werden die treibenden Faktoren der IT-Architektur analysiert und speziell das, was sich das Management davon erhofft.

In Kapitel 3, dem größten und zentralsten im ganzen Buch, wird die Rolle des Architekten unter die Lupe genommen: seine Aufgaben, seine Orientierung, die Außenaktivitäten, an denen er beteiligt sein sollte sowie seine Aufgaben gegenüber dem Management. Insgesamt wird ein gewisser Grundpragmatismus vermittelt und mit Beispielen und Tipps untermauert.

Kapitel 4 befasst sich mit den Vorgehensmodellen: mit klassischen und agilen, hybriden und wiederverwendbaren. Die Materie wird durch die pragmatische Brille betrachtet und ganz nüchtern bewertet. Als einer der Punkte wird auch auf das Thema IT-Governance und ihre pragmatischen Aspekte eingegangen.

In Kapitel 5 wird erörtert, was es mit der pragmatischen Architekturentwicklung auf sich hat. Das Schneiden von Scheibchen, strategischer Blick, Evolutions-, Variabilitäts- und Explosionspunkte von IT-Systemen, Frameworks, Skalierbarkeit, Performance, Automatisierung und Sicherheit und über allem das Architekturdesign – all das sind die Themen dieses Kapitels.

Kapitel 6 beschäftigt sich mit der Herausforderung des pragmatischen Umgangs mit Technologien. Themen wie Technology Governance sowie Auswahl der Basisplattformen, Make-or-buy-Entscheidungen, Kapazitätsplanung, Lebenszyklus, Open-Source-Strategie, ROI und TCO etc. werden hier untersucht.

Kapitel 7 widmet sich den Standards und Hypes. Darin werden solche modernen Hypes-/Post-Hypes wie SOA oder SaaS betrachtet und analysiert, natürlich auch hier wieder mit der pragmatischen Brille. Es wird des Weiteren auf die schwierigen Themen wie Standards bzw. monströse Best Practices ebenso wie auf das Cherry-Picking-Vorgehen eingegangen.

In Kapitel 8 wird anhand verschiedener Aspekte wie z. B. Haftung, Review bzw. Kontinuität die Nachhaltigkeit einer IT-Architektur beleuchtet und die für ihre Gewährleistung notwendigen Handlungsweisen.

Abschließend findet der Leser in Anhang A ein Beispiel für ein Software Architecture Document (SAD) aus der Praxis. Der übertrieben pragmatische Leser würde die gesamte Lektüre überspringen und gleich mit dem SAD loslegen. Wer aber doch den Schalter vom Cyborg Mode in den Human Mode legen möchte, ist herzlich dazu eingeladen, dieses Buch gänzlich zu lesen. Und Anhang B bietet eine Auswahl an themenrelevanter und deutlich tiefer gehender Literatur rund um das Thema „IT-Architektur".

Ja, und ganz zum Schluss noch eine Warnung: Viele Bilder sind auf dem eigenen künstlerischen Mist des Autors gewachsen und sind frei von jedwedem malerischen Anspruch. Sie dienen lediglich der Visualisierung eines Sachverhalts und sind in der Erfüllung ihres Zwecks absolut pragmatisch.

E.4 Danksagung

Mein Dank gilt in erster Linie meiner Familie – meiner Frau und meinen Kindern. Ohne sie hätte ich dieses Buch niemals schreiben können, und hätte es wahrscheinlich erst gar nicht schreiben wollen.

Weiterer Dank gilt Dr. Christel Krauß von der Universität Augsburg. Sie hatte mir, neben der brillanten Vermittlung der Feinheiten der Sprache (ich hoffe, davon ist noch etwas hängen geblieben), nach dem Durchlesen meiner frühen künstlerischen Ergüsse gesagt, aus mir würde mal ein dichtender Informatik-Professor werden. Na ja, das mit dem Professor kann noch warten, und aus den Gedichten ist auch nicht viel geworden. Aber ich schreibe und habe nach wie vor mit Informatik zu tun, also passt das auch.

Mein besonderer Dank gilt dem Software & Support Verlag. Sie haben es ermöglicht, und es ist tatsächlich wahr geworden. Mal sehen, wie es der Leser aufnimmt.

Ein weiterer Dank gilt einer ehemaligen Redakteurin desselben Verlags, Claudia Schaumlöffel. Sie brachte mich auf die Idee, ein Buch zu schreiben, nachdem ich sie mit Artikelvorschlägen regelrecht überflutet habe.

Und nicht zu vergessen, die Jungs von der Architekten-Steak-Runde in München. Da treffen sich ein paar ernstere Herren und reden über dies und jenes, und natürlich viel über die schönen und unschönen Seiten des Architektendaseins.

Ich möchte mich auch bei meinen hier anonymen Lehrern im Geschäftsleben bedanken, die mir zu dem Pragmatismus und einer ständigen Grundskepsis bewusst oder unbewusst verholfen haben.

Und klar: Danke an den Leser, der dieses Buch in der Hand hält und auf dieser Seite immer noch wach ist.

E.5 Über den Autor

Pavlo Baron ist praktizierender IT-Architekt. Er lebt mit seiner Familie in München, Deutschland. Zum Zeitpunkt der Buchentstehung ist er als IT Enterprise Architect für Sixt tätig.

In seiner fast 20-jährigen Laufbahn hat er mehrfach die IT-Fronten gewechselt: Er war Freelancer, angestellter EDV-Spezialist, reisender Consultant, Entwicklungsleiter, Unternehmensberater, Geschäftsführer und interner sowie externer IT-Architekt. Er war sowohl für namhafte Unternehmen als auch für kleine Garagenfirmen und Startups im Einsatz und hat sie tatkräftig beim Wachstum unterstützt. Durch diese Perspektivenwechsel konnte er wertvolle Erfahrungen auf allen relevanten Gebieten des IT-Lebens sammeln.

In all der Zeit hat er vor allem gelernt und lernt es immer noch, harte technische und weiche psychologische und organisatorische Aspekte von IT- und Softwarearchitekturen in einer gesunden Mischung miteinander in Einklang zu bringen.

Er gibt diese Erfahrungen in zahlreichen Publikationen und jetzt auch in diesem Buch gerne an die Community weiter.

entwickler.press

1 Motivation

Heutzutage neigt leider nahezu jeder, der schon mal eine Ausgabe eines schlauen Business-IT-Magazins in der Hand gehalten hat, zu der Meinung, er könne zumindest auf dem Mittel-Management-Niveau über die möglichen Kosten, Aufwände, Technologien oder generell Vorgehensmodelle in der IT sprechen. Und das wirklich Eigenartige dabei ist, dass er es tatsächlich kann. Kontrovers? Keineswegs: Die IT hat sich im letzten Jahrzehnt in ihrer Außenpräsenz von der intransparenten technischen Blackbox mit Lizenz zum Geldschlucken immer weiter zu einer kontrollierbaren Kostenstelle mit Budget, Mehrjahresplanung und nachvollziehbaren und planbaren Kosteneinsparungen gewandelt. Soweit zumindest die Management-Denke: IT muss ähnlich wie die Hausmeisterei ticken. Etwas überspitzt vielleicht, aber auf alle Fälle so ähnlich.

Aus dem wahren Leben...

In einer Phase erneuter Umstellung überlegte sich unser neues Top-Management einen Plan zur Restrukturierung bestehender IT. Demnach hätte die IT grob in den kreativen und den administrativen Teil gesplittet werden sollen. Beide Teile unterstünden direkt der Geschäftsleitung, und auf einen IT-Leiter würde man verzichten – Kosten sparen, die Hierarchie ganz flach halten und somit die Kontrolle behalten. Soweit der Plan.

Der administrative Teil der IT hätte sich jedoch – nach der Vorstellung der Ideenurheber – neben klassischen Betriebsthemen auch noch um Umzugsplanung und Raumversorgung kümmern müssen. Und ein alter Key Player aus dem Team sollte diese neue Formation an die Spitze der Leistungsfähigkeit leiten.

Als man ihm die Idee nahe gelegt hatte, war seine erste Frage: „Raumversorgung? Heißt das Glühbirnen auswechseln bzw. Toilettenpapier austragen? Klar, die Jungs freuen sich". Am nächsten Morgen hat er gekündigt, und nach seinem Abgang folgten ihm ein paar richtig gute Leute. Das Interessante dabei ist jedoch, dass man dann tatsächlich die Abteilung quasi in die Hausmeisterei verwandelt hatte, und man hatte auch einen willigen Jungmanager für diese Aufgabe gefunden. Die Betriebskosten stiegen jedoch enorm an, da die Truppe von recht niedriger Qualität (finden Sie mal gute Admins, die scharf darauf sind, nebenbei in den Gängen die Feuerlöscher auszutauschen) und demnach auf ständige Unterstützung externer Dienstleister angewiesen war. Nichts war es mit Kosteneinsparungen, und die Räume wurden auch nur halbherzig versorgt.

Und was ist die Moral? Der Wille des Managements, die IT als Hausdienst anzusehen, ist ungebrochen und steigt mit jedem Tag. Einerseits geschäftlich sinnvoll, andererseits menschlich langweilig.

In den technischen Museen stehen oft diverse Exponate, die komplexe Maschinen im offenen Zustand unter einer Glaskuppel oder in einem Glaskasten offenbaren. Der gebannte Besucher, meistens ein Kind bzw. ein Heranwachsender, sieht dort hinein und versucht den Aufbau zu begreifen. Manchmal helfen ihm kleine Fähnchen dabei, die an einigen Stellen der Maschine angebracht sind und mit ein paar Worten den jeweiligen Maschinenteil benennen. Man hat eine komplexe Maschine gesehen und oberflächlich verstanden, was sie wie tut. Das ist das Bild der modernen IT in den Augen des Managements.

Oder ein anderes Beispiel: eine gute Schweizer Uhr. Ihre schlichte Form verbirgt einen hoch komplexen Mechanismus bzw. eine ganze Ansammlung solcher Mechanismen, die perfekt aufeinander abgestimmt sind. Der Uhrbesitzer ist stolz auf sein Eigentum, weiß aber in der Regel absolut und gar nicht, wie die Uhr funktioniert. Aber er weiß, was sie leistet und was sie leisten soll bzw. kann und wann er die Batterie wechseln soll, oder bei edleren Exemplaren die Uhr aufziehen oder die Hand schütteln, damit sie es selbst erledigt. Und er erwartet von ihr, dass sie tickt – laut oder lautlos. Und von außen sieht sie toll aus, so einfach und dezent. Der am meisten unterschätzte Faktor bei einer solchen IT-Analogie ist aber, dass der Aufbau umso komplexer ist, je einfacher etwas erscheint. Das ist wieder ein Bild der IT aus der Sicht des Managements. Abbildung 1.1 verdeutlicht diese Metapher nochmals grafisch, denn ein IT-Architekt hat z. B. eine ganz andere Sicht auf dieselbe Sache.

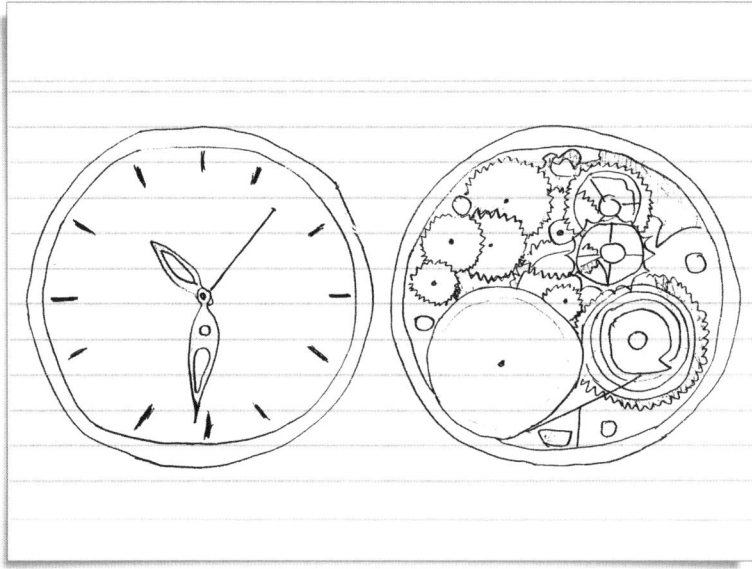

Abbildung 1.1: IT aus der Sicht des Managements (links) und des IT-Architekten (rechts)

Wenn man bei der Uhrenmetapher bleibt, so drängt sich an dieser Stelle ein Vergleich auf, der den Pragmatismus als solchen nochmals verdeutlicht. Kennen Sie jemanden, der eine Atomuhr um das Handgelenk trägt? Ach, und warum gibt es sie dann überhaupt? Genau, um die aktuelle Uhrzeit möglichst (absolut) genau zu kennen. Was in der Wissenschaft und generell für die zeitliche Lenkung der Geschicke der Welt unentbehrlich ist, ist als Armbanduhr schlichtweg Overkill. Man kann sich als ganz normaler Mensch in der Praxis locker auf die herkömmliche Uhr mit einer akzeptablen regelmäßigen Abweichung verlassen, solange man nicht ständig zu früh oder zu spät kommt. Bei der Beurteilung der Pünktlichkeit einer Person kommt es nicht auf die atomare Genauigkeit an, sondern auf ca. eine Minute – und das bei den penibelsten Beobachtern. Ein normaler Mensch wird eine Abweichung von 2-3 Minuten als akzeptabel wahrnehmen. Abgesehen davon wäre eine Atomuhr ums Handgelenk etwas umständlich zu tragen.

So verhält sich das auch mit der IT-Architektur. Da, wo es um absolute Genauigkeit geht, da, wo bei dem geringsten Fehler Menschenleben oder die Weltstabilität auf dem Spiel stehen, da muss die IT-Architektur alles geben. Aber wenn es um „schlichte" Geschäfte geht, also um das normale Business, da reicht oftmals ein Kompromiss: Dann habe ich halt keine Atomuhr, sondern eine Funkuhr, die sich jede Nacht updatet. Sie läuft am Tag höchstens eine Sekunde falsch, und das ist für die meisten Fälle perfekt. Warum denn überhaupt mehr wollen, wenn es völlig ausreicht? Und das gar erst bei den größeren Bedürfnissen – die meisten Uhrenbesitzer würden auch gar keine Funkuhr brauchen, sondern sich mit der herkömmlichen Mechanik oder Elektronik zufrieden geben. Wir reden hier aber nicht von den Luxusuhren mit inkrustierten Diamanten und sonstigem Schnickschnack – was in der Natur mancher Menschen durchaus als Statussymbol verstanden wird, ist in der IT-Architektur reine Verschwendung.

Unterhalb der großen „Luxus-IT" (die im Übrigen ebenso wie alle anderen sparen muss, egal, ob die Zeiten gut oder schlecht sind) gibt es noch eine Menge IT. Nicht jedes Großunternehmen leistet sich tatsächlich eine ebenso große IT-Maschinerie. Im Notfall wird alles, was nicht unmittelbar etwas mit den Kernprozessen zu tun hat, gänzlich oder in Teilen ausgelagert. Zumindest ist es der Wunsch der ASP/SaaS- bzw. Was-auch-immer-as-a-Service-Anbieter – in der Realität sieht es noch bei Weitem nicht so aus, aber das Bestreben ist da (mit diesem Thema beschäftigt sich Kapitel 7 näher).

Die Frage, die sich stellt, ist: Braucht eine kleine IT nicht etwa auch eine Architektur? Aber natürlich tut sie das! Und je schlanker sie ist, umso strenger ist ihre Architektur. Was zählt, ist nicht die Größe und Breite und das Gewicht einer Architektur, sondern eben ihre Strenge. Die flexibelsten Lösungen der Moderne haben einen verhältnismäßig schlanken Kern: Linux, Spring, JBoss etc. Alle anderen zwingen eine Architektur auf, weil sie selbst monolithisch sind. Wenn man es bei einer Lösung nicht schafft, den eigentlichen Kern zu extrahieren, kann bei ihr von Flexibilität nicht die Rede sein, höchstens von Vielseitigkeit, für die man den Preis des Monoliths zahlen muss.

Genauso verhält es sich auch bei der IT-Architektur, sie muss schlank und streng im Kern gehalten werden, um offen und flexibel zu sein. Auf diesen Aspekt wird in Kapitel 5 sehr detailliert eingegangen. Was man aber an dieser Stelle definitiv betrachten sollte, ist die berühmte Pareto-Verteilung, die erfahrungsgemäß jederzeit auf eine IT-Architektur angewandt werden kann, und zwar so: 20 % einer IT-Architektur sind für 80 % des IT-Kerns verantwortlich. Der Pragmatismus der IT-Architektur liegt darin, die verbleibenden 20% des Kerns mit möglichst weniger als 80 % des architektonischen Rests zu erreichen. Mathematisch ein Nonsens, ist das die eigentliche Herausforderung, um die Architektur pragmatisch zu gestalten und zu halten. Das Pareto-Prinzip wird Sie durch das ganze Buch – explizit wie implizit – begleiten, weil es eben im Zentrum des architektonischen Pragmatismus steht.

Aber auch das ist noch nicht alles, sonst könnte man auf die restlichen über 200 Seiten des Buches verzichten. Was auch im Zentrum der pragmatischen Architektur steht, ist die absichtliche Ignoranz von Dogmen. Jemand, der mit Vorliebe eine bestimmte Plattform auf Biegen und Brechen propagiert und in jedem Kontext durchboxt, ist kein Pragmatiker und auch nicht wirklich ein Architekt, sondern höchstens ein Evangelist oder gar Fanatiker. Es gibt nicht *die* Technologie, vielmehr zählt die passende. Wenn in einem Unternehmen bereits seit Jahren .NET praktiziert wird, braucht man dort kein Java – es wird nicht ankommen, und dessen Rückstand ist in jedem Fall enorm! Genauso verhält es sich auch mit der Methodik: Wo seit Jahren erfolgreich die Festpreiskultur herrscht, braucht man nicht mit agilen Methoden zu kommen – dort braucht sie keiner. Auf diesen Aspekt gehen wir gezielt in den Kapiteln 4 und 6 ein.

1.1   Theorie und Praxis

Es dürfte völlig unnötig sein zu erklären, wo der Unterschied zwischen Theorie und Praxis liegt. Nachdem wir es hier mit Pragmatismus zu tun haben, sparen wir uns einfach den theoretischen Part. Jede Enzyklopädie stellt ein adäquates Medium zum Nachschlagen dar, sollte der Unterschied nicht klar sein. Was wir eigentlich betrachten wollen, ist die Wertigkeit beider im alltäglichen IT-Leben.

Ohne Theorie würden wir nämlich immer noch auf den Bäumen sitzen oder höchstens mal ein Tierchen jagen bzw. uns blind vor einem solchen in Sicherheit bringen. Das, was wir als Zivilisation bezeichnen, hätten wir nicht. Wenn sich der Mensch mit seinem Geist nicht schon früh genug auf spirituelle Reise begeben hätte, würden wir wahrscheinlich immer noch versuchen, unsere Beute mit Steinen zu erlegen und hätten nicht die fortschrittlichen Jagdvorrichtungen, die in Folge zu unserem jetzigen Wohlstand geführt haben, an dessen Ende für manch einen Geek der Computer steht.

Die Idee hatte, seit der Mensch sich mit Theorie befasst, schon immer den Versuch weit hinter sich gelassen. Am Anfang noch weniger, doch jetzt schon in solchen Maßen, die womöglich niemals praktisch untersucht werden können und für immer Theorien bleiben. Aber die Empirie muss eine Theorie bestätigen oder widerlegen, das ist die goldene Regel, sonst ist diese Theorie nichts wert. Bei vielen Theorien der Moderne muss man wahrscheinlich noch Jahrhunderte warten, bis sie empirisch untersucht werden können. Daher versucht man, aus einer Theorie eben praktische Ableitungen bzw. Ausschnitte zu machen, die sich mit unseren aktuellen Mitteln umsetzen lassen.

Ein Beispiel für diese zugegeben leicht philosophische Ausführung wären die intergalaktischen Flüge. In der Theorie befassen sich ganze „Expertenscharen" mit dem Thema, wie die enormen Distanzen überwunden werden können, ein bemannter Flug nicht schon nach ein paar Jahren wieder unbemannt wird, ob es auch andere Zivilisationen da draußen gibt etc. Das ist aber nichts als Science-Fiction, vielleicht noch etwas wissenschaftlicher verpackt. Ganz konkret und real dagegen sind unsere ganz kleinen ersten Schritte in Richtung Weltraumerforschung: Sonden, Mondlandung (obgleich diese für Viele auch ein Fake war), Raumstationen usw. Im Vergleich dazu, was uns die o. g. Theorien alles darstellen, sind diese Schritte verschwindend klein, aber eben praktisch. Man muss ein paar Tragödien erleben und ein paar Apollo-Missionen vermasselt haben, um festzustellen, dass es da oben außer Steinen nicht wirklich etwas Lustiges gibt. Ok, das ist absichtlich provokant und überspitzt formuliert.

Aber genauso verhält es sich auch mit den IT-Theorien, von denen es wirklich viele recht intergalaktische gibt. Nehmen wir doch einfach die vielerorts beschriebene theoretische SOA. Einen höheren Detaillierungsgrad erreicht diesbezüglich Kapitel 7, an dieser Stelle einfach nur ein Beispiel herausgezogen. Die Lehre suggeriert, dass jedes einfachste wiederverwendbare Poppelchen ein Service sein sollte und diese Services situationsabhängig und logisch zu Composites zusammengefasst werden müssen. Nach diesem Modell müsste eine Datenbanktabelle durch einen Service gekapselt werden, und überall dort, wo ich sie mit anderen Tabellen kombinieren muss, um Datenrelationen zu erhalten, muss ich einen logischen Composite außerhalb der Datenbank bauen. Jedem halbwegs erfahrenen Entwickler graust es vor der sich dadurch anbahnenden Abfrageperformance, wenn man auf die Datenbank-Joins verzichtet. Die SOA-Theorie erwartet dann aber, dass die Infrastruktur und die Hardware so leistungsfähig sind, dass man den Unterschied gar nicht merkt oder diesen per SLA wegdiskutiert. Eigentlich Quatsch, aber die Idee ist dem Versuch mal wieder weit voraus.

Überhaupt leidet der SOA-Sektor etwas unter dem Science-Fiction-Wahn. Da tun sich nicht selten ein paar Experten zusammen und diskutieren über Dinge, die so oder so aktuell nicht gehen. Die Unterhaltungen ähneln eben der Diskussion darüber, ob es ein Leben außerhalb unseres Sonnensystems gibt (übrigens, für einen Stein ist das Herumliegen auch ein Leben, daher ist jedwede Betrachtung an dieser Stelle subjektiv). Aber das treibt die Praxis voran, und die aktuellen kleinen Versuche, die Theorie einzuholen, führen dann letztendlich zu einem praktikablen Ziel, das wie so häufig weit unter dem rein theoretischen liegen wird.

Daher können wir an dieser Stelle festhalten: Die Theorie schreitet mit Lichtgeschwindigkeit voran und die Praxis versucht, sie einzuholen, oder zumindest ihren Schatten. Was praktisch geht, muss nicht die gesamte Theorie sein – nur ein tragbarer und akzeptabler Ausschnitt davon.

1.2   Was ist Pragmatismus?

Bevor man beschreibt, was Pragmatismus ist, sollte man zunächst ausschließen, was es in keinem Fall ist. Es ist definitiv nicht das Wursteln, nämlich planlose und restlos manuelle Ausführung teilweise unsinniger Vorgaben ohne deren Vorabprüfung, Analyse und Bereinigung sowie Missachtung der Symbiosen und bestehender Lösungen, restlose und völlig unnötige künstlerische Freiheit und komplette Menschzentriertheit des Arbeitsprozesses usw. Man kann das Wursteln noch viel weiter vertiefen, was ja auch tatsächlich in Kapitel 4 gemacht wird. Jedenfalls, es ist kein Pragmatismus.

Dann darf man den Pragmatismus nicht mit Aktionismus verwechseln. Aktionismus führt zu restlosem Wursteln. Wursteln ist per definitionem kein Pragmatismus. Es ist ja schließlich kein Pragmatismus, wenn man von der Brücke springt, nur wenn jemand anderes es tut oder es will, sondern schiere Dummheit. Also sollte man auch die beiden Begriffe niemals in einem Satz verwenden – höchstens als Antonyme.

Desweiteren ist der Verzicht auf anerkannte wissenschaftliche Methoden in der IT kein Pragmatismus, sondern Selbstmord. Der gesunde Menschenverstand lehrt uns, dass die Wissenschaft Recht und der blinde Glaube Unrecht hat. Reines Bauchgefühl eines Managers, zumal wenn dieser in der technischen Materie wenig bewandert ist, führt zu falschen Entscheidungen, ob er als pragmatischer Ansatz oder als eiserner Wille dargestellt wird. Beim Bauchgefühl ohne adäquate Nachweise, Messungen etc. sind wir wieder beim Aktionismus – die logische Kette dürfte inzwischen eingeübt sein.

Als Nächstes ist es kein Pragmatismus, wenn man alles als theoretisch abstempelt, was nicht unmittelbar zum Klopfen und generell regem händischen Tun führt. Da wären wieder der Aktionismus und das Wursteln, Sie wissen schon. Bevor die Hände loslegen, sollte das Gehirn ein paar Schleifen drehen, um die Notwendigkeit des Tuns zu bewerten. Passiert das nicht, ist es kein Pragmatismus, sondern eher Hirnlosigkeit. Ein Cowboy, der ohne nachzudenken gleich drauflosschießt, hat eine sehr kurze Lebenserwartung, denn hinter der nächsten Hecke lauert garantiert ein ähnlich gestrickter Charakter.

So, und was bleibt jetzt übrig? Ein gesundes Maß und die passende Anwendung der Theorie unter Berücksichtigung der existierenden Praxis. Das wird es wohl sein. Schauen Sie doch einfach mal auf die Abbildung 1.2, die diesen Sachverhalt visuell verdeutlicht. Was sehen wir hier? Na klar: das, was in den meisten Fällen ausreicht. Man kann es übertreiben und Lösungen bauen, die weit weg vom Ursprungsprinzip liegen und anderen Zwecken dienen. Aber pragmatisch heißt, dass man das Ausreichende tut, ohne dabei die Grundprinzipien aus dem Auge zu verlieren und sich den Weg hin zu höherer Komplexität nicht zu verbauen.

Pragmatismus wird in der IT leider wirklich häufig mit dem Wursteln verwechselt. Natürlich, kann man doch hier mit relativ geringer Investition auch Lösungen schaffen, die auf den ersten Blick funktionieren. Nehmen wir doch mal eine uralte VB-Lösung: Da hatte man nicht selten – jenseits der wirklich professionellen Ansätze – schnell mal etwas aus den ganzen VBXen und OCXen zusammengeschustert – da ein Grid, hier ein Edit, dort eine Grafik. Zwei Jahre später konnte und wollte sich keiner mehr an den Code erinnern – aber die Lösung stand in dem Augenblick und lebt wahrscheinlich immer noch. Pragmatisch? Keineswegs, sondern dahingewurstelt. Was wäre dann pragmatisch? In diesem Fall nichts dergleichen, weil der technologische Ansatz als solcher das nicht zuließ. Vielleicht hätte man mit MFC eine geschichtete oder zumindest logisch gesplittete Anwendung schreiben sollen, ein paar Abstraktionen, nicht viel, nur das, was sich angeboten hätte, und dann könnte man den Code oder gar ausgelagerte DLLs später wiederverwenden, wer weiß – das wäre an sich pragmatisch und nicht übertrieben. Aber da konnte niemand C++, und der Student war da und hatte gerade nichts Besseres zu tun. Das wird vielerorts als pragmatisch aufgefasst, obgleich es zu einem Anwendungswust und völligem Chaos führt. Nein, das ist purer Aktionismus, das Leben von der Hand in den Mund: Ich brauche etwas, also klopfe ich es mir zusammen.

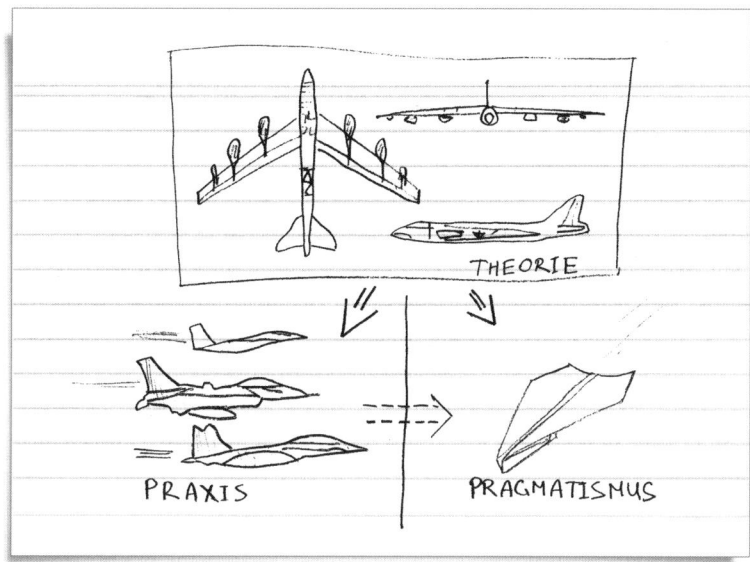

Abbildung 1.2: Pragmatismus als Produkt aus Theorie und Praxis

Viele solcher „Pragmatismen" bleiben für immer in den Fachabteilungen, unfähig oder unwillig, unter die Fittiche der IT zu wandern. Warum auch – diese IT ist doch eh zu langsam, da machen wir es doch selber! Aber dann kommt der Tag, an dem dieses Unding mit den Hauptsystemen Daten austauschen muss, und es hat ja nur grafische Oberfläche, mit Command Line kriegt man es nicht mehr hin. Was tun? Ganz einfach: einen Windows-Server mit GUI betreiben und per Skript auf dem Hauptfenster regelmäßig ein paar Klicks simulieren – der Admin tut sich da leichter, weil er kein VB kann, und dann flutschen die Daten nur so als Datei von A nach B. Egal, dass man nicht prüfen kann, ob es geht – Hauptsache, es rührt sich was. Und wenn das nicht reicht, schicken wir doch aus der anderen Anwendung einfach mal eine einfache Mail mit sensiblen Daten direkt ins öffentliche Postfach, wo ein Student sie regelmäßig abholt und in dem VB-Teil nachtippt. Na, immer noch pragmatisch? Klar, was denn sonst. Aber dessen nicht genug, jetzt müssen wir unser teures BI-Tool irgendwie drüberstülpen. Kein Problem, wir machen schnell mal Datenaustausch auf Excel-Basis und lesen diese 10-MB-Excel-Files direkt per ODBC in das BI-Tool ein – manuell, da kann man nichts mehr nachklicken. Egal, Hauptsache die Daten sind drin. Fehler – kein Problem, müssen ohnehin manuell korrigiert werden, dann stellen wir halt noch ein paar Studenten ein, die schaffen es dann ab. Wir bleiben pragmatisch und haben auch nicht so viel investiert, wie es bei der MFC-Anwendung mit einem Datenbanksystem dahinter der gewesen wäre – so haben wir die Kosten gestreckt. Pragmatism rules!

Haben Sie schon mal etwas Ähnliches erlebt? Haben Sie sich sagen lassen, dass das Pragmatismus ist? Was haben Sie darauf geantwortet? Ich sage immer Wursteln dazu, das hört man ungern, was mir allerdings egal ist – für Politik ist bei solchen Zuständen kein Platz mehr, da muss man ganz schnell umbauen und dabei die Augen immer gen Boden richten, quasi in ständiger Reue, oder einfach die Segel streichen, weil daraus ohnehin nichts mehr wird.

Wenn wir bei der bildhaft dargestellten Metapher mit den Flugzeugen bleiben, so wäre das Wursteln ein schlichter Papierklumpen. Na ja, fliegen kann er auch, ist zwar nicht schön, aber es funktioniert, vielleicht nicht so weit wie man es bräuchte, den Rest des Weges kann man das Ding aber geradeaus kicken, irgendwie kommt es dann ins Ziel. Ganz pragmatisch eben.

Pragmatismus in der IT ist ganz eindeutig die Anwendung theoretischen Wissens mithilfe praktischer Erfahrungswerte, um den schnellsten Weg zum Ergebnis zu finden, ohne dabei den Horizont aus den Augen zu verlieren. Klingt das theoretisch? Vielleicht, aber wo soll es denn mit dem Theoretisieren aufhören? Wir haben die Sprache, um Sachverhalte zu kommunizieren. Wer sich statt zu reden ganz auf das Tun konzentriert, hat das Niveau des Affen nicht überschritten. Ist das nun nicht mehr theoretisch oder gar böse?

Dokumentation und Kommunikation sind integrale Bestandteils des Pragmatismus – nicht übermäßig viel davon, aber eben ein gesundes Maß. In diesem Buch wird es an vielen Stellen auch darum gehen, aus Soft Skills und technischem Wissen und Können pragmatische Ableitungen zu machen. Eine davon ist die sinnvolle Anwendung der natürlichen Sprache – keine blutleeren Bildchen und keine 0-1-Abfolgen bzw. ein bisschen mehr – einfach nur Sprache. Mithilfe der Sprache können in Schrift und Wort viele Dinge kommuniziert werden, die in einem Quell-Code oder Konfigurationsdateien ungesehen eingesperrt bleiben. Es mag sein, dass an dieser Stelle Anhänger manch einer Methodik ausflippen – Platz für Kritik am Autor gibt es genug in Kapitel 4 – da geht es um Vorgehensweisen und welche davon wirklich pragmatisch sind.

Wenn man noch kurz bei der Dokumentation bleibt, so ist das berühmte RTFM (read the full (oder so) manual) aus der Unix-Welt kein pragmatischer Ansatz. Warum? Weil da oftmals nichts steht, was einen bei einem Problem voranbringt. Viele Dinge, insbesondere bei OSS-Tools, bleiben unausgesprochen, und man wird im gleichen Stil mit dem Hinweis auf den offenen Quellcode abgefüttert. Aber was nutzt es einem? Will man sich überhaupt mit dem Code beschäftigen? Oftmals gar nicht – es wäre verlorene Zeit. Reiner OSS-getriebener Ansatz ist also wiederum kein Pragmatismus, sondern an vielen Stellen Zeitverschwendung. Wenn ich einen Web Service extern ansprechen will und es funktioniert nicht, dann will ich doch nicht ums Verrecken im Code der Bibliothek schauen, warum der XML-Payload falsch ankommt, nachdem ich den Fehler bei mir nicht nachvollziehen kann. Kein Pragmatismus, sondern Zeitverlust. Pragmatisch wäre eher, sich so ein Ding kurz anzuschauen, und wenn es nicht funktioniert, einfach in die Mülltonne damit – der Nächste bitte. Es gibt zum Glück immer 2-3, die man herkriegt – das ist pragmatisch. Quellcodeanalyse, die außerhalb der eigentlichen Problemlösung liegt, ist höchsten als Spaß zu interpretieren. Jemand anderen damit zu beauftragen, wenn man selbst nicht weiterkommt – das ist wieder pragmatisch, aber teurer. Mülltonne ist besser, wenn es geht. Auch auf das Thema Tools und Technologien generell gehen wir in Kapitel 6 ein.

Spätestens an diesem Punkt fragt sich der Leser: Was will der eigentlich? Gefällt ihm überhaupt irgendetwas? Die ganze IT-Welt schwört doch darauf, was der hier so locker vom Hocker verpönt. Aha, dann hat das Kitzeln funktioniert. Bei dieser Denke geht es um Dogmen, und die sind gefährlich sowie überhaupt nicht pragmatisch.

Was unterscheidet ein Dogma von einem Erfahrungswert? Der Nachweis. Ein Dogma braucht nur sich selbst, um sich selbst zu beweisen. Ein Erfahrungswert ist das Werk mehrerer Referenzsubjekte oder Produkt eigener Erfahrung. Ein Dogma stellt alles außerhalb seiner selbst in Frage, ein Erfahrungswert passt sich dem Kontext an und liefert lediglich eine Handlungsschablone. Ein Dogma ist die Verkleinerung der Theorie auf ein zugeschnittenes oder zurechtgebogenes Minimum, ein Erfahrungswert die direkte Ableitung aus der Theorie in einer bestimmten Situation. Philosophisch? Polemisch? Nein, realistisch!

Machen wir doch mal die Probe aufs Exempel: Was ist besser: PHP oder Java? Je nachdem, wer liest, wird die Antwort unterschiedlich ausfallen. Der Java-Anhänger wird bei PHP schmunzeln, der PHP-Mann bei Java brüllen. Der Pragmatiker sagt: Es kommt darauf an, für welchen Zweck. Webanwendung: PHP. Der Java-Mensch schreit: Was, das geht doch auch mit Java! Klar, das ginge auch mit Visual Basic über ISAPI unter IIS. Aber will man das? Vielleicht. Weiter. Enterprise-Anwendung: Java. Der PHPler schreit: Aber PHP ist doch auch auf dem Weg und kann alles bald, dann, irgendwie. Klar, aber wann und wie? Jeder Technologie ihr Einsatzgebiet im jeweiligen Kontext – das ist ebenfalls das Thema des Kapitel 6.

Und Personen? Wer ist dann Pragmatiker? Detailliert befassen wir uns in Kapitel 3 mit den Untiefen des menschlichen Daseins in Form eines IT-Architekten. Hier sei aber Folgendes gesagt: Ein Skeptiker ist näher am Pragmatiker als ein Praxisfanatiker. Zweifeln und Hinterfragen und mehrfach nachdenken sowie zu prüfen, ob irgendetwas Gewolltes überhaupt gebraucht wird, das macht einen Pragmatiker aus. Nicht gleich loslegen, sondern nachdenken. Und das mehr als nur einmal.

1.3   Forschung vs. Anwendung

Jetzt wird es Zeit, auch innerhalb der reinen Praxis zu differenzieren. Wenn diese nämlich versucht, die Theorie zu jagen, kommt es unterwegs zu mehr oder weniger verwertbaren Resultaten. Die praktische Forschung konzentriert sich eben darauf, in Schritten der Theorie Herr zu werden und dabei nach jedem Schritt etwas zu schaffen, was tatsächlich angewandt werden kann und somit einen konkreten Nutzen hat.

An dieser Stelle bedienen wir uns wieder der Raumfahrt (es ist an und für sich etwas eigenartig, dass dieses Gebiet der menschlichen Tätigkeit ähnliche Diskrepanzen zwischen Theorie und Praxis aufwirft, wie es sie in der IT auch gibt). Auch hier gilt: Das derzeit Erreichte ist anwendbar, sprich, wir können Satelliten ins All schicken und uns den Komfort des weltweit verfügbaren Fernsehens zum Preis der allgegenwärtigen Spionage erkaufen. Oder: Unsere Autos wissen per GPS, wo wir sind, aber auch jemand anderes weiß es.

Dagegen ist die Erforschung anderer Planeten zwecks Ausweitung unseres Lebensraums immer noch ergebnislos, zumindest wenn man das negative Ergebnis auch als Ergebnis ansieht, was definitiv Sinn macht. Wir theoretisieren da aber nicht, d. h. nicht der Geist wandert zum Mars, schaut sich da um und macht rein logische Ableitungen aus der Farbe des Himmels. Nein, das tun schon Maschinen, aber die praktische Anwendung, d. h. das tatsächliche Leben-Können auf dem Mars, bleibt aus, und die Theorie, dass es überhaupt geht, bleibt weiterhin unbewiesen. Genauso ist es auch in der IT. Theoretisch wäre es natürlich möglich, unsere Server kabellos mit Strom zu versorgen, und die ersten Versuche fanden auch schon statt. Aber ist es schon anwendbar? Nein, natürlich nicht.

Ganz besonders in der IT, die ja das Business mit allen Kräften unterstützen muss, ist es wichtig, mit Anwendungen zu arbeiten. Hier taugen keine Theorien, und die Forschung bleibt ebenso das Privileg einiger Weniger. Die Masse befasst sich damit, wie man mit dem bestehenden Fortschritt dem Business zu mehr Geld verhilft – so einfach ist es. Wer an dieser Stelle theoretisiert und ewig viel Zeit zur Forschung braucht, wird versagen. Und das wird sich in dem gesamten Buch immer wieder in den Vordergrund drängen: Mach aus dem, was da ist, das Beste, dann hast du mit deiner IT-Architektur Erfolg. Bleib auf dem Boden und wende dein Wissen und deine Erfahrung für konkrete Ergebnisse an, nicht für Theorien und Experimente. Beides ist zwar genauso wichtig aber dem Geldgeber schlichtweg egal.

Abschließend können wir noch eine Gedankenkette riskieren: Einer der größten Treiber für den technologischen Fortschritt ist zweifellos das Militär. Warum? Man will gerüstet sein, falls da draußen Gefahren lauern. Also schnappen sich die Soldaten ein paar Wissenschaftler, die fit in Theorien sind, lassen sie jahrelang forschen, damit am Ende etwas herauskommt, das innerhalb von ein paar Minuten die gesamte Menschheit von der Erdoberfläche jagen kann. Sinnvoll? Kaum. Aber die Resultate entsprechen dem Bestellten, und das macht den Erfolg aus. Man bekommt eben keinen schnucklichen Laser an die Hand, mit dem man wild um sich schießen kann. Aber das 10 qm große Monster erfüllt genau den gleichen Vernichtungszweck, und die grünen Marsmännchen oder die komischen Anderssprachigen können kommen. Und jetzt noch ein kurzer Witz dazu.

Ein Witz

Ein auf biologische Forschung spezialisierter Wissenschaftler hatte ein Laster: er spielte gern Karten, und das um Geld. Gut, besser als manch ein anderes mögliche Laster, aber auch nicht von Pappe. Schließlich verlor er fast immer, weil er zu viel nachdachte und zu wenig riskierte.

Eines Tages verlor er mehr als er hatte. Er lieh sich das fehlende Spielgeld von einem Spielpartner, und als es darum ging, wie die Kohle wieder an den ursprünglichen Besitzer fließt, zeigte sich der Geldgeber, in diesem Fall ein Mafia-Boss, äußerst skrupellos. Er wies den Wissenschaftler an, bis zum Sonnenuntergang des folgenden Tages das Geld herbeizuschaffen, oder etwas Schlimmes würde passieren.

Wie erwartet, war das Geld nicht da. Der besagte Mafia-Boss besuchte daraufhin den Wissenschaftler in dessen Labor und brachte ein paar skrupellos anmutende, schrankförmige Gestalten mit, um der Wichtigkeit der Angelegenheit etwas Nachdruck zu verleihen.

Blass vor Angst, fragte der Wissenschaftler mit letzter Hoffnung, ob er seine Schulden nicht irgendwie durch seine berufliche Kompetenz kompensieren und somit seine Erdpräsenz auch für weitere Jahre sichern könne. Da kam dem Mafia-Boss die Idee, der Wissenschaftler möge ihm ein Pferd schaffen, das bei jedem Pferderennen gewinnt. So ließe sich diese Situation für beide Seiten mehr oder weniger optimal lösen.

Mit gemischten Gefühlen, also verzweifelt wg. der utopischen Aufgabe und entspannt wg. hinausgezögerter Vergeltung machte sich der Wissenschaftler an die Arbeit – Zeit hatte er ca. einen Monat. Und als die Zeit verstrich, erschien der Mafia-Boss samt seinen Gorillas erneut, um sich von den Fortschritten persönlich zu überzeugen und bei Misserfolg zumindest eine geistige Genugtuung zu bekommen.

Der Wissenschaftler präsentierte das Ergebnis der weltbewegenden Selektion: ein Pferd, das bei allen Pferderennen gewinnt. Voller Begeisterung wollte der Mafia-Boss dem Erfolgsgaranten bereits jetzt alle Schulden erlassen. Doch dessen Überlebenstrieb zwang ihn dazu, die noch bestehenden Auflagen für den Pferdeinsatz zu offenbaren: es konnte zwar jedes Rennen gewinnen, das aber nur im Vakuum. Und überhaupt konnte es noch keinen Jockey tragen: Es war absolut sphärisch und teflonbeschichtet. Und es erwartete einen Vorsprung von 10 Metern vor allen anderen Teilnehmern.

Menschliche Knochen können nur bedingt der stumpfen Gewalteinwirkung widerstehen...

1.4 Business und Technologie

Das Business hat, sofern es sich nicht auf den direkten Vertrieb der Technologie selbst spezialisiert, zwei gängige Wahrnehmungen der Technologie: Spielzeug und Enabler.

In die Kategorie der Spielzeuge fallen diverse Ich-will-überall-erreichbar-sein-und-alles-Mögliche-parat-haben-und-voll-verkabelt-und-online-sein-Werkzeuge wie PDA, Blackberry, Laptop mit den neuesten technische Gimmicks, das neueste Auto mit Hirn-abschalten-und-losfahren-Funktionen usw. Ob das Spielzeug bei der Ausführung der tatsächlichen Tätigkeit überhaupt erforderlich ist, spielt keine Rolle – man will es haben, weil man sich dadurch von der Masse abhebt. Solche Spielereien werden sogar vielerorts als Incentives für Sales eingesetzt, wenn die Abschlüsse stimmen. Ob man es will oder nicht, viele IT-architektonische Themen und vor allem die des IT-Betriebes werden durch den Spielzeugbedarf gesteuert und erhöhen damit die Komplexität zum Teil ungemein.

Ein Beispiel dafür ist der Wunsch, von jeder auch nur erdenklichen Insel dieser Erde auf die IT-internen Systeme zugreifen zu wollen – restlose Mobilität also. Was dieser Wunsch IT-architektonisch und letzten Endes kostentechnisch nach sich zieht, ist dem Bedarfsmelder völlig schnuppe: was ist mit der Sicherheit? Mit Token oder ohne? Vom Firmen-Laptop aus oder von jeder Maschine der Welt? Muss dieser Zugriff über einen separaten Kanal laufen oder öffnet man die jeweiligen Systeme generell für den externen Zugriff? Alles Fragen, die sich sofort aufdrängen und deren Zahl bei noch näherer Betrachtung ins Unendliche wächst. Aber der Businessmensch, der für gute Abschlüsse sorgt, kann den Wunsch zumindest so weit treiben, bis die IT ihn entweder umsetzt oder, was viel häufiger der Fall ist, durch eingehende Prüfung dann doch beschneidet. Die Prüfung selbst kostet schon Geld und Zeit, das spielt aber im Spielzeugmodus keine Rolle. Und wenn sich das Kind nicht durchsetzt, gibt es eine Runde Gejammer, wozu man die ganze Technik habe, wenn man sie nicht nutze. Und es stünde ja auch schon im Spielzeugmagazin, dass alle anderen sowas hätten.

Aus dem wahren Leben...

Wir mussten eine neue Vertriebslösung für einen Geschäftsbereich evaluieren und ggf. einführen. Dazu gab es vor allem aus dem Geschäftsbereich selbst kräftigen Antrieb, aber auch wir selbst wussten um den Bedarf. Es wurde also ein Gremium zusammengerufen, das sich um die Definition des Bedarfs, die Auswahl des Anbieters und um die Begleitung der Einführung kümmern sollte, bestehend aus ITlern und Businessleuten.

Der eigentliche Treiber aus dem Fachbereich, der übrigens gerne als sein wichtigstes Hobby „das Verweilen auf pazifischen und karibischen Inseln" angab, ist klar in den Projekt-Lead gegangen. Dieser Zeitgenosse hatte durch seine durch ständigere Fliegerei gestörte Wahrnehmung den Drang, das künftige System nach außen so offen zu gestalten, dass man von jeder Ecke der Welt darauf zugreifen könnte. Sein Paradebeispiel war: „Ich sitze im Internet-Café auf Samoa und will wissen, wie mein Geschäft läuft". Diese Idee hatte er auf Biegen und Brechen bei seinen Businesskollegen durchgeboxt, die im Protzen in nichts nachstehen wollten, und so hatten wir die Anforderung an der Backe, das System für das besagte Internet-Café zu öffnen, denn jeder künftige Nutzer bräuchte das unbedingt.

Was machst du denn in so einem Fall? Sicher wird er das so in der Form niemals kriegen – zum Glück kann die Geschäftsleitung rechnen. Der Investitionsaufwand, um etwas Derartiges mit einem eigentlich rein intern gedachten System zu veranstalten ist so hoch und die damit verbundenen Risiken so enorm, dass man sich das Ganze hätte sparen können.

Aber nichts zu machen, wir sollten es prüfen und taten es. Recht schnell stellten wir fest, dass diese Art Zugriff komplett gegen unsere hausinternen Sicherheitsvorgaben verstieß. Wir fanden heraus, dass es generell lediglich von einem hauseigenen Rechner aus wirklich adäquat ginge. Wir stellten überhaupt fest, dass diese Art Zugriff von keinem der in Frage kommenden Systeme vernünftig abgewickelt werden könnte, da ihre rein webbasierten Clients funktional minimalistisch ausgelegt waren und die Fat Clients wiederum eine recht schnelle Serververbindung benötigten, weil sie auf sehr eloquenten Protokollen aufsetzten. Nichts also für den Zugriff von Samoa aus, höchstens per Terminal und selbst das mit einem Token etc. Der gute Mann müsste einen halben Koffer mit Equipment bepacken, und selbst dann würden wir ihn nur zähneknirschend und unter Vollprotokollierung hereinlassen, was die Latenz weiter „fördern" würde.

Also haben wir es abgelehnt und stattdessen eine Alternative über einen Fat Client vorgeschlagen – auch aus ganz anderen, hier irrelevanten Gründen. Unser Businessmensch war aber fast am Boden zerstört, dass wir seinen Traum vom Samoa-Cockpit ruiniert haben. Die Geschäftsleitung wurde eingeschaltet, die sich aber nur für die nackten Zahlen interessierte. Also haben wir die Berechnung vorgelegt, und man hat sich schon auf der zweiten Zeile entschieden: nein! Danach ging es mit unserem Vorschlag weiter, aber der Mann hatte uns das bis ans Projektende nachgetragen und sich generell vom Vorhaben weitgehend distanziert.

Wie die Kinder, echt...

Die andere Wahrnehmung – eines Enablers – ist die realistischere und IT-relevantere. Dabei geht es wirklich darum, eine Technologie oder deren Mischung so einzusetzen, dass das Geschäft höheren Ertrag bringt. Folgender Vergleich dazu: Will man ein Autorennen gewinnen, so nimmt man ein leichteres, schnelleres und wendigeres Auto. Dieses hätte man natürlich auch gerne beim Transportieren der Waren, damit man schneller fertig wird und in der gleichen Zeit mehr Kunden beliefern kann. Aber hier muss man auch auf die Lastaufnahmefähigkeit des Vehikels achten. Also sucht man sich die passende Technik aus.

Business konzentriert sich logischerweise aufs Geldverdienen, und die IT muss es ihm ermöglichen. Jenseits der unnötigen Spielereien wird es immer wichtiger, dass IT-Lösungen nicht nur das Abarbeiten der Businesstätigkeiten erlauben, sondern das Business proaktiv mit Lösungsvorschlägen, intelligenten Analysen und automatisierten Optimierungen von Businessabläufen sowie deren transparenter Kontrolle bei der Erreichung von dessen Zielen unterstützen. Während diverse ITs dieser Welt immer noch tief in der Defensive stecken und eher reagieren, wird von ihnen eigenständiges Business-Enabling erwartet. An dieser Stelle herrscht immer noch ein Gap.

Haben Sie sich eigentlich schon mal ernsthaft gefragt, warum so viele Menschen im Fachbereich auf Microsoft Excel schwören und es für keine Lösung der Welt eintauschen würden, es sei denn, sie kann das Gleiche und noch viel mehr? Der Erfolg der Tabellenkalkulation liegt vor allem darin, dass sich die tabellarische Abarbeitung von diversen Daten für einen Menschen am besten eignet. Man kann von Feld zu Feld springen und hat den gesamten Überblick über die Eingaben, man kann Berechnungsformeln hinterlegen und schnell mal ein hochkompliziertes Diagramm erzeugen. Was das Abarbeiten bestimmter Eingaben angeht, ist das Tool unschlagbar. Viele Menschen, die sich restlos an Excel gewöhnt haben, schreiben sogar liebend gern ihre Rechnungen in Excel, obwohl man dabei im ersten Schritt eher an die Textverarbeitung denkt. Aber das geht da auch, und man muss das Medium nicht einmal verlassen.

Dateneingabe ist reaktiv, und die moderne IT ist immer noch nicht massenweise in der Lage, mehr als Excel zu liefern. So viele Programme ähneln in ihrem Kern der Tabellenkalkulation, dass man auf ihre Erstellung eigentlich gleich hätte verzichten können. Konzepte wie grafische Assistenten oder Page Flows sind als Business-Supporter nur dann interessant, wenn es darum geht, den Endbenutzer in eine enge Dateneingabegasse zu zwängen und ihn da nicht mehr herauszulassen, solange er seine Daten nicht ordentlich hinterlegt und auch wieder ordentlich den Speicherknopf gedrückt hat. Aber die Businessleute, die die Abarbeitung selbst erledigen oder eine Massenabarbeitung betreiben, wollen Excel.

Was ihnen fehlt, ist das Proaktive. Dass das System nicht nur stupide auf die Daten wartet, sondern dass es einem regelmäßig die Geschäftsstatistiken bereitstellt, ausgewertet in diversen Drills in jede nur erdenkliche Richtung. Sie wollen wissen, wie die Mitarbeiter performen. Sie wollen gewarnt werden, wenn geschäftliche Regeln nicht richtig greifen oder wenn Schwellwerte unter-/überschritten werden. Sie wollen eben diese Geschäftsregeln selbst zu jedem Zeitpunkt unter Kontrolle haben und nicht ständig bei der IT anklopfen, wenn eine neue Marketingaktion gestartet werden soll. Sie wollen, dass sich die IT-Systeme intelligent verhalten. Der Unterschied zu einem Spielzeug ist der, dass das Spielzeug an sich keinen nennenswerten Mehrwert hat, obgleich ebenso intelligent sein kann.

1.5   Was macht IT erst richtig erfolgreich?

Die Antwort auf diese Frage ist, ohne weitere Erklärungen, recht einfach: Die IT ist dann erfolgreich, wenn Business sie für erfolgreich hält. Geht man allerdings in die Tiefe dieser Aussage, so muss man die einzelnen Erfolgsfaktoren genauer aufstellen und untersuchen.

Es gibt vier primäre Erfolgsfaktoren für die IT. Drei davon kann sie selbst steuern, beim vierten ist sie restlos auf die Mitwirkung des Business angewiesen. Tabelle 1.1 beschreibt diese Faktoren kurz, und sie werden nachfolgend detaillierter erörtert.

Erfolgsfaktor	Kurzbeschreibung	Selbst steuerbar?
Vorgefertigte Lösungen	Die IT hält für verschiedene Businessbedürfnisse vorgefertigte bzw. standardisierte oder maßgeschneiderte Lösungen parat	ja
Fachverständnis	IT-Mitarbeiter verstehen das Business und das Fachgebiet, für welche sie die Lösungen bauen	ja
Rentabilität	Was in die IT investiert wird, kommt mindestens in gleicher Höhe, besser aber noch mit einem Ertrag zurück	ja
Gleichberechtigung	Die IT kooperiert mit dem Business als Partner auf gleicher Augenhöhe	nein

Tabelle 1.1: Erfolgsfaktoren der IT

Vorgefertigte Lösungen

Die Lösungen „aus der Dose" sorgen für schnelles Vorankommen, kurze Reaktionszeit bei Veränderungen und guten Business-Support. Das Business will ja nur etwas in die IT „kippen" und daraus eine Lösung bekommen. Umso besser dann natürlich, wenn die IT nicht nur reagiert und immer hinterherwankt, sondern proaktiv nach Lösungsansätzen sucht und die Businessbedürfnisse im Voraus erkennt und sich dafür passende Mechanismen zurechtlegt. Abbildung 1.3 verdeutlicht diesen Werkzeugsatz grafisch.

Die vorgefertigten Lösungen können als technische Artefakte bzw. Konzepte verstanden werden, aber auch als mentale Einstellung und das erforderliche Businessverständnis der IT-Truppe. Es ist absolut unerlässlich, dass die IT das Business versteht. Keine Abstraktion der Welt kann es einem abnehmen, in die fachliche Tiefe der herangetragenen Anforderungen einzusteigen. Und ohne Anforderung gibt es keine Architektur.

Fachverständnis

Eine grafische Darstellung dieses Sachverhalts bzw. dieses Erfolgsfaktors ist recht schwierig. Versuchen wir es einmal nur mit Worten. Erfahrungsgemäß nimmt ein Businessmensch den ITler, mit dem er es zu tun hat und der die fachlichen Gedanken und Ausführungen des besagten Businessmenschen nicht wie erwartet versteht, einfach nicht ernst. Die Businessmenschen haben es ohnehin an sich, zu denken, dass jede Minute ihres Lebens der potenziellen baren Münze entspricht, sodass sie sich gegenüber der IT immer sehr kurz, gar lakonisch fassen. Kommt da kein Verständnis zurück, wollen sie sich erst gar nicht mit den Erklärungen abmühen.

Abbildung 1.3: Erfolgsfaktor: für alle Anforderungen gewappnet

Aus dem wahren Leben...

Ich war mit einer Vertriebsleiterin auf Kundentour irgendwo im Norden. Wir hatten einen recht anstrengenden Flug und es war Hochsommer, sodass wir bei unserer Ankunft am Reiseziel einigermaßen gereizt waren. Ein Profi kann aber normalerweise auch mit so einer Situation locker fertig werden. Dachte ich auch, und ward damit fertig. Nicht aber meine Kollegin.

Sie musste „zu Hause" anrufen und sich mit einem meiner daheimgebliebenen IT-Kollegen über die fachlichen Details eines neuen Features unterhalten. Sie machte es immer direkt, obwohl es ein zentralisiertes Produktmanagement gab – sie interessierte das einfach nicht, und nachdem sie eine Menge Umsatz heranschaffte, interessierte dies auch die Geschäftsführung nicht.

Also unterhielt sie sich direkt mit dem Entwickler. Ok, sie unterhielt sich nicht wirklich, sondern machte ihn regelrecht zur Schnecke, weil er wohl irgendeine Kleinigkeit nicht richtig verstand. Sie brüllte in ihr Handy was das Zeug hält und schimpfte auf den armen Mann, dem Kesselflicker nahe. Als das „Gespräch" zu Ende war, schmiss sie außer sich vor Wut das Handy in die Tasche und fragte mich, wieso wir diesen Trottel überhaupt noch bei uns hielten.

Ich persönlich hielt eine ganze Menge von dem Mann und war empört. Zu ihr sagte ich gar nichts, meldete den Vorfall aber direkt der Geschäftsleitung. Ich habe gehört, sie bekam Probleme – trotz Umsatz – und durfte von da an nicht mehr direkt auf die Entwickler zugehen. Und jedes Mal, wenn sie es versuchte, wollten die Leute mit ihr nicht reden oder vertrösteten sie auf nimmer wieder. Was will sie denn machen, sich beschweren?

Zu solchen Verhältnissen wäre es nicht gekommen, wenn sie sich etwas Zeit dafür genommen hätte, ihr Anliegen in einer dem Menschen zugänglichen Form zu schildern. Aber viel mehr lag das Problem in dem fehlenden fachlichen Know-how der Entwickler, was zum Teil an der extremen Fluktuation lag, die wiederum durch die absolut unverschämte Haltung des Business gegenüber der IT lag. Ein Teufelskreis.

Es ist ungemein wichtig, dass die IT eines Unternehmens, in dem es Fachbereiche gibt, sich mit den Fachthemen auseinandersetzt, sei es durch Schulungen, Coaching oder gezielte Interviews und gute Dokumentation. Es ist absolut unerlässlich, und daher braucht es immer so viel Zeit, einen Internen oder Externen ohne entsprechende Fachkunde in ein Projekt zu integrieren. Das ist nicht die Technik, hier geht es um das Fachverständnis. Ohne dieses kann die IT keinen Erfolg haben, weil sie dann nicht weiß, was sie überhaupt entwickelt und supportet.

Rentabilität

Es mag zwar lächerlich erscheinen, dies auch nur zu erwähnen, aber Sie können sich nicht vorstellen, wie viele ITs dieser Welt nicht rentabel sind. Zumindest sind sie es nicht in den Businessköpfen, weil womöglich die Ertragsberechnung nur einseitig ausfällt. Wenn man nur so rechnet, dass in einer bestimmten Zeitperiode so und so viel für die IT ausgegeben wurde, und das Geschäft lief schlechter als in einer vergleichbaren Zeitperiode davor, die IT-Kosten waren aber höher, dann wirkt die IT nicht rentabel. Die Rechnung ist aber in dieser Form falsch, da die IT im Gegensatz zum Business „nur" Dienstleister, und somit auf die Erfolge des Business angewiesen ist. Wenn das Business immer mehr in die IT investiert, dadurch aber kaum Neugeschäft generiert, ist das das Problem des Business, nicht der IT.

Auf der anderen Seite ist es ganz leicht, diesen Missstand auf die IT zu schieben – denken Sie an die Uhr am Beginn dieses Kapitels. Ein Laie kann da nicht hineinschauen, also bleibt er bei der Außensicht. Und das muss er meist vor seinesgleichen rechtfertigen, also passt das Gesamtbild für alle Kritiker.

Um die passende Augenhöhe geht es im nächsten Block – die eigentliche Grundvoraussetzung, damit solche Rechnungen keinen Boden haben. Eines kann die IT jedoch auch von sich aus tun: im eigenen Hof so gut aufräumen, dass man sich nach außen als ballastfrei und minimalistisch präsentieren kann. Nichts mehr zu streichen, alles absolut notwendig, um das Business weiter zu supporten. Die IT muss es jederzeit beweisen, dann wird die Schuldzuweisung seitens des Business automatisch nach 2-3 Versuchen verstummen. Generell sollte sich das Business, im Gegensatz zu den supportenden Unternehmensbereichen, immer und immer wieder die goldene Verkaufsregel vor Augen führen: „No Excuses!" – wie es ein dem Autor bekannter IT-Manager zu sagen pflegte. Ein Verkäufer, der nicht verkaufen kann, ist kein Verkäufer.

Aber unter dem Strich ist die Erwartungshaltung des Business etwa eine solche, wie sie in Abbildung 1.4 darstellt ist.

Abbildung 1.4: Erfolgsfaktor: mehr Ertrag als Aufwand

Wenn man die Rentabilität betrachtet, kommt man um das vielerorts mehrfach durchgekaute Thema ROI nicht herum. Auf diese Milchmädchenrechnung mit der Genauigkeit einer Wettervorhersage wird in Kapitel 6 näher eingegangen – ebenfalls aus pragmatischer Perspektive.

Gleichberechtigung

Keine IT im Unternehmen kann adäquat performen, wenn sie für einen Kostenfaktor gehalten wird. Schlimmer noch, sie kann es gar nicht, wenn sie es auch wirklich ist. Wie in diesem Buch mehrfach erläutert wird, wird bei Business-Ungereimtheiten gerne die Schuld auf die IT geschoben, da sie sich selbst in solchen Fällen nicht wehren kann. Sie benötigt einen Schutzmechanismus, sei es der eigene Vertreter in der Geschäftsleitung oder die eher freiwillige Akzeptanz seitens des Business als gleichberechtigter Geschäftspartner (wobei bei so etwas „harte" Mechanismen besser greifen als die freiwillige Komponente.

Nur wenn die IT auf Augenhöhe mit Business arbeitet, kann sie es mit passenden Ergebnissen unterstützen. Neben psychologisch begründeter Aversion seitens der IT-Truppe, auf die Bedürfnisse des Business einzugehen, wenn dieses wiederum die IT für die Müllabfuhr hält und sie auch so behandelt, kommen noch weitere negative Faktoren ins Spiel, wenn die gleiche Augenhöhe fehlt: Misstrauen des Business gegenüber Aufwandsschätzungen, Infragestellen der fachlichen und personellen Qualität usw. Auch die Messbarkeit des Erfolgs hängt stark davon ab, ob die IT mit dem Business auf gleicher Augenhöhe arbeitet. Auf der anderen Seite muss die IT natürlich bereit sein, in eine solche Zusammenarbeit zu investieren, z. B. interne SLAs mit hauseigenen Kunden zu vereinbaren, die auch verbindlich sind, an dem hausinternen Geldfluss teilzunehmen, Budgets für planbare Dauer zu fixieren etc.

Abbildung 1.5: Erfolgsfaktor: auf gleicher Augenhöhe mit dem Business

Was als Voraussetzung für den Erfolg der IT gilt, tut es gleichzeitig auch als wichtige Anforderung an die IT selbst. Sie muss rentabel sein und das Business mit einem Werkzeugkasten und fachlichem Wissen unterstützen können, um vom Business akzeptiert zu werden und die gleiche Augenhöhe zu erreichen. Das ist aber kein Teufelskreis, sondern vielmehr eine Spirale. Irgendwann nähert man sich durch die immer kleinere Amplitude der Abweichung dem Idealzustand – es pendelt sich also ein, wie es Abbildung 1.6 mehr oder weniger eindrucksvoll demonstriert.

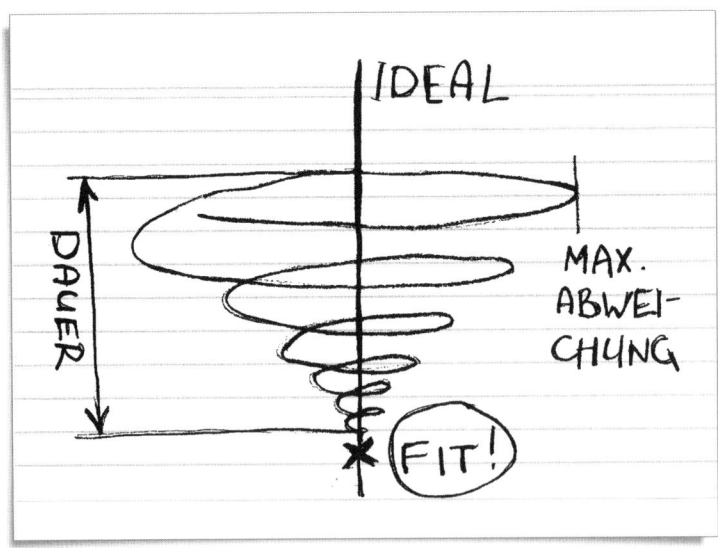

Abbildung 1.6: Spirale der Annäherung der IT an das Business

Und die IT-Architektur?

Und was hat das nun mit der IT-Architektur zu tun? Direkt nichts, indirekt jedoch eine ganze Menge. Nur in Umgebungen, wo die IT als vollwertiger und wichtiger Partner akzeptiert wird, kann die IT-Architektur technische Mittel bereitstellen, die die Businessanforderungen auf angemessene Dauer erfüllen. Aus der Defensive lassen sich keine erfolgreichen Architekturen erstellen – sie entstehen im Angriff. Angriff ist nur bei Partnerschaft möglich, sofern es sich nicht um einen Krieg handelt.

Der Pragmatismus der IT-Architektur sorgt dafür, dass beim Business nicht das Gefühl entsteht, die IT arbeite für den Selbstzweck. Das Business ist nämlich immer der Meinung, es füttere die IT durch – wie bei jedem sonstigen Dienstleister auch. Also muss man architektonisch dafür Sorge tragen, dass dieses Gefühl stets von einer Zustimmung begleitet wird. Schnell geschossene Lösungen, die den Ad-hoc-Bedarf des Business decken, krachen kurze Zeit später zusammen, weil sie nicht für Evolution ausgelegt wurden. Neuinvestitionen mindestens in gleicher Höhe führen bei Erweiterungen dazu, dass beim Business die Begeisterung für die schnelle Erstlösung ganz schnell wieder schwindet. Die Lösung war somit, trotz rapider Initialumsetzung, absolut erfolglos.

Dagegen führen überdimensionierte, unzweckmäßig überfüllte Architekturen bereits bei der Erstlösung zum Stillstand, weil sie die Dynamik verhindern. Statt in der Anfangsphase die kurze Time-to-Market mittels solider, aber nicht vollausgebauter Konzepte und Technologien zu enablen, macht sich eine solche Architektur zum Selbstzweck und stellt alles Weitere in den Hintergrund. Der Erfolg ist in dieser Situation ebenfalls unmöglich.

Die IT-Architektur muss sich also mit diversen Kompromissen zwischen der Dynamik und Solidität sowie Zukunftssicherheit positionieren. Dann ist sie pragmatisch. Und womöglich erfolgreich. Das ist ja eben die Herausforderung für den IT-Architekten – klar neben dem IT-Management – mit seinen Taten und Ideen für Rentabilität der IT und den vorgefertigten fachlichen und technischen Baukasten zu sorgen, um vom Business die notwendige Akzeptanz für die IT zu erwirken. Somit schließt sich glücklich der Kreis.

2 Pragmatische IT-Architektur

Warum um alles in der Welt ist in einem Buch über IT-Architekturen das theoretische Kapitel über die Architektur eines der kürzesten, könnte sich der Leser fragen? Die Antwort darauf lautet: Weil die Theorie bereits ausreichend woanders beschrieben ist, genauso wie die Praxis. Diese Welt hat kein weiteres theoretisches Buch über IT-Architekturen nötig, und auch keine weitere Beschreibung einer Erfolgsstory – davon gibt es mehr als genug, und jeden Tag wird ein neues publiziert. Was uns von Anfang an durch dieses Buch führt, ist der Pragmatismusgedanke, und so ist auch dieses Kapitel gemeint: Es besteht aus einem kurzen theoretischen Abriss und diversen Tipps zur pragmatischen Anwendung dieser Theorie.

2.1 Lehrbuch im Narrenspiegel: Was ist IT-Architektur[1]?

IT-Architektur definiert statische und dynamische Aspekte der IT. Die wichtigsten davon werden in Tabelle 2.1 aufgeführt und anschließend erläutert.

Aspekt	Statisch	Inhalte (Beispiele)
Physik	Ja	Netzwerk, Hardware
Anwendungen	Ja	Programme, Middleware, OS
Daten	Ja	Selbsterklärend
Management	Nein	Konfiguration, Monitoring, Statistik
Betrieb	Nein	Verteilung, Datensicherung
QoS	Nein	Ausfallsicherheit, Verfügbarkeit, Katastrophenschutz
Sicherheit	Ja	Selbsterklärend
Schnittstellen	Ja	Angedockte Systeme, Fremdsysteme
Prozesse	Nein	Entwicklung, Release, Change

Tabelle 2.1: Aspekte der IT, die durch die IT-Architektur definiert werden

Physik

Hier geht es um die gesamte Infrastruktur, Standortanbindung und sämtliche Hardware-Klotze. Alles, was irgendetwas leitet und was man anfassen kann.

---

1   http://de.wikipedia.org/wiki/IT-Architektur

Anwendungen

Das sind eigene Entwicklungen, Fremdsoftware, Betriebssysteme, Middleware etc. Alles, was auf logischer Ebene seinen Dienst tut.

Daten

Nicht nur Unternehmensdaten, sondern vor allem die Kundendaten liegen im Fokus einer jeden IT-Architektur.

Management

Alles rund um die Verwaltung der IT, z. B. Monitoring bzw. KPIs usw. – sämtliche Überwachungen und proaktiven Maßnahmen werden hier berücksichtigt.

Betrieb

Ein ganz wichtiger Aspekt ist der Betrieb, der kostengünstig und reibungslos funktionieren soll, worauf ein großes Stück des Kerns der IT-Architektur abzielt.

QoS

Ganz wichtige Aspekte wie die Verfügbarkeit oder das Verhalten unter steigender Last bzw. Skalierbarkeit werden durch Quality Of Service (QoS) definiert.

Sicherheit

Alle Zutrittsthemen, welcher Art auch immer, sowie die Aufbewahrung sensibler Daten werden in diesem Aspekt geführt.

Schnittstellen

Jede IT hat Schnittstellen – nach innen und nach außen. Dieser Aspekt beschäftigt sich mit der Beschaffung und dem Lifecycle dieser Schnittstellen.

Prozesse

Entwicklungsprozess, Deployment, Release- und Change-Management etc. – das alles sind Teilprozesse der IT, die durch eine gute IT-Architektur optimal gestaltet werden können.

Und nachdem wir den theoretischen Part abgehandelt haben, sollten wir erörtern, was die IT-Architektur aus unternehmerischer Sicht überhaupt für einen Sinn und Zweck hat. Was ist der eigentliche Nutzen dieses mehr oder weniger theoretisch angehauchten Etwas, das niemand außer den Architekten selbst zu verstehen scheint, nicht einmal die vorgesetzten IT-Manager? Die Antwort darauf erstreckt sich über das ganze Buch, kann aber an dieser Stelle in Kurzform gegeben werden, was den Leser jedoch nicht vom Lesen des restlichen Buches abhalten soll – das Geld ist ja schon bezahlt.

Aus pragmatischer Sicht, die wir uns bei dieser Lektüre aneignen wollen, bietet IT-Architektur dem Unternehmen einen Mehrwert. Indem statische und dynamische Sichten und Prozesse der IT mit dem Business im Einklang sind, indem sich die IT zu einem adäquaten Geschäftspartner innerhalb des Unternehmens und darüber hinaus entwickelt, wird die IT-Architektur für das Unternehmen immer wichtiger. Nicht als Selbstzweck, sondern als Garant und Lieferant der technischen und prozessualen Ordnung in der IT, ihrer Berechenbarkeit, Planbarkeit und ihrer Kontrolle. Das ist es, was die IT-Architektur für das Unternehmen mitbringt. Und mehr darüber in dem ganzen Buch.

2.2 OSI-Modell[2] angewandt: Flughöhen und Abstraktionsgrade

Versuchen wir doch einmal mehr oder weniger im Scherz, das bekannte OSI-Schichtenmodell auf die Arten der Architekturen innerhalb der IT-Architektur zu übertragen. Denn diese besteht ebenso aus vielen Schichten, die sich aufsteigend immer weiter vom Boden entfernen – mit aufsteigendem Logikanteil bzw. Abstraktionsgrad verliert die jeweilige Architektur an Bodenkontakt. Und alles endet mit der allumfassenden Unternehmensarchitektur, die bereits außerhalb unseres Fokus liegt.

Layer 1: Infrastrukturarchitektur

Alles rund um das Thema Netze und Hardware sowie deren Zusammenspiel wird durch die Infrastrukturarchitektur abgedeckt. Es ist der unterste und Abstraktionsgrad, da man sich hier mit anfassbarer Physik befasst.

Layer 2: Sicherheitsarchitektur

Die Sicherheitsarchitektur beschäftigt sich u. a. mit Zutrittsregeln, Firewall-Regeln, VPN-Zugängen, einem generellen Sicherheitskonzept usw. Die Bodennähe ist immer noch da, wird jedoch durch mehr Logik abgeschwächt.

Layer 3: Datenbankarchitektur

Hier wird alles betrachtet, was um irgendwelche Datenhaltungen herum geschieht: Datenbanken, Dateisysteme usw. Auch hier ist der Bodenkontakt noch ganz deutlich, man hebt aber bereits ins Logische ab.

Layer 4: Software-/Systemarchitektur

Das ist der logische Part der IT-Architektur. Es geht dabei um den klassischen Aufbau von Software sowie um die Interaktion zwischen verschiedenen Softwareprodukten. Auch Schnittstellen wie Datenaustausch fallen in den Fokus dieser Architekturart. Das ist bereits ein fast rein logischer Typus, sodass die Bodennähe dieser Architekturart nicht mehr spürbar ist, obgleich die Architekten immer noch mit den Händen arbeiten können.

---

2 http://de.wikipedia.org/wiki/OSI-Modell

Layer 5: Informationsarchitektur

Hier geht es um die logische Sicht auf die Daten des Unternehmens, auf ihre Zusammen-hänge, ihren Wert für den einzelnen Businessbereich und ihre Einheit. Hier geht es so weit ins Logische und Abstrakte, dass die Architekten Papier und Bleistift bzw. deren elektronische Pendants fast als ihre einzigen Waffen ansehen.

Layer 6: Integrationsarchitektur

An dieser Stelle soll das komplette Zusammenspiel einzelner Komponenten z. B. im Rahmen einer SOA im Fokus liegen – vom Service zur Dateneinheit, alles aufeinander abgestimmt. An dieser Stelle hat man in der Regel bereits keinen Bodenkontakt, sondern hantiert als Architekt nur noch mit bunten Kästchen und tollen gebogenen Pfeilen. Ein paar der Wahnsinnigen fallen aber absichtlich ab und zu auf den Boden zurück, um die Realität nicht zu vergessen.

Layer 7: Unternehmensarchitektur

Hier endet die IT-Architektur und geht in die Enterprise-Architektur über. Diese beschäf-tigt sich vor allem mit dem Aufbau des Unternehmens aus der Sicht des Business, und die IT spielt da eine der möglichen Rollen. Das ist bereits so abstrakt und untechnisch, dass man sogar schon Papier und Bleistift scheuen dürfte und stattdessen auf die direkte Übermittlung der Hirnströme umsteigt.

Aus dem wahren Leben...

Ich hatte mich einmal als Enterprise-Architekt titulieren dürfen, und zwar mit dem Anhängsel „IT". An sich sonnenklar. Ich wollte aber nie den Bodenkontakt verlieren, also programmierte und schraubte ich überall mit, wo ich nur konnte und Zeit dazu hatte. Verkehrt? Vielleicht, ist mir aber auch egal – ich denke pragmatisch und praktisch.

Ich geriet jedoch stark in die Kritik eines externen Architekturberaters, der sich zu diesem Zeitpunkt in einem Projekt tummelte. Er warf mir nämlich vor, ich würde mich weniger mit der Architektur und stattdessen mehr mit niederen manuellen Tätigkeiten befassen. Er kenne nur ein paar „richtige"(!) Enterprise-Architekten, ich gehörte nicht dazu, sagte er einmal zu mir.

Sein größter Erfolg bei uns war, leise abzutreten, nachdem er ein Riesenprojekt für viel Geld völlig in den Sand gesetzt hatte und selbst keinen Finger krumm machte, sondern nur irgendwelche Bilder malte, die niemand verstand – nicht die Kunden und nicht seine eigenen Berater. Das muss dann die wahre Enterprise-Architektur gewesen sein...

2.2.1   Reality Check - das Metamodell eines Neutrons

Nun haben wir wirklich ein Neutron in Einzelteile zerlegt, oder nicht? Ja, das haben wir. Wir haben also versucht, das Metamodell der IT-Architektur aufzustellen, was in sich schon ein Witz ist – wer braucht denn so etwas? Das Beispiel soll wie Vieles in diesem Buch zeigen, dass das Zerlegen von Sachen in die kleinsten Teile oft gar nicht notwendig ist und zu weit führt, also zum eigenen Vergnügen oder Selbstzweck geschieht. Wenn wir hier schon pragmatisch werden würden, sollten wir bereits nach der Definition der IT-Architektur und dem Wiki-Verweis aufgehört haben. Wir haben also ein Neutron in Einzelteile zerlegt, um zu zeigen, dass die IT-Architektur viel mehr zu bieten hat als nur ein paar technische Konstruktionsmöglichkeiten. Ihre Aufgabe ist es, die IT an dem Business auszurichten, also im Verbund der Geschäftsbereiche und Dienstleister als Neutron aufzutreten und die IT im Unternehmen zum zuverlässigen ruhenden Pol zu machen.

2.3 Buzzwords oder die Gebote: Ziele und Prinzipien

Im Bereich der Architektur haben sich mehrere Basisbegriffe und Ideen etabliert, von denen man immer wieder hört und die ein pragmatischer Architekt immer passend für sich und seinen Kontext einzusetzen weiß, ohne dabei stark in die Theorie zu verfallen. Wir wollen an dieser Stelle einige dieser Prinzipien überfliegen, um eine Idee davon zu bekommen, wie sie pragmatischerweise aufzufassen sind. Denn nicht alles, was in den Geboten steht, muss und kann befolgt werden – man weiß inzwischen, dass es nicht mehr als nur Richtlinien sind, sonst ist man zu starr und unbeweglich.

Das Open-Closed-Prinzip[3]

Dieses besagt: Baue dein System so, dass es offen für Erweiterungen und geschlossen für Änderungen ist. Das läuft meistens darauf hinaus, dass ein kleiner, stabil gehaltener Kern mit lauter Plug-ins jedweder kontextrelevanter Form erweitert wird, die stabile Schnittstellen implementieren und dahinter die gesamte Logik verbergen. Das ist es im Wesentlichen aus der pragmatischen Perspektive heraus. Die Theorie geht da noch weiter und definiert dieses Prinzip für die kleinsten Codeartefakte, was auch richtig und jedem Architekten anzuraten ist. Die einschlägige Literatur dazu bietet gute Ansätze zur Verwirklichung dieses Ansatzes im Softwaredesign.

Lose Kopplung[4]

Ein alter Traum der Softwareentwickler: Komponenten, die sich nicht kennen, werden in einer Situation zu einer Suppe zusammengemischt und spielen so in einer größeren Einheit wie z. B. in einem Prozess zusammen. Keinerlei Abhängigkeit dabei zwischen den einzelnen Komponenten. Der Ansatz sollte immer verfolgt werden, und die interfacebasierte Entwicklung bietet schon einen guten Start dazu. Weitere Ansätze sind z. B. Reflection und Dependency Injection, die es einem ermöglichen, die Herstellung der Abhängigkeiten zwischen den Komponenten aus der statischen Entwicklung in die dynamische Laufzeit zu verlagern.

---

3   http://de.wikipedia.org/wiki/Open-Closed_Principle
4   http://de.wikipedia.org/wiki/Lose_Kopplung

Hohe Kohäsion[5]

Hier geht es im Wesentlichen darum, dass Komponenten bzw. Klassen innerhalb von Komponenten und Paketen sich in ihrem Sinn und Zweck nach innen orientieren. Sie sollten zu 100 % mit den Artefakten aus dem gleichen Paket zusammenwirken und nichts von der Außenwelt kennen bzw. dieser nichts anbieten außer Schnittstellen des Gesamtpakets. Und sie sollten funktional nur das anbieten, was von dem jeweiligen Paket erfordert wird.

Es ist nicht leicht, diesen Ansatz durchgängig zu implementieren – man müsste sonst wirklich immer API von der Implementierung trennen, was sich nur für Bibliotheken wirklich rentiert, sonst ist der Aufwand zu hoch. Man sollte zumindest versuchen, logische Komponenten so zu gestalten, dass deren kleinere Teile wie z. B. Klassen untereinander auskommen und die Außenwelt ignorieren.

Wiederverwendbarkeit

Das ist auch ein halbes Märchen. Es hängt nur vom Kontext ab, was wann widerverwendbar sein soll. Viele Architekten bauen Systeme so, dass jede Kleinigkeit darin als Kapsel existiert und woanders herangezogen werden kann. Braucht man das immer? Nein. Der Pragmatiker sorgt dafür, dass nur die Teile wiederverwendbar sind, die auch das Potenzial dazu haben. Alles andere wird one-way implementiert – auf den Bedarf hin. Man kann später immer noch refactoren und extrahieren, falls es notwendig wird. Aber von Anfang an auf Wiederverwendung zu achten, treibt den Aufwand enorm in die Höhe und ist keineswegs pragmatisch.

Industrialisierung

Noch ein weiterer alter Traum der Softwareentwicklung. Dabei geht es primär darum, dass man Software einmal erstellt und dann nur per Konfiguration für unterschiedliche Anwendungsarten und Kundenwünsche ausliefert. Das ist vor allem für die Hersteller von sog. Standardsoftware interessant, da sie sich dadurch erhoffen, den Aufwand bei dem Customizing zu ersparen. Man muss aber leider sagen, dass dadurch so viel an Flexibilität verloren geht, dass man die Kundenwünsche einfach wie z. B. bei SAP in einen eigenen, engen Rahmen zwängen muss. Das ist nicht immer passend – Kapitel 7 befasst sich deutlich tiefer mit dieser Materie.

An dieser Stelle wollen wir uns ansehen, was eine Softwareindustrialisierung ermöglichen kann. Das sind vor allem generative Ansätze, Dinge wie die MDA etc. Einmal eine Schablone oder ein Modell entwerfen, danach per Generator oder Transformator den jeweiligen spezifischen Fall erzeugen. Klingt gut, ist aber in vielerlei Hinsicht ein unerfüllter Traum – die MDA z. B. ist in ihrer reinen Form nur auf dem Papier möglich, Abwandlungen wie MDSD gehen einen pragmatischeren Weg und besagen: Lass die Schönheit und Abstraktion weg, werde konkret und bring es ans Laufen. Absolut pragmatsch.

---

5   http://de.wikipedia.org/wiki/Koh%C3%A4sion_(Informatik)

Software wird für drei Sorten von Menschen gemacht: die, die sie entwickeln, die, die sie betreiben, und die, die sie genießen. Wir sind Menschen, keine Roboter. Unsere Welt ist so bunt, dass wir oft mit knappen, einfachen Aussagen nicht das zum Ausdruck bringen können, was ein Generator erwarten könnte. Und die Kundenwünsche sind auch immer so bunt, dass man hier statt der Abstraktion und des Zwangs, diese Wünsche einzurahmen und zu kastrieren, lieber auf deren Erfüllung eingehen sollte. Ein zufriedener Kunde ist der, der sich in der Software wiedererkennt, und nicht unbedingt der, der als Maschine bzw. als ein Häkchen auf der Referenzliste eines Anbieters abgefrühstückt wurde. Wobei man die Kosten auch nicht außer Acht lassen darf – Geld entscheidet über vieles in der Architektur, und wenn es notwendig ist, einen Kunden billig von der Stange zu versorgen, ist das wiederum pragmatischer als ihm ein teures Luftschlösschen zu bauen, für das er nicht zahlen will.

Deklarativ vor imperativ

Dieses hier kann man recht schnell erledigen. Es heißt, entwickele so, dass du mehr beschreibst und konfigurierst, statt es hart zu kodieren. Bis zu einem gewissen Grad ist dieser Ansatz goldig und einfach, wenn jedoch jede einzelne Klasse mit einem Interface versehen wird, obgleich sie gar keine nennenswerte Schnittstelle hat, hat man umsonst Aufwand hereingesteckt. Es ist allerdings heutzutage wirklich gang und gäbe, die Grunddinge zu konfigurieren, und das ist auch gut so. Denn was würde passieren, wenn man z. B. die Servernamen in die Klassen hart kodieren würde? Ein Horror. Und auch die Erzeugung von z. B. Glue-Code aus Konfigurationen statt direkter manueller widerholter Kodierung gehört heutzutage ebenfalls zum Basisarsenal eines jeden Entwicklers.

Frameworking

Ein ganz wichtiges Thema. Man sollte zunächst einmal immer versuchen, fremde Bibliotheken hinter eigenen Schnittstellen und Wrappern zu kapseln. Man kann sie dann leichter rausreißen und austauschen. Und zudem ist es wichtig, eigene Frameworks zu schaffen und fremde zu integrieren, wie wir es in Kapitel 5 sehen werden. Ein technisches wie mentales Framework sorgt dafür, dass eine Architektur einen gewissen Rahmen aufweist, dass die Leute die vorhandenen Mechanismen und idealerweise auch nur die nutzen und nicht immer wieder anfangen, das Rad neu zu erfinden.

Serviceorientierung

Ach ja, auf diesen Hype, der eigentlich keiner ist, kommen wir sehr aktiv in Kapitel 7 zurück. Was macht aber die Serviceorientierung eigentlich aus? Hier sind die wichtigsten Kriterien für die technische Seite der Serviceorientierung, also Aufbau der Services und der Servicelandschaften (die idealerweise im Ganzen in den Köpfen der Fachleute, nicht der Techniker beginnt):

- Loose Coupling: Services sind lose gekoppelt, also ohne harte Abhängigkeiten, die allesamt zur Laufzeit aufgelöst werden

- Contract: Services kommunizieren ausschließlich über syntaktische und semantische Schnittstellen miteinander, die sie gemeinsam haben

- Reusability: Services sind wiederverwendbar

- Abstraction: Services abstrahieren sich von ihrer Umgebung und alle anderen von den von ihnen angebotenen technisch Details

- Autonomy: Services können ganz alleine und in Verbänden funktionieren und sind voneinander unabhängig

- Composability: Services können zu größeren Services wie Prozessen kombiniert werden

- Statelessness: Services führen keinen eigenen Zustand

- Discoverability: Services können gefunden und ermittelt werden

Für alle weiteren Details jenseits dieses Überblicks kann an sich wieder nur auf die einschlägige Literatur verwiesen werden. Dabei kann man auf sehr dicke und theoretische Schmöker von Thomas Erl oder auf weniger bekannte, dafür pragmatischer und praxisnäher ausgelegte Bücher der weniger bekannten Experten zurückgreifen.

Design Patterns

Nein, hier werden wir nicht lange stehen bleiben – Literatur zu den Patterns sowie Patterns selbst gibt es zuhauf. Daher wird dieser Abschnitt ganz kurz ausfallen, und zwar mit folgender Aussagte: Patterns sind essenziell für gutes Softwaredesign. Nicht viele davon, sondern einige wenige wird der Architekt pro Projekt einsetzen, wenn er pragmatisch und nicht verspielt ist – eben nur die, die Sinn machen. Und: man darf niemals in die sog. Pattern-Pathologie verfallen, bei der man nach allen Kräften versucht, in jeder Kleinigkeit ein publiziertes Pattern zu erkennen und dieses auch gleich umzusetzen. Die Suche nach Patterns tötet dann einfach den Projektfortschritt. Oder noch schlimmer: niemals ein Pattern auf einen Anwendungsfall hin vergewaltigen, verbiegen. Wenn es nicht passt, sollte es einfach nicht in Frage kommen – Patterns sind Erkennungsmuster und kein Selbstzweck.

2.4 Die Welt auf dem Papier: Sichten

Es ist sehr wichtig, bei der Architekturbeschreibung verschiedene Sichten auf eben diese Architektur zu legen und zu beschreiben. Es gibt nicht *die* eine Sicht, es gibt mehrere, und es können je nach Situation unzählige werden. Wir wollen hier den Klassiker – die n+1-Sichten kurz erörtern, zu dem es natürlich unzählige literarische Beschreibungen gibt.

2.4.1 Das n+1 der Softwarearchitektur

In der Darstellung bzw. Beschreibung von Softwarearchitekturen hat sich die n+1-Notation eingebürgert. Das Mindeste sind immer 4 + 1 Sichten, mit der 4, die auch mal mehr werden darf. In Tabelle 2.2 sind die Hauptsichten als „Pflicht" gekennzeichnet. Die Use-Case-Sicht legt sich quasi über alle anderen, da sie sich auf alle anderen unmittelbar auswirkt – es sind ja die Vorgaben, die eine Architektur treiben.

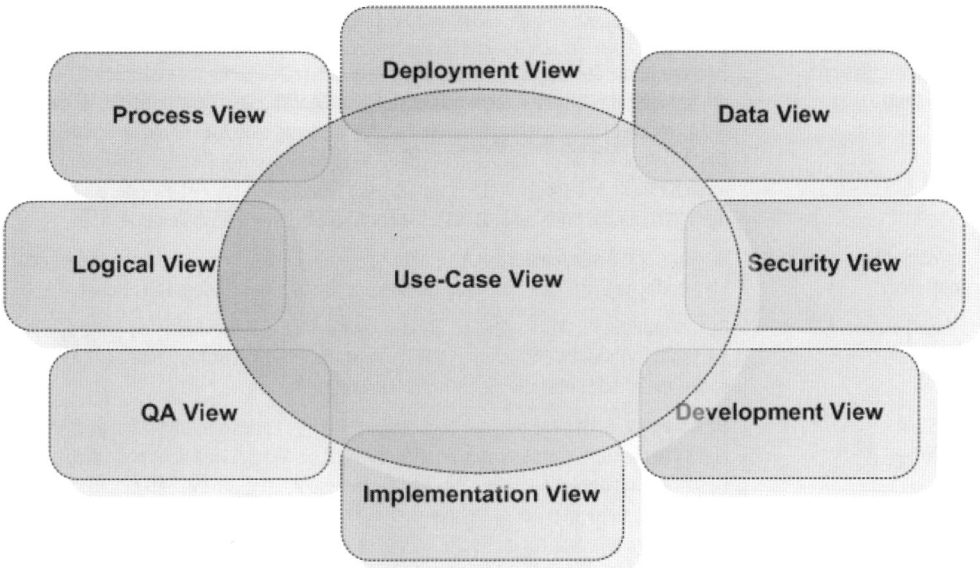

Abbildung 2.1: Mögliche Sichten auf die Softwarearchitektur

Sicht	Beschreibung
Logische Sicht (Pflicht)	Beschreibt die Schichtung des Systems, Pakete und Objekt-/Domänenmodell. Das ist die Vogelperspektive mit Blick auf die Gesamtstruktur und die Funktion wichtigster Komponenten. Es können ein paar gemischte Schichtenbilder mit Zugriffspfeilen sein.
Verteilungssicht (Pflicht)	Beschreibt die physische Verteilung der Hauptkomponenten des Systems sowie die Zielbetriebsinfrastruktur. Aus pragmatischer Sicht reicht hier das Deployment-Diagramm nach UML.
Prozesssicht (Pflicht)	Beschreibt die Interaktion zwischen den Prozessen und Threads des Systems. Hier kann man sich z. B. bei Java-basierten Webapplikationen die Sicht einfach mal einsparen.
Datensicht (Pflicht)	Beschreibt die Hauptdatenstrukturen und Datenflüsse im System sowie die Mechanismen zum Mapping von Daten in den Anwendungscode und umgekehrt. Ein klassisches ER-Diagramm tut hier bestens seine Dienste – ein Pragmatiker muss nicht alles nach UML machen.
Use-Case-Sicht (Pflicht)	Beschreibt die wichtigsten architektonischen Use Cases. Die Form der Beschreibung ist völlig egal – aus pragmatischer Sicht. Hauptsache man versteht, worum es geht. Und noch ein pragmatischer Tipp: Die Use-Case-Diagramme nach UML kann und will auf dieser Welt kaum ein Mensch lesen außer einigen Fanatikern – das mag hart klingen, ist aber aus der Erfahrung so. Und auch die Form der Use Cases muss nicht die Reinheit eines Cockburns erreichen – das spielt in den meisten Fällen überhaupt keine Rolle. Besser ein Bild mit dem UI-Dialog und Erklärung dazu, das zündet deutlich besser, als trockenere abstrakter Text.

Tabelle 2.2: Einige wichtige Sichten

Sicht	Beschreibung
Entwicklungssicht (optional)	Beschreibt die Entwicklungsumgebung sowie unterschiedliche unterstützende Tools, die Namenskonventionen für Artefakte und Konfigurationen. Zwar optional, ist diese Sicht trotzdem ganz wichtig – für die Entwickler. Wenn eine Tool-Chain im Spiel ist, sollte sie unbedingt beschrieben werden. Und Namenskonventionsbeschreibung ist an sich Pflicht – sie sollte trotz Pragmatismus niemals fehlen, insbesondere wenn man Wert auf die Codequalität legt. Die Form spielt dabei jedoch keinerlei Rolle.
Implementierungssicht (optional)	Beschreibt die ausgelieferten Artefakte sowie die Generatoren, die diese erzeugen. Eine einfache Liste inkl. Aufrufsanweisungen dürfte hier in jedem Fall reichen.
Sicherheitssicht (optional)	Beschreibt die Punkte in der Architektur, an denen die Sicherheit eine Rolle spielt. Verschlüsselung, Firewalls etc. – die Form ist aus pragmatischer Sicht egal, Hauptsache man findet hier die sicherheitsrelevanten Punkte.
QS-Sicht (optional)	Beschreibt z. B. das Tooling, mit dem die Qualität des Codes kontinuierlich geprüft und sichergestellt werden kann. Auch hier reicht eine Liste, vielleicht noch die Beschreibung der Reihenfolge. Was ganz interessant ist: wenn ein SAD einem Vertrag als Pflicht beigelegt wird, sollte man hier in jedem Fall auch den Qualitätssicherungs- und Abnahmeprozess für die Technik fixieren: so z. B. Test-Coverage-Schwellenwerte, max. Anzahl der Prio2-Bugs etc. Das bindet den Dienstleister und ermöglicht einem, die Qualität des Codes als Abnahmekriterium zu behaupten. Andernfalls wird die Qualität immer den Schnellschüssen um des Termins willen zum Opfer fallen.

Tabelle 2.2: Einige wichtige Sichten (Forts.)

In dem Beispiel-SAD, das sich in Anlage A befindet, kann man an einigen Sichten sehen, was ihre pragmatischen und oftmals ausreichenden Beschreibungen sind.

2.4.2 Reality Check – die Suche nach der passenden Dioptrie

Abbildung 2.2: Ist das die richtige Abstraktion eines Menschen?

Wenn Sie auf Abbildung 2.2:, Abbildung 2.3 und Abbildung 2.4 schauen: Was sieht in Ihren Augen mehr nach einem Menschen aus? Und welche Abstraktion des Menschen wäre vom Modell her die passendere? Mal ganz abgesehen davon, dass die detaillierteste Abstraktion sogar die Kopflosigkeit des betrachteten Subjekts offiziell zulässt? Ich wette, Sie als Mensch würden recht spontan auf das erste Bild, zur Not dann auf das zweite, aber auf gar keinen Fall auf das dritte zeigen. Sie als Architekt würden jedoch allerdings mehr zum Bild Nr. 3 neigen. Warum? Verschiedene Perspektiven und verschiedene Sichtweisen, aber auch verschiedene Dioptrien.

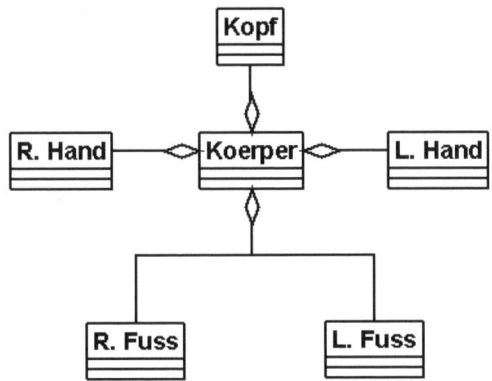

Abbildung 2.3: Oder ist das die richtige Abstraktion eines Menschen?

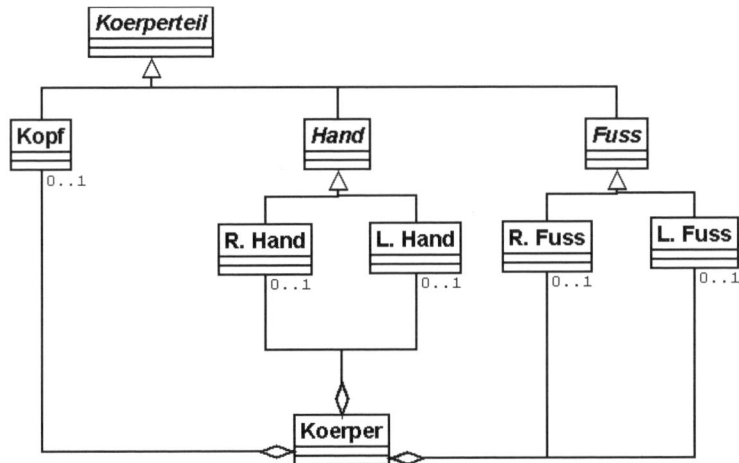

Abbildung 2.4: Oder ist dann doch das hier die richtige Abstraktion eines Menschen?

Architekturen werden hauptsächlich von Maschinen interpretiert, ihre Beschreibungen allerdings meistens von Menschen. Was für eine Maschine ein Leichtes ist, ist für ein menschliches Auge eine Tortur. Aber auch umgekehrt: die Untiefen des menschlichen Gehirns sowie der menschlichen Wahrnehmung bleiben für die Maschinen ein Geheimnis – und da kann manch ein Träumer widersprechen wie er will. Das ist aber auch gut so, denn die Maschine ist die menschliche Kreation, nicht umgekehrt. Was für das Gehirn zu anstrengend linear und schlichtweg wahrnehmungstechnisch langweilig ist, kann der Mensch der Maschine überlassen und sich zurücklehnen – dafür haben wir schließlich diese Blechtrottel mit immer größer werdenden Pferdestärken in unserem Dienst.

Das Wichtigste ist, den richtigen Scope der Betrachtung zu erwischen, den richtigen Blickwinkel und die richtige Dioptrie. Der Kontext und der Bedarf entscheiden darüber, wie tief der Architekt für die Lösung in die jeweilige Materie einsteigt. Man kann nämlich Vieles als Blackbox ansehen, ohne daraus eine detailliert betrachtete Whitebox zu machen. Wollen Sie z. B. Details des Ozeangrundes kennen, wenn sie 10 000 Meter darüber fliegen? Wahrscheinlich nicht. Der Grund ist für Sie unwichtig, das Ziel des Fluges aber schon. Erinnern Sie sich an den einen Mann im Monty-Python-Klassiker „Das Leben des Brian", der auf dem Platz steht und irgendetwas von irgendwelchen Dingen brabbelt, die in die anderen Dinge greifen und diese dann mit den anderen kleineren Dingen vermischen usw., bis ihn Brian unter großem Applaus des wenigen Publikums vom Podest haut? So darf es dem Architekten nicht ergehen, so viel ist schon mal sicher.

Aus dem wahren Leben...

Wir hatten einen solchen jungen Mann in einem Projekt. Er war so versessen auf die letzten Details der allerfeinsten UML-Spezifikation, dass er den Wald vor lauter Bäumen nicht sah und sich voll und ganz in der Verwaltung des Nichts verlief. Er ging nach drei Monaten, ohne ein einziges verwertbares Ergebnis hinterlassen, dafür aber alle anderen für die Nichteinhaltung der UML-Spezifikation heftig kritisiert zu haben. Und niemand, aber auch wirklich niemand wollte wissen, was er tut – man hat nur das Ende der minimalen Vertragsdauer abgewartet.

Ich habe nie wieder von ihm gehört – er muss in einer großen Architekturabteilung eines Selbstverwalters gelandet sein, garantiert.

2.5 Daseinsberechtigung – treibende Faktoren

Nun wollen wir wissen, was eine Architektur überhaupt treibt – welche Faktoren, Einflussnehmer etc. Es gibt nämlich keine Architektur ohne Anforderungen – Architektur ist nie zum Selbstzweck da. Und die Fachlichkeit der Lösung, also die Erfüllung der funktionalen Kundenwünsche, steht immer im Vordergrund. Welche Anforderungstypen gibt es überhaupt? Wollen wir mal sehen…

2.5.1 Funktionale Anforderungen

Nun ja, das sind die funktionalen Anforderungen – eben die, die das System zu dem machen, was der Kunde davon erwartet. Ganz einfach, und es gibt nicht viel mehr dazu zu sagen. Nur noch das: Je komfortabler ein System in der Bedienung ist, umso komplexer ist dessen interner Aufbau. Diese goldene Regel sollte immer bekannt sein und z. B. bei den Aufwandsschätzungen helfen.

2.5.2 Nichtfunktionale Anforderungen[6]

Wir wissen alle, dass die ersten Dinge, die bei einem System gleich auffallen, dessen Aussehen, dessen Leistungsfähigkeit und Komfort sind. Alles andere verblasst dahinter. Nichtsdestotrotz wollen wir die wichtigsten nichtfunktionalen Anforderungen (sog. NFRs) auflisten, sie aber nicht kommentieren – entweder werden sie in diesem Buch bereits kommentiert, erklären sich von selbst oder sind so komplex, dass man ein ganzes Buch dafür benötigt. Wir bleiben aber mit einem Überblick einfach nur pragmatisch und recht oberflächlich. NFRs bzw. deren Arten sind also u. a. (Quelle: Wiki):

■ Zuverlässigkeit (Systemreife, Wiederherstellbarkeit, Fehlertoleranz)

■ Aussehen und Handhabung (Look-and-Feel)

■ Benutzbarkeit (Verständlichkeit, Erlernbarkeit, Bedienbarkeit)

■ Leistung und Effizienz (Antwortzeiten, Ressourcenbedarf, Wirtschaftlichkeit)

■ Betrieb und Umgebungsbedingungen

■ Wartbarkeit, Änderbarkeit (Analysierbarkeit, Stabilität, Prüfbarkeit)

■ Portierbarkeit und Übertragbarkeit (Anpassbarkeit, Installierbarkeit, Konformität, Austauschbarkeit)

■ Sicherheitsanforderungen (Vertraulichkeit, Informationssicherheit, Datenintegrität, Verfügbarkeit)

■ Korrektheit (Ergebnisse fehlerfrei)

■ Flexibilität (Unterstützung von Standards)

Aus dem wahren Leben...

Eine aufstrebende junge Firma präsentierte uns ihre hochmoderne, allumfassende und volldynamische CRM-Lösung in der Hoffnung, diese bei uns flächendeckend zu platzieren. Uns, d. h. in diesem Fall einem 500-Mann-Laden mit ca. 300 für die Lösung in Frage kommenden Nutzern und mindestens so vielen Arbeitsplätzen. Und über uns auch noch ein Konzern mit Zigtausenden von Mitarbeitern weltweit. Also nicht gerade ein Leichtgewicht, sodass sich aufgrund der bestehenden Zwänge und Richtlinien ein sehr genauer Blick auf den Anbieter und sein Produkt als absolut notwendig empfiehlt (das gilt aber auch für andere Konstellationen).

Die Lösung wurde ausschließlich im ASP-Betrieb angeboten, sodass wir mit unserem eigenen ausgelagerten Konzernbetrieb schon von Anfang an unsere Bedenken hatten. Aber wer weiß, vielleicht versteckt sich hinter der ganzen Jungdynamik tatsächlich eine solide Perle. Also unterhielten wir uns über dies und jenes, über die fachlichen Funktionen in erster Linie, aber auch technische Aspekte wie die Datenintegration oder die Schnittstellen.

---

6   http://de.wikipedia.org/wiki/Anforderung_(Informatik)#Klassifikation_nichtfunktionaler_ Anforderungen

Ich wartete natürlich bis zum Schluss mit unseren harten Zwängen wie der Firewall-Dreistufigkeit bei externem Zugriff oder dem Verbot bestimmter Verteilungsmethoden und Protokolle etc. Diese senken erfahrungsgemäß die Präsentationsmotivation, da sie auch uns selbst ausreichend stark demotivierten – sie schränkten die Dynamik ein, da sie für Großkonzerne galten und sich leider automatisch auch auf deren deutlich schlankere und beweglichere Töchter ausweiteten.

Das angebotene System selbst schickte sich an, den gesamten Arbeitsprozess unserer Vertriebsmitarbeiter ohne weitere Medienbrüche und vollintegriert abwickeln zu können. Dazu hatten die Anbieter jedoch nicht den integrativen Ansatz gewählt, bei dem sie ihr schlankes System in die bestehenden Landschaften und infrastrukturelle Komponenten integrierten, sondern schlugen samt all diesen Komponenten auf: Das ASP-System baute voll und ganz auf eigenen Mailversand, eigene Dokumentenablage usw.

Als ich das hörte, bat ich den Vertreter des Herstellers darum, mir zu erklären, wie er es sich vorstelle, wie dieses System unsere bestehenden Vertriebler-E-Mail-Accounts integrieren würde. Er lächelte und sagte enthusiastisch, es sei gar nicht nötig – den gesamten Mailverkehr leitet man auf das ASP-System um. Wie bitte? Ich fragte, ob er damit erwarte, wir gäben ihm das MX-Record (das MX Ressource Record, um genau zu sein). Die Antwort war „ja", und er zeigte mir voller Begeisterung den Admin-Dialog, auf dem das eingerichtet werden konnte. Das hieße, der Vertriebler-Mailverkehr liefe ganz und gar über die Server der Anbieter und dann über die CRM-Plattform.

Ob er es ernst meine, hatte ich ihn gefragt. Wir seien Teil eines Weltkonzerns mit strikten Sicherheitsauflagen und genauen Vorgaben, wo und wie wir unsere Infrastruktur betreiben dürfen. Und dazu zählte ganz gewiss nicht die Auslagerung des derart sensiblen Mediums wie E-Mail zu einem recht fragwürdigen CRM-Software-Anbieter. Und was würde passieren, wenn deren Rechenzentrum explodiert? Oh, da seien sie bestens gerüstet – die Server stünden in dem Rechenzentrum eines Großanbieters, war die Antwort. Ach ja, und gibt es auch ein Ausweichrechenzentrum? Und überhaupt, was ist mit dem Mailverkehr, der an der Software vorbeiliefe? So was gäbe es gar nicht bei einer integrierten Lösung, war dessen Antwort. Das hieße dann, warf ich ein, dass wir uns komplett den Weg für die mit absoluter Sicherheit besser funktionierenden Groupware-Produkte verbauen, denn an unsere eigenen Mail kämen wir ja nicht heran. Ach, da könnte man doch Weiterleitungen einrichten, das wäre doch gar kein Problem, parierte er gekonnt. Und was ist dann mit Redundanzen? Welches ist dann das führende Mailsystem? Wo archiviere ich die Dinger? Da könnte man sich etwas überlegen, murmelte der Anbieter entgeistert.

Ich bedankte mich und verzichtete auf die weitere Teilnahme an diesem technischen Kindergarten. Das Produkt taugt in dieser Form gerade mal für Zweimannklitschen. Welcher Unnütz tut sich denn das bei einer halbwegs professionellen Unternehmung an?

Kurz danach war auch die Präsentation vorbei und wir hörten nie wieder was voneinander.

2.5.3 Emotionale Anforderungen

Was, Sie kennen das nicht? Das steht in keinem Buch? Und? Das meiste, das wirklich interessant ist und in Wahrheit zählt, steht in keinem Buch. Emotionen spielen im Leben des Menschen nahezu die allerwichtigste Rolle, und es gibt keinen Grund, dass die IT sich von dieser Sache abwendet. Apple und Google hätten sonst nie derartigen Erfolg, wenn man ihre Kreationen ohne Emotionen wahrnehmen würde. Die meisten architektonischen Diskussionen und Betrachtungen sind jedoch so langweilig und trocken, dass die einzige dadurch hervorzurufende emotionale Reaktion ein kräftiges Erbrechen sein kann.

Wollen wir doch mal einige enorm wichtige emotionale Anforderungen durchgehen und zeigen, was in oder hinter ihnen steckt. Wir fangen mit der Auflistung in Tabelle 2.3 an und erläutern die einzelnen Anforderungen anschließend.

Anforderung	Emotion
Coolness	Boa, ist das Ding cool!
Gute Grafik/Visibility	Das schaut ja richtig geil aus!
Modernität/Mode	Das ist das Neueste am Markt!
Geschmeidigkeit	Das Ding fühlt sich so geschmeidig an!
Offenheit	Das ist komplett Open Source!
Integrierbarkeit	Das Ding tauscht sich mit meinem Browser automatisch aus!

Tabelle 2.3: Einige emotionale Anforderungen

Coolness

Insbesondere Techniker, aber auch technikaffine Kunden fahren sozusagen voll darauf ab, wenn die Software oder die Hardware so richtig „cool" ist. Dem Leser dieses Buches wird man diesen Begriff und die damit verbundenen Emotionen wohl kaum erklären müssen, dem Autor ist aber auch schon mal ein Mann begegnet, der Ultra-SPARC-Maschinen als „Sexy-Hardware" bezeichnete. Dieser trug aber einen schottischen Rock, kariertes Sakko und karierte Baskenmütze und zählt daher nicht wirklich.

Gute Grafik/Visibility

Das erste, was der Kunde sieht, ist das Äußere – zumindest ist das bei Hardware und insbesondere bei Software der Fall. Heutzutage sind grafische Möglichkeiten so weit fortgeschritten, dass ein supermodernes, flackerndes Aussehen von jedem einem langweiligen fensterbasierten Interface vorgezogen wird, selbst wenn es mehr Prozessorlast kostet. Und mal ganz ehrlich: die modernen Grafikkarten sind schon so gut, dass man sich wirklich mehrfach überlegen sollte, immer noch einfach gestrickte schlichte GUIs für verspielte Kunden zu bauen. Man könnte glatt davon abraten. Die Kunden wollen heutzutage, dass es flickert, flackert und bunt aussieht – wie auf dem iPhone. Die IT muss sich diesem eindeutigen Trend beugen.

Modernität/Mode

Alles, was neu ist, ist automatisch das Beste. Sonst würde man das doch nicht gebaut haben, oder? Na ja, nicht ganz, aber es stimmt in einem: Der moderne Kunde will im hohen Tempo der Zeit bleiben und behält das Bestehende nur kurz, um zum Nächsten zu wechseln. Oder wie oft haben Sie schon Ihren Handyvertrag geändert und/oder sich ein neues Handy geholt? Da muss die IT mit ihrer Architektur ran, um dieser Anforderung gerecht zu werden.

Geschmeidigkeit

Wenn sich etwas „gut unter den Fingern" anfühlt, mögen wir es. Es ist bei Lederschuhen nicht anders als bei einer Software. Es macht Spaß, etwas zu nutzen, was sich angenehm bedienen oder, im Falle von Bibliotheken, als Basis verwenden lässt. Jeder Techniker assoziiert mit dieser Anforderung recht schnell seine eigene Vorstellung von Geschmeidigkeit. Und solch geschmeidige Lösungen können Motivation, Kundenbindung etc. extrem erhöhen.

Offenheit

Techies lieben Open Source, sie tun es einfach. Man hat heutzutage in Entwicklerkreisen, insbesondere um Java oder PHP, eine regelrechte Allergie gegenüber Kaufsoftware. Man hält sie für zu starr und kann selbst gar nicht reinschauen. Dass dies nur die Allerwenigsten jemals tun, sei mal dahingestellt – die Emotion besagt, man könnte reinschauen, wenn man wollte. Eine ganz wichtige Emotion, die im Idealfall zu einer ganzen Open-Source-Strategie führt.

Integrierbarkeit

Wenn Dinge miteinander kommunizieren und sich untereinander verstehen, ist unser Herz gleich mit Liebe und Zuneigung erfüllt. Es wäre toll, wenn sich dein iPhone mit deinem Windows-Mail verstünde – tut er aber nicht, was seinen Wert für dich extrem mindert. So geht es uns bei allem, und die IT-Architektur steht heutzutage für integrierte, integrierbare und integrierende Lösungen – keine Frage.

2.5.4   Rechtliche Anforderungen

Ohne dass wir an dieser kniffligen Stelle tief einsteigen, wollen wir doch dem Architekten vermitteln, dass die Architektur auch von einer ganzen Menge rechtlicher Anforderungen getrieben wird: die ganzen GdPdU, GoB, Basel II, SOX, PCI DSS etc. dieser Welt haben einen unmittelbaren Einfluss auf die entstehende Architektur.

Diese Vorgaben machen Netze komplex, Firewalls monströs, Datenbanken redundant usw. Aus pragmatischer Sicht ist jedoch nicht alles, was unmittelbar verlangt wird, auch immer gleich zu leisten. Wie kann das funktionieren? Beispielsweise per Outsourcing/ Outtasking: Wird von Ihnen verlangt, die Kreditkartendaten überaus sicher abzulegen und den Zugriff darauf nur Befugten zu ermöglichen, lagern Sie die Speicherung zu jemandem aus, der dafür zertifiziert ist. Er hilft Ihnen schon, das Problem zu lösen und vernünftig aufgesetzt, wird dieses Vorhaben kostengünstiger werden als alles selbst zu machen und die Zertifizierung nach PCI DSS aufrecht zu erhalten.

Und solcher Beispiele gibt es Millionen. Wichtig ist nur zu wissen, dass der Pragmatismus nicht unbedingt in einer planlos gestrickten Lösung liegt, die gerade so den Anforderungen genügt, sondern im ordentlichen Aufbau von externen Partnerschaften bei eben kniffligen Tasks. Man verlagert auch die Verantwortung ein Stück hinaus, was im Ernstfall zumindest ein Polster zum Fallen bietet.

2.5.5 Stakeholder

Dieser Begriff wird oftmals missverstanden, da viele darunter einfach nur die Benutzer des Systems verstehen. Das ist so nicht richtig – User sind einer der möglichen Stakeholder eines Systems. Darüber hinaus gibt es aber noch diverse weitere, die beispielhaft in Tabelle 2.4 aufgeführt und erläutert werden.

Stakeholder	Erläuterung
User	Diejenigen, die das System aktiv nutzen werden
Betrieb	Diejenigen, die das System betreiben und supporten
Auftraggeber	Diejenigen, die für das System bezahlen – sie müssen es gar nicht nutzen
Vater Staat	Sämtliche Anforderer seitens der offiziellen Obrigkeit
Partner	Partner, die direktes oder indirektes Interesse an dem System haben
Entwickler	Diejenigen, die das System entwickeln und warten
Management	Diejenigen, die das System zu Businesszwecken verlangen
Dienstleister	Diejenigen, die das System z. B. extern entwickeln
Eigentümer	Ob Besitzer oder Aktionäre, sie sind natürlich von dem System betroffen

Tabelle 2.4: Einige Stakeholder-Arten

Wie man sieht, sind die Benutzer nur einer der Typen von Stakeholdern. Vater Staat ist immer Nutznießer bei kommerziellen Produkten, sei es auch nur über die Mehrwertsteuer. Und die am meisten unterschätzten Stakeholder sind die Geeks, die Techies. Sie müssen das System mögen, sich damit identifizieren. Es kann noch so goldig sein, wenn die Geeks nicht dahinterstehen, wird es nichts werden. Genauso der Betrieb – wenn er nicht betreiben kann oder will, wird das System mit der Zeit einfach nur verrotten, auch wenn man versucht, den Betrieb mit brachialer Gewalt durchzuboxen (was ohnehin nie so richtig klappt).

Egal, wie pragmatisch der Architekt eingestellt ist, seine Stakeholder muss er kennen und ihre Ziele verfolgen. Alle miteinander in Einklang bringen oder zumindest Kompromisse aushandeln. Mit Vater Staat wird es zwar schwierig, aber vor allem Kompromisse zwischen den Usern und den Techies sind immer gut denkbar und möglich. Ein pragmatischer Architekt lernt seine Stakeholder gleich zu Beginn kennen. Er ermittelt sie zuerst, dann ihre Ziele und dann den Mix zwischen den Zielen. Erst dann kann mit den Arbeiten am System begonnen werden, wenn alle Stakeholder sich darin adäquat wiederfinden.

2.5.6 Das magische Dreieck der Qualität

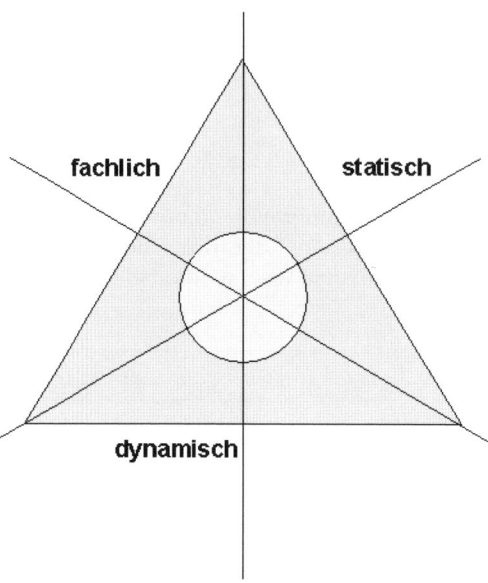

Abbildung 2.5: Das magische Dreieck der Qualität

Wie in Abbildung 2.5 dargestellt, unterscheiden wir an dieser Stelle primär zwischen den in Tabelle 2.5 aufgeführten und erläuterten Qualitätsarten.

Qualitätsart	Erläuterung	Reichweite
Fachliche Qualität	Grad der Erfüllung fachlicher Anforderungen	Kurzfristig
Statische Qualität	Wartbarkeit, Codequalität, Optimalität etc. (NFRs)	Langfristig
Dynamische Qualität	Performance, Usability, Kundenbindung etc. (NFRs)	Mittelfristig

Tabelle 2.5: Qualitätsarten

Die Wahrheit liegt mal wieder in der Mitte. Der pragmatische Architekt tut sein Bestes, um zwischen den drei Extremen ein Optimum zu finden (Kreis auf dem Bild). Leider funktioniert in der IT folgender Spruch nicht wirklich: „Lieber reich und gesund als arm und krank". Es müssen Kompromisse gemacht werden, damit eine Balance zwischen den verschiedenen Qualitäten entsteht. Und sie haben zudem alle ihre eigenen Reichweiten, was einen Kompromiss umso schwieriger macht.

Noch etwas zu der fachlichen Qualität: Sie besteht nicht nur darin, die Funktionen richtig umzusetzen, sondern auch in der Qualität der Daten. Diese wird immer unterschätzt, ist aber in vielen Systemen der Kern des Übels, da die Daten mit der Zeit strukturell und inhaltlich einfach nur erodieren, was dazu führt, dass keine vernünftigen Auswertungen möglich sind, Dubletten entstehen etc. Kümmern Sie sich um die Qualität Ihrer Daten – betrachten Sie dies als eine der wichtigsten Anforderungen an Ihr System.

2.5.7 Das Beste ist das Passendste

Was macht also eine erfolgreiche, pragmatische Architektur aus? Nicht die Technik, zumindest nicht nur sie. sondern dass sie zu dem Kontext passt – weder ober- noch weit unterhalb des Bedarfs, also gerade passend. Hier sind einige Thesen und Anregungen für Architekten, die diese – zugegeben sehr vereinfachte und optimistische – Aussage etwas konkretisieren (in Wahrheit stimmt die Aussage und ist für einen pragmatischen Architekten auch nicht wirklich schwierig zu leben):

- Die beste Architektur ist nicht die schönste, sondern die, die am besten zum Unternehmen passt

- Sorge dafür, dass die Key-Player deine Architektur mittragen

- Sorge für ausreichend Spaßfaktor bei der Arbeit mit deiner Architektur

- Sorge dafür, dass das Management, wenn es deine Architektur schon nicht im Detail versteht, dann wenigstens von deren Sinnhaftigkeit und Pragmatismus überzeugt ist

- Versuche niemals, einen goldenen Hammer zu kreieren

- Nimm immer die passende Technik und nicht diejenige, die du immer nimmst

- Sorge für Quick Wins, lass jedoch niemals das große Ganze aus den Augen

Das sind nur einige. Derer gibt es auch hier Millionen. Aber auch wieder ganz im Sinne des langsam, aber sicher angelernten oder wiedergewonnenen Pragmatismus sparen wir uns den Rest und überlassen es dem Leser selbst, weitere Thesen und Anregungen für sich abzuleiten.

2.5.8 Reality Check – Money talks

Man muss als Architekt ein für alle Mal der Wahrheit ins Auge schauen und akzeptieren: Geld regiert die Welt, und wer zahlt, der bestellt auch die Musik. Es ist nicht der innere Antrieb oder der Verewigungswunsch des Technikers, der Lösungen zum Erfolg bringt (zumindest außerhalb des Forschungssektors im rein Kommerziellen), sondern der Pragmatismus und das damit verbundene Verständnis für die Belange des Business.

Der Auftraggeber und sein Bedarf entscheiden darüber, wie viel von was gemacht wird und was auf der Strecke bleibt. Und wenn es bedeutet, dass man auf das Bauen bestimmter Teile der Architektur verzichten und stattdessen diese Teile extern dazukaufen muss (Make or Buy, s. Kapitel 6), dann muss man eben in den sauren Apfel beißen und es akzeptieren. Wenn es heißt, die interne Entwicklung ist zu träge und man benötigt mehr Geschwindigkeit, dann muss man eben zur externen Unterstützung greifen und darauf verzichten, alles als das eigene, selbstgemachte Baby anzusehen und es ganz alleine großziehen zu wollen. Das sind nur einige Beispiele von vielen, die zeigen sollen, was es bedeutet, als Architekt auf die Stimme des Geldes zu hören.

Und des Weiteren muss der Architekt für eben diese Fälle auch entsprechende Mechanismen und Prozesse vorsehen, diese aktiv ermöglichen – die Make-or-buy-Entscheidung kommt z. B. nie von alleine, sie muss durch Architektur möglich sein, Fremdkomponenten müssen z. B. integrierbar sein. Beim Outsourcing kommt es darauf an, dass man das System in lauter autonome Blackboxen schneidet, die dann nach außen in Fremdentwicklung gegeben werden können, mit dem Architekten und seinem Team in der Mitte als Integrator. Langweilig? Das Technikerherz steht still bei dieser Vorstellung? So ist das Leben aber.

Eine effiziente Architektur ist also die, die dem Unternehmen aktiv Geld bringt oder einspart. Alles andere ist als Bonus oder eben als unnötigen Ballast anzusehen. Und was ist dann Qualität? Das ist – aus pragmatischer Sicht – der Grad der Erfüllung der Anforderungen. Niemals oberhalb des Angeforderten landen, unterhalb kann man sogar noch weiter unter 100 % gehen, solange der Kunde damit immer noch glücklich ist oder Dinge auf nächste Releases schiebt. Und das ist eben wieder die pragmatische Sicht auf die Dinge.

2.6 Da Big Pikcha - was erwartet speziell das Management?

Was erwartet eigentlich das Management vom Architekten bzw. von der Architektur im Allgemeinen? Was will es darunter verstehen, wenn es sich einen Architekten gönnt? Sicherlich nicht die theoretischen Aspekte des Berufs – sie sind völlig egal, wie schroff das jetzt auch klingen mag. Der Architekt passt die Wirklichkeit um sich herum kaum an sich und seine Theorien an, sondern muss das begleiten und unterstützen, was die Wirklichkeit in Form des Business an ihn heranträgt, und daraus das Beste machen. Und das Management ist in dessen Erwartungshaltung primär fordernd und ungeduldig, was den Architektenjob schon mal um einige Faktoren komplexer macht. Lassen Sie uns einfach in die Erwartungen des Managements einsteigen und sie aus der pragmatischen Perspektive betrachten um zu verstehen, wie wir als Architekten uns am besten positionieren können.

Big Picture

Die klassische Architekturlehre versteht darunter die Dokumentation, die die Architektur eines Systems beschreibt. Übersichtsbilder, Diagramme, Anforderungen, treibende Faktoren, Entscheidungen – also alles, was ein System aus der Vogelperspektive betrachtet ausmacht. Primäre Businessregeln sowie Stakeholder-Ziele gehören genauso dazu. Manche setzen Big Picture der Architektur des Systems selbst gleich, und das kann man auch durchgehen lassen. Soviel zu dem theoretischen Part.

Doch was das Management darunter versteht, ist etwas völlig anderes. Während wir Architekten als Big Picture das unmittelbare Ergebnis unserer Tätigkeit auffassen, gehen die Manager in ihrem Verständnis einen Schritt weiter. Unter Big Picture versteht das Management nämlich viel mehr Umsetzungs-Road-Maps, erforderliche Budgets, Kostenvoranschläge, Mehrjahrespläne, Pläne generell, Ressourcenhochrechnung, Einsparpotenziale, Wettbewerbsvorteile etc. Klingt langweilig, was? Ist aber so – sie interessieren sich überhaupt nicht für die technischen Details – für sie sind das alles „Bits and Bytes". Sie wollen wissen, was das Ganze kostet, wann es fertig ist und was man damit gewinnt oder einspart. Ganz einfach.

Und das ist ihr Big Picture. Von dieser Realität kann man sich nicht abwenden – man muss sie akzeptieren und auch so übernehmen. Die Aufgabe des Architekten ist es, zwischen den beiden Verständnissen und deren Trägern – also dem Management und den Technikern – zu vermitteln.

Und übrigens: wenn das Management sagt, es sieht einen Teil Ihres Entwurfs oder dessen, was Sie zur Umsetzung vorschlagen, als Teil der Vision, so ist es kein Grund zur Hoffnung, sondern ein Todesurteil für Ihren Vorstoß – das ist eine ungeschriebene Regel. Nichts, was Management nicht unmittelbar hier und jetzt mit Blut unterschreibt, wird je gemacht. Das ist auch ein Teil der bitteren Realität, mit der der Architekt jederzeit zurechtkommen muss. Willkommen in der Realität also – hier fühlen sich Pragmatiker sowieso am wohlsten.

Wirtschaftlicher Erfolg

Es ist logisch, dass Unternehmen nicht aus Spaß, sondern aus dem Antrieb heraus existieren, Geld zu verdienen. Die meisten von uns arbeiten auch nicht für den Orden der Mutter Theresa, also müssen wir Leistung abliefern, die zum wirtschaftlichen Erfolg beiträgt. Ob in Form des Gewinns oder der Einsparung, ist dabei kontextabhängig. Aber in jedem Fall muss eine Architektur zu beiden oder zu einem dieser Erfolgsfaktoren stehen und darauf ausgelegt sein. Andernfalls ist sie zum Tode verurteilt, egal wie gut sie technisch sein mag. Und für das Management zählt in erster Linie der wirtschaftliche Erfolg und erst an zweiter Stelle die Menschen.

Und erst viel, viel später in dieser Reihenfolge ist die Technik dran – das darf der Architekt nicht vergessen, denn es wird u. U. jeden von uns mindestens einmal treffen, dass man an Entscheidungen und Maßnahmen mitwirkt, die z. B. zum von oben gewünschten Stellenabbau führen. Architekten können an dieser Stelle – wenn dazu aufgefordert – durch konkrete Maßnahmen mitwirken, also die Architekturen und Prozesse z. B. so auslegen, das mehr Outsourcing möglich ist etc.

Kostenreduktion

Es wurde bereits angesprochen: Heutzutage ist ein wahrer Sparwahn ausgebrochen, ob man es gebraucht hat oder nicht. Moderne Unternehmen drücken die Kosten wo es nur geht und töten dadurch den Spaßfaktor, die Loyalität der Mitarbeiter, die Partnerattraktivität usw.

Aus dem wahren Leben...

Ein neuer Vorstand kam in die Firma, mit einem klaren Auftrag, für eine extreme Kostenreduktion zu sorgen. Er hat auch glatt an den „richtigen" Stellen angefangen: Als Erstes wurde jede zweite Glühbirne ausgeschraubt (langweilig und unkritisch, weil die IT ja eh meistens im Dunkeln gearbeitet hat), und als Nächstes wurden sämtliche Freigetränke gestrichen. Einige der besten ITler haben daraufhin die Segel gestrichen…

Den Architekten trifft es in jedem Fall, bei diesem Sparwahn mitzumachen und seitens der Technik und der Lösungskonzepte für ein enges IT-Budget zu sorgen. Da hilft die pragmatische Sicht ungemein: Alles, was nicht benötigt wird, ist z. B. von vornherein gestrichen. Und wir wissen ja: Durch niedrigere Kosten kann man es trotz schlechterem Umsatz immer noch nach mehr Gewinn aussehen lassen, was bei börsennotierten Unternehmen natürlich ein Teil der Marktstrategie ist. Also, ran an die Arbeit: schlanke Prozesse organisieren, Hardware besser utilisieren, auf Schnickschnack verzichten etc. Hier steckt die pragmatische Essenz der Architektur in Bezug auf die Kostenreduktion.

KPIs[7]

Key-Performance-Indikatoren lassen das Management eine IT nach bestimmten Kriterien überwachen, die man sich selbst setzt. Das sind zum Teil Schwellenwerte wie z. B. „Die Verfügbarkeit der Plattform darf 95 % nicht unterschreiten, sonst ist es ein Gelb-Fall" zum Teil aber auch Zahlenvorgaben wie „Die Anzahl der Besucher muss immer über 10 000 pro Tag liegen, sonst sind wir rot" etc. Im Prinzip sind das alles Ampeln, die dem Management den aktuellen Zustand des Geschäfts anzeigen, und die IT baut diese Ampeln für sich und für andere.

Man darf dabei jedoch nicht außer Acht lassen, dass sich das Management überhaupt nicht für technische KPIs wie „Server X darf höchstens zweimal am Tag für eine Minute ausfallen". Das sind Dinge, aus denen größere, managementrelevante KPIs zusammengebaut werden – eben Einzelüberwachungen, die sich zu einer Geschäftsüberwachung zusammenfügen. Aufgabe des Architekten ist es, aus den Anforderungen des Managements die relevanten KPIs zu extrahieren und auf die tatsächliche Technik herunterzubrechen.

Head Scale

Ach ja, dieses leidige Thema, das denkenden Menschen mit einem vorhandenen Gewissen immer wieder schlaflose Nächte bereitet. Die Architektur kümmert sich u. a. um den Aufbau und die Etablierung von Prozessen, die dem Management bei Bedarf ein Auf- und Abstocken bzw. den Abbau von Stellen – intern wie extern – ermöglichen. Hier muss man der Wahrheit in die Augen sehen und konstatieren, dass das nicht zu vermeiden ist. Daher muss der Architekt sein Bestes tun, um seine Aufgaben mit seinem Gewissen zu vereinbaren. Es ist jedem Einzelnen überlassen, wie und in welchem Maße er das macht.

Hunger

Junge, hungrige und unverheiratete Leute werden überall sehr geschätzt. Sie wollen und würden – so die Denke des Managements – für geringes Geld etwas Großes zerreißen. Dass dieses Klischee nicht stimmt, kann man jederzeit an den Tagessätzen, angeforderten Gehältern und der jeweiligen Teammotivation erkennen. Hungrig können auch ältere verheiratete Mannen sein – hier geht es um die Motivation. Natürlich verdient man mit dem Alter mehr, aber auch die Jugend weiß heutzutage ihren Wert zu verlangen. Hunger kommt von interessanten Aufgaben, vom Selbstwertgefühl und von Abwechslung, nicht von dem Alter – nicht unbedingt jedenfalls. Und ein guter Mix zwischen gestandenen Mannen und jungen Hupfern ist ohnehin das erfolgreichste Rezept in modernen Teams.

---

7   http://de.wikipedia.org/wiki/Key_Performance_Indicator

Was allerdings an dieser Denke stimmt, ist die Tatsache, dass die Jugend schneller ist. Das ist sie, das muss aber nicht heißen, dass sie dadurch besser ist. Für die Abarbeitung der Masse vielleicht, nicht jedoch für durchdachte Lösungen. Hohe Geschwindigkeit ist ohnehin nur dann erforderlich, wenn man versucht, seine Flöhe zu fangen. Nicht bei Architektur. Aber: die Entwicklung muss immer schnell gehen, und man weiß, dass die Entwickler in ihrer Jugend sehr schnell sind, also sollte man es unbedingt nutzen, dabei einen klaren Bewegungsrahmen vorgeben, der der Erfahrung und dem gesunden Menschenverstand entspricht und nicht dem Wunsch des Managements, schnell und billig zu produzieren. In diesem Buch wird dieser Spagat aus der Sicht des Architekten an mehreren Stellen erörtert.

Investitionsschutz

Das ist einer der wichtigsten, jedoch am meisten unterschätzten Aspekte. Nicht einmal Management kann sich im ersten Anlauf auf dieses Thema besinnen. Aber es sieht es sofort ein, wenn es darauf hingewiesen wird. Denn neue Lösungen statt alter Kamellen müssen sich nicht nur rein perspektivisch rentieren, sondern auch ganz oder zum Teil die bisher getätigten Investitionen (Entwicklung, Wartung etc.) berücksichtigen bzw. abdecken. Es muss immer die allererste Überlegung sein: Brauche ich etwas Neues? Kann das Alte noch erweitert werden? Wie lange noch? Wie viel Geld ist in das Alte geflossen? Ist es mehr als man sich von dem Neuen erhofft? Keine technischen Aspekte spielen dabei eine Rolle, sondern rein betriebswirtschaftliche. Technik mag neu und toll sein, aber wenn die alte funktioniert und in ihr viel Geld steckt, warum soll man sie ablösen? Da gibt es keinen Grund. Und wenn man ablöst, muss ein pragmatischer Architekt versuchen, so viel wie möglich aus der alten Welt in die neue hinüberzuretten, um so die getätigten Investitionen zumindest zum Teil zu sichern. Erklären Sie Ihre Beweggründe dem Management – es wird sie garantiert verstehen, und wenn es anderer Meinung ist als Sie, sind Sie als Architekt aus dem Schneider und dürfen was Neues hinstellen.

2.7 Woher weiß ich, ob es das Richtige ist?

Na ja, wir haben in diesem Kapitel das technische und organisatorische Werkzeug eines Architekten überflogen. Und es ist unmöglich zu sagen, welches davon immer das richtige ist, denn der Kontext und auch gewissermaßen die persönlichen Vorlieben entscheiden. Wir fangen aber jetzt an, uns tiefer in die pragmatische Sicht der Architekturdinge zu begeben. Der Leser erahnt an dieser Stelle schon, dass in diesem Buch viele der als solide und stabil geltenden Architektentugenden wenn nicht in Frage gestellt, dann zumindest hinterfragt bzw. auf ihr notwendiges, pragmatisches Volumen hin reduziert werden. Wenn dieses Gefühl entstand und auch der Wunsch da ist, weiterzulesen, kann man nur gratulieren.

3 Pragmatischer Architekt

Nachdem wir nun den Pragmatismus der IT-Architektur selbst untersucht haben, wenden wir uns dem Akteur zu, der für diesen Pragmatismus Sorge tragen und ihn selbst aufweisen sollte: dem IT-Architekten.

Was macht eigentlich einen Architekten zum Pragmatiker? Zunächst einmal ist es seine Einstellung. In dieser Rolle ist kein Platz für Dogmen, Tunnelblick oder blindes Vertrauen. Auch nicht für reine Abstraktion und Theorie sowie Vakuumexperimente. Das Wissen und Verstehen der Theorie ist absolut erforderlich, jedoch nicht ihr dogmatisches Befolgen. Eine gehörige Portion Praxiserfahrung und -können ist ebenso unerlässlich wie das Kennen des umgebenden Kontexts.

Ein pragmatischer Architekt weiß im Prinzip und sollte es sich immer wieder vor Augen führen, dass seine Rolle – und die Rede ist von einer Rolle und nicht einer Position – nicht selbstverständlich, weil absolut querschnittig ist. In diesem Kapitel wird diesem Sachverhalt auf den Grund gegangen, da es nicht jedem Architekten bewusst ist, wie man die Querschnittsfunktion zu verstehen und auszuüben hat. Und auch dem, dass ein externer Architekturberater in dieser Rolle nicht wirklich an einen internen Architekten heranreichen kann – nicht nur im technischen, sondern vor allem im kontextspezifischen Sinne.

Eines beruhigt trotz des ganzen Outsourcing-Wahns der Moderne doch ungemein: Egal, wie viel davon betrieben wird, egal, wie viele Aufträge an fernen Ufern landen, werden Unternehmen immer interne Mitarbeiter benötigen (sogar noch mehr), die die Interna und das Business kennen und die gesamte Technik sowie die Kernsysteme im Auge bzw. unter Kontrolle behalten. Alles andere ist auf Dauer zu zerfahren, zu teuer, zu out! Also sollte man sich als Architekt den notwendigen Pragmatismus und die erforderliche Selbstironie aneignen und mit einem Lächeln in den Kampf ziehen. Am Boden, nicht im Elfenbeinturm.

Übrigens, auch sich nur auf das Bücherschreiben zu beschränken führt zu dem Verlust der praktischen Erfahrungen und somit direkt in den Ivory Tower. Deswegen entsteht dieses Buch bei schummerigem Kerzenlicht in der späten Abendstunde. Und wenn's fertig ist, geht's wieder voll und ganz an die tägliche Arbeit.

3.1 Spieglein, Spieglein an der Wand...

Zwischen einem Wunschbild und der Realität liegen oftmals Welten. In der IT existieren so viele theoretische Abrisse von erforderlichen Rollen, die in schön getrennte Schubladen geordnet und zwischen denen klare Schnittstellen definiert sind – man muss nur in Richtung der ITIL schauen, die sich zwar anschickt, Best Practices zusammenzufassen, aufgrund des schieren Umfangs aber so unrealistisch überladen und aufgeblasen ist, dass man nur dann ernsthaft an sie denken kann, wenn es explizit verlangt wird.

So auch der IT-Architekt, der nach dem Wunsch des Rollenerfinders und der gängigen Definitionen im Mittelpunkt des IT-Geschehens platziert ist und von dort aus zwischen allen möglichen Fronten vermittelt. Wenn man fest an dieses Bild glaubt, läuft man selbst Gefahr, enttäuscht zu werden. Denn trotz aller schönen Theorie ist diese Rolle nicht selbstverständlich und nicht klar positionierbar. Es ist eine Querschnittfunktion, eine Stabsstelle und auf gar keinen Fall eine Stufe in der Hierarchie – zumindest wenn sie funktionieren soll. Sehen wir uns einmal die Bilder genauer an, doch zunächst eine etwas tiefere Betrachtung der Aspekte, die einen ITler zum Architekten machen und zwar ganz konkret am Beispiel des Softwarearchitekten. Danach gehen wir mit unserer Betrachtung viel mehr in die Breite, nachdem die erste Einstiegshürde genommen ist.

Wann ist man überhaupt Architekt? Die Frage sollte man sich selbst in jedem Fall stellen, bevor man in die Architektenrolle schlüpft. Denn eine Menge Verantwortung und Herausforderung sind mit dieser Rolle verbunden. Eine Auseinandersetzung mit den Rolleninhalten und -motiven erst zu einem späteren Zeitpunkt im Projekt kann fatal sein. Man muss sich in jedem Fall frühzeitig der Aufgaben und Pflichten des Architekten bewusst sein, um diese erfolgreich meistern zu können.

Man kann keine eindeutige Unterscheidung zwischen Programmierern, Entwicklern und Architekten treffen. Im Grunde genommen sind wir alle Entwickler. Ob einer von uns Programmierer oder Architekt oder was auch immer ist, darf in keinem Fall als Position in der Hierarchie, hart abgesteckter Rahmen oder Prädikat auf Lebenszeit festgehalten oder verstanden werden, höchstens als Rolle. Wer in einem Projekt als Architekt fungiert, kann im nächsten wieder als Entwickler unterwegs sein. Das ist in erster Linie eine Frage des erforderlichen fachlichen Schwerpunkts, der Expertise in der jeweiligen Technologie und generell der Projektstruktur und deren Erfordernisse. Eine einmal gespielte Architektenrolle generiert keinen Anspruch auf Fortbestand in Folgeprojekten, höchstens ein Infragekommen. So bleiben Teams dynamisch und motiviert, Projekte vermeiden tödliche Starre und schleppenden Fortschritt, und Entwicklungsabteilungen verzichten auf unnötige Strukturen. Und noch einmal: Jeder Entwickler beteiligt sich mehr oder weniger intensiv an der Architekturentwicklung.

Selbst wenn man unbedingt eine explizite Trennung zwischen Entwicklern und Architekten herbeiführen möchte, sind folgende Aspekte zu beachten. Ein Architektenzertifikat macht aus einem Entwickler noch keinen Architekten. Auch nicht unbedingt die Qualifikation, die firmeninterne Rangliste, das Dienstalter, der akademische Grad oder die Anzahl der veröffentlichten Publikationen. Stattdessen sind es wieder die berühmten „weichen" Skills wie der Charakter und das Verständnis für das Problemfeld sowie der Wille zu stark strukturiertem Vorgehen und der Mut zur Übernahme (großer) Verantwortung. Einen unverzichtbaren Beitrag leistet dabei die Erfahrung.

Die eigentlichen, einigermaßen fachlich getriebenen Unterschiede zwischen Architekten und Entwicklern, sofern man sie auseinanderhalten möchte, liegen neben den „weichen" Parametern in erster Linie in der leitenden Motivation, in der Verhaltensweise und in den Tätigkeitsaspekten. Diese drei Parameter mögen zwar etwas „härter" als „weich" sein, sie zählen aber bei weitem noch nicht zu der Kategorie der Hard Skills. Alleine daran kann man erkennen, dass die Unterscheidung zwischen dem Entwickler und dem Architekten so flüchtig ist wie die Herznote eines Parfüms.

Fangen wir an mit der leitenden Motivation. Entwickler und Architekten haben durch ihren divergierenden Tätigkeitsfokus auch leicht unterschiedliche Prämissen, abgesehen von dem gemeinsamen Ziel, den Kunden mit dem Softwaresystem „glücklich" zu machen. Dadurch sind die Taten bzw. Tätigkeiten von Entwicklern und Architekten auch unterschiedlich motiviert. Tabelle 3.1 zeigt ein paar wenige Motive und ihre groben Indikatoren für die von uns betrachteten Rollen.

Motiv	Entwickler	Architekt
Erfolg	In-time/in-budget gelöst	Kodierung in-time/in-budget ermöglicht
Anerkennung	Wie gewünscht gelöst	Effizient gelöst/ermöglicht
Kosten	In-budget gelöst	Kostenreduktion ermöglicht
Risiko	Bekannte Risiken gemieden	Erkannt und minimiert
Erfüllung	Von eigenem Code begeistert	Vom ermöglichten Code anderer begeistert
Performance	Eigenen Code ohne Bottle Necks abgeliefert	Performante Entwicklung/Betrieb ermöglicht

Tabelle 3.1: Unterschiede in der Leitmotivation zwischen Entwicklern und Architekten

Erfolg

Eines unserer wichtigsten Handlungsmotive. Der Erfolg eines Entwicklers wird daran gemessen, ob er rechtzeitig und korrekt eine Funktion bereitstellt. Der Architekt dagegen muss diese Bereitstellung dem Team erst überhaupt ermöglichen. Daraus folgt, dass der Architekt ausschließlich am Erfolg des Teams gemessen wird.

Anerkennung

Auch dieses Motiv leitet einen Menschen primär. Ein Entwickler erntet seine Anerkennung neben technisch beeindruckenden Hacks vor allem durch Funktionen, die genau so arbeiten, wie sie sich der Kunde gewünscht hat. Ein Architekt hat es in erster Linie auf die Effizienz seiner Lösungen und Frameworks abgesehen und wird dadurch anerkannt.

Kosten

Ein in der modernen IT unausweichliches und oftmals lästiges, jedoch geschäftlich gesehen notwendiges Motiv: IT muss sparen. Während ein Entwickler seine Aufgaben einfach nur zu geplanten Kosten zu erledigen braucht, hat es der Architekt wesentlich schwerer: Er muss die Kostenreduktion ermöglichen, wo immer sie denkbar und sinnvoll ist. Wiederverwendung, Industrialisierung etc. sind dabei seine hehren Ziele.

Risiko

Ein weiteres managementspezifisches Motiv. Ein Entwickler muss sich an Vorgaben halten, z. B. welche Bibliotheken zu welchen Lizenzen er verwenden darf, um so die bekannten Risiken zu vermeiden. Ein Architekt muss auch hier deutlich weiter gehen und mögliche Risiken vorkalkulieren, z. B. Datenmengenexplosionen unter bestimmten Voraussetzungen etc.

Erfüllung

Ein beliebtes menschliches Motiv, insbesondere in solchen Künstlerkreisen wie dem Entwicklertum. Ein guter Entwickler schaut kritisch auf seinen Code und liebt ihn, wenn er gut gelungen ist. Ein guter Architekt sollte seine Erfüllung u. a. darin suchen und finden, dass seine Frameworks zu gutem Code führen, über den sich alle freuen. Auch hier findet der Architekt seine Erfüllung nur durch das gesamte Team.

Performance

Ein sehr IT-spezifisches Motiv, aber mindestens so wichtig wie alle anderen. Einem Entwickler reicht es, seinen Code frei von Flaschenhälsen zu halten, die er aus seiner Erfahrung zu vermeiden gelernt hat. Ein Architekt muss insgesamt einen performanten Livebetrieb sicherstellen – angefangen bei der Software über die maschinelle Verteilung bis hin zur Ausfallsicherheit. Aber was nicht minder wichtig ist: der Architekt muss durch seine Frameworks hohe Performance in der Entwicklungszeit ermöglichen – durch Tools, Prozesse, Patterns, Generatoren etc.

An dem Ganzen erkennt man, dass sich der Architekt primär mit dem „Enabling" der möglichst erfolgreichen, nachhaltigen und geschäftlich lohnenden Arbeit der Entwickler beschäftigt. Seine Motivation liegt somit darin, ein Framework (nicht technisch, sondern klassisch gesehen) für die Entwickler bereitzustellen und permanent aufrechtzuerhalten, um das Projekt durch deren Arbeit und seine eigene Arbeit zum Erfolg zu bringen. Der Entwickler konzentriert sich auf fachliche Features und lässt sich von ihren Fertigstellungsterminen und Spezifikationen leiten. Gleiche Motive, unterschiedliche Schwerpunkte.

Absolut überlebenswichtig für den Architekten ist die Einhaltung bestimmter Verhaltensweisen. Dabei ist es zunächst einmal notwendig, gegenüberzustellen, was ein Architekt auf keinen Fall bzw. was er stattdessen tun soll. Man kann das als Verhaltenskodex verstehen, die nachfolgenden Regeln können jedoch jederzeit um weitere ergänzt werden und dienen nur der groben Übersicht:

- Der Architekt begibt sich nicht in den Ivory Tower und sieht nicht durch die rosa Brille auf die Welt herab, indem er völlig realitätsfremde und projektneutrale Vorgaben schafft. Stattdessen geht er ins Team und macht mit, ob nur mit dem Kopf oder auch mit den eigenen Händen.

- Niemand kann sich als Architekt bezeichnen und dadurch lästige Routinearbeiten umgehen und anderen überlassen – ein Architekt räumt stattdessen die technischen Stolpersteine aus dem Weg des Teams, so wie es ein guter Manager mit den organisatorischen tut.

- Man darf sich hinter dem Titel „Architekt" nicht wie hinter einem Schild verstecken und so den Fokus für das Wichtigste an der Softwareentwicklung verlieren: Bereitstellung produktionsreifer und erfolgreicher Lösungen zur vollen Zufriedenheit des zahlenden Kunden. Stattdessen sorgt der Architekt für den technischen, nachhaltigen Erfolg einer Lösung, so wie Entwickler für deren funktionalen Erfolg sorgen. Architekturentwicklung ist kein Sahnehäubchen-Sammeln, sondern die Lösung von Basisproblemen mit einer halben Million Variablen und teilweise schwere Knochenarbeit.

- Ein Architekt legt das sog. „third-look thinking" an den Tag (Terry Pratchett dringt in seinen Hexenbüchern nur bis zu den zweiten Gedanken vor, ist aber auch kein Architekt). Dabei wird das Problem, dessen Lösung auf den ersten Blick erforderlich scheint, zuerst überhaupt auf die Lösungsnotwendigkeit hin analysiert. Der Architekt ist also der Pragmatiker vor dem Herrn.

- Ein Architekt muss auch dem Drängen des Managements standhalten, einfach nur billig und schnell etwas zu produzieren, und stattdessen die Nachhaltigkeit und Weitsichtigkeit durchsetzen, selbst wenn er dabei „beißen" muss. Es zahlt sich meist aus, hart zu bleiben und die ordentliche technische Linie zu befolgen.

Nicht weniger wichtig ist es zu wissen, was ein Architekt im Gegensatz zu einem Entwickler im Projektalltag tut: Mit welchen Themen beschäftigt er sich hauptsächlich, welche Aspekte seiner Tätigkeit machen seine Rolle aus bzw. überhaupt erst notwendig. Tabelle 3.2 geht auf einige davon ein.

Aspekt	Entwickler	Architekt
Vorausschauentfernung	Kurz- bis mittel	Mittel- bis lang
Umsetzungsschwerpunkt	Features	Capabilities und Struktur
Lösungs-Scope	Lokal	Lokal und global
Erfolgsindikator	Fertige Lösung	Fertige und nachhaltige Lösung
Tätigkeitsschwerpunkt	Inhalte füllen	Rahmen abstecken
Anforderungsfokus	Aktuell, lokal	Zentral, aktuell, global und künftig
Filtertiefe	Projekt	Gesamtsystem und -kontext
Wiederverwendungstiefe	Fachliche Funktionen	Patterns und Best Practices

Tabelle 3.2: Unterschiedliche Aspekte in den Tätigkeiten von Entwickler und Architekt

Vorausschauentfernung

Während ein Entwickler mit seiner Lösung an Probleme aus der aktuellen Iteration seines Projekts denkt und dabei maximal das aktuelle Release im Visier hat, muss der Architekt weiter vorausschauen. Es ist schlichtweg unmöglich, alles von vornherein zu bedenken. Die Aufgabe des Architekten ist es dabei jedoch, über die Grenzen des aktuellen Releases hinwegzublicken und zumindest erkennbare, sichtbare Eventualitäten in die Lösung mit einzukalkulieren. Man spricht dabei manchmal auch von Evolutions- und Variabilitätspunkten, obgleich sich diese vielmehr auf die Basisstruktur beziehen.

Umsetzungsschwerpunkt

Während der Entwickler die erforderlichen Funktionen, also Features, umsetzt, legt der Architekt seinen Fokus meist auf die Capabilities, sprich die Fähigkeiten eines Systems sowie auf dessen Struktur. Features werden aus Capabilities abgeleitet und sind somit deren „Inkarnationen".

Lösungs-Scope

Der Entwickler baut Features im lokalen Kontext seines Projekts. Der Architekt dagegen muss neben dem Projekt auch noch die angrenzenden Kontexte (Schnittstellen, angedockte Systeme, Umgebung etc.) berücksichtigen.

Erfolgsindikator

Vom Entwickler wird die fehlerfreie Bereitstellung der erforderlichen fachlichen Funktionen verlangt. Neben dieser selbstverständlichen Anforderung muss der Architekt noch dafür sorgen, dass die Lösung auch künftigen Anpassungen standhält und dass die Investition in die entwickelte Lösung über das aktuelle Release hinaus gesichert ist.

Tätigkeitsschwerpunkt

Der Architekt gibt einen technischen und ggf. fachlichen Rahmen für eine Lösung vor, in den er gemeinsam mit den Entwicklern die jeweiligen fachlichen Inhalte, also Funktionen, füllt. Der Architekt sorgt dabei ununterbrochen für die Einhaltung der gemeinsam mit den Entwicklern definierten Grenzen oder weitet diese aus, falls der ursprüngliche Ansatz sich als untragbar herausstellt.

Anforderungsfokus

Analog zum Vorausschauen hat der Entwickler aktuelle Anforderungen aus seinem Projekt vor Augen, wohingegen der Architekt darüber hinaus auch noch die bereits jetzt erkennbaren künftigen mit betrachtet und berücksichtigt. Desweiteren ist es die primäre Aufgabe eines Architekten, die schwierigsten und zentralsten Anforderungen zu lokalisieren (z. B. die Anforderungen, die größte Aufwandtreiber zu werden versprechen), ihre Zusammenhänge mit dem globalen Kontext zu bewerten und sich auf die möglichst allgemeingültige sowie optimale Lösung für diese Anforderungen zu konzentrieren.

Filtertiefe

Der Entwickler muss, um die Lösung zum Erfolg zu bringen, Zusatzanforderungen und unsinnige Schnelländerungen filtern. Nur so schafft er rechtzeitig seine Arbeit oder erwirkt mehr Umsetzungszeit. Der Architekt muss einen solchen Filter nicht nur für das aktuelle Projekt aufbauen, sondern für das Gesamtsystem und den Gesamtkontext. Denn kleinste Anpassungen in einem Teilprojekt können sich fatal auf das Gesamtsystem auswirken, wenn man z. B. einen Zusammenhang übersieht.

Wiederverwendungstiefe

Entwickler schaffen mit ihren Lösungen neue Funktionen, die nach Möglichkeit in anderen Projekten wiederverwendet werden können sollen. Das Gleiche gilt auch für den Architekten, jedoch muss er für allgemeingültige, kontextabhängige Patterns sorgen und Best Practices in Bezug auf Technologien und Fachthemen etablieren.

Ok, der schnelle Einstieg ist jetzt geschafft. Nun ist es Zeit für die Breitenbetrachtung.

entwickler.press

3.1.1   Das Idealbild eines Architekten

Wie möchten eigentlich die meisten IT-Architekten gesehen werden? Das vorherrschende Bild aus einschlägigen Quellen stellt einen schlauen Kerl im Mittelpunkt des Geschehens dar, der mit jedem der betroffenen Akteure in dessen Sprache kommuniziert, den Vermittler zwischen den einzelnen Stakeholdern spielt und von dem generell diverse lustige Strahlen in Richtung aller möglichen Entitäten und Personen ausgehen. Ja, diese Vorstellung ist schön – sofern die Rolle allseits akzeptiert und fest etabliert ist.

Überspitzen wir doch mal diese Wunschdarstellung ein wenig. Abbildung 3.1 zeigt in etwa, was sich hinter dem Idealbild in Wirklichkeit verbirgt (zum Glück sind die empörten Aufschreie wegen der Asynchronität zwischen Schreiben und Lesen nicht zu hören). So oder so ähnlich, es geht ums Ziehen der Strippen. Wer sieht sich denn nicht gerne so? Abgesehen von der Rhetorik dieser Frage dürfte die Vorstellung Manager und Architekten gleichermaßen betreffen. Die einen aufgrund der etablierten Natur ihrer Tätigkeit, die anderen in erster Linie aus rein zentralisierungstechnischen Gründen – was am Architekten vorbeigeht, ist außerhalb der technologischen und prozessualen Governance und fördert womöglich üble Redundanzen, mangelnde Wiederverwendbarkeit und technologische Inseln.

Diverse Architekturexperten beschäftigen sich damit, die Rolle des Architekten in den Mittelpunkt des Projektgeschehens zu stellen und somit einen Bottle Neck zu erzeugen. Ganze Theorien werden darüber aufgestellt, wie ein Halbgott im Zentrum des Universums die technischen und oft gar die organisatorischen Geschicke des Daseins lenkt, zwischen Interessensgruppen vermittelt und alle Lösungen restlos sauber und erfolgsbringend fast schon im Alleingang über die Bühne bringt. Die etwas realistischeren und vorsichtigen Beobachter hatten auch schon mal das Tappen im Nebel ins Gespräch gebracht, gingen aber weiterhin davon aus, dass der Architekt der Einäugige unter den Blinden ist.

Alles, worum es bei der Rolle des Architekten zu gehen scheint, ist die Kontrolle über das Geschehen. Technische Veränderungen können nicht einheitlich und sauber mitgetragen werden, wenn sie nur in den Lösungen und nicht in der Architektur selbst ablaufen. Das führt nur dazu, dass man im Stil des Schlosses Neuschwanstein Türmchen für Türmchen oben drauf klatscht, bis das Ganze irgendwann in sich zusammensackt (der bayerischen Touristenattraktion wünschen wir dies natürlich nicht, da wird aber auch nicht mehr so exzessiv weitergebaut).

Es scheint also ganz wichtig zu sein, den Architekten als Filter in den Mittelpunkt zu stellen. Aber da wäre doch die Sache mit dem Bottle Neck. Wie kann eine Person bei größeren Vorhaben überhaupt eine solche Last bewältigen und alleine die technische Drehachse des Projekts stellen? Wäre ein Architektenteam dann die logische Konsequenz? Wie soll dieses dann arbeiten – als separate Einheit? All diese Fragen werden von den Architekturtheoretikern oftmals nicht beantwortet, da sie das Organisatorische betreffen. Aber gerade im Organisatorischen liegt ja auch die Kunst des Erfolgs, denn die fachlichen Fähigkeiten sind weitaus leichter zu erwerben als der gesunde Menschenverstand und das Gespür für Menschen. Die beiden nun folgenden Reality Checks zeigen die wahren Herausforderungen, vor denen ein Architekt steht, wenn er sich in den Mittelpunkt des Geschehens drängt.

Abbildung 3.1: Das Idealbild eines Architekten

3.1.2 Reality Check – das Ivory-Tower-Syndrom

Viele Worte wurden über dieses Phänomen bereits verloren, dabei handelt es sich um eine Ausprägung des Hochmuts, wobei es nicht wirklich ins Theologische ausschlagen soll. Warum wird es hier als Syndrom bezeichnet? Weil ein Syndrom die Kombination mehrere Symptome ist. Wenn Sie als Architekt Vorschriften und Richtlinien auf die Kollegen herunterwerfen, wenn sich niemand dafür interessiert, was Sie da oben produzieren, wenn Sie keinen Bezug zur Realität in Ihren theoretischen Erzeugnissen aufweisen, wenn Sie nicht mitten im operativen Geschehen stecken und mit Rat und Tat strategisch unterstützen und treiben, wenn Sie von der absoluten Richtigkeit Ihrer Theorien überzeugt sind und die Empirie scheuen, sitzen Sie im Elfenbeinturm und leiden an dem Ivory-Tower-Syndrom. Eine detailliertere Aufstellung der einzelnen Symptome und deren Behandlungsmöglichkeiten bietet Tabelle 3.3.

Symptom	Behandlungsmöglichkeiten
Herunterwerfen von Vorgaben	Aufklärung in Bezug auf treibende Faktoren
Mangelndes Kolleginteresse	Viel Kommunikation mit Kollegen, zuhören statt viel reden
Fehlende Empirie	Proof Of Concept, Retrospektiven, Refactoring
Beschränkung auf Skizzen	Technology Scouting, Qualitätssicherung
Abkopplung vom Operativen	Mitwirkung an Live-Projekten
Reine Theoriegetriebenheit	Entwicklung von Referenzlösungen
Verwaltung statt Doing	Hands-on
Selbstzweck	Integration in den Umsetzungsprozess

Tabelle 3.3: Die Symptome des Ivory-Tower-Syndroms inkl. Behandlungsmöglichkeiten

entwickler.press

Einige Symptome und deren Behandlungsmöglichkeiten überschneiden sich thematisch, es ist aber ganz klar zu erkennen, dass das In-der-Luft-Schweben einem Architekten nicht wirklich gut tut und er stattdessen den Bodenkontakt suchen muss. Dann hört man auch auf ihn, vorausgesetzt, das was er macht, stimmt. Sonst ist sein Sinn und Zweck verfehlt, und der Fortbestand seiner Mitwirkung führt zu recht komplexen Situationen.

Dagegen stellt es Abbildung 3.2 etwas vereinfacht dar (der lustige Schnurrbart ist übrigens gar keiner, sondern die vermeintlichen Elfenbeinstoßzähne. Ob es stimmt, beurteilen sie selbst). Wenn sie in der Situation sind, die auf dem Bild dargestellt ist, kommt jede Rettung zu spät: das, was Sie tun, ist sinnlos. Viel früher hätte man die Symptome erkennen müssen, die zu einer derart üblen Konstellation führen. Aber so – Hut nehmen und es beim nächsten Mal besser machen – vielleicht hilft dieser Kapitel dabei.

Aber auch das nähere Umfeld, nämlich das Management, darf es zu dieser Konstellation auf gar keinen Fall kommen lassen. Nachdem man weiß – und das nicht erst seit diesem Buch hier – dass die Architekten bei nahrhaftem Boden zum Umzug in den Elfenbeinturm neigen, sollte es disziplinarisch unmöglich gemacht werden. Keine Sonderstellungen, keine One-Man-Shows, kein Single Point Of Decision/Design. Der Architekt ist Teil des Teams mit einem etwas spezifischen Fokus – basta! Und er muss jeden Tag aufs Neue beweisen, dass er etwas taugt, sonst schiebt man ihn gut und gerne aus dem Team in den Ivory Tower. Das ist nämlich ein anderer Weg der Isolation – durch das Restteam, wenn man nicht dazu passt oder seine Aufgaben (dazu später mehr) nicht richtig wahrnimmt.

Es gibt allerdings Situationen, in denen der Architekt aus dem operativen Sektor künstlich herausgenommen werden muss, damit er nicht in Routine versinkt und seine strategischen Aufgaben wahrnimmt. Solche Unternehmenskulturen, in denen jeder Tastaturanschlag zählt und aufs Härteste umkämpft ist (extrem großer und lebhafter Vertrieb, extrem erfolgreiches Marketing, aber alles in allem immer noch zu kleine, beim Wachstum „vergessene" IT), wird nicht geschaut, ob einer Programmierer oder Architekt ist – da zählt das jetzige Ergebnis, koste es, was es wolle. Eine Herausnahme ist aber in jedem Fall schwierig, weil sich dann der Bodenkontakt des Architekten lockert. Eine Zwickmühle entsteht, ein Teufelskreis. Es ist unglaublich kompliziert, in einem solchen Umfeld als dedizierter (und zweifelsfrei notwendiger) Architekt nicht im Ivory Tower zu landen – viel Eigendisziplin und Motivation gehören dazu sowie Freude am „Tippen".

Aus dem wahren Leben...

Es sollte von einem RDBMS auf ein anderes migriert werden. So etwas ist generell ein heikles Unterfangen, und hier ging es ja um Millionen von Records, hochkomplexe Relationen, unbekannte Altdatenqualität und keine Chance, die Altdaten zu archivieren und doch nicht mit zu migrieren. Technisch jederzeit machbar, gesetzt dem Fall, dass man sich mit beiden Systemen bestens auskennt, die Migration für die Datenbereinigung und Konsolidierung nutzt und im Zielsystem die erforderlichen Mechanismen nutzt, statt diese vom teilweise inkompatiblen Altsystem einfach zu übernehmen (Beispiele dafür gäbe es ja genug: In einem RDBMS z. B. haben temporäre Tabellen Kultstatus, während sie im anderen ganz andere, globale Bedeutung haben usw.).

Das Migrationsprojekt wurde wie so oft extern vergeben, was zusätzlich bedeutete, dass der Dienstleister nicht nur mit der Technik selbst, sondern auch mit der für ihn völlig unbekannten Datensemantik und deren Verwendungsszenarien zu kämpfen hatte. Das muss ja geradewegs in die Hose gehen. Tat es auch. Als nach mehreren erfolglosen Anläufen und anfänglichen leichteren Fixes die Migrationsprobleme immer komplizierter und schwerer auffindbar wurden, setzte man sich zusammen. Ich hatte auch das zweifelhafte Glück, zum Statusmeeting eingeladen worden zu sein. Beschuldigungen flogen hin und her, Vorwürfe wurden gemacht etc. – all das, was unter der Rubrik „Ergebnisorientierung" durchgeht.

Ich kannte die Details des Projekts kaum, hatte aber in meiner Laufbahn einige recht komplexe Datenbankmigrationen mitgemacht, sodass ich zumindest die allgemein-gültigen Muster und Problemstellungen kannte – für einen IT-Architekten im ersten Anlauf ausreichend. Also fing ich an, meine Fragen zu stellen: Wie wurde im Ziel partitioniert? Sind die Indizes im Ziel gesondert behandelt worden? Warum blieben die temporären Tabellen erhalten statt der SQL-Inplace-Optimierungen? Was ist mit den impliziten erwarteten Datensatzreihenfolgen? Nervig, ich weiß, wenn das sich jemand anhören muss, der seit Monaten verzweifelt versucht, ein Ergebnis zu erzielen. Für mich aber der einzige Annäherungsweg. Also bohre ich weiter.

Dann die Zuspitzung: Der Kollege wirft mir direkt ins Gesicht, es handele sich hier nicht um die tollen bunten Bilder. That's the real life, and it's hard – hat er es formuliert. Wäre ich ein Jahrzehnt jünger und so hitzig wie damals, hätte ich ihn zur Schnecke gemacht oder wäre zumindest auf die Palme gesprungen. Völlig grundlos, völlig ziellos und destruktiv. Denn im Grunde hat er Recht – ich mische mich in einen Bereich ein, in dem er bereits einen hochoptimierten Tunnelblick und eine extreme Zielfokussierung hat. Aber genau das sind ja seine Probleme – der Seitenblick fehlt, und das Auge ist trüb. Aber jeder Mensch hätte so reagiert, wenn ein in seinen Augen Neunmalkluger ihn „attackiert" hätte. Habe ich aber nicht, also habe ich sofort deeskaliert und sanft versucht, von der anderen Seite zu kommen – z. B. ganz konkret mit ihm gemeinsam mal in den Migrationscode zu schauen und ggf. Modifikationen gemeinsam zu machen. Ich habe mich dazu bereit erklärt, einen ganzen Abend openend dafür zu investieren, sofern er dazu bereit ist. Damit hat er nicht gerechnet, und wir zogen es durch, sodass ich an einigen Codestellen konkret mit Hands-on zeigen konnte, was ich meine.

Hätte ich im Elfenbeinturm gesessen, so wie er es mir anfangs indirekt vorwarf, wäre es ein Lacher geworden. So aber hatten wir nach ein paar Wochen ein tragbares gemeinsames Ergebnis.

Daneben gibt es auch noch das Bild des Brockhaus-Architekten (die grafische Darstellung dieser Gestalt ist äußerst schwierig und fehlt hier aus pragmatischen Gründen). Dieser Junge hat alles im Kopf: sämtliche Daten wichtiger IT-relevanter Entdeckungen, in aller Tiefe sämtliche Layer nach allen Modellen, die theoretischen Aspekte der selbstlernenden Systeme, sämtliche Keywords von Prolog etc. Alles außer praktischen Erfahrungen. So jemand ist nützlich, wenn es darum geht, eine Enzyklopädie aufzusetzen, aber völlig nutzlos in der Umsetzung – für derartiges Wissen gibt es schließlich Google.

Ein starker Intellekt und ein tolles Gedächtnis des Gesprächspartners beeindrucken bei einem Glas Cognac und sind dessen angenehme Ergänzung. In der Umsetzung zählen stattdessen primär schnelles Handeln und eine geübte Hand. Ein spitzer Intellekt ist dabei ein Bonus. Enzyklopädisches Wissen ist im Arbeitsalltag durchaus ein Grund, sich in der Kantine an einen anderen Tisch zu setzen. Im Club der toten Philosophen dagegen ein Grund, näher zu rücken und sich genüsslich zurückzulehnen. Wo liegt da wohl der Pragmatismus?

Wie viel nutzt im praktischen Sinne ein Architekt, der nur theoretisiert? Nichts. Das Geek-Volk hört z. B. nur auf die, auf die es hören *muss* oder hören *will*. Die mit dem Muss sind die Manager. Und welcher Geek will auf einen Theoretiker hören? Hey, Mann, setz' dich hin an den Rechner und zeige mir, was du meinst!

Abbildung 3.2: Das Ivory-Tower-Syndrom

3.1.3   Reality Check – seiltanzendes Ein-Mann-Orchester

Im Gegensatz zu der etablierten Managerschicht ist die explizite Architektenrolle in vielen Unternehmen gar nicht vorhanden und generell auch noch ziemlich neu. Die technisch orientierten Firmen sind weiter vorne, die Mittelständler bilden eher das Schlusslicht. Architekt ist nicht nur eine neue, sondern eher eine künstlich erzeugte Rolle. Während es bei Management und der Truppe zumindest eine klare betriebswirtschaftliche Abgrenzung gibt, ist der Architekt eine Querschnittsfunktion, meistens ein Mitglied des IT- oder Management-Stabs, das sowohl nach „oben" als auch nach „unten" arbeitet, zwischen den Stühlen sitzt und vermittelt. Während die Truppe auf das Management hören muss, muss der Architekt sie erst davon überzeugen, dass sie auf ihn hört. Und das Management erst recht.

Ca. 50 % seiner Tätigkeit bringt der Architekt mit Kommunikation zu. In diesem Fall ist es jedoch kein arbeitshinderndes „Geschwätz", sondern die absolute Notwendigkeit. Er muss in der Lage sein, alle von seinen Ideen und Ansätzen zu überzeugen. Er muss die Hand am Pult der Projekte halten und mit dem Team und mit Auftraggebern Kompromisse schließen – all das ist Kommunikation. Dabei redet er zwar mit jedem dessen Sprache, muss jedoch auf menschlicher Ebene bleiben und nicht mit bloßen Patterns und generell dem Fachchinesisch um sich werfen. Er muss sachlich und eindeutig in seinen Aussagen sein und vor allem berechenbar in seinen Handlungen (diesen Part erbt er ohnehin von einem Idealmanager).

Und immer wieder auf IT-Kollegen und Management einreden. Beide Menschengruppen vergessen das Gehörte sehr schnell – weil sie es vergessen wollen oder sich nicht merken müssen. Wenn der Architekt seine Strategie durchsetzen will, muss er darauf vorbereitet sein, jedem jeden Tag immer das gleiche aufs Neue „verkaufen" zu müssen.

Jetzt zu den Skills. Hard Skills sind deutlich einfacher und schneller zu erlernen als Soft Skills. In den Büchern steht ja meistens, was wie funktionieren kann, und durch Training kann man sich das Können aneignen. Wissen sowieso. Bei den Soft Skills geht es aber um das Fingerspitzengefühl, um die Menschenkenntnis und um viele geholte Beulen auf der Stirn (jemand, der in den Anfang-Zwanzigern von sich behauptet, über gute Menschenkenntnis zu verfügen, muss entweder eine sehr schwere und bewegte Kindheit gehabt haben oder grundlos von sich überzeugt sein). Es muss ja nicht heißen, dass der Architekt erst mit grauen Haaren als solcher ernst zu nehmen ist, der gesunde Menschenverstand suggeriert einem jedoch ein notwendiges Mindestmaß an Lebenserfahrung. Und die Erfahrung selbst. Soft Skills sind daher fast schon wichtiger als ihre „harten" Kollegen.

Abbildung 3.3: IT-Architekt: seiltanzendes Ein-Mann-Orchester

Mancherorts kursiert das Anti-Pattern des vermeintlich „falschen" Architekten. Angeprangert wird dabei jemand, der vom Management explizit installiert und mit ziemlichen Befugnissen ausgestattet wird und in den große Hoffnungen gesteckt werden, ein dem Untergang geweihtes Projekt oder System retten zu können. Dabei liegt der Hauptkritikpunkt darin, dass man die denkbar falsche Person aussucht – jemanden, der nur redet und nichts leistet. Die „richtigen" Leute berücksichtigt man nicht, der Auserwählte versagt aber kläglich. Kurz zusammengefasst, stellt sich so in diversen Quellen das Bild eines falschen Systemarchitekten dar. Aber was ist verkehrt daran? Dass er in der Problemsituation nach vorne ging und die Courage hatte, ein sinkendes Schiff zu übernehmen? Dass sich das Management jemanden ausgesucht hatte, der aus dem übrigen Team hervorstach? Dass er gute Kommunikationsfähigkeiten hatte? Dass man ihm das zutraute? Dass man die sonst stillen Teammitglieder übersah? Nein, was daran höchstwahrscheinlich falsch war, ist sein Scheitern, weil jeder im Team nur darauf gewartet hatte und er keine Unterstützung bekam. Womöglich lag das auch am eigenen Unvermögen, aber die wichtigsten Kriterien waren schon vorab erfüllt. Wer nicht übersehen werden will, der tritt vor und macht auf sich aufmerksam, nicht wahr? Willst Du den Job, wirb darum! Hat ihn ein anderer, unterstütze ihn und beiße nicht aus der dunklen Gasse – das ist kindisch.

Genug Emotionen. Versuchen wir nun ein passenderes Bild des Architekten zu malen: Düsternis, extrem starker Nebel, Sichtweite max. 1m. Ein tänzelndes Ein-Mann-Orchester in voller Montur und mit wilden Klängen bewegt sich mehr schlecht als recht auf einem dünnen Seil, gespant über einem tiefen Abgrund. Von allen Seiten blasen Winde, dass einem der Atem stockt. An jedem Seilende sitzen ein paar Bösewichte und schütteln das Seil wahllos in jede Himmelsrichtung. Die Balance wird nur durch die geistige Kraft gehalten. Schön.

3.2 Theorie kennen, Praxis können, Kontext leben

Unabhängig davon, ob jemand Theoretiker, Praktiker oder Pragmatiker ist, lautet das erste Handlungsprinzip eines Architekten: „Brain on". Nur bei insgesamt eingeschaltetem Gehirn ist man in der Lage, Informationen zu verarbeiten oder zu speichern, sie entsprechend eigenen Erfahrungen einzusetzen und die Umgebung bei der Informationsverarbeitung wahrzunehmen. Computer werden es niemals so gut können – den Traum oder wie auch immer man es nimmt, sollten die Robotik-Experten bzw. Science-Fiction-Autoren für immer aufgeben. Ein Architekt kann es aber. Und soll es auch. Wenn das Brain-on-Prinzip nur in Teilen gelebt wird, kann kein konkretes Resultat und letzten Endes kein nennenswerter praktischer Erfolg erzielt werden. Und der praktische Erfolg ist in der IT das einzige, das zählt. Theorie allein spielt keine adäquate Rolle, nur bei der Buchrecherche vielleicht.

Architekt ist eine Tätigkeit, die deutlich näher bei der Praxis liegt als bei der Theorie. Warum? Nun ja, es ist in der IT genauso wie im Bauwesen (und ja, klassische Architektur ist integraler Bestandteil des Bauwesens!): das gesamte Fachgebiet ist der Produktion konkreter Ergebnisse gewidmet: der Bauwerke. Bauingenieurwesen und Architektur sind Planungsdisziplinen, die unterschiedliche Aspekte im Fokus haben, wobei sowohl der Fach-ingenieur als auch der Architekt als Planer fungieren. Für rein theoretische Tätigkeiten ist in dieser Branche kein Platz. Genauso auch in der IT – am Ende des Weges steht ein Erzeugnis, ein System im weitesten Sinne des Wortes. Es hat einen bestimmten Nutzen und unterschiedliche Aspekte, die von unterschiedlichen Akteuren fokussiert werden. Der Entwicklungsingenieur hat mehr die Technik im Visier, der Architekt dagegen die Nutz-barkeit und Solidität bzw. Design im Allgemeinen. Aber keiner ist ein Theoretiker – der praktische Erfahrungsschatz und das Wissen um die Machbarkeit und die Lösungsansätze bilden eine Kombination, und der jeweilige Kontext projiziert seine Besonderheiten auf dieses Pärchen, um eine konkrete situationsbezogene Lösung entstehen zu lassen.

(Anti-)Pattern – Brockhaus-Architekt

Das enzyklopädische Wissen beeindruckt. Jemand, der in Nu die Kerndaten des drei-ßigjährigen Krieges aus dem Gedächtnis zitieren kann, verfügt über ein Wissen, das bei jeder intellektuellen Unterhaltung willkommen ist.

Doch wenn sich ein Architekt auf das auswendige Aufsagen von Fähigkeiten der einen oder anderen Technologie beschränkt, statt an der vordersten Front seinen eigenen Worten die Taten folgen zu lassen, schreckt das eher ab als es beeindruckt.

Ein Architekt muss sein Wissen in jedem Fall mit der Praxis kombinieren. Was bei Gedichten funktioniert, ist in der Technik sinnloses Theoretisieren. Ein Architekt hat nur dann Erfolg, wenn er aus dem Wissen etwas macht. Da darf er durchaus mal das eine oder andere vergessen und bei Onkel Google nachfragen. Wichtig ist, dass der Architekt weiß, wozu eine Technologie da ist und wie man mit ihr umgeht, und nicht bis ins kleinste Detail, was ihre offizielle Feature-List enthält. Auch das Stellen der richtigen Fragen und die Ausarbeitung von mentalen Mustern gehört zum Basis-werk des Architekten. Ganz ehrlich, irgendwann ist auch die zehnte Programmier-sprache recht schnell verstanden, wenn man die Grundzüge im Kopf hat.

Den Berufsweg des Autors hatte mal ein Architekt gekreuzt, der seiner eigenen Mei-nung nach in der Lage war, direkt am Besprechungstisch eine tolle und einfache Architektur zu entwerfen. „Was grübelst Du denn da stundenlang darüber? Das geht doch ganz einfach: hier Facelets, da einfach SSO – da findet sich schon eins, zack! Da kommt Spring hin, obwohl ich Seam besser finde, zack! Da noch ESB oder EDA, das sehen wir dann – da nehmen wir einfach ActiveMix, zack! Fertig: so macht man das, nicht so wie Du mit Deinen SADs usw." Dieser Architekt durfte sein Können auch prompt unter Beweis stellen – anhand einer recht überschaubaren Teillösung. Er hatte da so viele Technologien eingepackt, dass hinterher nichts lief, und das Vorha-ben stand an der Wand. Daraus gelernt hat er aber, so wie es aussieht, nichts…

Die Realität der IT-Architektur hängt also von drei Projektionen ab: von der Theorie, der Praxis und dem Kontext. Alle drei müssen beherrscht und berücksichtigt werden, soll die angestrebte Lösung ein Erfolg werden. Tabelle 3.4 beschreibt in vereinfachter Form dieses Dreigespann. Wie man sieht, tragen alle drei unverzichtbar zu einer pragma-tischen Orientierung des Architekten bei. Auf die Theorie kann man nicht verzichten, möchte man doch überhaupt die Möglichkeiten und Ansätze kennen. Die Praxis liefert unschätzbare Informationen darüber, wie und mit welchen Mitteln diese Möglichkeiten wirklich funktionieren – in Abhängigkeit von unterschiedlichen Einflussfaktoren (meistens sind das empirische Erfahrungswerte). Und der Kontext sorgt dafür, dass die jeweiligen Einflussfaktoren konkretisiert werden. Ein untrennbares Dreigespann also.

Projektion	Beitrag
Theorie	Was kann prinzipiell umgesetzt werden?
Praxis	Wie und womit kann es umgesetzt werden?
Kontext	Was und wofür soll umgesetzt werden?

Tabelle 3.4: Das Dreigespann architektonischer Projektionen

In den Bereich der Theorie fallen Vorgehensmodelle, Aufbauprinzipien von Architekturen, Patterns, Kenntnis der Protokolle, Skalierungsansätze, Technologien etc. Die Praxis wiederum wird durch konkrete Lösungsansätze, eigene Erfahrung mit den jeweiligen Technologien, Referenzprojekte, Referenzarchitekturen, Proofs of Concept usw. ausgezeichnet, also alles, was irgendwie läuft oder was man anfassen kann. Der Kontext beinhaltet die Kenntnis der Unternehmensstruktur, der Unternehmensstrategie, des Wettbewerbs, der fachlichen Anforderungen, der sonstigen vorhandenen Unternehmenslösungen, der Vorgeschichte etc. Die Wahrheit liegt daher immer irgendwo dazwischen.

Abbildung 3.4 bietet eine Darstellung dieses Dreigespanns als weiteres „magisches Dreieck" (s. Kapitel 2 für das magische Dreieck der Qualität). Der hellgraue Innenkreis umfasst einen Bereich, in dem sich die Realität des Architekten als Punkt befinden sollte, idealerweise nahe am Mittelpunkt zwecks höherer Ausgewogenheit einzelner Projektionen. Wie bei Star Trek, keine wirkliche Mathematik, nur Wörter. Gehen wir lieber weiter, bevor es ganz intergalaktisch wird.

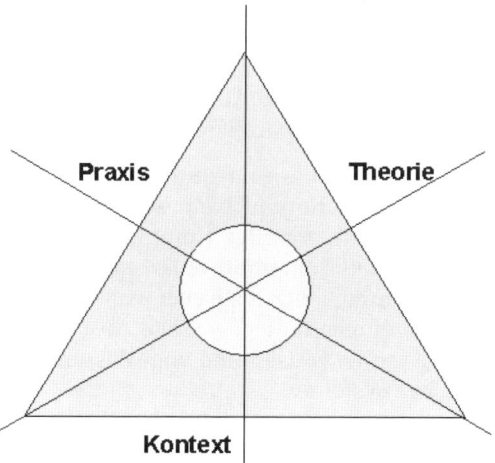

Abbildung 3.4: Das magische Dreieck der Architektenrealität

Jetzt wollen wir querbeet unterschiedliche Beispiele unter die Lupe nehmen und unsere Projektionen darauf anwenden, um festzustellen, ob die jeweilige Situation überhaupt erfolgversprechend ist bzw. was in dieser Situation am besten zu tun ist. Dasselbe könnten Sie auch an eigenen Beispielen durchspielen – es ist durchaus anzunehmen, dass es auch auf die passt. Die Projektionen sind ja grob genug, sodass sie problemlos angewandt werden dürften.

3.2.1 Hohe Unternehmensdynamik

Wie gehe ich als Architekt mit hoher Dynamik des eigenen Unternehmens um? Mit ständigem Auf und Ab in Abhängigkeit vom Markt und von sonstigen mehr oder minder durchschaubaren Einflussnehmern? Mal Einstellungsstopp, mal blühende Wiese, mal dicke Bücher und mal Rotstift? Und extrem kurze Time-to-Market und enorm geschäftiges Marketing sowieso? Klar, ich muss für sehr weit konfigurierbare und offene Lösungen sorgen, so banal es auch klingen mag. Nun ist ja ein in alle Himmelsrichtungen offenes, in sich abstraktes und restlos konfigurierbares System ein bekanntes Anti-Pattern. Was ist der goldene Weg, der nicht nur gangbar ist, sondern auch zielführend wäre?

Die Antwort ist jedoch: Das System muss offen sein. Dafür muss man heutzutage zum Glück kein abstraktes und schwammiges Monster mehr bauen – die Verwendung der gängigen modernen Konzepte und Technologien genügt. Man muss immer daran denken, dass man nicht der einzige ist, der vor einem solchen Problem steht. Inversion of Control, Dependency Injection und Aspect Orientation geben einem die Mittel an die Hand, die eigenen Lösungen von den jeweiligen konkreten Ausimplementierungen von Algorithmen und technischen Schnittstellen per Interface fernzuhalten und den eigenen Code so stabil zu halten. Wem es nicht genügt, geht zu einem generativen Ansatz über und erzeugt die Abhängigkeiten aus unabhängigen Meta-Artefakten. Für die Laufzeitflexibilität bei Geschäftsregeln sorgt man mit einer angebundenen Rules Engine, und die Versionierung sowie die Austauschbarkeit der Komponenten im laufenden Betrieb in Abhängigkeit vom Stand der Sonne und von der Konstellation der Sterne erschlägt man mit OSGi (Java) oder Full-blown Bussen (ESB), die außerdem noch viel mehr leisten können. Für nahezu jede Problemstellung gibt es heutzutage in ihrer Umsetzungsgröße und Abstraktion gut skalierende Lösungsansätze, sodass man nie mit dicken Berthas auf Spatzen schießen muss.

Man kann daher inzwischen sagen, dass man ein sehr offenes und generisches System mit modernen Mitteln quasi geschenkt bekommt. Ist das schlimm? Nein, solange das zu managen bleibt. Wo es nicht sein muss, bringt man keine unnötige Komplexität durch Generizität ein. Aber wenn es einem schon in den Schoß fällt, nimmt man es doch mit. Viele Details offener und dynamischer Systeme kann man heutzutage eben vor dem Entwickler verstecken, das Gehirn muss aber trotzdem eingeschaltet sein: Die Abstraktion befreit nicht vom Nachdenken, vom Aussuchen passender Muster und vom Wissen über die Möglichkeiten zur Umsetzung hochdynamischer Systeme.

3.2.2 Small Budget

Es gibt in der Tat Unternehmen, deren fixierte IT-Budgets entweder wirklich oder zumindest nach Meinung der IT-Verantwortlichen zu klein sind, um den Berg an anstehenden Herausforderungen zu stemmen. Generell ist die IT heutzutage schon symptomatisch unterbudgetiert, weil die Anforderungen meistens größer sind als die verfügbaren Mittel. Oder weil man zu viel jammert, was ja auch schon mal vorkommen soll.

Eine Small-Budget-IT sieht sich ganz besonders aktiv im Open-Source-Umfeld, und der IT-Architekt ist derjenige, der eine Open-Source-Strategie technisch verfolgt. Small Budget bedeutet ja vor allem die Ausgabenseite, nicht jedoch die eigenen Entwicklungs- und Integrationsaufwände (Kapitel 6 geht näher auf dieses Thema ein). Also kann und sollte man in einem solchen Umfeld (Kontext) viel mehr intern entwickeln, aufsetzen, integrieren etc. Und gute OSS-Lösungen bieten einem diese Option – nimm es zum Nulltarif und verzichte auf Betreuung, also mach es selber. Budget nicht betroffen, interne Leute beschäftigt, zur Not mal ein günstiger Mitarbeiter eingekauft – Mission erfüllt.

Wenn es bloß so einfach wäre. In einer solchen Situation ist es für einen IT-Architekten ganz besonders schwer, halbwegs abstrakt zu bleiben. Er ist ja primär derjenige, der all diese tollen Gratisdinge integrieren, anpassen, erweitern und einflechten muss – alle anderen sind im Tagesgeschäft eingebunden. Und Unterstützung von außen gibt es aufgrund mangelnder Finanzen kaum – also, selbst Hand anlegen. Damit muss man rechnen – da ist kaum Platz für bunte Bilder, hier ist hartes Doing angesagt.

Es verlangt dem IT-Architekten auch eine Menge theoretischen Wissens ab, da die OSS-Software dafür berüchtigt ist, gute Knochen ohne viel Fleisch mitzubringen, also wird man sich mit den Innereien beschäftigen und in die jeweilige fachliche Thematik tief einsteigen dürfen. Und praktisches Können ist absolut unerlässlich – nichts mit schönen, selbstausführenden Installationen und dergleichen – selber kompilieren, Fehler fixen und sich in die Listen begeben.

Eine Nebenkröte gibt es zudem auch noch. Kleine Budgets tendieren dazu, noch kleiner zu werden, wenn sie eingehalten werden. Bei einem brachial herrschenden Sparstrumpf sind auch die Boni der IT-Verantwortlichen und damit der gesamten IT an die Einsparungen gebunden, sodass es für einen Architekten auch ganz spannend ist, den Gratis-Bogen nicht zu überspannen und stattdessen zu versuchen, schrittweise Budgetvergrößerungen durch technische Notwendigkeiten zu erzwingen. Sonst droht einem das Sparende.

3.2.3 No Budget

Das genaue Gegenteil zu „Small Budget" ist kein Budget. Damit ist natürlich nicht gemeint, dass die IT kein Geld hat. Dieses wird nur nicht im Rahmen eines festgelegten Budgets (Jahresbudget, Dreijahresplanung etc.) verteilt, vielmehr bei Bedarf genehmigt. Die schlimmste Variante davon ist die restlose Ausgabenkontrolle durch die Geschäftsleitung, bei der der IT-Manager jede zu kaufende Druckerpatrone durch seinen Vorgesetzten absegnen lassen muss.

Aber auch in solchen Strukturen ist ein IT-Architekt zuhause. Seine Tätigkeit verschiebt sich hier jedoch sehr stark auf die formale Ebene, in der intensiv mit Entscheidungsvorlagen, Bedarfsanalysen und generell Angebotsvergleichen gearbeitet wird. Es ist zwar eine absolut langweilige und nicht wirklich produktive Arbeit, aber es ist der Job des IT-Architekten. Später in diesem Kapitel wird explizit auf diesen Tätigkeitsbereich eingegangen.

3.2.4 Benannter Architekt

Macht die Ernennung als solche jemandem automatisch zu dem, zu was er ernannt wird? Zu philosophisch? Ok, wie wäre es damit: Ist jemand automatisch Architekt, wenn das auf seiner Visitenkarte steht? Wie reagieren Sie denn, wenn Ihnen jemand begegnet, der nach dem Studium als Consultant in einem Unternehmen anfängt und sich bereits z. B. Softwarearchitekt tituliert? Manch einer zunächst sehr skeptisch. Die Skepsis rührt daher, dass man hinter der Benennung eine listenpreistechnische Abgrenzung zu anderen Kollegen (sofern sie nicht alle Architekten heißen, was auch schon mal vorkommt) bzw. einen Angebotsposten vermuten könnte. Ein Architekt wird klar zu einem höheren Tagessatz angeboten als ein Entwickler, also schreibt man „Architekt" auf seine Visitenkarte und bietet ihn zu höheren Konditionen an. Ob er es wirklich ist, spielt zunächst keine Rolle – er kann ja Erfahrungen sammeln, damit er es eben ist.

(Anti-)Pattern - Senior Developer = Architekt

Das ist nicht automatisch wahr. Nicht jeder gute Entwickler ist bereit, sich stärker auf die Architektur zu konzentrieren und dafür die Entwicklung in den Hintergrund zu stellen.

Ob man es glaubt oder nicht, es gibt viele sehr gute Entwickler, die sich nicht als Architekten bezeichnen wollen und es einem sogar wirklich übel nehmen, wenn man dagegen verstößt. Die Identifikation mit der Architektenrolle fällt durch die Gefahr von Ivory Tower und dem theoretisch drohenden Verlust der Hands-on Skills in solchen Fällen sehr schwer. Und generell gilt auch hier: Titel sind Schall und Rauch, und ein Klasseentwickler kann oftmals deutlich mehr zu der Architekturentwicklung einer Anwendung beitragen als ein Architekturmedaillenträger, der nach strikten Mustern ohne Abweichung arbeitet.

Ein Kollege hatte mal im Team u. a. einen jungen, recht stillen Entwickler und einen Architekten, der sich hauptsächlich mit Diagrammen und Modellen beschäftigte und nicht so richtig programmieren wollte. Als es um ein ziemlich kompliziertes Refactoring ging, hatte der Architekt wochenlang an einem Konzept gearbeitet, wie man es am besten bewerkstelligen kann. Als er das Ergebnis seiner Arbeit im Team-Meeting präsentierte, meldete sich der stille Entwickler zu Wort: „Wir haben es mit dem Kollegen hier eigentlich bereits refactort, und die Tests sind alle grün". Oh-oh, dumm gelaufen. Wer war denn da nun wirklich der Architekt?

Das ist unterstes Niveau. Eine derart wichtige und verantwortungsvolle Rolle (in Kapitel 6 wird darauf eingegangen, ob ein externer Architekt wirklich als Architekt zu verstehen ist) kann von keinem Berufsanfänger ausgeübt werden. Wenn wir unsere Projektionen betrachten, fehlt hier ganz klar die Praxis. Vom kaufmännischen und fachlichen Wahnsinn und schlichtweg Risiko des Einkaufs eines Berufsanfängers als Architekten mal abgesehen, greifen womöglich nur zwei der drei erwähnten Projektionen, wobei die Theorie so komplex ist, dass man auch nach dem allerbesten Studium Jahre braucht, um sie wirklich zu beherrschen. Sie ändert sich zwar im Grundsatz nicht so schnell, aber ihre Breite ist eben entscheidend.

Also, wenn jemand zum Architekten ernannt wird, muss er Theorie und Praxis mitbringen und den Kontext sehr gut kennen. Fehlt eines davon, kann die Rolle nicht richtig wahrgenommen werden.

3.2.5   Prozess, änder' dich!

Was bedeutet „flexibler Prozess"? Ist es ein Prozess, der anpassungsfähig ist? Oder ist es einer, den man nach Belieben dehnen und drehen kann, damit er auf etwas, z. B. eine Idealarchitektur, passt? Oder wissen die Prozessinhaber selber nicht, was sie da tun und müssen beraten werden?

In dem sehr schönen Film der Coen-Brüder „The Big Lebowski" gibt es eine Szene, in der der Dude und sein kriegsgeschädigter Kumpel Walter zur Geldübergabe fahren. Walter hat sich bereits einen vermeintlich tollen Plan ausgedacht, wie er den Aufenthaltsort der angeblich Entführten aus einem der Entführer herausprügeln möchte. Doch ein Anruf der Entführer mit der neuen Anweisung, das Geld bei voller Fahrt aus dem Autofenster zu werfen, statt es von Angesicht zu Angesicht zu übergeben, wirft diesen Plan um. Und der Walter beschwert sich darüber, dass die Entführer das so nicht machen können – das würde ja den Plan ruinieren! So geht Selbstzweck. Und Realitätsverlust.

Wenn der Architekt anfängt zu denken, er wisse mehr über die aktuellen und notwendigen Unternehmensprozesse als deren Stakeholder, irrt er sich. Ein Architekt, sofern er Pragmatiker mit Bodenhaftung ist, unterstützt die gewünschten bzw. erforderlichen Prozesse mit technischen Lösungen. Eine Technologie oder im weiten Sinne Architektur diktiert nicht die Prozesse, sonst gäbe es keine verschiedenen Unternehmen. Oftmals ist aber die Einführung eines monströsen ERP-Systems mit Prozessänderung verbunden, zumindest, wenn man sich das Customizing spart. In solchen Situationen bereut man aber die Verbiegung eigener Prozesse zutiefst und kehrt doch zu eigenen Sonderlocken zurück. Warum? Weil jeder Prozess, zumindest wenn er zum Kern des Unternehmens gehört und nicht wirklich über die 08/15-Schablone abgebildet werden kann, immer ganz anders ist. Prozesse sind nämlich das, was Unternehmen ausmacht – neben den Geschäftsideen und den Menschen natürlich.

(Anti-)Pattern: Prozess, änder' dich!

Viel zu oft trifft man auf Architekten, die der Meinung sind, dass die Architektur im Mittelpunkt von allem steht und sich das gesamte Unternehmensgeschehen um diese dreht. Was dann nicht passt, wird passend gemacht oder passend gedacht.

So gilt es auch für lästige Fachbereichsprozesse, die alle so undurchschaubar, wirr und furchtbar ineffizient seien – wie oft hört man aus der IT mehr oder minder lautes Gemurmel und Klagen darüber. So logisch veranlagt, wie ein Techniker eben zu sein hat, begibt sich der Architekt in einen mentalen Käfig und deklariert die gesamte Außenwelt, formalisiert durch einen konkreten unternehmerischen Aspekt oder Prozess, als undefiniert und versucht diesen dann für seine Kleinwelt gerade zu biegen. Man muss sich aber darüber im Klaren sein, dass das nie zum Erfolg führt.

Unternehmensprozesse haben sich nicht zufällig gebildet. Ein Prozess, der für die IT völlig unkontrollierbar und suboptimal erscheint, kann unternehmerisch gesehen der optimale sein. Man darf nie und nimmer vergessen, dass die Mission eines Unternehmens in der Profitmaximierung liegt.Ein Unternehmen ist nicht dazu da, tollste und transparenteste Prozesse umzusetzen und darauf stolz zu sein, nein – es verdient Geld. Wenn die IT um Unterstützung gebeten wird – in der einen oder anderen Form – ist es ihre Aufgabe, den jeweiligen Prozess so zu optimieren, dass er nicht nur für die IT akzeptabel ist, sondern vor allem mindestens so wirtschaftlich wie der vorherige – gesehen mit den Augen des Sponsors/Kunden.

Wenn ein Architekt das vergisst, baut er Lösungen, die im schlimmsten Fall niemand braucht. Und wenn er dazu auch noch der Meinung ist, die Außenwelt an seine Vorstellungen auf Biegen und Brechen anpassen zu können, wird er zwangsläufig versagen. Faktoren wie Nestbau, politische Kämpfe und schlichtweg Sturheit tun ihr übriges. Tu immer nur das Nötigste, um deine Kunden und dich als Architekten glücklich zu machen, Kompromisse sind dabei vorprogrammiert bzw. Grundvoraussetzung.

In einem Unternehmen hatte die IT permanent auf die Finanzabteilung eingeredet, dass deren Prozesse völlig zerfahren und intransparent seien, und dass sie IT-technisch um jeden Preis optimiert gehörten. Dies geschah dann schließlich auch, aber statt die vorhandenen Prozesse abzubilden, wurden durch ein neues System völlig andere vorgegeben, was dazu führte, dass die Vertriebsmitarbeiter zu wenig Provision erhielten und in Scharen unter fremde Fahnen flüchteten.

Jede Architektur lebt von den Anforderungen – Kapitel 2 beschreibt diesen Umstand detailliert. Architektur selbst ist aber keine Anforderung, höchstens ein Leitfaden bei der Entstehung neuer Lösungen. Wenn eine Architektur isoliert von den Anforderungen entsteht, ist sie nutzlos. Mit Schmunzeln oder gar Ärger würde der spätere Vorstoß aufgenommen werden, den jeweiligen Prozess so zu verbiegen, dass er auf die Architektur passt. Eine Architektur nach ihrer Entstehung zu ändern, damit sie passt, ist ein hochamüsantes Unterfangen.

Um alle denkbaren Prozesse zumindest ansatzweise abdecken zu können, muss die Architektur also ein großes Maß an Generizität aufweisen – das, was Standardsoftware ausmacht. Aber auch hier bekommt man die gewünschte Lösung nicht geschenkt – mithilfe generischer Mechanismen muss eine Customization erfolgen, die die Unternehmensprozesse entsprechend abbildet. Nicht umgekehrt – vielleicht ein wenig, um die Prozesse zu straffen und etwas zu vereinheitlichen.

Auf der anderen Seite darf die Architektur nicht zu generisch sein, um jedes auch nur erdenkliche Hirngespinst abbilden zu lassen. Wiederverwendung und durchdachter Schnitt – das sind die eigentlichen Herausforderungen einer Architektur bei der Abbildung der Unternehmensprozesse. Und auch Unscheinbarkeit – der IT-gestützte Prozess begleitet und steuert, drängt sich aber nicht in den Vordergrund. Die größten diesbezüglichen Fehler wurden wahrscheinlich in der Hype-Phase von SOA gemacht und womöglich auch weiterhin. In der Zeit der Service-Eskapaden hat man jede Kleinigkeit in einen Service gegossen, was zu dem JABOWS-Syndrom geführt hat (Just Another Bunch Of Web Services). Die Services wucherten nur so vor sich hin, und die Prozesse blieben die gleichen, bloß langsamer durch mehr Formalität und restlose Entkopplung der Artefakte. Darauf soll aber in Kapitel 7 näher eingegangen werden. Derweil reicht uns die These, dass der IT-Architekt immer beachten muss, dass seine Architektur dem Zweck des Unternehmens und nicht seinem eigenen dient, und dass Unternehmensprozesse so wie sie sind auch abgebildet/unterstützt werden müssen und nicht durch die Architektur oder sonstige technische Sache vorgegeben.

3.3 Wie im Theater: Rolle vs. Position

In der modernen IT, genauso wie in anderen Bereichen auch, ist ein sehr positiver Trend zu beobachten: Man geht langsam, aber sicher weg von harten Positionen über zu den flexiblen Rollen. Zumindest ist das in den dynamischen ITs der Fall, in denen die Fähigkeit des Mitarbeiters, in verschiedene technische und organisatorische Rollen zu schlüpfen belohnt wird, und nicht der Drang zu einer positionszentrierten Karrieretreppe.

IT-Architekt ist zweifelsfrei eine Rolle, keine Position. Es ist nicht so, dass ein Architekt nicht auch die entsprechende Position innehaben kann, doch bietet sie kaum Potenzial für hierarchischen Aufstieg, da Rollen nicht hierarchisch organisiert werden. Zudem ist ein statisch benannter bzw. positionierter Architekt nicht automatisch für die Ausübung dieser Rolle geeignet. In vielen Fällen konnte eben die bloße Benennung eines Architekten beobachtet werden, um ihn in der Hierarchie von der „Masse" abzuheben und somit eine neue Karrieretreppe zu schaffen. Dieses Phänomen ist unter dem Namen „falscher Systemarchitekt" bekannt. Wenn der Benannte nicht die Qualifikation bzw. Einstellung besitzt, die Architektenrolle wahrzunehmen, entwickelt sich ein solcher Architekt zum fünften Rad im Wagen.

(Anti-)Pattern: Falscher Systemarchitekt

Dieses Anti-Pattern existiert zwar, ist aber in der dokumentierten Form höchstens als oberflächlich anzusehen. Dabei handelt es sich um einen Architekten, der durch das Management quasi als Messias benannt und angesehen wird, meist um ein marodes System vor dem Untergang zu retten. Die Hoffnungen werden meist nicht erfüllt, und das System wird auch mit einem explizit benannten Architekten nicht besser. Auf die internen Experten hört man aber bei der Entscheidung nicht.

Die dokumentierte Variante klingt ein wenig nach verletztem Stolz. Die Fragen, die man sich vielmehr bei einer derartigen „Erfolgsstory" stellen sollte, sind z. B.: Warum ist das System so marode, dass man überhaupt einen Messias braucht? Höchstwahrscheinlich genoss das System jahrelang kaum technikbedingte Investitionen und ist Featuritis-getrieben. Doch hätten die eigenen Experten aus eigenem Antrieb heraus das System auch verbessern können, ohne groß darüber zu reden. Keine eingeplante Zeit, keine Motivation? Dann steht womöglich die Firmenkultur im Weg: Motivierte und begeisterte Entwickler schrauben gerne an ihrem System, auch jenseits der normalen Tagesarbeit. Unmotivierte dagegen lamentieren.

Und wieso zaubert das Management einen Flash Gordon in Gestalt eines Architekten aus eigenen oder fremden Reihen herbei, um das System vor den bösen Mächten der Finsternis zu retten? Gegenfrage: Würde sich nicht etwa jeder Blitz darauf freuen, auf den Flash einzuschlagen, wenn er schon mal als Blitzableiter dasteht?

Jedoch genau dieses Anti-Pattern konnte der Autor vor mehreren Jahren in einem Projekt beobachten. Ein Kollege hatte sich in den Managerkreisen sehr beliebt gemacht, indem er es zu Dingen beraten hatte, die er selber leider nicht verstand: Bauen von erfolgreicher Software z. B. Sein Wissen war nicht einmal akademisch, es entstammte ein paar Magazinen und schlauen Web-FAQs, aber jedenfalls mehr, als ein Manager meist über die Technik weiß. Prompt war unser Junge der ernannte Architekt, sogar Entwicklungsleiter. Ein paar Monate lang lief es gut, doch nach dem ersten kapital vermasselten Release war er seinen Posten los – die Managementtreue funktioniert nur bei Erfolg, da können Fußballtrainer ein Lied von singen.

(Anti-)Pattern: Elf linke Außenstürmer

Dieses Anti-Pattern wurde in dieser oder jener Form in verschiedenen Quellen angesprochen. Für alle Fußballbegeisterten aber einfach nur zum Vergleich: Stellen Sie sich vor, wie erfolgreich eine Fußballmannschaft sein würde, wenn alle Spieler linke Außenstürmer wären. Und jetzt stellen Sie sich analog dazu ein Team aus lauter ambitionierten Architekten vor – kann es funktionieren bzw. erfolgreich sein?

Eine gesunde Mischung unterschiedlicher Skills und Skill-Levels sowie fachlicher Schwerpunkte ist in einem erfolgreichen Team unerlässlich. Pro Projekt darf es dabei generell maximal einen treibenden Architekten geben. Er ist ein bisschen wie der Mittelfeldregisseur, der die Stürmer mit Bällen versorgt und den Rückzug bei Gegenangriff organisiert. Fußball ist zwar ein Spiel und Softwareentwicklung keines, Teamregeln greifen aber bei beiden recht identisch: Positionen werden besetzt und Akteure müssen in der Gesamtstrategie bzw. -taktik ihr Bestes tun.

Ach ja, vielleicht noch eine andere Analogie: Zehn Schauspieler auf der Bühne, und alle spielen den Faust. Auch nicht schlecht, oder?

In einem Großprojekt kam es zu einer politischen Pattsituation: Der Kunde bestand darauf, dass aus seinen eigenen Reihen ein Architekt das Projekt technisch führt. Dieser hatte jedoch keine ausreichende Qualifikation in dem konkreten Thema, also stellte auch ein Dienstleister seinen eigenen Architekten. Der andere involvierte Dienstleister sah darin für sich einen Nachteil und bestand ebenfalls auf einem eigenen Architekten. Die drei konnten sich aus verschiedenen Eigenmotivationen heraus niemals auf etwas einigen, und das Projekt hatte ein Jahr länger gedauert als geplant.

Auf der anderen Seite ist es für das Management generell sehr schwierig, einen Architekten zu installieren, insbesondere nachträglich, was heutzutage in vielen ITs geschieht. Oftmals ist man sich „da oben" dessen bewusst, dass die IT-Prozesse und -Systeme unter eine adäquate technische Kontrolle müssen, ganz besonders dann, wenn sich die operative Truppe nur um die reaktive Umsetzung der Anforderungen kümmert bzw. ein Nadelöhr darstellt, durch das Anforderungen nur tröpfchenweise durchkommen, weil die Systeme mit der Zeit extrem erodieren und die generelle technische Qualität sowie der IT-Business-Fit der Entwicklung des Unternehmens nicht folgen. Tabelle 3.5 erläutert einige mögliche Ursachen für die nachträgliche Installation eines Architekten in einer IT.

Ursache	Erläuterung
Erosion der Altsysteme	Legacy-Systeme werden aufgrund ihrer strukturellen Erosion und technologischem Rückstand immer träger, Wissensträger werden von Halbwissern abgelöst
Wachstum	Das Unternehmen stellt sich auf oder durchlebt bereits rapides Wachstum, seine IT kommt jedoch nicht mit
Budget-Orientierung	Das Management möchte aus dem No-Budget-Modus in die Budget-Planung der IT wechseln
Partnerattraktivität	Neue Geschäftspartner sollen durch technologischen Vorsprung und einfache Integration gewonnen werden
Integration	Diverse Alt- und Neusysteme, Eigenentwicklungen und Buy-Produkte müssen im Rahmen der Geschäftsprozessabbildung miteinander integriert werden
Modernisierung	Altsysteme werden schier untragbar und müssen modernisiert werden
Generationenwechsel	Im Rahmen eines Generationenwechsels im Management und in den Fachbereichen sollen die IT-Systeme für junge Generationen zugänglicher gemacht werden
Fachliche Führung der Mitarbeiter	Die IT-Mitarbeiter besitzen erforderliche Grundqualität, werden jedoch nicht adäquat fachlich geführt und „versinken" in der operativen Arbeit
Webifizierung	„Wir wollen ins Internet, und zwar mit allen Systemen!"
Gesetzliche Zwänge	Audits, Wirtschaftsprüfung etc. drängen auf geordnete Prozesse und z. B. nachweisbare Manipulationsfreiheit der IT-gestützten Vorgänge

Tabelle 3.5: Ursachen für die nachträgliche Installation eines IT-Architekten

Es können noch viele andere Gründe genannt werden, bleiben wir aber vorerst bei diesen und betrachten sie im Detail.

Erosion der Altsysteme

Wenn die über viele Jahre entwickelten Systeme spürbar träge werden, insbesondere, wenn sie noch mit inzwischen gnadenlos veralteten Technologien entwickelt wurden, kann man von Erosion sprechen. Viele Händepaare, die sich im System verewigten, keine einheitliche strukturelle Überwachung oder diese auf einem absoluten, z. B. rein prozeduralen Minimum, falscher Zuschnitt der Businesslogik etc. – das alles führt zwangsläufig zur Erosion. Je nach gewählter Technologie und dem Entwicklungstempo ist die Erosion entweder schleichend oder taifunartig. Auch hier bieten die Kapitel 6 und 8 tiefere Einblicke in die eigentliche Problematik.

Jedenfalls, in Situationen wie dieser ist es sehr empfehlenswert, die Rolle des Architekten, sozusagen des technischen Sanierers, zu besetzen, also jemand, der gänzlich außerhalb des Operativen tätig ist und Schritt für Schritt Maßnahmen zur Bekämpfung der Erosion erarbeitet (natürlich, sofern es noch nicht zu spät ist). Dieser Jemand kennt sich idealerweise mit den erodierten Technologien aus und nimmt einen Guerilla-Kampf auf, denn in der Regel kann man die Erosion nicht wirklich mit einem Schlag stoppen, ganz besonders da nicht, wo bereits Mannjahrzehnte Entwicklung stecken und wo die operative Truppe kaum mehr als Wartung macht.

Generell ist es in dieser Situation enorm schwierig, einen Architekten zu installieren. Da, wo Systeme erodieren, ist der Boden extrem nahrhaft für Nestbauer und Rentenläufer, wie unpolitisch das auf den ersten Blick auch klingen mag. Bei Nestbauern handelt es sich um die Verursacher der Erosion, um Mitarbeiter, die sich einen mal engen, mal breiten Tätigkeitsbereich geschaffen haben und diesen von niemandem durchleuchten lassen. Nicht selten ist dieser Bereich sogar missionskritisch, sodass ohnehin eine extrem große unternehmerische Abhängigkeit von dem Nestbauer entsteht. Das Gewöhnliche, das Meine und das Ja-Nicht-Anfassen spielten bei Nestbauern logischerweise die Hauptrolle.

Der Rentenläufer ist ein wenig anders. Das ist einfach jemand, der nur seine Rente im Visier hat, und das häufig gar mit 30-40 Jahren. Ihn interessiert die Entwicklung in keinster Weise, er hat keine eigenen technischen oder organisatorischen Ambitionen, er möchte einfach nur bis ans Ende das tun, was er tut. Oftmals treibt ihn schlichtweg die private Situation dazu – Kredite etc. Also herrscht auch hier das Lass-mich-in-Ruhe-Prinzip.

Wie installiert man in so einer Konstellation einen Architekten? In keinem Fall aus den eigenen Reihen – da wird sich niemand trauen, sonst wäre die entstehende Unruhe nicht mehr zu bewältigen. Besser ist da, jemanden von außen zu holen. Aber wenn man ihn fest als Position holt, wird er garantiert verzweifeln – wenn man im gleichen Kollektiv als Architekt tätig ist, ist man auf Dauer ein Einzelgänger. Er kann es versuchen, falls er eine hohe soziale Kompetenz besitzt, und wird ein paar Meter weit kommen, doch bei Nestbauern beißt er aufs Granit, sodass er durch Information-Hiding behindert werden wird, und die Rentenläufer werden ihn daran hindern, überhaupt irgendwelche Maßnahmen durchzuführen. Alleine schafft er das nicht, Unterstützung von innen gibt es keine, Unterstützung von außen ist zwecklos.

Viel besser ist der Ansatz, diesen Architekten, gesetzt den Fall, man sucht sich einen sozial kompetenten und technisch sehr erfahrenen aus, als Architekturberater für eine bestimmte Zeit am Anfang und für eine ausgedehnte parallele, jedoch nicht vollzeitmäßige, Tätigkeit danach zu holen. Die Architektenrolle würde in diesem Fall ein gemischtes Team aus ihm und den internen Key-Playern bzw. Nestbauern ausüben. Es ist ganz wichtig, die zentralen Nestbauer mit in die Verantwortung zu nehmen – sie werden ihre Bedeutung spüren und dabei einen wichtigen Beitrag zur Umsetzung leisten.

Dieses Team würde sich am Anfang ganz konkret mit Themen wie Ist-Aufnahme, Dokumentation etc. befassen, und die meiste Arbeit würde von dem externen Architekturberater über Interviews und Analysen gemacht. Wenn man der Meinung ist, dass man die Dinge soweit dokumentiert hat, um mit Veränderungen beginnen zu können, müssen diese Veränderungen von allen Seiten gewollt sein – da liegt die eigentliche Herausforderung für den Architekturberater, nicht in der technischen Ecke. Zu erkennen, was die anderen trotz Nestern und Renten technisch wollen und das mit den Zielen des Unternehmens zu mixen, da liegt die Kunst.

Also, wir konstatieren: die Rolle hat hier ein gemischtes Team. Jedoch ist die Gefahr des Scheiterns bei einem solchen Einsatz extrem hoch (mit dem Scheitern befassen wir uns etwas später in diesem Kapitel). Niemand außer dem Management sieht in einer solchen

Situation überhaupt den Bedarf, einen Architekten zu haben. Es funktioniert ja – mit Menschen, deren Hirne direkt per Kabel mit den Systemen verbunden sind und die nie in Urlaub gehen dürfen, aber es funktioniert. Da ist jeder Architekt falsch, denn er weiß ja nicht, wie die IT dort tickt, und man sei ja eher eine Familie und alle anderen sind fremd, und warum einen Externen holen, wenn man es alles selbst viel besser machen kann usw. Hier regieren die nackte Existenzangst und die mangelnden Entwicklungsperspektiven. Man könnte sogar behaupten, dass das Scheitern des Architekten in einer solchen Situation fast schon vorprogrammiert ist – seien wir doch ehrlich, zumindest dann, wenn das Management nicht bereit oder in der Lage ist, mit harten Maßnahmen die Veränderungen durchzusetzen, was wiederum ein extrem hohes Risiko des Gesamtscheiterns birgt.

Wachstum

Wenden wir uns einem etwas positiveren Grund für den Einsatz eines Architekten zu (obgleich sie alle wirklich in einem Stück koexistieren können, was dann wirklich kompliziert ist). Wenn sich ein Unternehmen für künftiges Wachstum rüsten möchte oder es bereits durchlebt, ist es nicht selten der Fall, dass dies lediglich aus der Geschäftssicht geschieht. Die IT kommt bei diesem Wachstum nicht wirklich mit, da sie auch sonst reaktiv handelt, und nach Meinung des in solchen Situationen unerfahrenen Managements durchaus nachträglich nachgezogen werden muss.

Fakt ist, dass die ITs bei Mergern bzw. bei Markterschließung und bei Angriff auf neue geschäftliche Höhen von Anfang an involviert sein sollte, bzw. von Anfang an mitwachsen muss. Nach dem ersten suboptimalen Merger, bei dem statt Kosteneinsparung zunächst Millionen für die nachträgliche IT-Reparatur in den Sand gehen, ist man ein gebranntes Kind und lässt die IT gleich zu Beginn losziehen. Ob IT Due Diligence oder Frühintegration, es kann schlichtweg nicht früh genug sein, die IT mit einzuschalten bzw. mitgestalten zu lassen, um auf dieser Seite nachher keine bösen Überraschungen zu erleben. Später in diesem Kapitel gehen wir auf diese Situation näher ein.

Bei solchen Umständen holt man sich in der Regel einen Architekten, sofern man noch keinen hat. Das kann ein ganz neuer Mitarbeiter sein, der mit wachem Auge und der Rolle des Vermittlers in den Kampf zieht und eine Integration oder Übernahme oder was auch immer von der technischen Seite begleitet. Niemand aus dem vorhandenen operativen Sektor hat von Haus aus Kapazitäten für diesen Vollzeitjob, es sei denn, man extrahiert extra jemanden aus dem bestehenden IT-Team und schickt ihn los. In jedem Fall müsste es jemand mit Erfahrung auf dem Integrationsgebiet sein. Zudem könnte es auch schwierig werden, jemanden aus dem bestehenden Team abzukommandieren – im Falle einer Firmenübernahme z. B. hat er auf der Seite der anderen Firma von vornherein schlechte Karten. Jemand mit nachweisbarer Neutralität empfiehlt sich da eher – z. B. am Anfang wieder ein externer Berater, der nach und nach einige Teammitglieder von beiden Seiten mit der Architektenrolle oder mit der architektonischen Arbeitsteilung betraut und hinterher abzieht.

Hier ist es empfehlenswert, die Rolle des Architekten gleich mit einer entsprechenden Position zu verknüpfen, damit man keinen operativen Zugriff auf den Architekten hat (nach Abzug des externen Beraters). Denn die Alltagsarchitekten gehen sehr leicht im Alltag unter, was sie bei Wachstumsthemen mit ihrem strategischen Akzent wirklich nicht dürfen. Aber ganz wichtig ist eben die soziale Kompetenz des Architekten, die etwas vor der technischen geht – Konflikte sind bei Firmenaufkäufen, Integrationen und dem damit verbundenen allseitigen Loslassen schlichtweg vorprogrammiert. Viel Zureden, weniger Action – das ist das, was zu Beginn der Wachstumsvorbereitung bzw. des nachträglichen Wachstumsnachzugs herrscht. Sitzen dann aber nach diversen Kompromissen alle in einem Boot, kann es auch technisch losgehen.

Budgetorientierung

Nicht jede IT dieser Welt ist budgetorientiert. Verwundert? Normal! Es gibt noch immer viele Unternehmen, in denen die Position des CIO gar nicht besetzt ist, die aber durchaus die passende Größenordnung für diese Position und die damit verbundene Budgetorientierung bieten würden. Entweder wollen Sie es nicht, was darauf hindeutet, dass das Topmanagement in Bezug auf die IT an Micro-Management leidet, obwohl es gar nicht die dazu notwendige Qualifikation besitzt, oder sie machen es nicht, weil sie wirklich noch nicht soweit sind bzw. die Budgetierung schlichtweg für Overhead halten.

Wenn eine IT von der Hand in den Mund lebt, bekommt sie erfahrungsgemäß nur ganz kleine Happen. In den besseren Zeiten gibt es vielleicht mal ab und zu einen Festschmaus, die Happen sind jedoch in der Regel ganz klein. Anders ist es gar nicht möglich, die IT zu kontrollieren, und darauf will man trotz fehlenden Budgets nicht verzichten. Das Ganze mutiert nur zu einer Art Kleinkind-Mutter-Beziehung, wo das Kind wegen jeder Kleinigkeit die Mutter um Erlaubnis fragt. Der IT-Leiter darf in dieser Situation bei jeder neu zu bestellenden 10-Euro-Maus beim höheren Management anklopfen. Es geht aber auch stellenweise, trotz solcher Nachfrage, recht gesund zu und die Genehmigungen werden nur bei höheren Summen hinterfragt. Wer's mag…

Na ja, und wenn man sich nun doch dazu entschließt, die budgetlose IT mit einem strengeren Budget oder mit einer verbindlichen Mehrjahresplanung zu bändigen? Dann holt man einen IT-Architekten, denn eine solche Umstellung ist schlichtweg aus dem operativen Bereich heraus unmöglich, da sie voll ins Strategische fällt. Ein CIO alleine schafft das nicht ohne jemanden, der mit breit angelegtem Wissen und großer Erfahrung alle relevanten IT-Bereiche durchleuchtet und daraus Transformationsmaßnahmen ableitet – einen IT-Architekten.

In dieser Situation ist es durchaus annehmbar, dass der verantwortliche Architekt noch nicht besetzt ist. Aber dann hat er eine wirklich herausfordernde Aufgabe vor sich, denn die Aufgabe der Budgetlosigkeit ist in der Regel immer mit dem Loslassen verbunden: Das Wir-haben-das-schon-immer-so-gemacht in Bezug auf blinde, idealerweise bedarfsorientierte Bestellung von Software, Hardware und Fremdunterstützung greift so nicht mehr, da jetzt die Strategie in die Planung einzieht. Das Management wird nun genau wissen wollen, welche IT-Ausgaben in der kommenden Zeitperiode, die in Abhängigkeit von Spar- und Berichtszwang mal länger und mal kürzer ist, geplant sind und wird diese am Stück genehmigen/reduzieren wollen.

In diesem Fall kann man übrigens für den Übergang auch mal einen externen Architekturberater holen, der im Unternehmen nicht auf Dauer bleibt, sondern nur für die Zeit der Transformation. Bestimmte Dinge wie Kapazitätsplanung und Hochrechnungen sowie technologische Horizonte bleiben natürlich auch nach seinem Abzug bestehen und müssen weitergeführt werden, diese Aufgaben können aber problemlos auf entsprechende interne Mitarbeiter verteilt werden, ohne dass man sich einen Vollzeitarchitekten leistet – Budgeteinführung alleine rechtfertigt sein langes Leben nicht.

Partnerattraktivität

Ganz anders sieht es aus, wenn man die Attraktivität des eigenen Unternehmens für neue und bestehende Partner – ob als Kunden oder Investoren – erhöhen möchte. Insbesondere die Vorbereitung des Unternehmens für fremdes Geld ist mit einer extremen Straffung der IT-Abläufe verbunden, da eine uhrähnlich tickende IT ein sehr solides Fundament für optimale Businessunterstützung darstellt. Floriert dann auch das Geschäft, steht dem Partnergeld bei gutem Marketing und umtriebigen Sales nichts mehr im Wege – zumindest aus pragmatischer Sicht.

Es macht auf Partner einen sehr guten Eindruck, wenn man eigene Plattformen, Lösungen und Prozesse auf dem neuesten Stand der Technik weiß und präsentieren kann. Vorsprung durch Technik ist in der modernen Geschäftswelt immer noch ein großer Trumpf, und Vorsprung durch die IT ohnehin. An dieser Stelle sollte sich das Unternehmen einen Vollzeitarchitekten gönnen, der mit konkreten Taten, aber auch mit recht bunten Architekturdarstellungen für äußerliche Attraktivität der IT sorgt. Es muss in jedem Fall kombiniert mit den tatsächlichen Umständen sein, denn anders sind die bunten Bilder nicht mehr als etwas Goldpulver. Aber etwas Goldpulver hat noch niemandem geschadet, wenn er eine Versilberung bedeckt.

Partner bringen in der Regel eigene IT-Unterstützung mit, um Angebote oder Pitch-Aussagen zu prüfen. Je kompetenter man IT-seitig dabei aufgestellt ist, umso besser der Gesamteindruck. Zudem reden Techies untereinander sowie eine andere Sprache, sodass dann auch die Sales eine Pause einlegen können. Wenn man z. B. im Wettbewerb neben einigen anderen ein Konzept präsentieren muss, das sich mehr oder minder auf die IT stützt, macht eine schlüssige IT-Präsentation mit modernen Technologien, Designansätzen etc. einen sehr guten Eindruck auf den potenziellen Partner, sofern dieser oberflächlich und nicht sehr tief prüfend eingestellt ist (in diesem Fall ist aber auch ein klarer Tiefgang erforderlich). Es ist immer besser, von etwas zu reden, was in den aktuellen IT-Zeitschriften steht, und zwar auf technischer Ebene, als über Dinge, die bereits nicht mehr „in" sind. Man hat so Sympathien auf seiner Seite. Und wenn man sogar noch weiß, wovon man sprich, was bei einem Vollzeitarchitekten der Fall sein sollte, dann macht das einen sehr guten Eindruck auf den potenziellen Partner.

Der Architekt nimmt in diesem Fall ganz klar mehr die Außenrolle ein, nimmt an Pitches teil, arbeitet Angebote mit aus und „verkauft" generell die IT aus technischer Sicht, worauf wir noch später in diesem Kapitel eingehen werden, eben auch auf die dunklen Seiten des Architekturvertriebs.

Integration

In Situationen, in denen Firmen mergen oder generell Altlösungen mit neuen Welten verbunden werden, empfiehlt es sich dringend, einen Architekten mit der Integration zu befassen, also jemanden, der den Gesamtüberblick behält, Symbiosen prüft und extrahiert, für technologische Einheit sorgt und die Integrationen möglichst optimal plant und technisch koordiniert. Ein externer Architekturberater kann hier gut und gerne fallweise herangezogen werden, denn auch dieser Grund alleine reicht nicht aus, um einen Vollzeitarchitekten zu beschäftigen. Ein CTO kann sich eben externe Unterstützung bzw. Expertise besorgen und mit der Integration loslegen.

Integrationsaufgaben sind für einen Architekten temporär, sodass auch seine Rolle temporär ist. Irgendwann ist die jeweilige Integration abgeschlossen und der Alltag beginnt. Das kann zwar auch in Stufen erfolgen, aber irgendwann übersteigt das Machen gemäß dem ausgearbeiteten Integrationsplanen das Planen und Konzipieren stark, und der Architekt kann als Rolle durch die Integratoren z. B. nach dem Vieraugenprinzip wahrgenommen werden. Später gehen wir in diesem Kapitel auch auf dieses Thema etwas näher ein.

Modernisierung

Das ist ein wahrhaft triftiger Grund, einen Vollzeitarchitekten als Rolle und Position zu beschäftigen, zumindest für die Dauer der Planung und Durchführung der Modernisierung. Das Ganze spielt natürlich mit dem Punkt „Erosion der Altsysteme" zusammen, ist jedoch um einiges konkreter und gerichteter. Eine Modernisierung erfolgt nämlich in eine festgelegte fachliche sowie technische Richtung, die wegweisenden Entscheidungen sind also bereits getroffen worden.

Es ist extrem wichtig, für die Modernisierung von Kernsystemen einen Inhouse-Architekten zu holen, um zum einen das geschäftliche Know-how im Unternehmen zu behalten und zum anderen den Architekten als Integrationsperson einzusetzen, denn eine Modernisierung tut ganz schön weh. Viel Gewöhnliches und Liebgewonnenes muss aufgegeben, Menschen müssen in die modernisierte Welt mitgenommen werden, Management muss sich der hausinternen Objektivität sicher sein, um sich zu dem Vorhaben zu committen usw. Ein externer Berater kann weder Integrationsperson sein noch ein finanziell und strategisch ungetrübtes Auge mitbringen. Zudem haben die Menschen vor einem externen Berater mit dem Auftrag zur Rundummodernisierung schlichtweg Angst. Ein interner Architekt muss sich in den eigenen Reihen technisch wie menschlich beweisen, und dadurch, dass er selbst mit drin steckt, haben auch die Menschen ein besseres Gefühl bei der Sache.

Keine Frage, auch für den internen Architekten bedeutet eine Modernisierung als große Veränderung eine Hölle, durch die er im Unternehmen gehen muss. Ohne eine entsprechende masochistische Ader bzw. ohne einen starken Kampfwillen (der einem externen Berater an vielen Stellen aufgrund seiner Gleichgültigkeit und Distanz schlichtweg fehlt) ist da wenig zu holen. Man ist schließlich eine wandernde Zielscheibe für alle Seiten, denn auch das Management lässt ungern locker bei getätigten Investitionen und hat verständlichen Missmut gegenüber großen Ausgaben.

Modernisierung, ob fachlich, technisch oder beides hat zu einem großen Teil mit organisatorischer Veränderung zu tun. Systeme veralten an sich nicht wirklich rein technologisch oder fachlich. Vielmehr entwickeln sie und ihre Bediener über die Jahre der Arbeit mit ihnen ein Eigenleben, eine Eigendynamik, die es bei einer Modernisierung jedweder Art zu brechen gilt. Brechen heißt nicht kaputt machen, sondern überführen, damit dieselben Menschen nach der Modernisierung sich nach wie vor sehr wohl fühlen. Dann haben sie weniger Angst, und Angst ist der größte Feind der Veränderung.

Haben Sie schon mal festgestellt, dass ein Key-Player, wenn er interviewt und gebeten wird, sich zu wünschen, was das nachfolgende System im Vergleich zum aktuellen alles können soll, immer antworten wird: Das neue muss all das können, was das jetzige auch kann. Weitere Variationen wie noch mehr längst gewünschter Zusatzfunktionalität oder dass es schneller bedienbar sein oder moderner und pfiffiger aussehen muss. Aber im Grunde heißt es nur äußerst selten, dass das neue System weniger anbieten muss als das alte. Warum? Aus Angst vor Veränderung. Man kennt sich mit dem alten Ding aus, es ist vielleicht nicht ganz bequem, aber die Workarounds hat man sich über die Jahre zurechtgelegt usw. Neu bedeutet dagegen den Verlust des Schutzschildes, die plötzliche Nacktheit, den verlorenen Vorsprung gegenüber anderen, den Lernzwang. Viele Menschen überfordert das.

Daher liegt die eigentliche Modernisierungsherausforderung in der menschlichen Komponente, nicht in der Technik oder im Fach – diese harten Dinge sind vorhersehbar, die menschlichen Komponenten dagegen kaum. Also muss sich der interne Architekt ins Getümmel werfen, ein externer Berater kann da nur fachlich helfen, jedoch nicht den Menschen die Angst nehmen. Das kann nur einer von ihnen.

Generationenwechsel

Auch dieser Punkt ist sehr eng verwandt mit der Modernisierung bzw. der Sanierung der Alt-Systeme, ist aber auch sehr spezifisch. Dabei geht es in erster Linie um Generationenwechsel in den eigentümergeführten Unternehmen.

Viele mittelständische Unternehmen werden nach wie vor familiär geführt, und deren Gründer oder deren Familiennachfolger hatten es in den letzten Jahrzehnten zu teilweise großen Erfolgen und ständigem Wachstum gebracht. Nun stehen ihre Töchter und Söhne in den Startlöchern und scharren mit den Hufen. Diese neuen Generationen sind allerdings ganz anders als alle vor ihnen – sie gehören zu der IT- bzw. Webgeneration, zu den Leuten, die ohne ein Computergerät – welcher Ausprägung auch immer – keine zwei Minuten ruhig bleiben können. Und sie können ohne das WWW nicht leben. Sie sind extrem schnelle technologische Entwicklung und ständigen Interessenswandel sowie die Grundverwöhntheit der IT-Generation gewohnt.

Können sich ihre erfolgreichen Eltern es erlauben, ihren Kindern beim unternehmerischen Generationenwechsel Altlasten wie Mainframe, Cobol, ISAM etc. zu hinterlassen – technologische Argumentation und Gegenargumentation mal dahingestellt (in Wahrheit regieren diese Technologien immer noch restlos die IT-Welt, ob man es möchte oder nicht)? Nein, können sie nicht. Ihre Kinder würden Leute für sich arbeiten lassen, die noch ihre Väter gekannt haben oder zumindest in der gleichen Altersregion liegen würden. Da sind Generationenkonflikte vorprogrammiert, ohne dass wir auf sie an dieser Stelle eingehen. Gleich und Gleich gesellt sich gern, das gilt auch klar für Generationen.

Was macht man denn, um dem Problem zu entkommen? Man holt einen Architekten ins Haus, und das sinnvoller Weise für mehrere Jahre, damit er bei dem organisatorischen und technischen Umstieg und der Wechselvorbereitung bzw. deren schrittweiser Durchführung aktiv mitwirkt. Die IT wird erneuert, Prozesse modernisiert, die Reihen adäquat verjüngt (es ist ein absoluter Unfug, zu glauben, dass ITs nur aus jungen, motivierten und hungrigen Leuten bestehen müssen. Im Gegenteil, ein gesunder Mix aus Jugend und Erfahrung ist unverzichtbar, und die Generationenthemen treiben die ITler oft beiderseits zu besseren Leistungen an).

Mit einem externen Berater ist da auch wiederum wenig zu machen, denn er wird wahrscheinlich nicht die Ausdauer und den Antrieb zur stetigen Umorganisation haben und eher auf einen schnelleren Erfolg aus sein, was bei einem Generationenwechsel kaum möglich ist, denn dieser Prozess erfolgt in der Regel möglichst organisch. Ansonsten hat es der Architekt hier eben mit den bereits oben beschriebenen Themen zu tun.

Fachliche Führung der Mitarbeiter

Ein sehr häufiger Grund für den Einsatz eines Architekten ist das Bedürfnis, den Mitarbeitern einen Senior an die Hand zu geben, der sie laufend unterstützt und coacht. Ja, ja, nicht leitet, sondern wirklich unterstützt. Die IT-Truppe kann sich sehr gut entfalten wenn in ihren Reihen ein Erfahrener mitwirkt, der die anderen zu besseren technischen Leistungen animiert und die Leute generell in eine bestimmte technische Richtung führt. Das macht er eben nicht disziplinarisch, denn das ist zwanghaft und nicht erfolgversprechend bzw. ufert in einer One-Man-Show aus. Einfach nur führen. Führung heißt nicht automatisch disziplinarische Leitung, Führungskraft und Führungspersönlichkeiten sind generell unterschiedlich zu bewerten: Den einen will man folgen, den anderem muss man, zumindest solange man es muss. Die freiwillige Komponente fehlt, und sie ist unter Technikern ganz besonders wichtig, denn hier zählt das Wissen und das Können, nicht das Höher-Sitzen.

Ein Architekt muss, wenn der Grund für seinen Einsatz eben die fachliche Führung ist, komplett in den Hintergrund gehen. Er darf keine Starambitionen oder -allüren haben, sondern sich darüber freuen, was seine Kollegen mit seiner Unterstützung erreichen. Die Truppe muss angestoßen werden, alleine ganz weit laufen dürfen und nur ab und zu Kurskorrekturen erleben. Geht der Architekt dagegen in die Offensive und ist er technisch allen anderen überlegen, läuft er ganz alleine und vergisst alle anderen, sodass er auch wirklich alleine bleibt. Die Rede ist nicht von Kündigungen, sondern einfach von Lustlosigkeit und Resignation. Aufgabe des Architekten ist es, andere zu fördern. Dazu benötigt er eben eine Menge Erfahrung und Können, sonst lernt er selbst, und jemand, der lernt, neigt menschlich dazu, das Gelernte ohne Erfahrung zu überschätzen und sich damit aber schon ins Rampenlicht zu schieben.

Insbesondere die Informatiker. Klar, wenn man an der Uni so viel von Architektur, Patterns, Design, Modellen etc. mitbekommt, denkt man automatisch, man könne das alles und brauche es nur anzuwenden, was leider gänzlich falsch ist. Die eigentliche Wahrheit steckt in der praktischen Erfahrung, es sei denn, man verlässt niemals die Wände des Forschungslabors und bleibt auch im Job ein Researcher. Die meisten werden aber mit der harten praktischen Realität konfrontiert, die an vielen Stellen ganz anders aussieht, als es die Bücher und Professoren zu beschreiben wissen. Da spielen Menschen die wichtigste Rolle. Und erfahrene Menschen versuchen immer eher, mit ganz wenig ganz viel zu erreichen. Dazu gehört auch, die anderen im Rampenlicht zu lassen und sich auf die Hintergrundsteuerung zu beschränken. Das ist die wahre fachliche Führung. Das Sich-Aufdrängen und die anderen kompromisslos anweisen, nur weil man selbst besser zu sein glaubt, ist dagegen keine Führung, sondern Selbstverliebtheit – kein Fall für einen Architekten. Und: ein externer Architekt eignet sich dafür keineswegs, vielleicht nur in einem Teilprojekt, aber nicht übergreifend, weil es schlichtweg unnatürlich ist.

Webifizierung

Unmengen der modernen Anwendungen sind Webanwendungen, und der Trend reißt nicht ab. Inzwischen gibt es alle möglichen Ansätze – von extrem mobil und dünn bis hin zu fetten RIAs. Jeder will heutzutage ins Web, nicht zuletzt wegen riesiger Erreichbarkeit der Menschen da draußen und der extremen Vereinfachung des eigenen Betriebs hinsichtlich der Softwareverteilung (es gibt noch zig weitere, mehr oder minder technische bzw. wirklich berechtigte Gründe, die interessieren uns an dieser Stelle allerdings recht wenig und dürften in den einschlägigen Marketingbroschüren der IT-Dienstleister leicht zu finden sein).

Webifizierung, von der man dann spricht, wenn man mindestens mittels der Seite „www.auch-ich-bin-jetzt-dabei.de", aber im Ernstfall mit seinem ganzen Geschäft die eigenen u. U. bereits bestehenden Anwendungen und Teilprozesse übers Web verfügbar macht, erfordert oft den Einsatz eines übergreifenden Planers und Denkers. So viele Faktoren spielen bei der Webifizierung eine wichtige Rolle, angefangen mit der Zugriffsphysik über die Sicherheit und Beschichtung bis hin zu dem eigentlichen Betrieb und der Lastverteilung, mal ganz ungeachtet des richtigen Anwendungs- und Seitenschnittes, dass der Gesamtüberblick und eine einheitliche Strategie und Technologie unerlässlich sind.

Selbst wenn man bereits im Web präsent ist, stecken Mengen von weiteren Potenzialen in der Webifizierung von Anwendungen, die man bislang intern eingesetzt hatte: Verlagerung der aufwändigen Backoffice-Prozesse zu dem Partner, unterschiedliche bereitgestellte und extern aufgerufene Web Services, automatisierter Datenaustausch, Integration in externe Börsen, Erfolgsseiten und alles in Richtung von Selbstmitbestimmung à la Web 2.0 – das alles fällt in die Kategorie einer gezielten Webifizierung. Das muss, wie vieles andere auch, durchdacht und geplant werden, denn die webbasierten Lösungen neigen einfach aufgrund ihrer Dynamik zum Wildwuchs. Und hier kommt der Architekt ins Spiel, der die Fänden in der Hand hält und auch in der extremen Dynamik für Wiederverwendbarkeit, Standardisierung, Aufwandsreduktion, Make statt Buy etc. sorgt. All die Themen, die sonst in diesem Buch beleuchtet werden, kommen natürlich auch hier zum Tragen, wenngleich in einem deutlich höheren Tempo und mit eben extremer Dynamik, die tägliche Änderungen nach sich zieht.

Das schlimmste, was man einem Webprojektmanager sagen kann, ist, dass er seine Sache erst in einigen Monaten bekommt, egal wie groß oder klein sie ist. Man denkt da nicht in Monaten, man denkt in Stunden. So oft ändert sich der Web-Content, so oft schießen auch Lösungen aus dem Boden. Und der Mitbewerber schläft nicht, wenn man es nicht selber schnell dahin skriptet, tut es eben jemand anderes viel schneller. Und auch die neue Lieblingsbeschäftigung auf diesem Gebiet – das Verfolgen der täglichen Google-Launen in Form der Suchmaschinenoptimierung (SEO), ist zum Teil ein Thema für den Architekten – die Architektur muss auch hier offen für Erweiterungen sein, wenn es darum geht, Google bei der Logik der Umsortierung der Suchtreffer zu folgen und sie für sich auszunutzen. Im einfachsten Fall sind es dynamische Skripte, aber auch dies ist eine globale Architekturentscheidung.

An dieser Stelle muss der Architekt bei der Ausarbeitung einer passenden – technisch wie inhaltlich – Webstrategie helfen. Bestehende Anwendungen müssen unter die Lupe genommen werden, ihre Web-GUI-fizierung (nicht schon wieder so ein Kunstwort) durchdacht, Kommunikations-Patterns zwischen dem in seiner Dicke zu bestimmenden

Webclient und dem Server bewertet und in How-tos gegossen werden, zahlreiche Messungen und Hochrechnungen im Hardwarebereich angestellt werden – eben trotz des hier propagierten Pragmatismus doch mit mathematischen, aber leicht „pragmatisierten" Ansätzen (s. Kapitel 6 für weitere Details zu diesem Thema), Beschichtung und Lastverteilung geprüft und ausprobiert werden usw. – unzählige Bereiche der Tätigkeit eines Architekten, die dabei direkt betroffen sind.

Was hier aber ganz interessant ist, ist die Tatsache, dass man nur dafür keinen internen Architekten benötigt. Das kann ein sehr guter Webarchitekturberater ebenso problemlos erledigen, weil das Aufgabengebiet weitgehend neutral abgesteckt ist. Ist der Job getan, muss das Wissen und Können dann eben im Team vorhanden sein, verteilt auf mehrere Schultern.

Gesetzliche Zwänge

Solche gesetzlichen Zwänge wie SOX, Basel II und generell alles, was sich im revisionstechnischen Bereich so abspielt, steigen mit zunehmender Unternehmensgröße und Marktpräsenz rapide an. Bestehende eigene Lösungen werden plötzlich von wildfremden Leuten unter die Lupe genommen, Prozesse durchleuchtet, Nichtmanipulierbarkeit überprüft, Menschen-Screening vorausgesetzt etc. Unternehmen sehen sich an dieser Stelle mit viel größeren und unangenehmeren Herausforderungen konfrontiert als dem Marktkampf. Wenn man über die Jahre in der IT einfach nur das Nötigste schnell zusammengeschustert hat, um den Profit zu garantieren, zahlt man danach einen sehr hohen Preis für jedes auch nur potenzielle Sicherheitsloch oder jede Prozessungereimtheit im Deployment.

An dieser Stelle kommt heutzutage immer häufiger der Architekt ins Spiel, und zwar in diesem Fall diskussionslos der interne. In einer solchen Situation hat das rapide Wachstum an sich bereits stattgefunden oder hält immer noch an, und aus den wachsenden gesetzlichen Anforderungen kristallisiert sich eben diese Rolle heraus. Die Aufgabe des Architekten ist es, das gesamte Unternehmen aus der IT heraus zu durchleuchten und kontinuierlich Schwachstelle für Schwachstelle zu verbessern. Manchmal sind es eben mehrere Leute, die sich die üblichen Bereiche Architektur, Security und Prozesse teilen, aber die Rolle bleibt dieselbe, und die Aufgabe eben auch. Wir gehen später näher darauf ein, wie der Architekt im Umfeld von Revisionen, Audits etc. aktiv werden kann und sollte.

Und welche Positionen eignen sich nun für die Architektenrolle?

Steigen wir doch einfach direkt ein und sortieren noch einmal die möglichen Kandidaten, die die Architektenrolle wahrnehmen können und die, die lieber ihre Finger davon lassen sollten.

Ein sehr guter Kandidat für die Rolle des Architekten ist der CTO. Bereits in seiner Positionsdefinition sind Aufgaben enthalten, die direkt mit der Architektur zu tun haben und die wir in diesem Buch an diversen Stellen kennen lernen: Technology Governance, Technology Scouting etc. Zumindest als treibender Architekt ist der CTO bestens geeignet, durch seine Zugehörigkeit zum Management geht jedoch irgendwann der Bezug zur Praxis verloren, sodass er die technischen Aufgaben delegieren muss. Nicht selten ist in den Unternehmen der verantwortliche IT-Architekt und CTO ein und dieselbe Person. Lässt sich der mangelnde Praxisbezug durch weitere Architekten als Rollenträger lösen, kann es durchaus funktionieren. Die Rede ist natürlich nicht von Unternehmen mit 10 Angestellten, wo die beiden Gründer die CEO- und CTO-Posten untereinander aufteilen, damit es irgendwie nach mehr klingt oder aus anderen Gründen – hier ist der CTO höchstwahrscheinlich selbst der Architekt und Senior-Entwickler.

Weniger bis gar nicht geeignet für diese Rolle ist der CIO. Wie alles andere in der IT, unterliegt auch die Architekturentwicklung seinem Ressort, allerdings ist er auf den Architekten angewiesen, sofern es um technische Themen geht und ist vielmehr businessorientiert und budgetgetrieben. Zudem vermischt sich bei ihm der strategische mit dem operativen Blick, sodass die treibende Architektentätigkeit an sich nicht sinnvoll ist.

Auch die mittlere IT-Managementebene wie Anwendungsentwicklungsleiter oder Betriebsleiter eignen sich in keinerlei Hinsicht für die Architektenrolle – sie haben einen rein operativen und womöglich kostengetriebenen Fokus und können sich niemals auf Strategien konzentrieren. Im Zweifelsfall wird Qualität links liegen gelassen, und der Termin oder die Kosten rücken kompromisslos in den Vordergrund. Davon leben sie ja auch.

Generell ist es nicht immer sinnvoll, dass ein leitender Angestellter oder gar ein Projektleiter die Rolle des einzigen Architekten übernimmt. Wieso? In diesem Fall fehlen die Kontrollmechanismen und der so positionierte Architekt kann über viele Dinge alleine entscheiden, was ihn zum Single Point of Decision macht, einem berühmten Anti-Pattern. Außerdem kommt die strategische Komponente zu kurz, da er wieder zu sehr im Operativen stecken würde. Es ist gut vorstellbar, dass ein Chefarchitekt ein festes Architektenteam disziplinarisch oder in einem größeren Projekt leitet, jedoch ist es erfahrungsgemäß besser, die Architektenrolle tatsächlich durch jemanden mit „Bodenkontakt" ausüben zu lassen, damit z. B. die Geeks auf ihn hören wollen und nicht nur müssen.

Aus dem wahren Leben...

In einem Vorhaben ging es zunächst darum, in relativ kurzer Zeit etwas überholte Prozesse und Technologien in der Entwicklung eines Unternehmens auf Vordermann zu bringen. Die erforderlichen Sachen hatten sich über Jahre angestaut, und mehr oder minder logischerweise hatte dann alles am Stück angegangen und fertig werden sollen. Das Geld dafür war da, also heuerte man für diesen Zweck einen externen Architekten an und schickte ihn los, diese etwas vage definierte Aufgabe zu lösen.

Der Architekt schaute sich mehrere Monate lang alleine um, um überhaupt zu begreifen, was von ihm gewollt war. Er stocherte recht unbeholfen in allen Ecken und nahm jeden Tag ungefiltert immer neue Anforderungen und Wünsche seitens aller möglichen potenziellen Nutznießer und Leistungsträger auf, verarbeitete sie zu virtuellen Konzepten und priorisierte sie nach Belieben, da es von ihm auch so erwartet wurde.

Irgendwann, also ein paar Monate später, fragte die Geschäftsleitung, ob er sich nun ausreichend umgesehen habe und wüsste, was zu tun sei? Er hatte nur den Auftrag und die resultierenden finanziellen Vorteile vor Augen (ist ja nicht verkehrt, solange der Kopf kühl und nüchtern bleibt), also sagte er: Klar, wir wären soweit, lasst es uns zerreißen. Das Management wollte natürlich wissen, wie viel Man-Power benötigt wurde, um das Vorhaben zu stemmen. Er wünschte sich irgendwas mit neun. Wäre man denn nun in der Lage, ein konkretes Projekt zu stricken, wollte das Management wissen. Jawohl, war die prompte Antwort.

Und würde er denn auch selbst das Vorhaben leiten und zum Erfolg bringen, wollte man ferner wissen. Natürlich, war erneut die selbstbewusste Antwort. Das Management glaubte es, weil es sich Motivation und Begeisterung wünschte, und diese war ja da. Also los!

Es ist ja nicht genug, dass dieses Projekt keinerlei konkrete Vision, Priorisierung, zuverlässiges Management-Committment und adäquate Ressourcen-Verwaltung hatte. Es basierte zudem auch noch auf einer völlig irren Idee, völlig ohne Codierung jede auch nur erdenkliche Anwendung umzusetzen. Ziel- und planlos marschierte man los und heuerte weitere Experten mit einem etwas engen Profil an, die das Vorhaben zum Erfolg führen sollten. Das dümmste Problem war eben, dass der besagte Architekt nicht nur architektonische Schwächen aufwies (sonst hätte er wirklich nicht völlig verträumt versucht, das Undenkbare und Unmachbare machen zu wollen), sondern auch noch als Projektleiter nach keiner Methodik vorging, diese sogar gänzlich ignorierte, in einen völlig irren pseudoagilen Modus schaltete und alle anderen mitrennen ließ. Das Projekt war bereits mehrere Monate alt, da kamen langsam die Zweifel, ob es ohne eine definierte Vision bzw. einfach nur benannte und verstandene Projektziele überhaupt als Projekt zu bezeichnen wäre.

Zudem tummelten sich zu diesem Zeitpunkt diverse Halbgarheiten und tote Experimente in der völlig ziellosen Code-Base herum, die irgendwas mit Pseudo-ESBs, Modellen und Generatoren enthielten – all das eben, was an das Projekt unkontrolliert und ungefiltert von allen Seiten herangetragen wurde und wo man es jedem recht machen wollte. Die Anzahl der planlos herumirrenden Projektmitarbeiter mit sehr hohen Gagen stieg aber locker auf zehn an, und diese hatten wegen sonst mangelnder Beschäftigung reichlich Zeit, sich herumzustreiten und allen möglichen Lärm zu veranstalten. Ein Traum von einem Projekt.

Der Architekt bzw. jetzt der Projektleiter hatte aber seine Architektenbrille komplett abgelegt und jonglierte nur noch mit irgendwelchen Terminen, Meilensteinen und Leistungsstufen herum, die zwar inhaltslos, aber auf den ersten Blick managementwirksam zu sein schienen. Aber nicht mehr lange – das Projekt hatte bis zum Schluss keine Vision und somit auch keine Unterstützung, war ein teurer Flop und fiel in die Kategorie „möglichst schnell vergessen". Das Management kann dafür aber nicht beschuldigt werden, dass es angeblich nicht genug unterstützte oder die Ziele nicht klar definierte: Es ist die Aufgabe des Projektleiters, diese Ziele zu entlocken und das Management im Projekt geschickt zu lenken. Der Job war nicht getan, aber auch der Architektenjob blieb auf der Strecke, nur weil man unterwegs zum Projektleiter ernannt wurde, was auch immer der Unterschied zwischen den beiden Rollen in den Augen des Managements war.

Und was ist hier die Moral? Wenn Sie Architekt sind, arbeiten Sie als solcher. Wenn Sie Projektleiter sind, tun Sie eben diesen Job. Der Jobträger muss selbst wissen, was er in seinem Job zu tun hat, also wie man die Rolle spielt. Keiner bringt es einem auf dem Silbertablett. Wer es erwartet, ist unerfahren und muss noch viel lernen

Hier ist übrigens generell Vorsicht geboten: Top-Managements Auffassung vom Architekten ist nicht selten die von einem Projektmanager, also einem Kümmerer. Hier geht es nicht um PMI oder so etwas in der Art, hier geht es darum, dass Öl in den Fugen und

Feuer unterm Kessel ist, nicht mehr als das – die Technik wird als gegeben vorausgesetzt. Der Unterschied zwischen dem Architekten und dem Projektmanager ist fürs Management hypothetisch bis uninteressant. Machen Sie einfach, was von Ihnen verlangt wird – kümmern Sie sich um das Projekt, falls Sie sich als reiner Architekt nicht behaupten können, entscheiden aber als Architekt, nicht als Projektleiter – Architektur ist z. B. nicht an Zeit, dafür aber viel stärker an Qualität gebunden!

Zurück zum Thema. Eine direkte Unterstellung eines IT-Architekten unter den Betriebsleiter oder den Entwicklungsleiter ist ebenfalls sehr problematisch. Das ist in etwa damit vergleichbar, den Vorstand der Firma zum obersten Revisor der Firma zu machen oder einen Finanzkontroller dem Vertrieb zu unterstellen. Wo angewiesen werden kann, die Qualität und die Offenheit des Systems unter ein akzeptables und sinnvolles Minimum herunterzuschrauben, ist auch nicht wirklich viel Platz für Architektur. Der beste Weg ist daher ein ganzer oder teilweiser direkter Berichtsweg ins obere Management bzw. gar in die oberste C-Ebene. Einige gönnen sich dann einfach ein IT-Stabsmitglied für die Rolle des IT-Architekten, was in der Regel gut funktioniert, solange sich dieser Mensch an den Projekten beteiligt und sich nicht stattdessen in den Ivory Tower zurückzieht.

Ein Senior Developer eignet sich sehr gut für die Rolle des Softwarearchitekten, nicht des IT-Architekten, denn die Entwickler streiten sehr häufig mit dem Betrieb und umgekehrt. Durch die enge thematische Verbundenheit und teilweise absolut strikte operative Trennung verstehen sich diese Gruppen sehr selten gut und schimpfen stattdessen aufeinander. Ein Entwickler, selbst ein Senior, hat auch immer diese Mentalität im Kopf und kann daher kaum vernünftig als IT-Architekt übergreifend fungieren. Bleibt er aber in der Softwarearchitektur und kümmert sich um deren Belange, gibt es keinen besseren Kandidaten dafür, und jemand mit expliziter Bezeichnung „Softwarearchitekt" ist bei bestehenden guten Senior-Developern schlichtweg unnötig – was soll er denn tun, was sie nicht ohnehin schon tun?

Wenn Architekt als Position etabliert wird, kann es zu starken Widerständen seitens der IT-Kollegen führen. Die Truppe selbst, insbesondere wenn sie nicht wirklich motiviert ist, fragt sich immer wieder aufs Neue, warum der besser sein sollte als sie selbst, drängen ihn einfach mal aus den Projekten und drehen ihm so den Praxishahn zu. Das mittlere IT-Management sowie Entwicklungsleiter müssen ihn sich in ihre Angelegenheiten einmischen lassen, wollen es aber natürlich nicht und versuchen, ihn zu umgehen, wo es nur möglich ist. Ganz viel Fingerspitzengefühl ist erforderlich, um diese Widerstände zu brechen. „Unrat vorbeischwimmen lassen", hatte ein sehr guter CIO des Autors immer wieder wiederholt, wenn es auf persönliche Ebene herunterging und die Widerstände in Angriffe und Bisse übergingen. Das ist normal, da muss man durch – dafür ist dieses Buch u. a. auch da – eben um da wieder herauszukommen.

Und überhaupt zieht man den Architekten als Position gleich auf das Finanzielle und Persönliche herunter – er verdient mehr als andere, tut aber angeblich nicht so viel, und wir werden hier gar nicht anerkannt, ich könnte es besser, wenn ich dürfte und überhaupt. Frust und Neid in den Reihen bekommt der Architekt als Position mehr als deutlich zu spüren. Auch da muss er durch, muss sich behaupten, technisch überzeugen und immer mitmachen, niemals das Gefühl aufkommen lassen, er säße im Ivory Tower. Ganz, ganz große Herausforderung, glauben Sie mir.

CTO als Position tut sich da deutlich leichter. Man weiß, er ist ein leitender Angestellter, darf mehr verdienen und bestimmen. Seine technische Kompetenz steht aber permanent auf dem Prüfstand, sodass er es sich nicht leisten kann, den Bodenkontakt zu verlieren. Viel, viel besser ist es wirklich, den Architekten einfach nur als Rolle nach innen zu verkaufen, so zu interpretieren und ihn seine Nase einfach überall hineinstecken zu lassen, ohne dass er dabei zu Last wird – er muss mitmachen! Projektbezogen kann man sich überlegen, die Architektenrolle mal in den Reihen der erfahrenen ITler rotieren zu lassen. Das fördert den Geist und schleift die Diamanten. Einer sollte aber immer der Treiber sein – nicht der Diktator, einfach nur mitmachender Treiber, so eine Art Trägheitskraft. Das ist der bessere Architekt.

3.4 Architektonische Arbeitsteilung: Das Team als Architekt

Es ist durchaus normal, dass man einen vorsichtigen CIO hat, der nie und nimmer, vielleicht aufgrund einer vorangegangenen negativen Erfahrung, einem einzigen Menschen – eben dem Oberarchitekten – unkontrolliert die technische Wiese anvertraut und überlässt. Stichwort ist dabei Vertrauen. „Schlimmer" noch: je besser der Manager, umso vorsichtiger ist er. Es gibt natürlich auch solche, die sich nur auf die Entscheidungsfindung nach dem Bauchprinzip, basierend auf mindestens zwei eingeholten Meinungen beschränken, aber auch diese haben nicht selten Erfolg, obgleich sie ihre nähere Mitarbeiterumgebung mit ihrem wolkenschwebenden Vorgehen nerven.

Aber ein wirklich guter CIO oder IT-Leiter traut nicht restlos einem Einzigen, selbst wenn es sein Architekt ist. Das ist normal und gut. Und wenn man das weiterführt, sollte sich der Architekt eben selbst nicht trauen. An dieser Stelle kann man sich durchaus fragen: Was soll denn dies Gerede bedeuten? Aber wenn man sich überlegt, dass Fehlarchitekturen zu einem großen Geldverlust oder, was wirklich schlimm ist, zum Verlust von Menschenleben führen können, darf der Architekt nicht alleine laufen – er muss sich kontrollieren lassen. Ähnlich wie der Aufsichtsrat einer AG den Vorstand überwacht. Der Architekt muss kritische, zentrale Entscheidungen immer mit einem Reviewer abstimmen.

Aus dem wahren Leben...

Ich hatte der Geschäftsleitung vorgeschlagen, die von mir entworfene Architektur durch einen durch mich zu benennenden, unabhängigen und anerkannten Kollegen reviewen zu lassen. Ich wollte es selber so, da ich mich mit dem technischen Vorstoß auf ein mir bis dato recht unbekanntes Terrain begab und unbedingt die Meinung eines Experten brauchte.

Was, meinen Sie, war die Antwort? „Wieso, sind Sie so unsicher? Wir haben doch unser Vertrauen in Sie gesetzt, oder wollen Sie damit sagen, Sie können das nicht selbst?" Völlig absurd, aber ich musste es wegargumentieren. Also tat ich mein Bestes. Nachdem endlich die Einsicht gekommen war, stand man vor dem nächsten Problem: „Das ist uns zu teuer. Können wir nicht unseren Dienstleister um Review bitten?". Der Entwurf zielte aber gerade darauf ab, den Dienstleister technisch und finanziell zu beschränken, wie es auch verlangt war. Also versuchte ich auch dieses Argument, stieß da aber endgültig auf taube Ohren.

> Der Review-Auftrag ging an den Dienstleister, der sah seine Dollars schwinden und hielt dagegen, also flog mir der Entwurf um die Ohren. Zum Schluss hatte man sich auf deren Variante geeinigt, indem man meine für die Preisverhandlung ausgenutzt hat. Das hat dann in der Mache Unmengen Geld gekostet und ist wahrscheinlich immer noch nicht fertig. Dabei wollte ich ja nur ein adäquates, qualifiziertes und unabhängiges Review.

Der billigste und meist sinnvollste Weg, die zentralen Architekturentscheidungen reviewt zu bekommen, ist es, ein internes Gremium zu unterhalten, das diese Entscheidungen gemeinsam trifft (sofern es neben dem Architekten Mitstreiter gibt, die die dazu notwendige Qualifikation aufweisen). Das soll kein Ivory-Tower-besiedelndes festes Architekturteam sein, sondern ein loses Gremium, das sich aus den Repräsentanten wichtigster Teams bzw. aus den Key-Playern zusammensetzt, sich bei Bedarf trifft, Entscheidungen bewertet oder trifft bzw. nächste Schritte definiert und verteilt, die für die Entscheidungsfindung nötig sind. Der Architekt ist dabei der Moderator und der natürlichste Aufgabenempfänger, aber das Team trifft diese Entscheidungen zusammen. Die Last wird auf die Schultern verteilt, die wichtigsten Menschen sind involviert, die Verantwortung ist ebenfalls produktiv verteilt und der Architekt marschiert los, um den Beschlüssen Leben einzuhauchen.

Der Architekt muss all seine Ideen und Vorstöße durch das Architekturgremium kriegen, sonst sind sie nichts wert. Da ist kein Platz für verletzten Stolz oder verkanntes Genie – da treffen sich Leute, die wichtige Entscheidungen treffen und die Last dieser Entscheidungen zu einem Teil auf sich nehmen. Wenn sie gegen etwas sind, und das konstruktiv und begründet, kann der Architekt kein Durchsetzungsvermögen zeigen, sonst ist er allein. Diplomatie und Kompromissbereitschaft sowie Fingerspitzengefühl sind da die erforderlichen Waffen.

Und jetzt kommt es: Der Architekt sollte dieses Gremium sogar selbst organisieren und etablieren! Warum? Na wer tut es denn für ihn? Die Geschäftsleitung? Sie hat davon nur eine vage Vorstellung und befürchtet dahinter mehr Selbstbestimmung. Der CIO? Dafür hat er den Architekten, und die finale Entscheidung ist sowieso sein Kreuz. Und niemand aus dem potenziellen Teilnehmerkreis wird es initiieren – sie haben alle Besseres zu tun. Also bleibt nur der Architekt.

Es ist extrem wichtig, die Key-Player in dieses Gremium einzubinden. Menschen, die im Unternehmen bereits einen gewissen Status erreicht haben, sind schnell missmutig, wenn sie nicht mitentscheiden dürfen. Und es ist auch nicht so schlimm, wenn die Entscheidungsfindung entsprechend moderiert wird. Da muss der Architekt eben seine Steuerqualitäten ausspielen. Die Key-Player müssen auch immer das begründete Gefühl haben, nicht nur angehört zu werden, sondern Entscheidungen maßgeblich gestaltet bzw. beeinflusst zu haben. Und die Motivation der Kollegen bleibt hoch, wenn sie dieses Gefühl auch immer weiter haben. Dem Architekten bricht kein Zacken aus der Krone, wenn er seinen Weg nicht zu 100 % durchboxt – lieber akzeptiert und unterstützt, als völlig alleine und gescheitert.

Was der Architekt allerdings niemals zulassen darf, ist das sog. Design by Committee. In diesem Fall trifft sich das Gremium erst völlig unvorbereitet, um über einen Punkt zu debattieren und unterwegs irgendwelche Entscheidungsansätze zu finden. Das ist völlig falsch – der Architekt muss das Gremium steuern und moderieren, also legt auch er immer einen Lösungsvorschlag und einige Alternativen auf den Tisch, über die gezielt diskutiert werden kann, um sich im Anschluss für eines davon zu entscheiden.

Es gibt jedoch Situationen, in denen das besagte Gremium zu extremer Basisdemokratie führt, wo Leute sich nicht treffen, um gemeinsam Entscheidungen zu fällen, sondern wo die Rollenverteilung innerhalb eines selbstorganisierenden Teams so vorgenommen wurde, dass keiner irgendwie benachteiligt wird, und nicht nach dessen Qualitäten.

Aus dem wahren Leben...

Hier ein Ausschnitt aus einem Ereignisablauf, der in dieser Form gar nicht so untypisch für basisdemokratisch orientierte Teams ist und der aus heutiger Sicht zu weit ging – man hätte diese Geschichte viel früher „abwürgen" müssen:

Moritz (Entwickler): „Du, Peter, ich habe da ein Thema, und ich glaube, dass uns jetzt die ganze Anwendung um die Ohren fliegt."

Peter (Architekt): „Hm? Was ist das denn?"

Moritz: „Ich habe es Anja schon tausendmal gesagt, aber sie ist ja die Projektleiterin, sie hört mir einfach nicht zu. Und uns fliegt das Ganze jetzt um die Ohren. Ich habe keine Lust mehr, ihr das ständig zu sagen."

Peter: „Worum geht es denn, Mann? Mach' mich nicht schwach…"

Moritz: „Na wir müssen uns doch jetzt entscheiden, wie wir den Assistenten gestalten!"

Peter: „Wie bitte?"

Moritz: „Diesen Assistenten, wo man einen neuen Autor mit mehreren Büchern anlegen kann."

Peter: „Okay, und was ist damit?"

Moritz: „Da ist doch noch gar nichts entschieden, oder?"

Peter: „Was meinst du denn? Haben wir bereits konkrete Anforderungen dazu?"

Moritz: „Nee, aber wir machen gerade den Klick-Dummy, und da fallen uns ständig Probleme auf den Kopf."

Peter: „Welche denn?"

Moritz: „Es ist z. B. noch überhaupt nicht klar, ob wir zuerst den Autor und dann seine Bücher oder alles in einem Stück anlegen müssen."

Peter: „Okay, hört sich nach einer Unit-of-Work-Überlegung an. Aber warum jetzt schon im Klick-Dummy?"

Moritz: „Das hat Anja auch gefragt. Euch ist offensichtlich nicht klar, welche Reichweite eine Fehlentscheidung an dieser Stelle haben könnte."

Peter: „Mag sein. Aber sind wir denn überhaupt so weit, dass wir eine Entscheidung treffen können, oder wollen wir schnell mal einen Dummy zeigen?"

Moritz: „Frag Anja, sie ist doch der PL und muss es wissen – ich habe keinen Nerv mehr, euch das zu erklären."

Peter: „Mensch Anja, was haben wir denn da für eine Aufregung? Kannst du mir bitte erklären, wo wir gerade aus dem Ruder laufen?"

Anja (PL): „Ach, du meinst, Moritz hat dir da was geflüstert, oder? Der nervt mich heute schon den ganzen Tag damit!"

Peter: „Was denn genau? Mich nervt es jetzt schon, obwohl ich nicht weiß, was es ist!"

Moritz: „Wir haben doch in unserem Klick-Dummy den Autor zuerst gespeichert, danach die Bücher – getrennt, weil es im Dummy nicht anders ging. Und er meint, das kann zu Dateninkonsistenzen führen. Wir haben aber noch gar nicht die passenden Anforderungen, wir wollten ja nur das Prinzip des GUI zeigen…"

Peter: „Müssen wir das jetzt überhaupt entscheiden? Ich meine, wir reden hier über Locking-Strategie und Conversation-Context etc. Wir müssen erst dem Kunden klarmachen, welche Alternativen es gibt, und wir wollen doch mit dem Dummy in die Diskussion einsteigen"

Moritz: „Ja, aber wenn wir das jetzt nicht entscheiden, kann das böse enden"

Anja: „Oh Mann"

Peter: „Warum das denn? Wir stehen doch noch am Anfang."

Moritz: „Solche Entscheidungen muss man immer am Anfang treffen, das weiß doch jeder!"

Peter: „Noch bevor man die Anforderungen verstanden hat? Wohl kaum. Lasst Euch Zeit."

Moritz: „Aber den Dummy müssen wir dann ausbauen, und dann ist die Sache schon drin, und das völlig falsch. Wir müssen doch Datensätze versionieren und Transaktion ausweiten!"

Peter: „Natürlich, wenn wir die Referenzarchitektur aufbauen. Unser Dummy liefert sie noch nicht."

Moritz: „Aber ich kenne das doch, dann hat man keine Zeit für die sauberen Sachen. Wir müssen sie jetzt schon alle machen. Und überhaupt, wir konzentrieren uns im Moment zu sehr auf die Architektur und machen keine fachlichen Implementierungen…"

Anja: „Oh Mann"

Peter: „Hm? Das ist doch das genaue Gegenteil dessen, was du mir seit bereits einer Druckseite versuchst zu beweisen. Ist es noch ein Problem, über das du reden möchtest?"

Moritz: „ach, ihr macht es alles falsch, so wird es nichts!"

…

Sie können sich vorstellen, dass es so noch eine Stunde weiterging, von einem Thema zum anderen, hopp-hopp. Da war halt einer demotiviert, weil er selbst sowohl PL als auch Architekt sein wollte. Wahrscheinlich wollte er das Projekt sogar ganz alleine machen, bzw. konnte es nur so. Der PL Anja war wirklich eine Niete, und der Architekt hat sich bei jeder Kleinigkeit mitreißen lassen. Basisdemokratie eben, die zu Molekulardiskussionen über das Universum und den ganzen Rest geführt hat. Ein Alptraum.

In solchen Teams entstehen extrem lange Diskussionen wegen jeder Kleinigkeit. Molekulardiskussionen, die zu Molekularentscheidungen führen oder auch nicht. Die Aufgabe des Architekten – solange dies keine Alibirolle im Team ist, besteht darin, diese Diskussion frühzeitig zu stoppen und ggf. undemokratisch zu entscheiden, wie hart das auch klingen mag. Die Basisdemokratie ist eine tolle Sache, aber nicht, wenn man Kompromisse erzwingen muss, um voranzukommen. Hart entscheiden kann auch schlichten heißen, je nach Situation. Aber auch harte Entscheidungen gibt es im Leben eines Architekten, und für diese steht er dann selbst gerade – niemand zieht bei einer solchen Entscheidung mit. Aber niemand hat gesagt, dass das Leben des Architekten nur aus Zuckerschlecken besteht, oder? Es ist ein verantwortungsvoller und gewissermaßen riskanter Job.

Basisdemokratie in einem IT-Projekt ähnelt der Situation, wenn auf der Baustelle jeder Arbeiter ausschließlich den Kran bedienen wollen würde und niemand plant die Arbeiten ein. Wie viel geben Sie auf den Erfolg des Bauvorhabens? Abbildung 3.5 stellt einen möglichen Prozess dar, in den das Architekturgremium (in dem Fall als Governance-Einheit) eng eingebunden ist, diesen jedoch nicht stört, sondern an den entscheidenden Stellen steuert.

Mit dem Phänomen der Molekulardiskussionen beschäftigten sich bereits diverse Experten[1], die jedoch nur als Betrachter in Erscheinung treten können, da dieses Problem vielmehr firmenkulturell als allgemein steuerbar ist.

Eigentlich führt der Architekt eine Art Guerillakampf. Denn das Architekturgremium dient nicht nur dem Review-Zweck, sondern der Förderung des Miteinanders. Egal, wie gut der Architekt fachlich ist und wie toll seine künstlerischen Ergüsse auch sein mögen: am Ende des Tages zählt eine gemeinsame Entscheidung, sonst wird sie nicht akzeptiert. Das heißt nicht, dass die Lösung immer gemeinsam ausgearbeitet werden muss. Nein, es geht nur um die Entscheidung. Menschen, insbesondere Techniker, mögen es, wenn sie involviert werden, und das ist auch gut so – so können sie frühzeitig kritische Punkte erkennen oder Alternativen vorschlagen. Ein Architekt, der alleine Entscheidungen trifft, gleicht einem Piloten, der für sich selbst auch die Bodenkontrolle übernimmt – bei den ersten Anzeichen eines Absturzes begeben sich alle um ihn herum in Sicherheit.

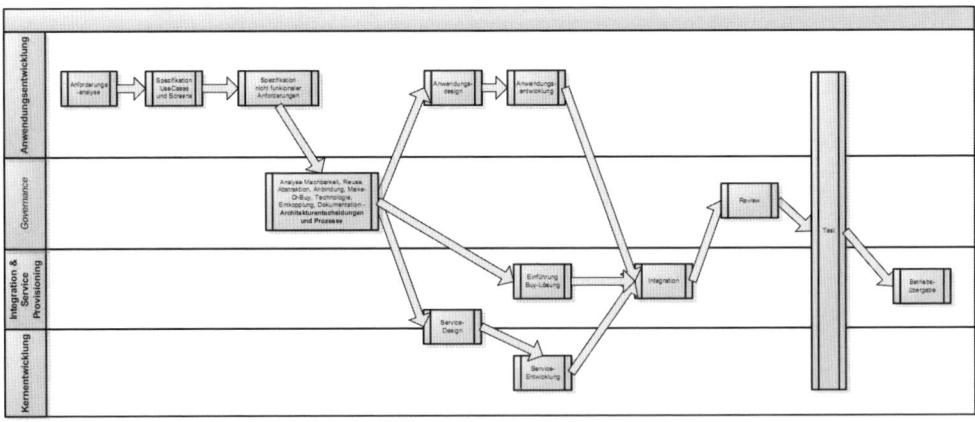

Abbildung 3.5: Architekturgremium (Governance) im Entwicklungsprozess

---

1   http://c2.com/cgi/wiki?DesignByCommittee;
    Tom DeMarco et.al.: Adrenalin Junkies & Formular Zombies, 2007, S. 46

Der Guerillakampf bezieht sich auf die Art und Weise der Einflussnahme durch den Architekten. Er steuert das Team zu einer der möglichen sinnvollen Entscheidungen, lässt es aber auch diskutieren und korrigieren, aber immer mit einem konkreten Ziel vor Augen. Er drängt sich nicht nach vorn – darf er ja auch nicht, wenn er ein objektives Review und sinnvolle Beiträge seiner Teamkollegen wünscht. Die Mitglieder des Gremiums müssen jederzeit das Gefühl haben, sie haben mitentschieden. Architektur ist ohnehin ein Bereich, der jeden ITler reizt, weil er an sich so „schwammig" ist – alles, was man entwickelt oder infrastrukturell einrichtet, trägt irgendwie zur Architektur bei. Also wollen die Menschen Architekturtätigkeiten wahrnehmen – das fördert ihr Selbstwertgefühl, lenkt von der Routine ab und verhilft der Lösung zu einem mehrfach geprüften Ansatz.

Des Weiteren fungieren die Mitglieder dieses Architekturteams als Multiplikatoren bei der Verbreitung der getroffenen Entscheidungen. Konzepte, Best Practices, Patterns, Richtlinien etc. müssen ja schließlich unters Volk, und die bloße Dokumentation reicht da bei Weitem nicht aus – sie wird erfahrungsgemäß kaum gelesen, obgleich von jedem stark gewünscht (da spielt wieder die Psychologie eine große Rolle – es ist einfacher, das schlechtere eigene Vorankommen bei der Problemlösung mit der fehlenden Dokumentation zu argumentieren. Nur die eigentlich guten Leute wühlen sich stattdessen durch den Code oder schalten bei der Umsetzung schlichtweg das Gehirn ein und jammern nicht lange herum, dass man es ihnen nicht in Form von Hunderten von Doku-Seiten vorgekaut hat). Die Multiplikatoren sind so etwas wie die modernen Jünger, die die Botschaft verbreiten und für ihre Befolgung sorgen. Der verantwortliche Architekt alleine wäre mit dieser Aufgabe aus zeitlichen Gründen gnadenlos überfordert. Das müsste er sonst quasi im „Figaro hier, Figaro dort" durchziehen.

3.5 Die drei Gewalten des Architekten

Eine weitere Visualisierung der Aufgaben und Pflichten eines Architekten bietet sich in Form der Gewaltenteilung[2] aus der Staatstheorie an. Der Architekt arbeitet nämlich restlos nach dem Prinzip von Zuckerbrot und Peitsche, um die festgelegte technologische Strategie durchzusetzen. Wenn man es so will, ist die IT-Strategie das Gesetz innerhalb des technologischen Geschehens, und der Architekt übt die Bestimmungs-, Kontroll- und Durchführungsaufgaben aus, um diese IT-Strategie erfolgreich zu definieren und umzusetzen.

Die Legislative

Gesetze entstehen quasi im laufenden Betrieb. Alle Gesetze versammeln sich um ein Grundgesetz, das entsteht, noch bevor der laufende Betrieb losgeht. Im wahren Leben ist das zwar theoretisch so, praktisch aber nicht durchsetzbar – die Menschen würden ja nicht aufhören, das Menschliche zu tun, nur um abzuwarten, bis ein passendes Grundgesetz in Kraft tritt. So ähnlich verläuft es auch mit der Architektur und dem Architekten, der zu einem Teil seiner Tätigkeit die Legislative darstellt. Er muss recht früh im Projekt die Basisausrichtung und das Ziel vorgeben, und zwar so zügig, dass das Projekt keinen nennenswerten Verzug verzeichnet, und der Rest ist dann das Projekt und dessen Geschehen selbst.

---

2 http://de.wikipedia.org/wiki/Gewaltenteilung

Es muss definiert werden, was wie geschieht und basierend auf welchen Regeln. Der Architekt gibt den technischen Handlungsrahmen und die technische Richtung vor – das ist das Grundgesetz. Alles, was dann kommt, beruht darauf, wobei auch die Änderungen des Grundgesetzes möglich sind, wenngleich auch in einem deutlich geringeren Tempo, als neue Gesetze entstehen. Die Basisvorgaben sind an sich so zentral, dass weitere Organe wie Sponsoren und Management in jedem Fall den Änderungen zustimmen müssen.

Aber das meiste Geschehen läuft eben um die technische Gesetzgebung herum ab, zumindest was die Vorgaben, Regeln und Orientierungshilfen angeht. Das ist die Legislative im Hinblick auf den Architekten.

Die Exekutive

Wenn Gesetze festgelegt sind, also der technische Handlungsrahmen, muss dafür Sorge getragen werden, dass diese auch befolgt werden. Im realen Leben ist es die Regierung mit ihrem Unterapparat, in Bezug auf das technische Projektgeschehen ist es wieder der Architekt. Er ist die überwachend-ausführende Gewalt für die Vorgaben, die er auch definiert hat (oder ein Team unter seiner Regie). Es muss schließlich dafür Sorge getragen werden, dass der vorgegebene technische Weg keine Makulatur wird. So auch im wahren Leben: Gesetze sind dafür da, befolgt zu werden, und die Exekutive setzt ihre Befolgung mit den zur Verfügung stehenden Mitteln durch.

Was tut der Architekt als Exekutive? Er arbeitet mit Händen schon mal selber mit. Basismechanismen und die Prüfung von Konzepten sind sein Zuhause. Was er selbst nicht direkt mit Händen anfasst, muss er überwachen und immer wieder auf den richtigen Weg bringen, indem er berät, boxt, beißt, schmeichelt, lobt, koordiniert etc. Hier ist der Weg das Ziel, keine Frage. Am Ende steht eben das Erreichen der vorgegebenen technischen Ziele, der Architekt sorgt für das Erreichen dieser Ziele – das ist die Exekutive in Bezug auf das technische Geschehen.

Die Judikative

Was tun, wenn etwas schiefgelaufen ist? Nicht jede Vorgabe kann von vornherein richtig oder tragbar sein, sonst müsste man wirklich in die Zukunft schauen können. Auch Gesetze inklusive des Grundgesetzes hatten schon immer ihre Lücken und Ungereimtheiten, sonst gäbe es nicht so viele erfolgreiche Verbrechen. Projiziert auf die Architektur gilt das Gleiche: Die technischen Vorgaben tragen trotz Weitblick immer den Momentzustand, sonst müsste man auch hier ein Wahrsager sein. Das, was man jetzt weiß und in der potenziellen Zukunft erkennen kann, manifestiert sich in den Vorgaben. Läuft etwas schief, also stellen sich Vorgaben als untragbar oder falsch heraus oder werden sie umgangen, muss gehandelt werden.

Im realen Leben kommt an dieser Stelle die Judikative ins Spiel, die versucht, gemäß der geltenden Gesetzgebung in einem konkreten Fall ein Urteil zu sprechen, nachdem sie den jeweiligen Fall untersucht. So auch der Architekt: Werden die technischen Vorgaben umgangen, muss er prüfen, warum das geschieht und eventuelle Korrekturen vornehmen – ob in Form von Kursänderungen oder durch Weisung. Haben sich die Vorgaben geändert, müssen sich die jeweiligen Gesetze (technischer Rahmen) entsprechend ändern. Aber eben alles im laufenden Betrieb – das ist die Judikative hinsichtlich des Architekten.

3.6 Wie im Fernsehen – zwischen Hauptrolle und Cameo[3]

Einer der größten Fehler, die bei der Besetzung bzw. Benennung eines Architekten gemacht werden, ist die Zuteilung einer ständigen Hauptrolle gemäß dem zu Beginn beschriebenen Wunschbild. Der Architekt als solcher hat sicherlich auch so seine Zeitpunkte, an denen er als zentraler Akteur in Erscheinung tritt, die meiste Zeit über sollte er aber bedeckt, begleitend agieren, um nicht zu einem künstlichen Bottle Neck zu mutieren. Die Hintergrundarbeit ist vielleicht mit weniger Lorbeeren verbunden, persönliche Ambitionen sind aber ohnehin die vollkommen falschen Beweggründe, wenn es darum geht, erfolgreiche IT-Lösungen umzusetzen.

(Anti-)Pattern – : Resume-driven Design

Ein wahrhaft „herrliches" und leider allzu verbreitetes Anti-Pattern. In diesem Fall haben wir vor uns einen Architekten, der in jedem Projekt oder gar bei jeder Anpassung auf Biegen und Brechen und ohne Rücksicht auf Verluste versucht, eine hochmoderne (Hype-)Technologie oder deren aktuellere Version in das System hinein zu integrieren, selbst wenn diese nur am Rande zur Lösung beiträgt. In der Regel ist diese Technologie auch gar nicht notwendig, und es wäre deutlich besser gewesen, sie erst gar nicht zu verwenden. Unser Architekt hat aber bewusst oder unbewusst nur die neue Zeile in der Skill-Liste seines CV vor Augen.

Nichts gegen das gesunde Experimentieren – davon lebt jeder Architekt. Aber doch bitte im abgeschotteten Labor und in keinem Fall am Live-Objekt in der Live-Entwicklung. Und vor allem anforderungsgetrieben. Auch hier immer wieder daran denken, nur das Nötigste für die Lösung zu verwenden. Sonst enden solche Einbauten oftmals blutend in der Mülltonne, weil man sie mit Gewalt aus dem System herausreißen muss.

Ein weiterer interessanter und wichtiger Aspekt gilt für die internen IT-Abteilungen von Nicht-IT-Unternehmen: Niemals den Early Adopter einer Technologie spielen, sondern immer auf die Erfahrungen anderer warten – das ist das Gleichgewicht zwischen Benefit und Risiko. Man ist womöglich selbst nicht in der Lage, eine frische Technologie zu adoptieren – hier muss gleich der erste Schuss sitzen, alles andere ist einfach zu teuer.

Als ein Unternehmen durch einige unglückliche Geschäftsverluste in die roten Zahlen abrutschte, beschloss das Management, vor allem in der IT den Rotstift anzusetzen. Sparen war die Devise, und die kam einem Architekten sehr willkommen, der sich technologisch die Füße vertreten wollte. Also migrierte er die Webapplikation von einem kommerziellen auf einen Open-Source-Applikationsserver. Ein paar tausend Euro im Jahr wurden gespart, jedoch ein teurer Wartungsvertrag sowie Lizenzinvestition vernichtet, und massive Stabilitätsprobleme traten auf. Sein CV wies dann aber die entsprechende Migrationsexpertise auf. Toll…

---

3   http://de.wikipedia.org/wiki/Cameo-Auftritt

Egal, nach welchem Vorgehensmodell, Prozess oder nach welcher Lehre man die IT-Systeme entstehen lässt, teilt sich die Entstehungsstrecke bzw. der Lebenszyklus grob in die in Tabelle 3.6 dargestellten Phasen, die sich ganz oder in Teilen in verschiedene Iterationen fassen lassen und die auch einzeln verkürzt, ausgelassen oder parallelisiert werden können – Kapitel 4 geht auf dieses Thema im Detail ein. Grafische Darstellung gibt es in Abbildung 3.6 (bitte nicht mit den berühmten RUP-Bildern o. ä. vergleichen, denn das hier ist in der Tat aus der Erfahrung auf den pragmatischen IT-Architekten zugeschnitten).

Phase	Intensität der Architektenaktivität
Analyse	Hoch
Konzeption	Sehr hoch
Planung	Mittel
Durchführung	Mittel
Test	Niedrig
Einführung	Niedrig
Wartung	Mittel

Tabelle 3.6: Phasen des Entwicklungszyklus und Intensität der Architektenmitwirkung

Es ist ungemein wichtig, solche Phänomene wie Cowboy oder One-Man-Show tunlichst zu vermeiden. Bei Ersterem würde der Architekt an Ort und Stelle wahllos mit technischen Dingen um sich schießen, um die größte Aufmerksamkeit auf sich zu ziehen, koste es, was wolle. Bei dem etwas verwandten Zweiteren würde der Architekt alles alleine machen und niemanden an dem Erfolg bzw. meistens Misserfolg beteiligen. Beide Ausprägungen der übertriebenen Selbstverliebtheit und Unverantwortlichkeit der Vorgesetzten sind extrem gefährlich und nur für kurze Dauer erfolgversprechend.

Haben Sie noch nie darunter gelitten, dass in dem Team, das aufgrund der hohen Anforderungen extrem schnell anwachsen muss, ein einziger Mitarbeiter das absolute Bottle Neck und der einzige nennenswerte Wissensträger ist? Und wenn er im Urlaub ist, kommt das Team in einer Geschwindigkeit voran, bei der sich die Kosten gar nicht rechtfertigen. Dann muss man ihn aus dem Urlaub wieder einfliegen, wenn es ein ernsthaftes Problem gibt. Dann mag er vielleicht gar nicht oder geht nicht ans Telefon. Was dann? Das sind die Folgen des Cowboy-Modus bzw. der One-Man-Show. Schieben Sie als Architekt solchen Potenzialen gleich von Beginn an einen Riegel vor – für sich selbst bzw. für jemanden anderen. Jeder will ja schließlich ruhig in Urlaub gehen können, und eine künstlich erzeugte Abhängigkeit rächt sich spätestens in den Sommerferien.

Aber genug der Anti-Patterns, kommen wir zurück zu dem Entwicklungszyklus.

Analyse

In der Analysephase ist der Architekt derjenige, der hauptsächlich versucht, die nichtfunktionalen Anforderungen an das System zu ermitteln, zu katalogisieren und ihren Einfluss auf das zu erstellende System zu bewerten. Genauso wie es auch bei den funktionalen Anforderungen der Fall ist, werden die nichtfunktionalen Anforderungen hinsichtlich der Kosten-Nutzen-Faktoren und Risiken bewertet, und nicht alles, was gewünscht ist, kommt tatsächlich jemals in Produktion.

Eine alte Faustregel besagt z. B., dass bei der Verfügbarkeit jede weitere Neun hinter dem Komma die Gesamtkomplexität des Systems um den Faktor zehn erhöht. In der Analyse muss der Architekt dafür Sorge tragen, dass solche Anforderungen realistisch und begründet bleiben. Denn der Kunde meint zwar z. B. eine 24x7-Verfügbarkeit des Systems, akzeptiert jedoch einen Ausfall von mehreren Stunden am Stück, was impliziert, dass unter der Verfügbarkeit im technischen und im wahrgenommenen Sinne verschiedene Dinge verstanden werden.

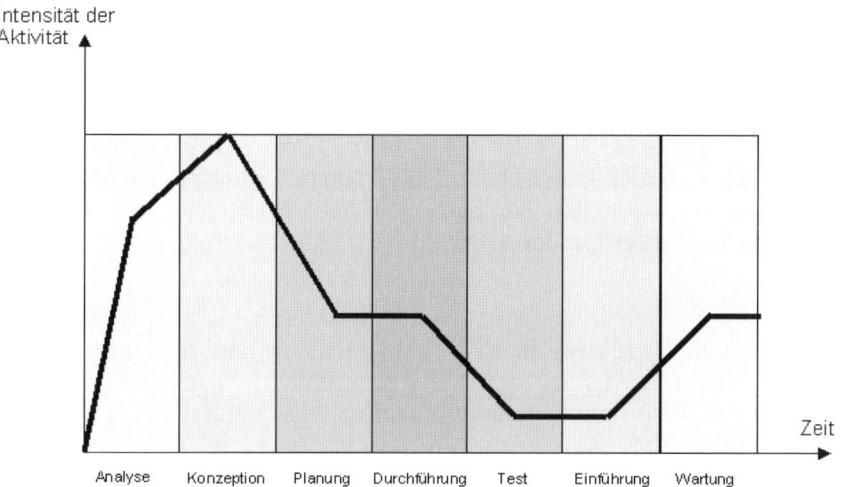

Abbildung 3.6: Intensität der Architektenaktivität auf der Zeitstrecke

Aus dem wahren Leben...

Wir haben ein Onlinesystem analysiert, das international im Ansatz sein sollte, erreichbar aus allen Ecken der Erde, das für Besserverdiener einige Luxusgüter auf Anfrage bestellen und anliefern ließ. Die Produktmanagerin redete die ganze Zeit davon, dass das System immer aufrufbar sein sollte, von jeder freundlichen Dame überall auf der Welt, und dass die Endkunden ungerne warten würden.

Ich fragte sie, welche Anforderungen sie also an die Systemverfügbarkeit hätte. Sie kam mit 7x24, pausenlos, an. Ich schluckte erst einmal, denn so ein hochverfügbares System hatte ich auch noch nie zu bauen. 7x24 ohne Ausfall bedeutet fast durchgehende Verfügbarkeit. Ich erklärte ihr auch die mit restloser (und so nur theoretisch möglicher) Verfügbarkeit verbundenen Kosten. Sie war groggy – damit hatte sie gar nicht gerechnet. Ob wir es auch günstiger hinbekämen, fragte sie mich, denn ihre Software sei so einfach.

Ob sie den Begriff der Wartungsfenster kenne, fragte ich sie. Sie kannte es nicht, also erklärte ich es ihr. Sie sagte, da sei keine Zeit für Wartung, denn die Kunden können zu jeder Stunde anrufen. Aha, da steckte der Teufel also: anrufen. Es ging eigentlich gar nicht darum, dass die Kunden das System nutzen sollen, nein, nein, das würden schon die Damen selbst machen. Der Kunde soll nur anrufen können.

Also hatte man relativ schnell festgestellt, dass sie unter Verfügbarkeit nur die Möglichkeit verstand, mit dem System zu jeder Uhrzeit von überall arbeiten zu können. Aber da war doch noch was mit der Ausfallsfreiheit. Nein, das habe sie nicht so gemeint, jedenfalls, wenn es so viel Geld koste. Ich habe ihr vorgeschlagen, für den Ausfallsfall einen einfachen Prozess aufzusetzen: Wenn es dazu kommt, dass das System mal nicht funktioniere, könnten die Damen einfach mit dem lokalen Taxiunternehmen das Geschäft auch am Telefon abwickeln und die Daten offline nacherfassen, also, wenn das System wieder da ist. Sie war prompt damit einverstanden, denn das entsprach ohnehin ihrer aktuellen Arbeitsweise.

So einfach, aber auf den ersten Blick so kompliziert. Jemand muss bei der Anforderungsanalyse das Gehirn einschalten, und meistens ist es der Analyst, bei nichtfunktionalen Anforderungen spätestens der Architekt.

Die Beteiligung des Architekten an der Analyse der Anforderungen, hauptsächlich der nichtfunktionalen, ist recht hoch. Aber auch die funktionalen Anforderungen sind unerlässlich, um die entsprechende Architektur passend zu gestalten, wie es in Kapitel 2 dargestellt wurde. In dieser Phase tendiert der Architekt zur Ausübung der Hauptrolle, jedoch quasi in einem Kurzfilm.

Konzeption

Die Konzeptionsphase gehört dem Architekten und den Designern, die oftmals dieselben Personen sind. Hier ist der Architekt zu Hause, hier darf er keine Minute weg. Denn was hier falsch gemacht wird, bringt das Haus später zum Einsturz oder zur Unbenutzbarkeit. In Kapitel 5 wird näher auf die Aspekte der Architekturentwicklung eingegangen, sodass es an dieser Stelle lediglich zu erwähnen wäre. In jedem Fall steht dem Architekten in dieser Phase die Hauptrolle zu, ob er fachlich oder technisch tätig ist.

Eine wichtige Aufgabe des Architekten, insbesondere eines externen, in dieser Phase ist die sog. Einsatzvorbereitung. Dabei handelt es sich quasi um die militärische Aufklärung, die wichtige Informationen und Ortsmerkmale sammelt, bevor ein Großangriff der Trupps starten kann. Ganz konkret gesprochen bereitet der Architekt durch Ist-/Soll-Analysen, Schwachstellenanalysen, Deltaanalysen etc. den Einsatz der Entwickler in einem bestimmten Projekt vor. Zudem werden die Ergebnisse seiner Analysen dazu verwendet, im Management darüber zu entscheiden, ob ein breit angelegter Großangriff überhaupt gestartet werden soll – Kosten-/Nutzen-Überlegungen sowie Risikobewertungen werden exakt basierend auf der Einsatzvorbereitung angestellt. Die Aufgabe des Architekten ist dabei natürlich auch, die Ergebnisse seiner Arbeit entsprechend zu präsentieren und das Management bei der Abwägung einzelner Faktoren als technischer Experte zu unterstützen. Dazu ist es unerlässlich, dass der Architekt nicht nur die Technik im Fokus hat, sondern auch klar unternehmerisch denkt.

Planung

Hier hat der Architekt wiederum nur bedingt etwas zu tun. In der Regel sollte er nicht mit Planungsaufgaben konfrontiert werden. Diese bringen die Architektur in keinster Weise voran. Vielmehr konzentriert sich seine Mitwirkung auf die Unterstützung bei der Planung von Abhängigkeiten einzelner Meilensteine, wie grob oder fein man das Projekt auch immer schneidet. Kapitel 4 befasst sich im Detail mit Vorgehensmodellen und auch damit, welche davon zu der pragmatischen Sicht der Dinge am besten passen.

Die Rolle des Architekten in dieser Phase ist knapp oberhalb eines Statisten, aber weit entfernt von einer Nebenrolle. Höchstens ein Cameo, wenn es um die Reihenfolge der umzusetzenden Schritte sowie die Aufwandsprognosen für die Basispakete geht. Aber an dieser Stelle müssen Leute heran, die planen können, wollen und müssen – Architektur als solche ist nicht direkt an den Zeitfaktor gebunden. Die Zeit steuert zwar den Umfang der Architektur, genau wie es alle anderen Faktoren zum Teil tun, sie ist aber für die eigentliche Architekturgestaltung nicht wirklich relevant. Man brauchte früher Jahrzehnte, um eine Pyramide zu erschaffen, heute würde es bei gleichem Tooling und identischer Menschenkraft wahrscheinlich mehr Zeit in Anspruch nehmen, mit ein paar modernen Kränen und Bulldozern sicherlich aber deutlich weniger. Das Ergebnis wäre dasselbe, wenn man von dem historischen Wert der Sache absieht.

Der Architekt soll sich nicht stets in den Vordergrund drängen, insbesondere bei der Planung – das sollen die Leiter und Plansteuerer übernehmen. Denken Sie nur an die Ziele des Architekten, und lassen Sie die Einhaltung der Termine völlig außen vor. Lassen Sie sich als Architekt nicht drängen, um Termine zu halten – reduzieren Sie den architektonischen Umfang und weisen Sie auf die Risiken sowie die Nichterfüllung der nichtfunktionalen Anforderungen hin. Es muss aber in jedem Fall eine absolute Minimalgrenze geben, nach der die Architektur aufhört und das nackte Wursteln beginnt. Lassen Sie sich nicht an diese Grenze stoßen, definieren Sie sie weit im Voraus und halten Sie einen Puffer frei – den braucht jeder und alles, auch die Architektur und ihre Komplexität.

Durchführung

In der Phase der Durchführung ist der Architekt zwar tätig, jedoch primär begleitend. Nach Auffassung des Autors ist die Vermischung der Rolle Architekt und Projektleiter generell falsch, denn sie führt zu einem starken Interessenskonflikt. Während der Architekt die entsprechend solide Basis für die Lösung im Blick hat und mit allen Mitteln dafür sorgen muss, dass sie auch solide wird, muss sich der Projektleiter ständig mit Kompromissen und Verhandlungen herumschlagen, die ihn zu Schnellschüssen verleiten könnten. Seine Aufgabe ist es, die Projektziele hinsichtlich der Zeit und des Budgets im Auge zu behalten. Weitere Stellschrauben sind dabei Ressourcen und Qualität, wobei das Letztere eben in Gefahr gerät, wenn der Projektleiter auch zugleich der Architekt ist. Man könnte schizophren werden bei dem Versuch, Qualität durchzuboxen und an ihr zugleich aus Zeitgründen zu drehen.

Der Architekt entwickelt bzw. gestaltet mit. Im Laufe der Umsetzung sorgt er zudem mit Coaching, permanentem Einreden und Erinnern, Reviews etc. für die Befolgung der architektonischen Vision des Projekts. Genau, neben der eigentlichen Projektvision gibt es eben auch die architektonische, die sich wie ein roter Faden durch die gesamte Technik zieht. Egal, ob mit Händen und/oder mit dem Kopf – der Architekt ist umtriebig im Projektgeschehen, obgleich auch hier wieder eher im Hintergrund. Er darf sich auch hier nicht ins Rampenlicht schieben, sonst darf er alles alleine machen. Er muss nur dafür sorgen, dass die Menschen im Projekt arbeiten können. Während ein Manager, bzw. Projektleiter oder Scrum-Master oder wie auch immer man diese Tätigkeit bezeichnen möchte, dafür zuständig ist, dem Team die organisatorischen Steine aus dem Weg zu räumen, macht der Architekt dasselbe mit den technischen und teils mentalen.

Ein Fehler, der von unerfahrenen Projektkoordinatoren gemacht wird, ist die Delegation irgendwelcher Aufgaben an den Architekten. Es ist nämlich so, dass der Architekt praktisch immer opak mit dabei ist und selbst entscheidet, in welche Meetings er geht, welche Aufgaben er wahrnimmt, wen er sich zur Brust nimmt etc. Es ist seine Aufgabe, dem Projektkoordinator mitzuteilen, was aus seiner Sicht als Nächstes geschehen muss, damit dieser die Koordination vornimmt, wobei auch eine ganze Menge der technisch orientierten Organisation dem Architekten frei zusteht, sonst kann er nicht erfolgreich arbeiten. Aber der Projektleiter ist wirklich die denkbar falscheste Person und kann bei gesplitteten Rollen in keinster Weise die technische Qualifikation aufweisen, über die nächsten architektonischen Schritte zu entscheiden, geschweige denn irgendwelche Tätigkeiten an den Architekten zu delegieren. Bei beiden Rollen in einer Person ist es zwar denkbar, dafür aber viel gefährlicher, denn das Strategische vermischt sich hier mit dem Operativen, und ohne eine harte Trennung dazwischen gibt es keine Gegenwehr, wenn das Operative die Oberhand gewinnt, was es ja auch immer tut.

Test

Im Test muss der Architekt eigentlich nicht mehr viel machen. Warum? Ganz einfach deswegen, weil er für die Qualität der Architektur und deren Messbarkeit und Überwachung im Laufe der früheren Phasen gesorgt hat. Hat er das nicht, wird der Test zum russischen Roulette. Was nutzt denn ein System, das zwar die fachlichen Anforderungen laut Test abdeckt, sich jedoch in der wahrgenommenen Performance jenseits von Gut und Böse befindet und somit nicht nutzbar ist? Nichts. Wenn der Architekt in dieser Phase viel zu testen hat, hat er seinen Job nicht richtig gemacht. Sämtliche risikoreiche oder unsicheren Aspekte müssen in den ganz frühen Phasen der Architekturentwicklung überprüft und konkrete Lösungsansätze dafür gefunden werden, sonst ist es im Test zu spät. Kapitel 5 befasst sich ausführlich mit diesem Thema.

Einführung

Auch in der Phase der Einführung dürfte der Architekt als solcher nicht wirklich viel zu dem Ergebnis beitragen, nur die Erfahrungen mit dem System zu sammeln, die Nutzerreaktionen zu bewerten und somit Erkenntnisse für die Zukunft zu gewinnen. Auch die Betriebserfahrung ist sehr wichtig, sodass auch das Verhalten des Systems im Betrieb überwacht und hinsichtlich der Erfüllung der Originalvorgaben überprüft werden muss. Die Tätigkeiten sind zwar aktiv bis proaktiv, an sich ist aber die Sache an dieser Stelle vorerst erledigt, es sei denn, es endet im Chaos. In diesem Fall wurden die Fehler schon viel früher gemacht, und wenn der Nutzer ein System als unbenutzbar abstempelt, gleicht der Versuch, diese Situation zu retten, dem Versuch, einem Wolkenkratzer über Nacht das Fundament auszutauschen – ein absolut erfolgversprechendes Unterfangen.

Wartung

Hier blüht der Architekt gewissermaßen wieder auf. Denn in der Wartung müssen u. U. Korrekturen der Basis vorgenommen werden. Wer glaubt, dass die Tätigkeit des Architekten mit der Bereitstellung der Version 1.0 eines Systems endet, täuscht sich – da fängt sie erst richtig an. Der Architekt ist nämlich von Anfang bis kurz vor Ende des Lebenszyklus eines Systems für dessen technische Tauglichkeit verantwortlich, fast schon haftend.

Wenn die wartenden Kollegen ohne Aufsicht und aktive Mitwirkung des Architekten Änderung für Änderung das System weiterentwickeln, wird es erodieren. Es kann nicht nur erodieren, sondern es wird es. Keine Dokumente der Welt halten die wartenden Kollegen davon ab, lokale Änderungen in ihrem Bereich auch lokal durchzuführen. Es ist absolut nicht ausreichend, Richtlinien zu definieren, worauf man achten muss und zu hoffen, dass sie in der Wartung eingehalten werden. Die Wartungsschritte sind oftmals so klein, dass das der Blick für das Globale schlichtweg unmöglich ist. Stattdessen müssen automatische und manuelle Prüf- und Analysemechanismen her, die die Erosion des Systems rechtzeitig verhindern helfen. Und ganz wichtig: Diese Mechanismen müssen kontinuierlich und unumgänglich greifen bzw. gelebt werden, sonst ist Erosion vorprogrammiert. Auf die Kontinuität als solche wird detailliert in Kapitel 8 eingegangen, Stichworte hier sind Continuous Integration, Refactoring etc. Im Übrigen treffen solche Mechanismen in dieser oder jener Form nicht nur auf Softwaresysteme zu, sondern auf IT-Systeme generell: Statt der statischen Codeanalyse müssen eben per Laufzeit-Monitoring Ereignisse kontrolliert und bewertet werden. Aber auch dazu mehr in Kapitel 8.

In diesem Fall muss der Architekt mit technischen Hilfsmitteln, Metrikenüberwachung, Reviews und punktuellen Refactorings selbst dafür sorgen, dass das System nicht erodiert bzw. das Fundament nicht bröckelt. Niemand außer dem Architekten wird jemals auf die Idee kommen, bei Wartung über den Tellerrand zu schauen, wenn er das nicht wirklich muss oder sich dafür interessiert. Der Architekt steht einzig und alleine in der Verantwortung dafür, dass die Wartung das System nicht zum Einsturz bringt, wozu sie ohne Vorbeugung jederzeit neigt. Wenn der Architekt nur einen Gastauftritt im Projekt hatte, also ein Cameo, so war er für dieses Projekt falsch. Es gibt keine Vor- und keine Nacharchitekten. Der Architekt darf sich in keinster Weise aus der Verantwortung für das weitere Leben des Systems nach dem Initialprojekt ziehen, was leider sehr häufig bei externen Architekten der Fall ist – ob aus kosten- oder projekttechnischen Gründen. Daher sollte man externe Architekten ohne Wartungsverantwortung nicht als Architekten, sondern als Architekturberater wahrnehmen bzw. bezeichnen.

Zusammenfassend stellen wir also fest, dass der Architekt in den einzelnen Phasen der Initialprojektentwicklung durchaus zwischen der Haupt- und Gastrolle wechselt, im gesamten Systemlebenszyklus jedoch klar eine Hauptrolle spielt. Dazu mehr in den Kapiteln 6 und 8.

3.7 Architect also implements

Egal, auf welcher Architekturebene der Architekt ansetzt – ein Anteil seiner Tätigkeit ist Handarbeit, sonst schwebt er in den Wolken ohne Bodenkontakt und versagt mit der Zeit. Ein Softwarearchitekt, der keinen Code schreiben kann, verdient diese Position nicht. Ein Infrastrukturarchitekt, der sich auf das Malen der Layer-5-Pläne beschränkt und dabei keinen Switch zumindest einfach konfigurieren kann, stößt sehr schnell an seine architektonischen Grenzen. Was jedoch nicht heißt, dass der Architekt alles machen muss – das würde seinen Fokus vom Panoramablick auf den Tunnel reduzieren, was ganz schlecht für das technische Gesamtvorankommen wäre. Aber sowohl die technischen Finessen als auch konkrete Probiererle als auch Framework-Teils müssen vom Architekten (mit-)gemacht werden.

IT-Architekt ist genauso eine technische Tätigkeit wie Entwickler oder Netzwerkadministrator. Sie hat eben einen anderen Fokus, aber im Grunde kann kein Naturwissenschaftler ohne Programmiererfahrung als Softwarearchitekt durchgehen. Als Projektleiter ohne Bezug zur Technik vielleicht (hat so jemand überhaupt Erfolg in IT-Projekten?), aber nicht als Architekt. Und auch ein Vollbluttechniker, der seine Aktivitäten als Architekt auf Designen und Beraten reduziert, verliert gänzlich den Bezug zur Realität.

Vor allem in der Phase, wo viele Unsicherheiten existieren, muss der Architekt nicht nur mit dem Kopf, sondern mit den Händen ran: Dinge ausprobieren, eine Referenzarchitektur bauen, messen, berechnen und extrapolieren, testen und stressen etc. Wartet ein Architekt wirklich gerne, bis ihm ein Techniker ein Testsystem aufsetzt? Nicht wirklich, es sei denn, er muss es z. B. aus Sicherheitsgründen tun, aber selbst da stinkt es einem gewaltig, wenn man nicht selbst Hand anlegen kann.

Mit der Enterprise-Architektur sieht es auch nicht viel anders aus, da verschieben sich jedoch die Handarbeiten von in sich geschlossenen Systemen in Richtung Integration, Prozessmanagement usw. Aber auch hier ist viel mit Händen zu tun: installieren, anbinden, wrappen, durchprobieren, konfigurieren, testen usw. Nicht einfach nur Integrationskästchen malen – das ist langweilig und sehr fragwürdig, ob es überhaupt Architektur und nicht einfach nur Management ist. In Kapitel 5 gehen wir nochmal darauf ein, was die Architekturentwicklung von deren Management unterscheidet, und der Autor ist an dieser Stelle klar der Meinung, dass das Management einer Architektur kaum etwas Architektonisches an sich hat – das ist pure Verwaltung. Aber greifen wir nicht vor.

Unsere Erkenntnis an dieser Stelle sollte sein: Der Architekt legt Hand an. Zunge und Bleistift bzw. Visio sind nicht seine einzigen Waffen – mindestens die Hälfte des Arsenals besteht aus Händen.

3.7.1 Show me, don't tell me

Aus dem wahren Leben...

Das Projekt analysierte Kundenanforderungen und versuchte verzweifelt, unter Umgehung jedweder textueller Beschreibung die Anforderungen eben dieser Kunden zu fixieren und ein gemeinsames Verständnis mit ihnen zu erlangen. Die Kunden hassten aber recht schnell die Diagramme – niemand wollte es sich antun, niemand wollte sich was dazu denken, wo eigentlich Text hätte stehen müssen.

Monate verstrichen, und das Projekt kam nicht über ein paar schäbige BPMN-Diagramme hinaus. Code konnte nicht erzeugt werden, weil das Tool selbst es nicht zuließ, der Übergang von Analyse zum Design gestaltete sich extrem schwierig, da man die Zieltechnik gar nicht durchdachte, die Projektmitglieder waren maßlos enttäuscht, an etwas zu arbeiten, was keine Zukunft hatte, und der einzige Unrealist blieb der Projektarchitekt selbst. So etwas ist extrem schwierig, denn gerade er sollte doch den gesunden Menschenverstanden wahren.

Irgendwann ging es ans Eingemachte: Außer mir wollte es auch noch die Geschäftsleitung sehen. Voller Stolz präsentierte er mehrere Stunden lang sein Wahnsinnssystem. Die Übergangsbrüche und –Inkonsistenzen redete er klein und verwies auf die Schwächen des Tools. Den fehlenden Zielcode schob er mir in die Schuhe, denn es sei meine Aufgabe gewesen, die Zielplattform zu konzipieren. Die mangelnden verständlichen Beschreibungen begründete er mit der Inkompetenz der Projektmitarbeiter, diese mithilfe der Diagramme adäquat zu erstellen.

Doch die Geschäftsführung sagte, die Mitarbeiter hätte er selbst angeheuert, mir keine klare Vision geliefert, das Tool selbst ausgesucht und gekauft, also möge er doch bitte selbst zeigen, wie es funktionieren muss. Seine Ausrede war aber, er sei Architekt, kein einfacher Mitarbeiter, er müsse nur hinweisen, was zu tun ist, und das Team erledigt es. Er beschäftigt sich mit der Metaebene, der Rest schafft die Arbeit weg.

Wozu bräuchte man ihn dann, war die Gegenfrage. Er hielte das Ganze zusammen, war seine Antwort. Aber offensichtlich täte er es sehr schlecht, sonst wären Resultate da, war die Meinung der Geschäftsführung.

Der Mann nahm letztendlich seinen Hut, völlig ruhmlos. Er hatte eine Idee und konnte sie nicht selbst in die Praxis umsetzen, war auf andere angewiesen, die die Idee für schwachsinnig hielten. Ein Pfundskerl von einem Architekten.

Im technischen Bereich möchte ein Pragmatiker gerne sehen, wie etwas funktioniert, bevor er es erklärt bekommt. Oder ein Pragmatiker zeigt es einem, bevor er es ihm erklärt – je nach Perspektive.

Worte können wehtun, bringen einen aber nicht um. Genau so können Worte nicht in Betrieb genommen werden und eine IT-Lösung mimen. Auch bunte Bilder laufen nicht als Prozess auf einem Server und tun ihr Gutes oder Schlechtes. Leicht abgewandelt, lautet der alte passende IT-Spruch: Ein Bild sagt zwar mehr als tausend Worte, aber ein Build sagt mehr als tausend Bilder. „Show, don't tell" – wie es bei Rush schon mal hieß. Die waren keine Architekten, aber sie wussten, worauf es ankommt.

3.7.2 Vom Klopfen, Dübeln und Hacken - sinnvoller Hands-on-Anteil

Der Architekt darf jedoch nicht in den gefährlichen Modus verfallen, weit über die Vorreiterrolle hinauszuschießen und sich voll und ganz in die punktuelle Umsetzung zu stürzen. Ein Gebäudearchitekt baut schließlich auch nicht selbst das Haus – das überlässt er qualifizierten Bauleuten. Zwar ist es in der IT bekanntlich etwas anders – hier muss der Architekt Teile des „Gebäudes" auch vorbauen (einen Gebäudearchitekten lässt man das dagegen meistens aus Sicherheitsgründen nicht machen), trotzdem baut er nicht alles selbst – es reicht, wenn er die Teile vorgebaut hat, die für die gesamte passende Statik und Dynamik von absolut zentraler Bedeutung sind, und er hat bewiesen, dass dieses „Gebäude", also die IT-Architektur, hier so stehen und ihren Dienst tun kann. Und dass man ggf. noch weitere Dinge dazu bauen kann, ohne das ganze Haus abzureißen oder dessen Äußeres zu ruinieren.

Wollen wir doch mal die Analogie zum Bauwesen weiterspinnen – die ganze Kunst der IT-Architektur rührt schließlich daher. Wenn ein Architekt ein Haus entwirft, ist es ja nicht seine Arbeit, jede relevante Schraube in der Wand zu platzieren. Er muss vorsehen, dass es Wände gibt und dass man darin Schrauben befestigen kann, ohne dass dabei das ganze Haus einstürzt. Er muss vorsehen, dass durch die Wände Kabelkanäle verlaufen, die das nachträgliche Erweitern bzw. Reparieren der Elektroleitungen ermöglicht (gut, an dieser Stelle kann man streiten, ob es der zeichnende, ausführende, planende oder welcher auch immer Bauverantwortliche tut, wir vereinfache es aber zu der Gesamtrolle eines Architekten, um die Analogie nicht zu gefährden). Weitere zahlreiche Beispiele können jederzeit angeführt werden, sprengen jedoch den Umfang dieses Buches.

Ganz grob wäre der ideale Hands-on-Anteil des IT-Architekten bei 50 % vorstellbar. Wobei das noch etwas feiner aufgeteilt werden kann, z. B. 30 % Arbeit nach innen (alle Tätigkeiten, die nicht zu der Entstehung einer Sache führen, sondern zu der Möglichkeit deren Entstehung – Überzeugung, Kompromissbildung, Überreden, Beißen etc.), dann 30 % für die Erschaffung eben dieser Sachen bzw. für die Prüfung deren Erschaffungsfähigkeit und 40 % für die Kontrolle der korrekten Erschaffung bzw. für die beratende Begleitung der Erschaffung. Erfahrungsgemäß lässt sich diese letzte Aufteilung recht gut leben, ohne dass dabei eines der Themen entscheidend vernachlässigt wird. Verlagert sich der Fokus für längere Zeit in eine der drei Richtungen, kann von der wirklichen Architektentätigkeit kaum die Rede sein. Wer zu viel dübelt oder klopft oder eben hackt (persönliche Lieblingsausdrücke des Autors bezüglich der Programmierarbeit), macht sich zum ausführenden Techniker und kann die Architektenrolle nicht sinnvoll wahrnehmen. Wer dagegen die hauptamtliche Kontrolle bevorzugt, entfernt sich vom praktischen Geschehen und ist eher als Qualitätssicherer aufzufassen. Wenn einer aber permanent nach innen arbeitet, macht er Karriere – da steht der Projekterfolg im Hintergrund. An sich auch nichts Architektonisches. Aber zu diesen Themen haben wir uns in diesem Kapitel nun mehr als genug ausgelassen.

3.7.3 Der Matrix-Modus

Ja, ja, gemeint ist natürlich das Meisterwerk der Kino-Spezialeffekte – The Matrix[4]. Aber an dieser Stelle steht primär die Idee im Vordergrund, dass die Menschen mit ihren Gedanken dort die Matrix füttern – oder zumindest so ähnlich. Es geht um die Verschmelzung eines Individuums mit der Matrix. Dieses Individuum ist der Architekt, und seine Matrix ist das Projektgeschehen. Das Projektgeschehen charakterisiert sich bekanntlich grob durch die Anforderungen, die Technik und den Kontext. Statt diese Charakteristika extern zu betrachten, geht der Architekt restlos in ihnen auf. Mit jedem Zug trägt er direkt zu dem Geschehen in der Matrix bei. Manch ein Romantiker oder Fantast könnte an dieser Stelle von der gesamten Welt als der Matrix schwärmen, das sollte man aber eher der Psychologie bzw. der Psychiatrie überlassen.

Der Architekt ist praktisch derjenige, der die Bits der Matrix bewegt. Das tut ja nicht der Projektleiter – dieser zählt lediglich die Zellen und tauscht bei Gelegenheit deren Inhalte aus. Und er verteilt die roten und blauen Pillen. Der Architekt dagegen schluckt die richtige Pille – nämlich die blaue. Was anderes funktioniert nicht, denn die rote führt direkt in den Ivory Tower. Es gibt für den Architekten da draußen nichts zu tun. Nur so viel zu den Helden und der Wirklichkeit.

3.8 Wie bei den Kindern: Mentoring

Die wichtigsten Prinzipien der Kindererziehung sind laut einschlägiger Literatur das Fördern und das Fordern. Falls man diese Prinzipien auf das IT-Geschehen überträgt, so wäre der Architekt in der Position des Kindererziehers, der verantwortliche Manager ein Elternteil, und die Kinder die IT-Truppe. Sitzt die Analogie? Gut, dann gehen wir weiter.

Der Architekt selbst sollte in jedem Fall eine fördernde Rolle spielen. Zu häufig hört man von Architekten, die sich Projekten aufdrängen und sich eher darauf konzentrieren, eine gute Figur zu machen. Nun ja, jeder benötigt eigene Erfolge und Anerkennung, allerdings ist es im Fall des Architekten genauso wie beim Manager: Sein Erfolg ist der Erfolg des Teams. Er selbst kann nahezu gar nichts alleine bewältigen, dafür ist seine Rolle schlichtweg nicht gedacht.

Wenn man vom Fördern spricht, so ist es in erster Linie das Vermitteln des Gefühls an die eigenen Kollegen, dass sie und nahezu ausschließlich nur sie den Job tun, und dass der Architekt sie dabei lediglich beratend unterstützt. Der Architekt trägt die Vision und sorgt dafür, dass sie im Team mitgetragen wird, wobei sie ja dort auch entsteht und geschliffen wird. Aber dieses Gefühl zu vermitteln, ist der Schlüssel zum Erfolg. Egal, ob man sich dann in den eigenen Schwanz beißt und auf Sahnehäufchen verzichten muss – lass die Leute das Gefühl haben, sie tun den Job, und sie tun ihn hervorragend. Das ist das Wichtigste.

In vielen Situationen kommt es zu Konflikten zwischen den internen und externen Kollegen. Dieser Konflikt ist so alt wie der bayerische Wald: Die externen Mitarbeiter werden meist besser vergütet als die internen, sie werden für Projekte geholt und erhalten die ver-

---

4   http://de.wikipedia.org/wiki/Matrix_(Film)

meintlich interessanteren, neueren Aufträge, während die internen auf der langweiligen Wartung sitzen bleiben müssen. Externe Kollegen werden bei entsprechender Qualität hoch angesehen, und die interne IT hat erfahrungsgemäß schon immer Minderwertigkeitskomplexe zu bewältigen, seien wir doch ehrlich.

In diesen Situationen ist das Fördern äußerst schwierig. Auf der einen Seite darf der Frust der eigenen internen Kollegen nicht zu einem Level steigen, an dem Gleichgültigkeit und Demotivation eintreten. Auf der anderen Seite müssen auch die Externen in guten, goldenen Zeiten umworben und stets warmgehalten werden, damit sie sich keine neuen Projekte suchen. Der Architekt spielt in diesem Spagat als Vermittler mit Fingerspitzengefühl und Samthandschuhen eine tragende Rolle. Er muss eben für ein Klima sorgen, in dem jeder Kollege, ob intern oder extern, durch technische Leckereien und Selbstwertgefühl immer interessiert und motiviert bleibt. Es reicht oftmals ein wenig öffentliche Anerkennung, eine interessante technische Aufgabe oder schlichtweg die Möglichkeit aus, Dinge mitentscheiden und mitgestalten zu können. Das wirkt Wunder.

Und noch viel, viel wichtiger: Wenn sich jemand unbedingt beweisen will und die Qualitäten dafür aufweist, niemals bremsen! Wenn die-/derjenige es bringen würde, dann eigene Interessen und Starre zurückstellen und den Mann/die Frau in den Kampf schicken! In der IT ist kein Platz für Eigeninteressen, alle ziehen an einem Strang. Warum einen guten Stürmer in die Verteidigung stecken, nur weil da gerade Platz ist? Niemals, das greift hier nicht. Jeder, der etwas zerreißen will, soll es auch zerreißen können. Und der Architekt unterstützt und fördert diesen Prozess bzw. die Zerreißer als solche.

Aus dem wahren Leben...

Ein externer Kollege kam einmal zu dem Projekt dazu. Von seinem eigentlichen Auftraggeber, der für uns den Vermittler spielte, wurde ihm offensichtlich das himmlische Manna aus technischer Sicht versprochen. Er bekam erzählt, wie marode die Technik bei uns gewesen sei, wie unqualifiziert das interne Team und wie stark das Ganze nach einem Messias wie ihm geschrieen hat. Der Vermittler war gut, keine Frage. Und der Mann kam mit absolut utopischen Vorsätzen ins Team.

Innerhalb von zwei Tagen hat er sich mit allen zerstritten. Er hatte es von vorn herein klarstellen wollen, dass er sich im Mittelpunkt des Geschehens befindet und alle anderen einfach nur mitlaufen. Das stieß logischerweise auf leichtes Unverständnis im Team und es herrschte unglaubliche Unruhe. Die Not am Mann und die mangelnde Qualifikation des IT-Managements ließen jedoch keine schnelle Veränderung zu.

Der neue Mann performte jedoch weit unter dem, was er wirklich hätte leisten können. Und ich muss sagen, dass auch ein Teil davon auf meinem Mist gewachsen war. Ich investierte zusammen mit meinem Kollegen so viel Zeit in die Entwürfe und die Umsetzungen von Sachen, von denen jemand Neues erst nach 6 Monaten überhaupt den ersten Eindruck bekommt, und da kommt so ein Neunmalkluger daher und erzählt uns, wie wir zu arbeiten haben. Das ist eine typische Reaktion und ziemlich schwach, sie ist aber durchaus menschlich.

Wie gesagt, die Performance des Mannes war recht mittelmäßig, seine Motivation gleich Null. Er wollte weg, hatte sich aber mit einem recht unkonventionellen Vertrag für einige Zeit an uns gebunden und dem Vermittler goldene Zeiten beschert. Und die Gesamtsituation wurde nicht besser – er passte nicht dazu, hatte aber ganz offensichtlich eine Menge wertvolle Erfahrung, um uns sehr weit nach vorne zu bringen, wären da nicht diese unerfüllten Erwartungen.

Ich beschloss dann, als es eskalierte und der Mann nur noch sarkastisch vor sich hin kommentierte, meine Taktik zu wechseln. Ich fing an, mit ihm gemeinsam ein Thema zu bearbeiten, das keinem im Team auf die Füße getreten hätte und extrem herausfordernd war. Das Eis schmolz, als die Arbeit voranschritt. Der Mann entfaltete sich voll und ganz und tat seine Arbeit mehr als gut, spielte seine ganze Erfahrung aus, brachte sich voll und ganz ein und freundete sich mit ein paar anderen Kollegen an, als er sie aus sich heraus coachte. Das war vielleicht eine Erkenntnis!

Man darf die Motivation eines Einzelnen niemals soweit herunterdrücken, dass er und der Gesamterfolg darunter leiden. Die Summe aller gleich unmotivierten Leistungen kann durchaus geringer sein als die Summe von unregelmäßig Motivierten. Man muss also die Menschen, die berechtigterweise nach vorne stürmen wollen, fördern, statt sie zu bremsen.

Es gibt so viele Charaktertypen wie es Menschen gibt. Man kann sie in jedem Kontext in bestimmte Gruppen und Kategorien unterteilen. Auch bei den ITlern ist es nicht anders, obwohl das Volk im Großen und Ganzen recht gut verträglich ist, wenn man damit umzugehen weiß. Andere sagen Nerds oder Freaks dazu, in unserer Welt sind das nicht unbedingt Beleidigungen.

Lassen Sie uns auf die wichtigsten Charakterkategorien eingehen – diese sind in Tabelle 3.7 exemplarisch skizziert. Kombinationen von mehreren Kategorien in einer Person bilden dabei die absolute Regel.

Charakterkategorie	Kurzbeschreibung
Ameise	Stiller, verlässlicher Arbeiter
Dampfplauderer	Lauter, unverlässlicher Kollege
Mitläufer	Einfach nur dabei
Guru	Richtiger Experte ohne Allüren
Cowboy	Schnellschießender, unverlässlicher ggf. Experte
Leser	Möchtegernexperte mit Magazinwissen
Ruhender Pol	Verlässlicher, mittelmäßig performender Kollege
Kämpfer	Verlässlicher und hochmotivierter Vielarbeiter

Tabelle 3.7: Einige Charakterkategorien von ITlern

Gehen wir die Typen doch einfach mal kurz durch. *Ameise* ist eine besonders wertvolle Spezies, und das nicht nur in der Fauna. Jemand, den man als Ameise bezeichnen kann, ist in jedem Team herzlich willkommen, und davon auch nicht wenige. Das sind Menschen, die die Arbeit einfach tun, ohne sie zu hinterfragen, immer mit der gleichen Motivation, ob sie nun langweilig ist oder nicht. Diese Spezies ist vor allem in der Softwareentwicklung inzwischen ziemlich rar geworden, da die modernen Entwickler ihre Köpfe voller akademischer Grundlagen haben und die Massen an Möglichkeiten zur Lösung eines und desselben Problems heutzutage so riesig sind. Im IT-Betrieb sind solche Typen immer noch zugegen und Gold wert.

Ein *Dampfplauderer* ist den Bayern ein Begriff. Und man muss schon sagen: nicht sinnvoll, auf ihn näher einzugehen. Keine Performance, regelmäßiger Selbsthandel, Input und kein Output, in jeder Lage eine „passende" Bemerkung parat etc. Nicht viel wert.

Bei einem *Mitläufer* handelt es sich um einen sog. „warmen Körper". Seine Präsenz hilft wirklich nur dann, wenn Köpfe gezählt werden. Kollegen ohne Initiative sind in der IT ohnehin äußerst deplatziert, und wenn man ihnen Arbeit anvertraut, kann man vielleicht hoffen, sie wird fristgemäß fertig.

Ein *Guru* sollte in jedem Team dabei sein, und das ist nicht zwangsweise der Architekt. Das kann einfach nur ein äußerst erfahrener Entwickler, Netzwerker o. ä. sein, das spielt keine Rolle. Ein Guru drängt auch nicht wirklich nach vorne. Er ist da und hilft den anderen, hat seinen Spaß und setzt Dinge mit einer Eleganz und Einfachheit um, die absolut und jederzeit besticht.

Ein *Cowboy* kann zwar auch mal Guru sein, jedoch höchstens im technischen Sinne. Ohne Rücksicht auf Verluste bastelt so jemand unabgestimmt und völlig eigensinnig Lösungen hin, die kein Mensch auf dieser Welt nachvollziehen bzw. weiter pflegen kann. Der Cowboy-Modus ist generell sehr gefährlich, und es ist die Aufgabe des Architekten, dafür zu sorgen, dass auch Cowboys ihre Rahmen bekommen. Sonst ufern Cowboy-Lösungen oftmals in chaotische Inseln aus und sorgen für Misserfolg, Frust und unnötige, vollständige Redesigns.

Der Typ *Leser* ist so eine Sache für sich. Eigentlich nichts wirklich Schlimmes, wenn jemand belesen ist und das Gelesene gut anwenden kann. Allerdings gibt es diesen einen besonderen Typen des modernen ITlers, hauptsächlich Entwicklers, der das Wissen stückchenweise aus kurzlebigen und oberflächlichen Blog-Artikeln, Magazinbeiträgen und Casts schöpft, ohne sich fundiert und im Detail mit dem jeweiligen Thema zu befassen. Ein Leser schnappt im Nu Dinge auf und will sie gleich ins Gespräch bringen oder ausprobieren, ob sie nun passen oder nicht. Er ist dann auch noch beleidigt, wenn er sich nicht genug Gehör verschaffen kann. Die Leser sind ein spezielles Völkchen, obwohl es unter ihnen sehr viele sehr gute IT-Experten gibt. Allerdings ein bisschen mit der Neigung zum Besserwisserischen, was in der täglichen Arbeit schon mal zur Tortur werden kann.

Auf einen *ruhenden Pol* kann man sich immer (relativ) bedenkenlos verlassen. Solche Kollegen sind einfach Gold wert: ruhig, gestanden, kennen die Firma, besonnen, bodenständig, erfahren. Nur festgefahren sind sie meist – die Motivation muss nicht unbedingt niedrig sein, der Wille zum Zerreißen ist kaum da, und auch der Durchsatz nicht selten unter dem Durchschnitt, dafür aber stabil planbar. Eine gesunde Mischung aus ruhenden Polen und jungen Zerreißern ist in jedem Team absolut unersetzlich.

Der *Kämpfer* ist heutzutage selten geworden. In den letzten, satten IT-Jahren musste man sich nicht wirklich stark anstrengen, um auch durch Mittelmaß ein zuverlässiges Gehalt zu erhalten. Dies führte dazu, dass sich viele ITler recht „sattgefressen" haben, ob selbstständig oder angestellt. Um jedoch Projekte mit Bravour und rechtzeitig zu stemmen, bedarf es der Leute, die in den Kampf ziehen, ohne dabei ernsthaft an ihre Überstunden und Ausgleichstage zu denken. Das ist zwar sozialtechnisch grenzwertig, die IT lebt aber auch von den Kämpfern – wer sonst würde denn Nächte und Wochenenden dafür investieren, einen Server zu installieren und in Betrieb zu nehmen, ohne dabei die Hauptgeschäftszeiten zu gefährden? Oder ein Softwareprodukt mit aller Kraft zum zugesagten Termin fertig stellen? Das machen die Kämpfer, und es ist wertvoll, einen oder gar mehrere Kämpfer in den eigenen Reihen zu haben. Ein Architekt sollte im Übrigen auch zu dieser Spezies gehören.

Nachdem wir jetzt grob die wichtigsten Charaktertypen von ITlern überflogen haben, kehren wir doch mal zu den jungen Leuten zurück. Das wichtigste Phänomen heutzutage ist es doch, dass für fast jede Aufgabe in der IT mindestens 100 Lösungen existieren. Ein junger Mensch erhält an der Uni ein derartiges Paket an Wissen in Form von Patterns, Vorgehensmodellen, Theorien usw., dass ihm buchstäblich der Kopf platzt. Wenn so jemand frisch in das Berufsleben einsteigt, und das hauptsächlich in der freien Wirtschaft, stellt er ziemlich bald fest, dass die wirkliche Welt die vielen Theorien wenn überhaupt, dann in einer sehr stark abgewandelten und vereinfachten Form braucht. Der Pragmatismus regiert heutzutage die Welt, und da fällt Theorie einfach der Praxis zum Opfer. Für ein frisch studiertes Gehirn ist es nicht selten ein Schock. Alles, was man studiert hat, fängt an, nach 1-2 Jahren ins Vergessen zu geraten oder zumindest in den mentalen Hintergrund zu treten.

Die so von Anfang an enttäuschten jungen Leute reagieren leicht allergisch auf z. B. externe Berater, die geholt werden, um interessante Neuprojekte oder Machbarkeitsstudien durchzuführen. Das Gefühl kommt schnell auf, nicht genügend gefördert zu werden, und es endet nicht selten im Information Hiding oder in technologischen Schnellschüssen als Alternativen zu den potenziell extern vergebenen Aufträgen, um nur dafür zu sorgen, dass man es selbst gemacht hat. Diese Schnellschüsse sind meist wenig fundiert und oberflächlich. Der Wunsch, sich zu beweisen und es allen zu zeigen, entrinnt dem Einfluss des eigenen Urteilsvermögens und es kommt dabei etwas heraus, das entweder zu lange nachgebessert und erweitert werden muss, bevor es überhaupt eingesetzt werden kann, oder es läuft überhaupt nicht. Die Komplexität wird gnadenlos unterschätzt, der nackte Egoismus regiert das Geschehen. Die Behauptung „Ich kann's doch auch!" steht im Mittelpunkt, nicht das zu erreichende Ziel, nämlich die fertige und solide Lösung. Kein schönes Bild.

Ein erfahrener Architekt konfrontiert die Berufseinsteiger jedoch nicht gnadenlos mit der Realität, sondern in wohl dosierten Portionen. Seine Aufgabe ist es, die Motivation der jungen Menschen so weit aufrecht zu erhalten, dass sie trotz mentaler blauer Flecken in Form von zerschlagenen theoretischen Ansätzen mit viel banaleren praktischen Lösungen immer noch lernwillig bleiben und ihr Wissen unterbrochen um Praxiserfahrung anreichern. Ein Schmankerl hier, ein Sahnehäubchen da, und der Mensch ist zufrieden und motiviert. Der Architekt soll aber auch genau zuhören, was ihm die Frischankömmlinge aus der Theorie erzählen – mit den Jahren hat man u. U. einen Tunnelblick entwickelt, und eine theoretische Auffrischung schadet niemals.

3.9 For Sale - aktiver Architekturvertrieb

Aus dem wahren Leben...

Wir flogen zu einem Pitch in den Norden. Ich durfte mitkommen, da der Kunde tiefergehende technische Fragen zu unserem Produkt angekündigt hatte. Ich konnte zwar erahnen, dass es sich um typische Buzz-Wörter handeln wird – kein wirklicher Techniker wurde aufseiten des Kunden zum Dialog eingeladen. Aber der Flug sowie neue Geschäftskontakte und -erfahrungen taten mir gut und boten eine interessante Abwechslung?

Wir hatten noch im Flieger unserer Präsentation den letzten Feinschliff gegeben. Im Taxi und vor dem Haupteingang vor Ort haben wir sie dann finalisiert. Auf in den Kampf!

Der Pitch startete in einer recht lockeren Atmosphäre, was nicht selbstverständlich war, bedenkt man doch, um wie viel Geld es ging. Es wurde gescherzt, Kaffee getrunken, und es gab leckere Kekse. Wir legten los, und die PowerPoint-Folien wechselten sich mehr oder minder munter und meistens der Reihe nach an der Wand ab. Ich kannte die Präsentation bereits und genoss halbkonzentriert das verkäuferische Geplänkel meiner Sales-Kollegen. Ab und zu lächelte ich dezent, wenn die Unterhaltung Grund für ein allgemeines Gelächter gab. Ach ja, und ich nickte bestätigend, wenn einer unserer Vertriebler in die argumentative Offensive ging, sozusagen zur technischen Unterstützung und allgemeinen Aufmunterung. Ein Pitch halt. Ich musste ja bis zur vierzigsten Folie warten, bis mein Einsatz kam.

Zur Halbzeit wurde die Sache immer ernster, als man sich immer weiter zum Finanziellen vorkämpfte. Die Sales-Kollegin zu meiner Linken war nun an der Reihe und stellte das vertriebliche Bausteinkonzept unserer möglichen Kooperation vor. Wie aus heiterem Himmel viel in diesem Zusammenhang das Wort „Architektur". Sie hat etwas wie „...unsere flexible Architektur ermöglicht es Ihnen, in regelmäßigen Zeitabständen das Volumen von... auszubauen..." gesagt, ich hatte es nur halb wahrgenommen, da ich noch damit beschäftigt war, den architektonischen Kontext ihrer Worte zu begreifen. Und während ich stutzte und ein wenig nervös wurde, drehte sie sich zu mir um und sprach mich Unterstützung suchend an: „Unser Architekt kann Ihnen sicherlich mehr dazu sagen. Die Jungs von der IT machen da irgendwas, was nur sie verstehen – wir müssen es ja nicht verstehen, nicht wahr? He-he". Zustimmendes Gelächter bei den übrigen Gesprächsteilnehmern – ja, ja, schon wieder die IT. Alle fragenden Blicke auf mir.

Ich konnte nur kurz die aktuell an die Wand gebeamte Folie überfliegen, und der kalte Schweiß schoss mir aus den Poren – da war so ein lustiges Dreieck abgebildet, über dem in Großbuchstaben das Wort „Architektur" stand und das in mehrere Teile geschnitten war. Jedes davon trug eine Bezeichnung in der Art von „10 % mehr Jahresvolumen, Vollbetreuung durch unser Call Center" bzw. ähnliche Dinge. Das meint sie also – ihre Verkaufskomponenten. Da war irgendwie die Architektur noch mit reingerutscht – wann hatten sie das denn dort hineingeschmuggelt? Ich hatte die Präsentation doch erst nachts wieder durchgesehen...

Nun ja, das Wort „Architektur" hat die IT ja schließlich nicht für sich alleine gepachtet – jede komplexe und durchdachte Struktur könnte man durchaus als Architektur bezeichnen. Sie hatte da aber irgendetwas mit dem Kontext verwechselt. So etwas in der Art schoss mir in dem Moment durch den Kopf.

Aber alle warteten auf meine Reaktion, also sammelte ich mich und erzählte in aller Ruhe von der Übereinstimmung der Technik mit den vertrieblichen Komponenten und lauter solchen Quatsch, der zum einen niemanden interessierte und zum anderen den Vertretern der Kundschaft etwas Zeit zum Gedankensammeln und Verdauen bot, nachdem sie schon die ersten Zahlen auf den Folien entdeckt hatten. Ich war quasi zur Überbrückung des sonst unausweichlichen und recht peinlichen Schweigens eingeschaltet worden, und das begriff ich schnell. Daher blieb ich trotz recht unerwartetem Einstieg völlig ruhig und zurückhaltend. Das war gut so, und es ging weiter.

Meinen eigentlichen Teil der Präsentation hatten wir, wie erwartet, sehr kurz gehalten – die vertrieblichen Zahlen und die Konditionen standen im Vordergrund, nicht die Technik. Das verstand ich ebenfalls und spielte meine Rolle bis zum Schluss. Parallel hatte ich Zeit, über die eigenartige Auffassung des Begriffes „Architektur" bei den Sales und über ihre Verkaufstricks nachzudenken. Und auch darüber, wie man die Technik dezent einpacken und verkaufen kann. Ich hatte damals einiges gelernt...

3.9.1 Flagge zeigen – Architekt und Außenaktivitäten

Es sollte eigentlich unbestritten sein, dass bei IT-relevanten Entscheidungen oder Akquisitionen oder einfach nur Kooperations- oder Leistungsangeboten immer ein adäquater Vertreter der IT mit an Bord sein sollte. Ganz einfach deswegen, weil niemand außer der IT selbst für die IT glaubwürdig und zuverlässig sprechen kann. In wieweit die *IT-Expertise* bei solchen Aktionen überhaupt herangezogen wird, bestimmen größtenteils die jeweilige Unternehmenskultur und das Geschäftsumfeld, aber auch ganz eindeutig die Managementart. Tabelle 3.8 stellt die möglichen Involvierungsgrade in Abhängigkeit von den o. g. Parametern dar.

Involvierungsgrad	Geschäftsumfeld	Unternehmenskultur	Managementart
Nicht involviert	Old Economy	Verschlossen	Militärähnlich
Management-Ebene	Finanzen	Managementgelagert	Distanziert
Anonymisiert	Provisionsgeschäft	Misstrauisch	Künstlich hierarchisch
Adäquat	New Economy	Organisch gesund	Begleitend

Tabelle 3.8: Involvierungsgrad der IT bei Außenaktivitäten in Abhängigkeit von unterschiedlichen Faktoren

Natürlich kann und soll diese tabellarische Aufstellung nicht die ultimative Wahrheit darstellen. Die Einstufungen sind nur als typisch bzw. exemplarisch zu verstehen, sogar als extrem, denn die große Masse bewegt sich in jedem Fall in diesen Dimensionen. Genauso wie die Grenze zwischen New und Old Economy Jahr für Jahr schwindet, genauso kann man auch ein X-beliebiges Unternehmen nicht in die eine oder andere Schublade stecken – es wird immer eine Kombination der hier aufgelisteten oder auch

ausgelassenen Arten und Parameter sein. Zudem ist z. B. die Größenpalette der mittel-
ständischen Unternehmen so breit, dass auch hier alle aufgeführten Einstufungen auftreten können. Betrachten wir einmal die einzelnen Involvierungsgrade etwas genauer.

Nicht involviert

Wenn die hauseigene IT nicht involviert wird, so rührt es meist daher, dass sie kein Vertrauen genießt oder auf so viele Teileinheiten oder Geschäftsbereiche verteilt ist, dass sie
sich in keinster Weise als ein Ganzes präsentieren kann. Wenn ein großer Deal ins Haus
steht (sind wir doch mal ehrlich, nahezu jeder große Deal betrifft heutzutage in der einen
oder anderen Form die IT), holt sich das Management meist doch Unterstützung, und
zwar von außen – in Form eines Beraters (oder deren Schar) aus möglichst „gutem
Hause", der zwar von dem Unternehmen selbst nur eine vage Vorstellung hat, jedoch für
diese Art von Einsätzen bestens trainiert, idealer Weise durch Eigenerfahrung vorbereitet ist und generell in dem jeweiligen Umfeld jederzeit die allerbesten Referenzen vorzu-
weisen weiß.

Das eigentlich Interessante dabei ist aber, dass es eine völlig untergeordnete Rolle spielt,
ob es ein mit allen Wassern gewaschener Senior oder recht unerfahrener Junior ist – er
kennt das Unternehmen nicht. Er kennt es nur von außen, und das reicht bei Weitem
nicht aus, um in dessen Namen in welchem Bereich auch immer zu sprechen, und ganz
gewiss nicht bei solchen zentralen Themen wie der IT. In Kapitel 6 gehen wir noch näher
darauf ein, mit welchen Schwierigkeiten der Einsatz eines externen Beraters in der Rolle
des Architekten verbunden ist. An dieser Stelle dürfte das aber ausreichen, um zu
behaupten, dass ein extern hinzugezogener IT-Berater z. B. bei einem Pitch der gänzlich
fehlenden IT-Unterstützung ähnelt – seine Erfahrung wird lediglich dann nützlich sein,
wenn es um 08/15-Themen geht. Geht man in dem jeweiligen Kontext in die Tiefe, wird
sich ein gut geschulter Berater ganz klar zurückhalten und nur reagieren.

Aus dem wahren Leben...

Und wieder ein Pitch. Diesmal waren aber wir die Kunden, und ein Hersteller wollte
uns seine Standardsoftware verkaufen. Wir waren auf der Suche nach einem CRM-
System im weiteren Sinne dieses Wortes und haben einige Hersteller nach dem RFI
gebeten, uns ihre Produkte aus fachlicher und technischer Sicht zu präsentieren. Die
Butterbrezen wurden bestellt und der Kaffee war in ausreichender Menge vorhanden. Es konnte also losgehen.

Die Präsentation war recht langweilig, da man, wie immer, zunächst die Unterneh-
menszahlen des Anbieters über sich ergehen lassen musste, die man eh schon kannte
– wir hatten ja bereits unseren RFI durchgeführt. Auch unsere eigene Präsentation
durfte anstandshalber nicht fehlen. Alles in allem ging so die erste Stunde vorbei,
und die Brezen haben super geschmeckt.

Der Hersteller kam mit fünf Mann an – Vorstände und Sales. Daneben hatten Sie
einen jungen Berater im Gepäck, der ihrer Aussage nach den IT-Dienstleister reprä-
sentierte, an den dieser Hersteller den gesamten Betrieb und auch Teile der Entwicklung outgesourced hatte. Man sollte meinen, so jemand kennt das Partnerunterneh-
men doch aus dem Stegreif, bei einer derart engen Bindung...

Der besagte IT-Berater hatte jedoch während der gesamten Unterhaltung kein einziges Wort verloren und sah die meiste Zeit auf eine Stelle an der Wand knapp oberhalb der Büropflanze zu meiner linken. Ich hatte in den besonders „spannenden" Momenten des Meetings Zeit, das zu beobachten.

Das Treffen ging in die dritte Stunde – davor wurde uns die Software vorgeführt, das Preismodell erklärt und ein mögliches Einführungsprojekt skizziert. Wir gingen zu der Diskussion über. Lebhaft tauschten wir unsere Fragen und Antworten aus, kehrten zu einigen der Screens und Präsentationsfolien zurück und besprachen generell sämtliche Modalitäten. Ich habe während dieser ganzen Zeit verzweifelt versucht, das Interesse des besagten IT-Beraters mit etwas technischeren Fragen zu wecken – nicht zu viel, für das erste Kennenlernen gerade tief genug, um mir einen groben Überblick über den Aufbau und die Module der Software zu verschaffen und die harten Grenzen und Voraussetzungen auszuloten. Er murmelte sich jedoch verlegen etwas in den Kragen, statt zu antworten, und die Antworten kamen dann von deren Sales – einstudiert aus den eigenen Prospekten – kein nennenswerter Mehrwert für mich.

Als die Diskussion langsam ausklang und wir uns auf die möglichen weiteren Schritte konzentrierten, wurde der Unterhaltungston immer lockerer, ein paar übliche Pitch-Scherzchen fielen, und der letzte Kaffee wurde aus den Spendern herausgedrückt. Es war recht interessant und aufschlussreich, zumindest der informative Teil davon.

Als wir uns schon kurz vor dem Abschied gegenseitig die allerletzten Interessebekundungen aussprachen, sagte der Mann urplötzlich: „Ja, und wir würden uns sehr freuen, dieses Projekt von der technischen Seite zu begleiten". Ein Vertreter unserer Geschäftsleitung war zwar in eine andere Unterhaltung vertieft, drehte sich jedoch abrupt zu dem Berater um und sagte: „Ach, sieh mal einer an – der Herr kann doch noch sprechen. Ich dachte die ganze Zeit, Sie hätten sich im Raum verirrt oder wir haben zu viele Butterbrezen bestellt." Pause. Vorsichtiges Gelächter, welches dann immer stärker wurde. Der Vorstand des Herstellers antwortete auch mit einem kleinen Scherz, blinzelte den Berater aber sehr ernst an. Ein paar Minuten später saßen sie alle im Taxi und wir gingen zu unserem Alltag über.

Wir haben den IT-Berater nie wieder gesehen. In den nächsten Treffen vertrat der hauseigene Entwicklungsleiter die IT des Herstellers, und ich war froh um die belebenden und tiefen Einblicke in die Technik des Systems, das sich so stark in unsere Landschaft integrieren musste.

In solchen Unternehmenskulturen wird die IT generell möglichst klein und unbedeutend gehalten (zumindest in ihrer Außenpräsenz), daher auch ihre breite Verteilung und fehlende Mitwirkung. Die Unternehmen der „alten" Schule, in die die IT nur begleitend und sehr langsam Einzug gehalten hat, müssen noch lernen, sie als ihren wichtigen internen Geschäftspartner anzusehen. Es ist ja überhaupt kein Geheimnis mehr, dass eine militärähnlich geführte IT zu ihrem Verfall führt: Junge, dynamische ITler suchen sich meistens ein Umfeld, in dem sie Spaß an der Arbeit und Wachstumschancen haben. Sie wollen mitreden und mitgestalten, nicht herumkommandiert werden. Wie viele Mitgestaltungsmöglichkeiten gibt es denn beim Militär?

Letztendlich kann der IT-Architekt in einem solchen Umfeld nicht zum Einsatz kommen, wenn es darum geht, das Management bzw. die Sales bei den Außenaktivitäten zu unterstützen, zumindest nicht in einem bedeutenden Rahmen, höchstens bei kleineren technischen Fragen. Keine Strategie.

Involviert auf Managementebene

In Unternehmen, die sich vielmehr um die Entwicklung und Förderung der Führungskräfte anstelle der qualifizierten Fachkräfte sorgen, würde beispielsweise der CIO oder ein vergleichbarer IT-Manager die Außenaktivitäten des Unternehmens unterstützen. Vielen solchen Managern mangelt es aber ganz klar an fachlichem Wissen – am häufigsten ist es bereits ab einem sehr geringen Detaillierungsgrad restlos veraltet oder es hat einfach nie existiert, weil man die IT durch einen internen Wechsel nach einem völlig anderen Ressort übernommen hat. Und der moderne IT-Manager ist nahezu hoffnungslos finanzorientiert – der Rest sind Bits und Bytes.

Das wäre ja an sich nicht schlimm, wenn sich jeder solcher Manager von den technikversierten Mitarbeitern, z. B. einem IT-Architekten, beraten ließe. Manche IT-Manager verfallen jedoch leider dem Höhenflug, da sie ernsthaft denken, wenn sie ihre eigenen Vorgesetzten, die noch weniger von der Materie verstehen als sie selbst, mit Bravur in Sachen IT beraten können, so gelte das auch allgemein, und sie benötigen keine Unterstützung. Zudem sind solche IT-Manager irrtümlicherweise der Meinung, die IT-Architektur völlig eigenständig vertreten und treiben zu können – klar, ab einer bestimmten Abstraktionsebene kann man ja gänzlich auf die Details verzichten (s. hierzu Kapitel 2). Also repräsentieren solche IT-Manager am häufigsten die IT bei allen Außenaktivitäten des Unternehmens ganz alleine.

Leider ist as nicht viel besser als gar keine oder rein externe IT-Unterstützung. Sollten seitens des Partners Techniker zugegen sein, ist man nicht adäquat aufgestellt. Die Technik kommt zu kurz, der strategische Blick konzentriert sich auf das Finanzielle, die Implikationen und Integrationsthemen bleiben auf der Strecke, und womöglich fallen übereilt zu schnell zu weitreichende oder sogar falsche Entscheidungen. Folgen sind oftmals katastrophal – Merger scheitern oder werden zur vollsten Unzufriedenheit beider Parteien durchgezogen, die IT-Truppe verlässt in Scharen das Unternehmen, wilde Technologieinseln und technologische Krücken entstehen da wo die Chancen für eine Konsolidierung ungenutzt blieben, Einführungsprojekte scheitern wegen übereiltem Kauf einer attraktiv angebotenen Lösung etc.

Aus dem wahren Leben...

Der IT-Manager war sehr frisch eingestiegen. Wie es so ist, brachte er einen Sack voller eigener vertrauter Berater, Hersteller und Dienstleister mit. Ich weiß nicht, woher sie das alle haben, dass sie auf Biegen und Brechen ihre mitgebrachten Dienstleister und Produkthersteller durchboxen wollen, ob sie dazu passen oder nicht. Ich weiß nicht, ob es eine besondere Form der Netzwerkpflege ist (und da kann ja alles Mögliche hinter stecken, sind ja alles Menschen), aber es ist jedes Mal ein Zinnober, einen IT-Manager zur notwendigen Objektivität und Sorgfalt zu bewegen.

Stattdessen wollen sie immer mit den 08/15 Ansätzen loslegen, die für sie schon mal woanders funktionierten, und dafür den Kontext umbiegen. Es ist zwar klar, dass man dadurch versucht, das eigene Risiko zu minimieren, allerdings ist „das Kleben eines Buckeligen an die Wand" (nur eine Redewendung, keine Wertung) noch riskanter. Nach einigen Monaten schlägt die Strategie fehl (Mann, sie schlägt ja nun wirklich *immer* fehl!), und man versucht mit aller Kraft, das noch zu Rettende zu retten. Warum denn nicht gleich gescheit loslegen? Man kann doch die vertrauten Anbieter ebenfalls befragen, spricht ja nichts dagegen. Aber doch in einem gesunden, sachlichen Vergleich. Utopisch? Vielleicht ein wenig, aber doch erstrebenswert.

Und nun kam ein Großprojekt. Eine der darin enthaltenen Herausforderungen war eine für alle Landschaftselemente zentralisierte Benutzer- und Kundendatenablage. Und da kam der IT-Manager auf die Idee, man könne doch im großen Stil ein CRM-System in den Hintergrund stecken und von da aus für das ganze Unternehmen platzieren. Und den Hersteller kannte man schon – man habe ja früher schon mal gute Geschäfte miteinander gemacht. Alternativen? Na ja, schauen wir uns halt ein paar Exoten an – die bekannten Namen sollte man auslassen, die seien schon alle verbrannte Erde, ihre Lösungen funktionierten nicht.

Also hatten die anderen Anbieter von vorn herein keinerlei Chance. Man nahm das eine Produkt und bat den Hersteller darum, zu den Anforderungen konkret Stellung zu beziehen. Deren Vertriebler war recht eloquent und versprach das Blaue vom Himmel – wie es sich gehört. Das Problem war nur, dass sein Produkt genauso wie ein CRM-System generell für den angedachten Einsatzzweck völlig ungeeignet war. Es mag sein, dass jeder Hersteller sein Produkt verkaufen will – schließlich lebt er ja davon, und es kann ebenfalls sein, dass eine Standardisierung der Basissysteme absolut sinnvoll und IT-strategisch hoch empfehlenswert ist (Kapitel 5 und 7 gehen explizit auf diese Themen ein), aber doch nicht um jeden Preis. Das wie in dem Kinderspielzeug, wo man bestimmte Formen in die speziell dafür vorgesehenen Löcher schieben muss. Das Runde muss ins Eckige – das funktioniert da nur mit brachialer Gewalt…

Passt nicht? Gibt's nicht! Das hatten sich der Manager und der Hersteller gedacht und prompt ein Modell ausgetüftelt, bei dem sämtliche Daten des CRM-Systems in jeder nur erdenklichen Kombination per Web Service aufgerufen werden sollte. Aus den Datenbank-Stored-Procedures, aus dem Code, vom Bus etc. Das dem entgegenstehende Modell war ganz einfach und pragmatisch – nutze doch kein System, gehe direkt per logischer Abstraktion auf die Datenbank – das meiste ist ja eh nur lesend.

Die Pflegeoberfläche transaktional absichern und Ruhe ist! Nicht zu viel, nur das Nötigste und mit Ausbaupotenzial. Aber keine Verbiegungen, keine Web Services ohne Notwendigkeit und vor allem beliebige Granularität des Zugriffs, da keine unnötige Infrastruktur dazwischen und dadurch nur die absolut unentbehrlichste Latenz.

Aber nein, das sei doch kein Standard, das werden wir doch mit dem CRM zu lösen wissen, und dann können wir es gleich überall einsetzen. Nur dumm, dass dieses CRM im Hause niemand wollte – da waren schon ein paar, die ihren Dienst bestens taten, je nach Bereich und Bedarf. So etwas hat normalerweise keine Zukunft – ohne Unterstützung, ohne technische Basis, ohne gründliche Bedarfsanalyse, nur auf Verdacht und Marketingsprüche.

Was soll ich sagen? Auch in diesem Fall fiel man voll und ganz auf die Schnauze – das völlig ungeeignete Produkt konnte gar nicht eingesetzt werden, da im letzten Moment dessen Betriebssystemabhängigkeit zum Verhängnis wurde – die Server mussten unbedingt in einem anderen Segment stehen, und dazwischen stand eine solch restriktiv eingestellte Firewall, dass der Datendurchsatz dem Bit-by-Bit-Modus entsprach (das ist der, in dem man bei jeden Bit mit dem bloßen Auge sehen kann, wie er die Leitung passiert). Die Web Services wurden zudem aber so feingranular und so oft aufgerufen, dass die Firewall nur noch queuete.

Ich konnte nicht wirklich schmunzeln, denn ich hatte dann die Aufgabe, das in Ordnung zu bringen. Naja, nach ein paar Monaten voller Experimente und Beweise habe ich es doch geschafft – das Ding flog im hohen Bogen raus und stattdessen wurde eine direkt angedockte datenbankbasierte Lösung eingesetzt, die dann auch richtig fetzte. Die Web Services verschwanden ins Niemandsland, und die Jahreslizenzen für das unnötige Produkt hatte man ab dem Jahr danach nicht mehr bezahlt.

Und was lernen wir daraus? Man sollte objektiv und kontextabhängig bleiben. Man sollte immer Alternativen betrachten. Man darf niemals blind auf den Hersteller hören, selbst, wenn man ihn kennt. Und ein schlauer IT-Manager hört auf seinen IT-Architekten…

Es gibt allerdings IT-Manager, die den Bezug zur Technik oder Realität nicht (ganz) verloren haben. Sie beherrschen ihre IT aus dem Stegreif – entweder durch Know-how oder einen zuverlässigen und qualifizierten inneren Kreis. Solche Manager kommandieren immer situationsbezogen einen ihrer passenden Leute für die jeweilige Außenaktivität ab oder nehmen jemanden einfach mit (ein ganz wichtiger Kandidat für solche Tätigkeiten ist wiederum der IT-Architekt). Sie sichern sich selbst technisch dadurch ab und stellen eigene technische Ambitionen zurück, um eben als Manager Erfolg zu haben. Sie kennen das Prinzip, dass ein Manager nur so stark ist wie seine Leute.

Es aber in jedem Fall offen und sehr kontextabhängig, ob in einem solchen Unternehmen der IT-Architekt die kritischen Außenaktivitäten begleiten darf.

Involviert, aber anonymisiert

Es gibt Unternehmen, die sich auf das Tagesgeschäft spezialisieren und somit von dem Tageszustand einer Branche, eines Marktes o. ä. leben. Meist sind es Vermittler, die sich zwischen einen Anbieter und den Kunden stellen und von der Abschlussdifferenz leben. Das Logische dabei ist, dass der Vermittler nur einmal „lebt". Das Entscheidende ist die Provision.

Die Konkurrenz in diesem Sektor ist extrem groß – man muss ja schließlich nichts produzieren oder nennenswert investieren oder einfach nur erschaffen, also scharen sich hier Tausende und Abertausende Differenzhungriger um die mageren Kuchenkrümel, deren Menge und nicht deren Größe für das eigene Geschäftsvolumen relevant ist.

In diesem Umfeld erfolgen Geschäftsabschlüsse in der Regel unglaublich schnell, fast schon per Handschlag oder ein LOI. Der Tunnelblick des Geschäftsabschlusses ist dabei teilweise völlig blind gegenüber „störenden" Faktoren wie Komplexität, Aufwand oder

IT-Strategie. Aus geschäftlicher Sicht macht das womöglich Sinn, nicht jedoch aus der IT-technischen. Die IT wird in solche Entscheidungen häufig nur bedingt involviert.

In allen provisionsrelevanten Bereichen sind solche Unternehmen voller künstlicher Hierarchien, die letztendlich als Pyramidensystem für die Provisionierung fungieren – der Obere bekommt immer ein Teil der Provision des Unteren etc. Leider versuchen solche Unternehmen auch in der IT eine ähnliche Strukturierung durchzusetzen, was zu unverhältnismäßig aufgeblähten Hierarchien von Leitern, Teamleitern, Projektleitern etc. führt. Ein solcher Aufbau hat auch noch tausend weiterer Gründe wie z. B. Verantwortungsverteilung und „die Machtvertikale", aber im Prinzip ist es häufig so im Einklang mit dem Vertrieb vorfindbar.

Dadurch, dass sämtliche Abschlüsse und provisionsrelevante Geschäfte so tagesgebunden, heikel und labil sind, herrscht bei den Sales und damit auch beim Management ein recht großes Misstrauen gegenüber der eigenen Truppe. Schließlich könnten Informationen durchsickern, da kennt doch jeder jeden usw. Man baut zwar auf die fachlichen Fähigkeiten der eigenen Leute, was schon mal ein guter Anfang ist, Loyalität wird jedoch aufgrund verwurzelter Paranoia als nicht gegeben angenommen. Schlimm genug, dass solches Verhalten die fehlende Loyalität geradezu heraufbeschwört, es sorgt außerdem für die extreme Polarisierung zwischen den Sales und den dienstleistenden Unternehmensbereichen.

Aus dem wahren Leben...

Wir hatten einen sehr dicken „Fisch" an der Angel. Einen richtig dicken. Solche potenziellen Deals kommen nur über enge persönliche Verbindungen zustande. Hier kam auch noch ein Quäntchen Glück dazu – eine ideale Ausgangslage für einen Abschluss, wenn man ihn sich selbst nicht verdirbt.

Das Management erhielt vom potenziellen Partner eine lange Liste mit unterschiedlichen Fragen zu dem angebotenen Produkt, und einige davon – etwas verstreut über den gesamten Fragenkatalog – betrafen die IT direkt. Nicht nur das – konkrete Aufwandschätzungen und technische Lösungsvorschläge sollten explizit ausgewiesen werden.

Keine leichte Aufgabe für einen Vorlauf von zwei Tagen – das Management hatte es leider so lange für sich behalten und versucht, die technischen Themen abzuwenden, bis es gar nicht mehr anders ging und die IT-Expertise erforderlich wurde. Was tun also?

Ich hatte den Auftrag erhalten, sämtliche Aufwandschätzungen und Lösungsvorschläge zu erarbeiten (oder einzutreiben), mit der strengen Auflage, niemandem ein Sterbenswort über den bevorstehenden Deal zu sagen, selbst wenn ich mir Unterstützung hole. Mal abgesehen von meinen moralischen Bedenken in Bezug auf die Geheimhaltung gegenüber meinen eigenen Kollegen war die Aufgabe an sich schon kompliziert genug. Und dann auch noch diese Anonymität. Ich musste mich zähneknirschend daran machen, die besagten Aufwandschätzungen einzuholen – bei derart sensiblen und schnellgeschossenen Angelegenheiten wäre ich doch wahnsinnig, wenn ich kein Vieraugenprinzip wahren ließe. Und da hatte ich einen Einfall, wie ich das ohne Auflagenverletzung hinbekomme und dabei die Kollegen hinzuziehe.

Ich habe in dem Anforderungsdokument schlichtweg den Namen des potenziellen Partnerunternehmens durch einen anderen großen Branchenprimus, und den Projektnamen sowie deren interne Bezeichnungen durch frei erfundene ersetzt. Mit diesem Dokument und halbwegs ruhigem Gewissen ging ich auf meine internen und externen Kollegen zu, sprach von einem bevorstehenden großen Deal und ließ sie im Glauben, den richtigen potenziellen Partner zu kennen. So bekamen wir rechtzeitig die Aufwandschätzungen und Lösungsansätze gar im Sechsaugenprinzip, was dem Ganzen eine solide Basis verlieh und letztendlich zum erfolgreichen Abschluss beitrug.

Ich weiß, das ist gerade so am Rande. Im Nachhinein betrachtet war das aber richtig – so konnte ich die Verschleierung später mit einem Scherz abtun und habe weder gegen die Managementauflagen verstoßen noch meine eigenen Kollegen übergangen. Manchmal muss man halt auch tricksen…

Die Anonymisierung ist an sich die letzte Bastion auf dem Weg zur Offenheit. Der IT-Architekt kann natürlich sehr stark involviert werden, und es grenzt zum Teil an Kunst, die besagte Anonymität zu bewahren und trotzdem immer noch als Team mitzuwirken. Der Involvierungsgrad in die Außenaktivitäten ist in dieser Konstellation jedoch sehr hoch, sofern die Anonymität gewährleistet ist.

Adäquat involviert

In Unternehmen, deren Hauptkapital ihre eigenen Mitarbeiter sind, herrschen nicht selten sehr offene Kulturen. Das betrifft auch die Außenaktivitäten, denn hier wird das „Wir packen es gemeinsam an" gelebt. Und eine Flasche Sekt bei erfolgreichem Abschluss köpft man dann ebenso gemeinsam. Ihre Manager (bzw. sind es meistens Gründer) wissen, dass sie es nur mithilfe ihrer Mitarbeiter schaffen, wenn sie etwas zerreißen wollen und die absolute Loyalität mit starkem Zusammengehörigkeitsgefühl an den Tag legen. Leider findet man solche Kulturen fast ausschließlich in kleineren Unternehmen oder bei Startups vor. Und mit deren steigender Größe oder Akquisition durch größere Unternehmen wird die Kultur des Öfteren immer militärähnlicher. Nur die wenigsten weisen auch später eine organisch gewachsene Managementstruktur auf.

Aber solange die Strukturen gesund und menschenorientiert bleiben, wird eben gemeinsam angepackt, auch bei Pitches oder sonstigen Außenaktivitäten. Es wird niemand gebremst, wenn es darum geht, eigene Fähigkeiten in verschiedenen Bereichen auszuloten und ggf. einzusetzen. Jeder Abschluss zählt, jeder neue Kunde ist ein neugeborenes Kind. Man könnte zwar sagen, das sei doch überall so. Mag sein, aber die Wahrnehmung dessen bei den Mitarbeitern ist eine andere als die im Management oder bei den Sales, wenn das Unternehmen größer und das Familiäre vorbei ist.

Wie gesagt, solange man das Wir-Gefühl natürlich lebt und nicht künstlich fördert, herrscht auch eine belebende Offenheit in den Außenaktivitäten, und ein IT-Architekt kann sich in einem solchen Umfeld so richtig austoben. Das etwas Wehmütige dabei ist aber, dass diese Rolle in derartigen Unternehmen meist vom CTO wahrgenommen wird – die Strukturen mit einem CIO und einem Architekten im Stab sind am Anfang eines organischen Wachstumswegs klar Overhead. Daher besetzen ja die CTO-Position auch meist Leute, die so richtig in der Technik zuhause sind und ein nichtinvasives Management betreiben. Nachdem wir ohnehin in Rollen und nicht in Positionen denken, lassen wir es mal so durchgehen.

Ein interessantes Phänomen stellen die großgewordenen ehemaligen Startups dar. Schaffen sie es nicht, die Organik im Wachstum und daher auch in den Hierarchien beizubehalten, kommt es dazu, dass ihr eigentliches Erscheinungsbild nicht mit dem übereinstimmt, welches das Management bzw. die Gründer immer noch aus den alten Zeiten vor Augen haben und immer noch als gegeben annehmen. In diesem Fall werden ganz eigenartige Versuche unternommen, sich auf seine Wurzeln zu besinnen und dabei die aufgebauten Managementstrukturen beizubehalten…

Aus dem wahren Leben...

Unser Startup wuchs und wuchs, bis daraus ein richtiger Mittelständler wurde. Die Gründer waren schon alle weg. Es blieb das wohlerzogene Topmanagement, das sich zwar offiziell zu den alten Werten bekannte, das Herzblut jedoch missen ließ. Die Fluktuation war enorm, und der kleine Altmitarbeiterkern war im Prinzip immer noch der unangefochtene Leistungs- und Wissensträger.

Das Management versuchte mit aller Gewalt, das Ganze zu industrialisieren und dabei das Außenbild eines Startups nicht zu verlieren. Das gelang aber nicht – am Markt sprach sich die interne Wahrheit sehr schnell herum, und die kommenden Mitarbeiter stiegen in den allerseltensten Fällen mit dem „wir" Gefühl ein. Wie konnte man diese Entwicklung stoppen – es war ja klar, dass man kein Startup war, und man war ja auch nicht bereit, daran auch nur das Geringste zu ändern. Man wusste aber, dass die jungen Leute viel lieber in ein Umfeld gehen, wo sie sich kreativ verwirklichen können, wo sie eine Familie von Gleichgesinnten vorfinden, und meistens ist es das Bild eines Startups, und ganz gewiss keines einer jahrhundertealten Manufaktur.

Und da kam ein glänzender Was-auch-immer-Berater auf dem hohen Ross und sagte: Hey, Ihr solltet Eure ursprünglichen Werte einfach mal in bunte Bildchen fassen und tolle Textchen darunter schreiben, in jedem Korridor eingerahmt aufhängen und jedem neuen Bewerber als Kärtchen in die Hand drücken und das Ganze bunt designt in Eurem Webauftritt veröffentlichen. Auch eine Kultur muss offiziell getextet und eingeführt werden! Jawohl, toll, das ist es! – dachte sich das Management und platzierte prompt die eigenen „alten Hasen" mit Erinnerungen an die alten Zeiten in das Team zur offiziellen Formulierung und Einführung der Werte und Kultur für das Unternehmen. Wenn schon die dahinter stehen, dann alle anderen doch auch, nicht wahr? Ich zählte zum alten Kern, komisch kam mir das aber schon vor: Muss denn so etwas wirklich explizit formuliert und eingeführt werden? Ich ging aber aus purer Neugierde da mit rein.

Und da saßen wir im Kickoff-Meeting zur Formulierung und Einführung. Nette Scherze, leckere Pizza, der CEO mit an Board – toll, endlich mal etwas vom alten Feeling. Als es dann um die Werte ging, kam der erste mittelschwere Schock: Na ja, eigentlich sind diese schon auf einem Managertreff benannt, wir brauchen sie nur mit Leben zu füllen. Hä? Und was sollte das? Die Managementwerte oder die Unternehmenswerte?

Lustig ging es dann auch weiter: Wir haben einen tollen Wert, und der hieße „Leistung". Was ist denn das? Ist das nicht die Grundvoraussetzung für einen Arbeitsvertrag? Und wenn man das so hoch aufhängt, schreckt das die Leute nicht eher ab? Ne, hieß es, das haben wir schon so beschlossen.

Der nächste Wert hieß „Offenheit". Hey, endlich mal was, und der war ja auch schon beschlossen. Eine Kollegin hatte dazu prompt eine Frage: Sie hatte von dem CEO wissen wollen, welchen neuen Kunden die Sales gerade akquiriert haben, denn jeder tuschelte über den noch geheim gehaltenen Deal. Wie wäre es mit unserer neuen „Offenheit"? Der CEO bat sie, von den Gerüchten Abstand zu nehmen und selbst keine zu verbreiten, da sei nichts dran etc.

Zwei Tage später hat er die Details des Deals im Intranet verkündet. Ich habe anschließend gebeten, mich aus dem Projekt zu entlassen, ein paar andere taten es ebenfalls – eine derartige Farce ging uns gegen den Strich. Schade nur um die leckeren Essen, die das restliche Team dann monatlich veranstalten durfte.

Um das Ganze abschließend noch etwas lockerer zu gestalten, versuchen Sie doch mal selbst, Ihr Unternehmen mithilfe des Koordinatensystems aus Abbildung 3.7 einzustufen und auszurechnen, inwieweit Sie als IT-Architekt überhaupt in die Außenaktivitäten des Unternehmens involviert werden würden.

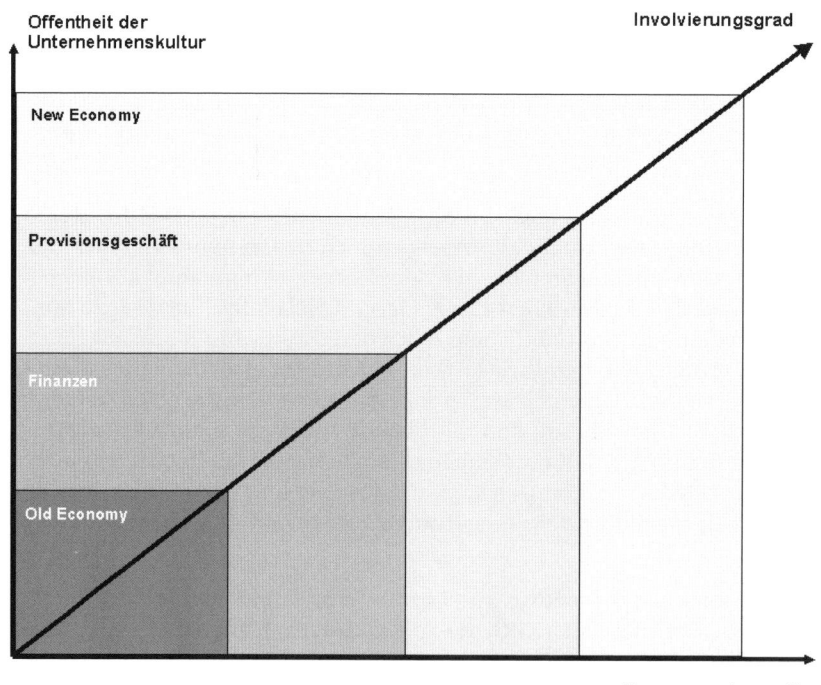

Abbildung 3.7: Aus der Einordnung Ihres Unternehmens in diesem Koordinatensystem ergibt sich der Involvierungsgrad von dessen IT in die Außenaktivitäten

Und jetzt der Architekt

Zurück zum eigentlichen Thema dieses Unterkapitels. Sollte es der Fall sein, dass der IT-Architekt zu den Außenaktivitäten seines Unternehmens herangezogen wird, stellt sich konkret die Frage, was er dabei leisten sollte. Versuchen wir es doch mal mit der in Tabelle 3.9 dargebotenen Aufstellung. Auch dies sind nur einige wichtige mögliche Aufgaben – eine komplette Liste wäre schlichtweg undenkbar, da die Aufgaben sehr stark vom Kontext und dem Unternehmen selbst abhängen.

Außenaktivität des Unternehmens	Aufgabenkomplex	Aufgaben
Firmenakquisition/Merger	IT Due Diligence	Technische Prüfung, Prozessprüfung
	Integration	Sofortintegration, Strategische Integration
Pitch/Pre-Sales/Sales	Angebotserstellung	Vordenken technischer Lösungen
	Meetings	Technische Unterstützung
	Stellungnahme	Beantwortung technischer Fragen
Audit/Revision	Begleitung	Bereitstellung technischer Informationen
	Stellungnahme	Beantwortung technischer Fragen
	Maßnahmenableitung	Definition technischer Maßnahmen
Personalgewinnung	Skills-Anforderung	Erstellung von technischen Skill-Profilen
	Bewerbungsgespräch	Technischer Dialog
	Beurteilung	Bewertung technischer Skills
Außendarstellung	Außenpräsenz	Teilnahme an Kongressen, Messen
	Fachartikel	Publikation von Fachartikeln
Einkaufsunterstützung	Auswahl	Suche nach technisch passenden Lieferanten
	Kriterien	Ausarbeitung technischer Kriterienkataloge
	Bewertung	Bewertung technischer Angebotsaspekte
	Meetings	Technischer Dialog
Fremdleistungsübernahme	Abnahme	Technische Abnahme von Code, Executables
	Qualitätssicherung	QS im Prozess
	Integration	Integration der Lösungen in die Architektur

Tabelle 3.9: Mögliche Aufgaben des IT-Architekten bei den Außenaktivitäten des Unternehmens

Firmenakquisition/Merger Bei Firmenakquisitionen ist es ganz klar zunächst die IT Due Diligence. Dabei geht es darum, z. B. bei einem Firmenkauf deren IT auf Herz und Nieren zu prüfen, hinsichtlich Sicherheit, Technologien und Prozesse (und noch viele andere Dinge darüber hinaus). Sie steht im Deutschen für die „Sorgfaltspflicht", die in solchen Situationen in jedem Fall geboten sein sollte. So wird u. a. während der Prüfung des Übernahmekandidaten nach den Dealbreakern gesucht, die den Lauf der Verhandlungen entscheidend beeinflussen könnten.

Der Architekt ist dabei mitten im Geschehen, mit seinem Fachwissen, dem Erfahrungsschatz und einem geübten Auge. Er ist der Garant dessen, dass eventuelle technische Dealbreaker aufgefunden werden und ein künftiger Merger technisch adäquat bewertet wird.

Aus dem wahren Leben...

Es ging um die Übernahme eines Marktbegleiters. Dieser hatte all die Kunden für sich gewonnen, an die wir nie herankamen und machte uns auch so den Markt ziemlich streitig– ein leckeres Stückchen also. Da unser Markt extrem dicht besiedelt war, wurde über der ganzen Geschichte ein derartiger Geheimnisschleier verhängt, dass nur die engsten Managementmitglieder überhaupt von der Aktion wussten, und nur die allerengsten an eben dieser beteiligt waren. Die Angst, dass andere Konkurrenten den widerwillig zum Verkauf stehenden Marktbegleiter mit besseren Angeboten bekommen könnten, war immens. Also wusste jeder, dass etwas im Busch ist, bloß kaum einer, was genau.

Nachdem der besagte Übernahmekandidat auch eine konkurrierende IT-Lösung anbot, war sehr viel IT-Relevantes im Spiel. Nur dumm, dass niemand darüber reden durfte. Also hatte unser involvierter und nebenbei auch frisch eingestiegene IT-Manager einfach ein Häufchen externer, ihm persönlich aus anderen Projekten bekannten Spezialisten angeheuert, die ihm bei der Due Dilligence fachlich unter die Arme greifen sollten und dabei den Vorteil hatten, nicht zur Truppe zu gehören, die ja nichts erfahren durfte (ein nachfolgender Merger könnte doch, je nach Verhandlungsausgang, für einige gestrichene Stellen sorgen. Viel Unruhe im Vorfeld wäre dem Management nicht wirklich willkommen).

Das völlig Absurde dabei ist aber, dass alle Mitarbeiter der zu übernehmenden Unternehmung sehr gut Bescheid wussten. Sie wussten oder vermuteten, dass ihre Jobs auf dem Spiel stehen, und allen voran die IT. Und das wirklich Bizarre dabei war, dass es ihnen nichts ausmachte.

Das Management des Übernahmekandidaten schmiedete recht früh in unserer Akquise-Phase einen schlauen Plan: Lass' sie es doch aufkaufen – der Zug ist ja eh abgefahren. Gründe aber nebenbei eine andere Firma, schaffe das gesamte Wissen und die Köpfe sowie die besten Dinge da unter der Hand hinüber und hinterlasse verbrannte Erde – natürlich nachdem die Prämien einkassiert wurden. Nicht schlecht, oder?

Von alledem schien aber unser Management nichts zu vermuten. Noch weniger der IT-Manager, der seinem ersten Merger entgegenfieberte und sich voll und ganz auf die fachlichen Fähigkeiten seiner Legionäre verließ, während er selbst beim großen Spiel mitspielen durfte. Aber auch hier hat es nicht wirklich hingehauen – keiner der Herren, inklusive seiner Wenigkeit und des gesamten Managements von ihm aufwärts, hatte je eine solche Übernahme mitgemacht. Also machten sie gleich zu Beginn die übelsten Fehler: Sie sicherten sich nicht rechtzeitig die Vertragsgewalt und haben den Präsentationen der dortigen ITler geglaubt, statt gleich mit einem Hijacker-Trupp aufzuschlagen und die Technik vorsorglich zu übernehmen.

Als die Akquisition durch war, hatte jeder der dortigen (guten) IT-Mitarbeiter (nicht nur die, unser Augenmerk liegt aber eben auf der IT) plötzlich einen geänderten Vertrag gehabt, mit einer neuen Kündigungsfrist von vier Wochen. Die gesamten IT-Präsentationen entpuppten sich als reine Farce – die angeblich bereits vollzogene Gesamtrenovierung der IT-Systeme wurde in Wirklichkeit nur punktuell begonnen, die große Masse aber war technologisch auf unterstem zusammengestöpseltem Niveau. Und die Uhr tickte. Wieder nicht schlecht, oder?

Als das alles klar wurde, flogen die angeblichen Due-Diligence-Spezialisten im hohen Bogen hinaus, was aber zu spät war (nichtsdestotrotz stellt sich immer noch die Frage, was sie überhaupt geprüft haben). Der IT-Manager hat nur wegen seines Einstiegsbonus überlebt, das aber mit derart angekratzter Reputation, dass er kurz darauf von alleine ging. Hijacker wurden zu extrem hohen Kosten und unter extrem hohem Druck organisiert und mussten in den wenigen verbleibenden Tagen (abzüglich Resturlaub und plötzlicher wochenlanger Krankheit der scheidenden Mitarbeiter) die gesamte IT übernehmen. Langer Rede kurzer Sinn, eine Blamage auf breiter Front. Dass die Übernahme auch in den anderen Bereichen ähnlich verlief, fiel nicht mehr ins Gewicht – das Management hat die eigenen Fehler komplett auf die IT geschoben, denn dort war die Situation am extremsten, und die IT spielte beim Übernahmekandidaten ohnehin fast die wichtigste Rolle.

Die flüchtigen Manager und Mitarbeiter aus verschiedenen Bereichen gingen fast geschlossen in die neue Firma über. Wahrscheinlich schmunzeln sie immer noch darüber.

Bei der Integration nach einem Merger geht es zunächst darum, dass das aufgekaufte Unternehmen seine Geschäfte nahtlos weiterführen kann, und da ist in der modernen Welt auch eine Menge IT im Spiel. Eine technische Sofortintegration sorgt dafür, dass die Kernsysteme miteinander kommunizieren können und der Betrieb gesichert ist – unabhängig davon, in welcher Besetzung. Die strategische Integration kommt erst später – nach einer tiefen Gemeinsamkeitsanalyse, den Entscheidungen darüber, welche Kernsysteme beibehalten werden etc. Ein guter Weg ist dabei die Serviceorientierung des Zukunftsunternehmens, worüber die einschlägige Literatur mehr als ausreichend referiert.

Hier ist das Epizentrum der Tätigkeit des IT-Architekten. In der Phase der Sofortintegration muss er die Weichen dafür stellen, dass eine ordentliche strategische Integration später nicht mit blutigen Operationen bezahlt werden muss.

Nicht selten steht der Architekt von einer solchen Konstellation, die in Abbildung 3.8 dargestellt ist. Dabei ist nicht einmal kriegsentscheidend, dass die beiden zu integrierenden Unternehmen u. U. im gleichen Geschäftsfeld tätig sind. Die IT-Systeme der beiden können sich in den Jahren vor dem Merger so dermaßen unähnlich entwickelt haben, dass einem recht schnell der Vergleich mit der Wiedervereinigung Deutschlands nach mehreren Jahrzehnten getrennter Entwicklung einfällt.

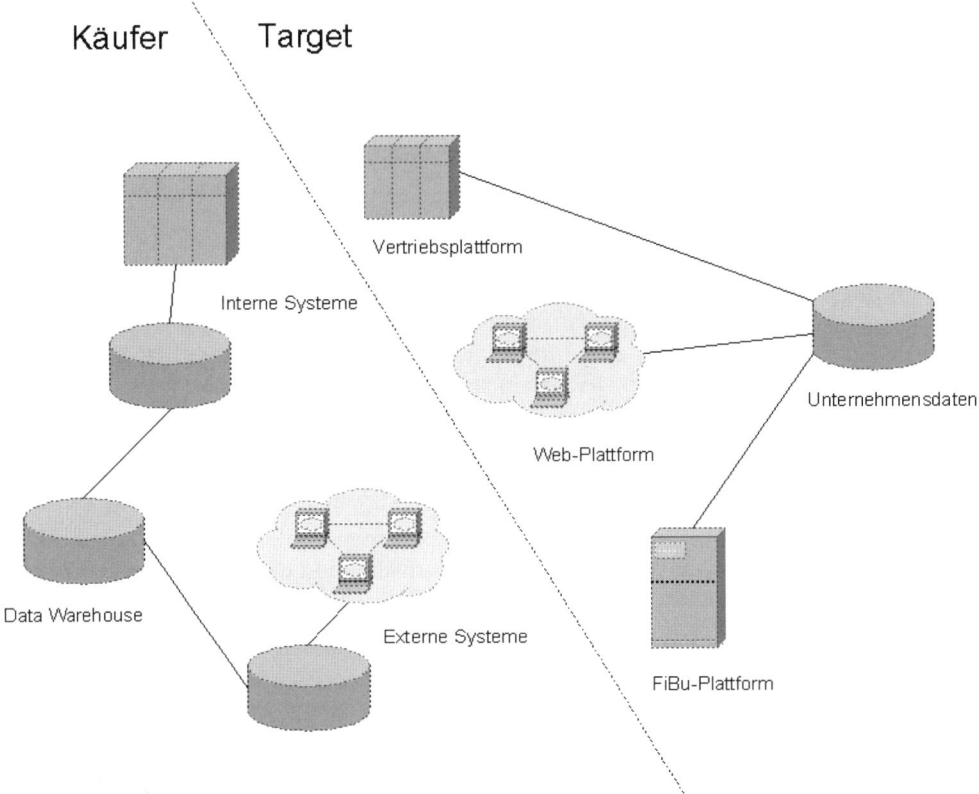

Abbildung 3.8: IT-Landschaften vor dem Merger (Beispiel)

Im ersten Schritt geht es bei einem Zusammenschluss immer darum, dass beide Unternehmen unverändert ihr Geschäft weitermachen können. Dies erreicht man mit einem Minimum an Aufwand, indem man die bestehenden Systeme weiterlaufen lässt, wie in Abbildung 3.9 dargestellt. Allerdings müssen schon da die zentralen Kontrollmechanismen greifen – zentrale Dienste wie FiBu, Controlling etc. Dazu richtet man häufig einen Datenaustausch ein, der z. B. eine zentrale Auswertung von Vertriebsdaten, zentralisiertes Reporting etc. ermöglicht. Es ist noch zu früh für die tiefere Suche nach operativen Symbiosen und Optimierungen, hier geht es um Kontinuität und Kontrolle.

Danach erst, wenn die erste gemeinsame Zeit verstrichen ist, macht man sich Gedanken über die möglichen Systemintegrationen – ein Merger muss immer Einsparungen nach sich ziehen – das ist das Gesetz und die Erwartung dabei. Business Units werden optimiert, aber auch ganz stark die IT, die verschmelzen bzw. vereinheitlicht werden muss.

Der einfachste Fall eine Integration durchzuführen wäre es, dem zu übernehmenden Unternehmen die Systeme des Käufers aufzuzwingen. Bei Übernahmen passiert es auch in der Regel so – ein Großteil der Systeme des Zielunternehmens werde über Bord geworfen. Und abgesehen von den menschlichen Faktoren einer solchen Aktion ist das bei Übernahmen in der Tat der sinnvollste technische Weg, der mit dem geringsten Aufwand verbunden ist.

Was aber tun, wenn das nicht in Frage kommt, wenn ein kleineres Unternehmen ein größeres übernimmt, oder dessen Systeme sind nachweislich der Grund für die Übernahme, oder gleichberechtigte Partner fusionieren und keiner will nachgeben?

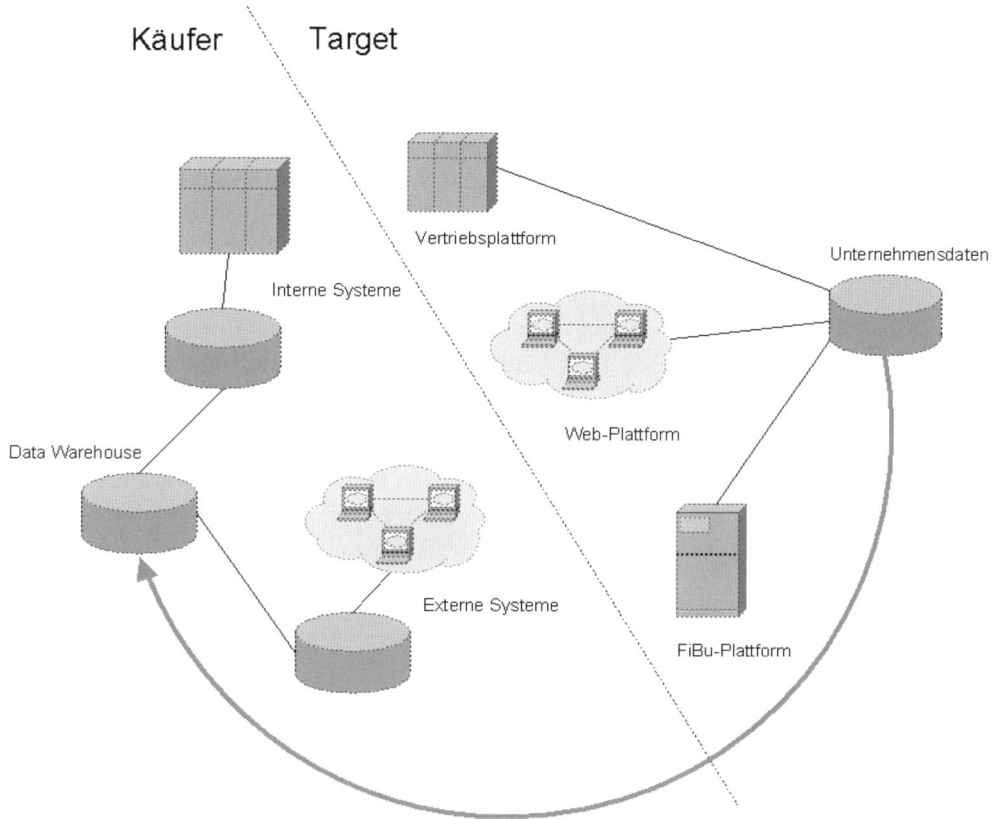

Abbildung 3.9: IT-Landschaft nach Sofortintegration – nur Daten (Beispiel)

In jeder Situation durchläuft der Integrationsprozess immer die gleichen vier Ps: Pilot, People, Plan und Proceed. Sobald man ungefähr skizziert hat, wie die Landschaft später aussehen kann, gibt es einen ersten Versuch der Integration, bei dem die Idee an einem etwas unkritischen System pilotiert wird. Danach müssen unbedingt Leute informiert werden – es muss Klarheit darüber geschaffen werden, was auf einen zukommt, damit es keine Missverständnisse, Gerüchte oder dergleichen gibt. Dieser Punkt ist aber auch sehr theoretisch, denn keine Theorie der Welt ist in der Lage, das menschliche Verhalten zu planen oder vorherzusagen. Es kann dazu kommen, dass massivster Widerstand geleistet wird, wenn Menschen ihre Stellen in Gefahr sehen – ist ja auch kein Wunder! Es können geschlossene Mannschaftskündigungen erfolgen, und die Key Player sind weg. Ach, es kann ja alles Mögliche auf zwischenmenschlicher Ebene passieren, also ist das zweite P eine harte Nuss.

Das dritte P ist auch das technisch anspruchsvollste. Hierbei geht es darum, die gesamte bestehende Landschaft auf Integrationsmöglichkeiten hin zu analysieren, eine konkrete Integrationsstrategie zu erarbeiten und das Ganze in einen konkreten Stufenplan zu gießen – eine technische Integration erfolgt eben nicht von heute auf morgen. Im vierten P, also in der Umsetzung, wird es je nach Situation unterwegs Wegwerfprodukte geben, Provisorien und dergleichen. Alles, um in sinnvoll geschnittenen Stufen zu einer Lösung zu kommen. In unserem Beispiel könnte diese wie in Abbildung 3.10 aussehen.

Pitch/Pre-Sales/Sales Und wieder könnte man sich die Frage stellen: Was hat denn das nun wieder mit IT-Architektur zu tun? Und wieder ist die Antwort ganz einfach: Wer, wenn nicht der Architekt, kann bei Vertriebsaktivitäten mit starkem technischen Hintergrund (z. B. einer Partnerschaft, die große Integrationsherausforderungen nach sich zieht), am besten den Vertrieb unterstützen? Wäre man da als IT-Architekt nicht etwa arbeitslos, wenn es solche Aktivitäten nicht gäbe? Langweilig? Aber so ist das Leben – wenn man als Architekt und nicht als technischer Architekturberater (s. Kapitel 6 für einen detaillierten Vergleich) tätig sein will, wird einem Routineanteil von mindestens 30 % gegenüberstehen. Erfolg kann nicht nur aus kreativen Tätigkeiten bestehen, sondern kommt erst durch die Abarbeitung alltäglicher Themen zustande.

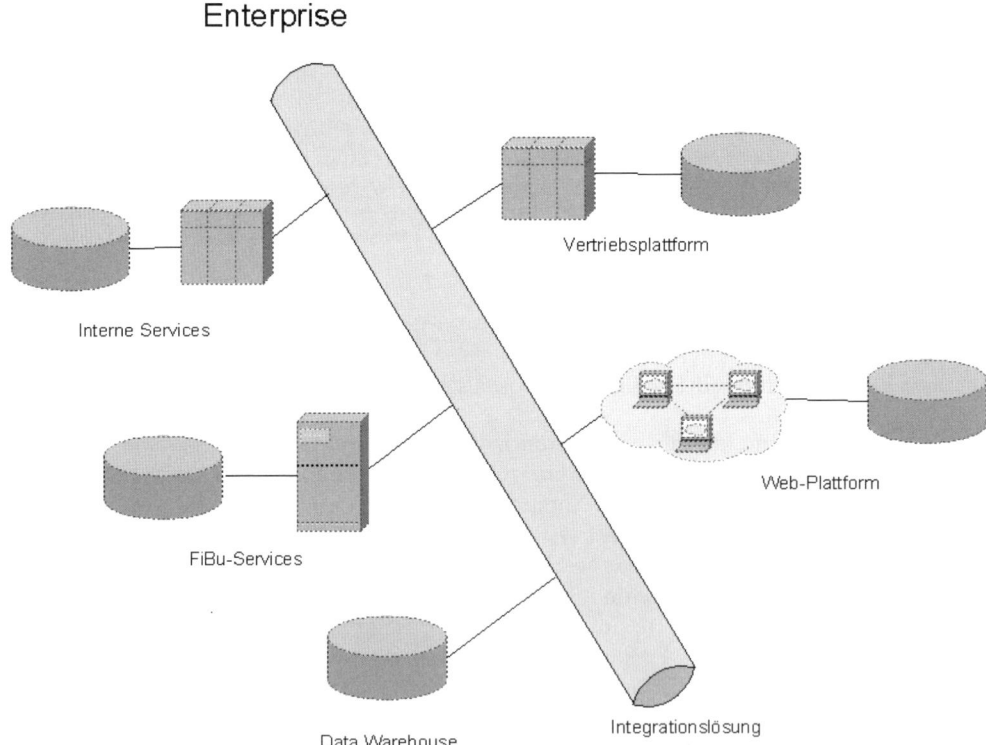

Abbildung 3.10: Ziel-IT-Landschaft nach Gesamtintegration und Optimierung (Beispiel)

Bei Sales-relevanten Aktivitäten kommt es darauf an, die Fragen des potenziellen Partners sachlich und erschöpfend zu beantworten. Der Partner will sehr genau wissen, wie die Lösung funktioniert und was sie leistet, wie der Betrieb organisiert, wie sicher die Daten abgelegt werden etc. Das alles schon im Vorfeld absolut detailliert zu klären, würde allerdings das Geschäft ruinieren. Daher geht man den Weg der Fragenkataloge, die ein Anbieter beantworten kann/soll (ob schon im Rahmen von RFI oder einfach auf Anfrage).

Die Fragen selbst sind in der Regel fast immer dieselben. Aber je standardisierter die Antworten, umso besser der erste Eindruck. Je mehr bestehende Referenzdokumente angegeben werden können, umso solider und industrialisierter wirkt das Angebot. Die individuelle Note darf aber in keinem Fall fehlen – Kunden mögen es nicht, wie jeder andere behandelt zu werden, wollen aber mit so viel wie möglich Vorgefertigtem und bereits im Paket Enthaltenem starten – das spart Kosten. Abbildung 3.11 zeigt prototypisch einen Ausschnitt aus so einem Fragenkatalog (die Handnotizen verraten die vielen denkbaren Referenzen).

Der Architekt sollte je nach Techniktiefe eines Pitches oder zumindest in den vorvertraglichen Workshops immer an der vordersten Front mitkämpfen. Es gilt ja, in dieser frühen Phase alle weitreichenden Eventualitäten, Show-Stopper und Aufwandtreiber zu erkennen und ungefähr zu beziffern. Es gilt auch, die Wiederverwendbarkeit vorhandener Ansätze und Lösungen in diesem speziellen Fall zu ermitteln und so den Sales eine bessere Verhandlungsbasis zu liefern. Denn alles, was man in dieser Phase übersieht, wird nach dem Vertragsabschluss wenn nicht zum Streitfall, dann aber zumindest zu einem Grund für den Ärger.

Sales darf man keine Technik verkaufen lassen, ohne dass ein wachsames Auge darauf aufpasst, was sie sagen. Sie schließen sehr schnell mit Verkaufsargumenten, und da können aus lauter Übermut wegen eines bevorstehenden tollen Abschlusses Versprechungen gemacht werden, die vom Kopfschütteln bis zum Haare Raufen alles nach sich ziehen und dem Unternehmen aus der technischen Perspektive mehr schaden als nutzen können. Bei aufstrebenden Unternehmen wie Startups führt daher mehr IT-Involvierung zu mehr Angebotsordnung. In den starreren Strukturen würde so etwas alleine schon durch die starren Prozesse nicht passieren, selbst wenn die IT nicht in die Außenaktivitäten involviert ist. Dann sieht halt der nachgelagerte Prozess vor Vertragsabschluss eine tiefergehende IT-seitige Prüfung vor. Damit schließt sich auch hier der Kreis bei der Überlegung, wie das mit der IT-Involvierung in den starren Strukturen doch funktionieren kann.

Audit/Revision An dieser Stelle muss man mindestens zwischen solchen Dingen wie Partneraudit, Konzernrevision und Wirtschaftsprüfung unterscheiden. Weitere Variationen existieren natürlich, sie sollten uns aber an dieser Stelle nicht weiter beschäftigen. Tabelle 3.10 bietet eine Aufstellung der drei Audit-Formen und ihrer Schwerpunkte in Bezug auf die IT.

Auditform	Schwerpunkt
Partneraudit	Datenspeicherung, Datenverwaltung, Manipulationsfreiheit
Konzernrevision	Standardeinhaltung, Einsparung, Konsolidierung
Wirtschaftsprüfung	Nachvollziehbarkeit, Rückverfolgbarkeit, Manipulationsfreiheit

Tabelle 3.10: Wichtige Auditformen und Ihre Besonderheiten in Bezug auf die IT

Nachdem die IT heutzutage im Mittelpunkte der meisten Prozesse eines Unternehmen steht, wird sie deutlich stärker als früher unter die Lupe genommen. Bei einem Partneraudit geht es z. B. in regelmäßigen Zeitabständen darum, zu prüfen, wie sicher und datenschutzrechtlich „sauber" die Partnerdaten abgelegt und verwaltet werden, wie gut man gegen Manipulationen geschützt ist, wie sichergestellt ist, dass die vereinbarten Provisionen auch nur an den zuständigen Ebenen überhaupt geändert werden können, wo und wie das Vieraugenprinzip in Bezug auf Freigaben etc. gewährleistet ist etc.

Die Konzernrevision trifft einen nur dann, wenn das eigene Unternehmen Teil eines größeren Konzerns ist. Das ist wiederum ein Fall für sich. Die typischen o. g. Auditthemen werden womöglich in Teilen weniger drakonisch behandelt, dafür kommt die Konsolidierungs- und Spardimension hinzu: Wie setzen sich die IT-Ausgaben zusammen? Hätte man diese Leistung nicht vom Konzern beziehen können? Warum ist dies und jenes nicht konzernstandardkonform etc.

Topic	Subtopic	Frage	Kommentar
Risiken	Sicherheit	Wie stellen Sie den Schutz sensibler Informationen sicher (Zugriffssicherheit)?	
		Wo werden die Daten gehalten?	Live u. Archiv.: ...
		Welche Recherchemöglichkeiten gibt es?	
		Welche Datensicherungsmaßnahmen haben Sie ergriffen? Wie sehen Desaster Recovery Pläne aus?	s. BCP
		Welches Logging wird von der Software angeboten?	
		Womit sind Netzwerkverbindung verschlüsselt?	
	Skalierbarkeit	Welche Skalierungsmöglichkeiten gibt es und wo?	s. Skalierung
	Ausfallrisiko	Wie häufig waren Ausfälle in den letzten 3 Monaten?	< depan + 3
		Wie lange dauerten die Ausfälle?	
		Welche Verfügbarkeit/max. Ausfallzeiten/Servicezeiten werden angeboten?	S. SLA
		Welche Wiederherstellungen sichern für die Anwendung zu? Welche Notfallpläne gibt es bei Ausfall ihrer Geschäftseinheiten?	s. BCP u. SLA
	Source-Code	Inwieweit können wir Einblick in den Source Code nehmen? Inwieweit können wir selbst mitentwickeln? Inwieweit werden Kundenbedürfnisse in den Standard aufgenommen?	Escrow? No da! safe?
		Strategische Partnerschaft	????
		Verfügbarkeit, Zuverlässigkeit	
Entwicklung	Release	Welchen Releaseszyklus gibt es?	s. Releas. Info
		Wie werden Releaseupdates durchgeführt? Gibt es Abhängigkeiten zu anderen Partnern?	
		Wie schnell können Sie auf eine Verdopplung unser Userzahlen reagieren?	2. Skalierbarkeit
	Reaktionszeit	Wie schnell sind Change Requests umsetzbar? Wie ist das Verfahren hierzu?	S. SLA
		Welche Antwort-/Bearbeitungszeit bei 3rd Level Support haben Sie?	
		Wie schnell sind Emergency-Changes einsetzbar?	
QoS		Haben Sie einen Prozeß zur kontinuierlichen Verbesserung?	fachlich !!!
		Welche Erreichbarkeit sichern Sie zu?	s. SLA
		Welche Maintenancewindows existieren?	
Performance	Latenz	Welche max. Latenzzeit wird bei DSL 1000 Anschluß garantiert bzw. erreicht?	alet. Messung abliefern
		Welche Performancegarantien/-kennziffern geben Sie ab?	S. SLA!

Abbildung 3.11: Ausschnitt aus einem Partnerfragenkatalog

Eine Wirtschaftsprüfung schlägt in der heutigen Zeit fast niemals ohne einen IT-relevanten Prüfungsteil auf. Dadurch, dass immer mehr Geschäftsprozesse von manueller Ausführung in die IT verschoben werden, steht auch die IT immer stärker im Vordergrund und muss einer Prüfung standhalten. Ob gemäß SOX, Basel II, GDPdU oder was auch immer, es muss bewiesen werden, dass die IT-gestützten buchhalterischen oder generell finanztechnischen Abläufe an jeder Stelle nachvollziehbar, nicht manipulierbar und rückverfolgbar sind. Dazu werden sämtliche Systeme, Releaseprozesse, Einkäufe etc. einer tiefen Prüfung unterzogen, um zu beweisen, dass z. B. ein Jahresabschluss korrekt erstellt und IT-technisch unterstützt wurde. Viele andere Aspekte werden außerdem betrachtet, und am Ende der Reise stehen lauter Feststellungen und Anmerkungen.

Und was hat das alles mit dem Architekten zu tun? Die Antwort ist recht einfach: Der Architekt des Unternehmens sollte die Person sein, die zu jeder technischen Frage bezüglich interner Systeme und IT-Prozesse jederzeit eine erschöpfende Antwort geben können sollte. Der Detaillierungsgrad kann dabei recht niedrig sein, es geht einzig und allein darum, eine konkrete Frage auch konkret zu beantworten, mal eine Ablauf- oder Aufbauskizze bereitzustellen und konkrete Einstiegspunkte für weitere Untersuchungen zu nennen. Nachdem ein schlauer IT-Manager selbst in der Regel nicht den gesamten Audit-Prozess begleitet und stattdessen seine Leute einschaltet, ist der IT-Architekt dabei folglich einer der wichtigsten Auditbegleiter, da sich sein Wissen über die gesamte Technik der IT erstreckt.

Aus dem wahren Leben...

Uns lag ein dreihundert Seiten schwerer Fragenkatalog vor, den uns ein potenzieller Partner zukommen ließ. In Abhängigkeit davon, wie wir die Fragen beantworten, hätten sie uns einen Auditor ins Haus geschickt. Trotz aller Ordnung und Organisation ist so etwas ein zeitraubender Prozess, der immer Maßnahmen nach sich zieht – wo ein Wille etwas zu finden, da auch ein Weg.

Wir haben uns die Fragen angesehen. Viele davon gingen klar in Richtung Datensicherheit. Wo liegen die Daten? Wo und wie lange werden die Daten archiviert? Kann auf dem Weg vom Rechenzentrum zum Archiv dem Kurier etwas zustoßen und wie ist dieser Fall abgesichert? Und, und, und. Viele der Fragen konnten einfach aus den bisherigen Audits mit Standardantworten versehen werden. Die Fragen selbst wurden ja auch nicht neu erfunden, dafür gibt es ausreichend Vorlagen. Einige der Fragen waren aber an sich recht eigenartig, da man durchaus darüber streiten könnte, ob die dort angefragten Lösungen wirklich als sicherer gelten als andere. So war da z. B. eine Frage über das SSO: Ist ein durchgängiges SSO implementiert? SSO alleine tut es ja bekanntlich nicht, sondern die Kombination aus verschiedenen Faktoren, und auch ein SSO kann man total unsicher machen, aber die Frage stand nun mal da. Wir haben lange gegrübelt – SSO war nicht umgesetzt und auch nicht angedacht, in erster Linie, weil unsere User ständig ihre Logins wechselten und für unterschiedliche Arbeiten verschiedene Berechtigungsprofile benötigten. Ein einziger Account pro Nase war bis dato nicht durchsetzbar, und per SSO mehrere Profile nachzuziehen erhöhte den Einführungsaufwand exponentiell.

Nach längerer Überlegung machte ich einen radikalen Vorschlag, wie man aus dem fehlenden SSO einen Vorteil herausschlagen kann: Ich behauptete schmunzelnd, dass wir eben kein SSO haben, macht uns viel sicherer. Ein Angreifer müsste, um mit dem Partnersystem arbeiten zu können, zunächst Zutritt zu unseren Räumen haben. Dann muss er eine passende Arbeitsstation finden. Dann benötigt er einen Windows-Login. Danach einen weiteren Login für das Partnersystem. Vierfachschutz – optimal! Hätte man eine Identity auf der Karte und/oder auf dem Token gespeichert, hätte er mit einem Schlag direkt bis ganz nach hinten durchgreifen können.

Fachlich gesehen ist diese Argumentationskette mehr als strittig – sie ist dumm und absolut unsinnig. Aber wissen Sie was – die Frage war das doch auch, und unsere Antwort hat gesessen – sie wurde akzeptiert! Das war auch eine Standardfrage, und die Antwort klang zumindest überzeugend. Hätte sie ein Security-Experte geprüft, wäre der Witz aufgeflogen. So aber klang sie kompetent und niemand wollte auf die Details eingehen. Sachen gibt's…

Nun zu den Fragenkatalogen – diese werden im Vorfeld eines Audits abgefrühstückt, und eine zufriedenstellende Beantwortung der Fragen kann, wie gesagt, zu der immer zu empfehlenden Audit-Abwendung beitragen (klar, Wirtschaftsprüfer und Konzernrevisoren holt man sich „freiwillig" ins Haus, die Partneraudits sind aber wiederum extern gesteuert). Welche Fragen können in so einem Fragenkatalog auftauchen? Werfen Sie doch einfach mal einen Blick auf den unter Abbildung 3.12 dargestellten Ausschnitt aus einem solchen Fragenkatalog (auch hier wieder die bekannten Notizen am Rande). Es geht hier ganz klar um die Sicherheitsthemen, die immer im Mittelpunkt solcher Fragenkataloge stehen, je nach Geschäftsfeld und der Paranoia des Partners. Auch solche Schätzchen wie „ist Ihr Rechenzentrum von außen als solches erkennbar?" sind ab und zu dabei, die im hochsicheren Umfeld schon mal an der Tagesordnung sind. Wenn man sich die Fragen genauer ansieht, fallen einem viele architektonische Themen auf: aktive Datenlöschung, Restore, Verschlüsselung, Anonymisierung etc. Das alles sind Themen, die ein Architekt wenn nicht in der absoluten fachlichen Tiefe, dann zumindest auf einem notwendigen Abstraktionsniveau beherrschen und vertreten muss.

Ist ein Auditor nun doch im Haus, geht es zunächst einmal darum, völlig offen und angemessen ehrlich alle relevanten technischen Bereiche aufzuzeigen – im Prinzip würde er sich je nach Art und Weise des Audits ohnehin sämtliche Netzpläne, Root-Passwörter etc. besorgen, also spielen Offenheit und Ehrlichkeit die entscheidende Rolle. Warum angemessen ehrlich? Man sollte Fragen beantworten, keine neuen Fragen aufwerfen und keine Antworten auf nicht gestellte Fragen geben. Verwirrend? Denken Sie eine Minute darüber nach.

Der Architekt ist eine der Audit-Begleitpersonen, liefert technische Informationen und ist immer dabei, um Klarheit in die fraglichen IT-Prozesse zu bringen. Er ist auch derjenige, der die Feststellungen aus dem Audit in konkrete technische Maßnahmen transportieren sollte, solange es um keine betrieblichen oder sicherheitstechnischen Themen geht, für die es im Unternehmen ebenfalls Akteure mit teilweise zugewiesener spezifischer Architektenrolle (Infrastrukturarchitekt, Sicherheitsarchitekt etc.) geben sollte. Der IT-Manager koordiniert die Maßnahmenableitung kraft seines Amtes, die Abarbeitung strategischer Themen und Erfindung neuer Lösungen dazu trifft jedoch den Architekten.

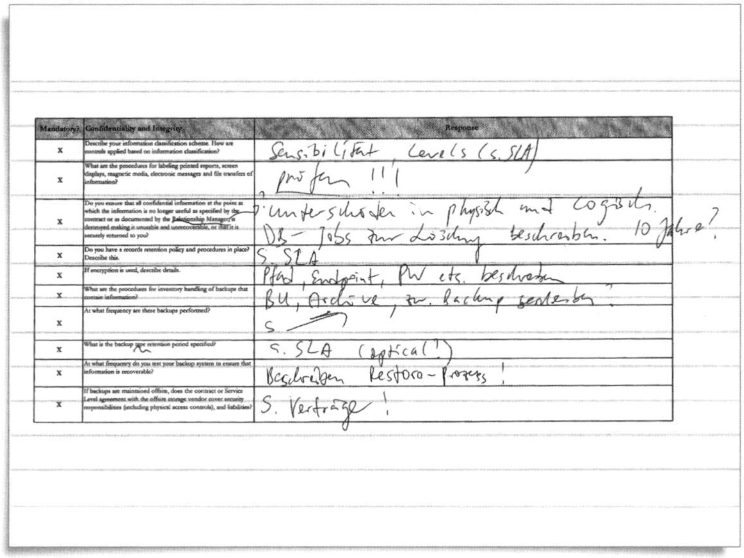

Abbildung 3.12: Ausschnitt aus einem Vor-Audit-Fragenkatalog

Aus dem wahren Leben...

Die Revision wütete bei uns seit einigen Tagen. Dies war nicht so, wie es sollte, und jenes... Nur kleinere Sache, die zwar nervten, aber keine großen Folgen nach sich zogen – die Beurteilung würde aus der aktuellen Sicht jederzeit mindestens einem „Zufriedenstellend" entsprechen. Wir wussten aber auch, wer uns die Revisoren ins Haus geschickt hatte und dass diese Interessensgruppe nur darauf gewartet hatte, dass wir versagen. Es war ein alter Konflikt: Wir haben ihnen permanent die zu hohen Kosten und Inkompetenz vorgeworfen, sie uns Planlosigkeit und den Raub ihrer Jobs. Eine ideale Situation für die Fortsetzung der Zusammenarbeit, sie war aber so kompliziert, dass sie dadurch unlösbar war. Sie lagen mit der Revision 1:0 vorne.

Wir haben höllisch aufgepasst, dass während dieser Zeit keine unnötigen Vorfälle zustande kamen. Man muss sein Glück ja nicht künstlich herausfordern, nur seinen Job richtig machen. Also taten wir eben so: völlig offen, transparent und zuvorkommend. Konnte man denn erahnen, dass da manch einer ausflippt?

Es ging damit los, dass der IT-Manager einen dummen Scherz darüber machte, wenn die Revision schon keine Sicherheitsmängel findet, wir selber unser Security-Team nicht mehr brauchen. Das hat einer aus dem Team echt in den falschen Hals bekommen. In einer ruhigen Minute, so absolut unaufgefordert, sprach er mit dem Revisor über ein aktuelles Projekt und die darin noch zu lösenden, absolut kritischen Sicherheitsprobleme: Verschlüsselung, Segmentierung etc. Der Termin der Fertigstellung komme ja immer näher, man sei bereits in der Alphaphase. Ungelegte Eier, aber wie einen leckeren Bonbon verpackt und verkauft. Warum nicht gleich vorsichtshalber die eigene Stelle mal absichern, für den Fall, dass der Manager doch keinen Spaß gemacht hat?

Der Revisor wusste noch nichts von dem besagten Vorhaben, hatte es aber sofort unter die Lupe genommen und nach Strich und Faden zerlegt. Schwere Folgen wurden angedroht, sodass wir nur noch trübe über die Konsequenzen nachdachten. Und da kam schon der nächste Schock. Einem Mitarbeiter hat es irgendwie ganz gestunken – die Atmosphäre, die Perspektiven und alles Mögliche. Das ist ok, darüber kann man in aller Ruhe nach der Revision sprechen, zumal bis dato noch niemand ein Gespräch gesucht hatte. Er hatte es aber bereits für sich abgeschlossen und schrieb umgehend an den Revisor eine E-Mail (er hat ihm einfach auf dem Gang aufgelauert und über einen „netten", mit ein paar lustigen Interna garnierten Smalltalk dessen Koordinaten erfahren). Darin beschrieb er die angeblich miserablen und unsicheren Zugänge, völlig unkontrollierte.

An und für sich hatte er keinerlei konkrete Informationen darüber, was lief. Er hat es einfach nur dahergeschossen, um es einem imaginären Feind heimzuzahlen. Wahr oder unwahr, der Revisor hatte ja seinen Auftrag (man sollte meinen, bei so etwas es gehe es immer objektiv zu, wir haben hier aber kein theoretisches, sondern ein pragmatisches Buch) und nahm diese Aussagen dankend entgegen und zum Anlass, das Ganze in Richtung eines „Nicht Zufriedenstellend" driften zu lassen.

Und der letzte Kracher kam noch ganz zum Schluss: Nach einem Systemausfall haben wir ein paar harmlose Monitore installiert, im Stress aber übersehen, diese überall einheitlich hochzufahren, da es leider nur per manuellem Eingriff und nicht über die Verteilung ging. Das resultierende Problem wurde um 7 Uhr morgens (!) behoben, also ganz und gar außerhalb der für uns relevanten Geschäftszeit. Wer konnte denn erahnen, dass der Revisor da schon am Werke war und sich die Reports anschaute. Außerhalb der Businesszeit oder nicht, war ihm völlig egal und er verpasste uns eine miese Beurteilung. Das darauf folgende Jahr war das Jahr der Revisionsmaßnahmen. So kann es auch gehen.

Personalgewinnung Manch ein Leser könnte sich an dieser Stelle durchaus fragen, was das wohl mit der IT-Architektur zu tun habe. In Kapitel 4 werden wir gezielt auf das Thema des technischen und mentalen Frameworks eingehen, für das der Architekt im IT-Team verantwortlich ist. Daher ist auch die Antwort auf diese rhetorische Frage ganz simpel: Der Architekt ist eine der Personen, die für die Auswahl der neuen technischen Mitarbeiter verantwortlich ist, die Potenzial haben, das o. g. Framework „aufzusaugen" oder gleich von Anfang an mit zu treiben.

Zum einen besteht die Tätigkeit des Architekten bei der Personalgewinnung in der Formulierung der Skill-Profile für neue Mitarbeiter. Je konkreter, desto erfolgsversprechender. Während die IT-Manager sich mehr auf die Teamfähigkeit (ist das nicht ohnehin heutzutage Grundvoraussetzung?) und soziale Kompetenz stürzen, bleibt der Architekt auf technischer Ebene – natürlich auch im Bewerbungsgespräch. Soweit zum „langweiligen" Teil.

Neben den üblichen Skill-Checks ist es in der heutigen Zeit gang und gäbe, dass sich mehr das Unternehmen um einen guten ITler bemüht als umgekehrt. Die Zeiten der Marktfülle sind vorbei, und gute technische Kompetenz sieht sich viermal um, bis sie wechselt. Daher ist es ebenso die Aufgabe des Architekten, potenzielle Bewerber z. B. mittels Artikel in Zeitschriften und/oder im direkten Gespräch durch interessante technische Herausforderungen auf das Unternehmen aufmerksam zu machen bzw. für das Unternehmen zu gewinnen. Hier ist kein Platz für Konkurrenzdenke – ein guter Techniker, sofern er gewünscht ist, muss Perspektiven haben – auch technischer Natur. Um die Karriereperspektiven kümmert sich das IT-Management, der Architekt sorgt für ein interessantes Umfeld, selbst wenn es sich mit seinem eigenen etwas überschneidet – in der IT gibt es keine Schubladen, hier ist jeder Skill Gold wert!

Selbstverständlich muss der Architekt auch seinen Servus zum Kandidaten geben – nach nüchterner, objektiver Beurteilung, versteht sich.

Außendarstellung Wenn der IT-Architekt eines Unternehmens regelmäßig Fachkongresse besucht, dort Vorträge hält und gute Fachartikel verfasst, hat das einen schönen Nebeneffekt, den man dem IT-Manager ggf. erst noch nahelegen muss: Die guten Fachleute werden darauf aufmerksam. Wenn sich manche von ihnen nach einer neuen Herausforderung umschauen, suchen sie sich u. U. Firmen, wo Technologie gemacht wird, Experten gefördert werden und generell gute Wachstumschancen existieren. Wenn sie sehen, dass der IT-Architekt eines Unternehmens die o. g. Außenpräsenz zeigt, werden sie auch auf das Unternehmen aufmerksam. Gute Leute kommen heutzutage nicht von allein, man muss es ihnen schmackhaft machen. Die Aufgabe des Managements ist es, es ihnen organisatorisch und finanziell attraktiv zu präsentieren, die der Techniker und vor allem des Architekten ist das Wecken der technischen Begeisterung.

Überhaupt ist es heutzutage für potenzielle Partner und Bewerber sehr attraktiv zu wissen, dass das Unternehmen auf Technologie setzt. Junge Absolventen suchen keine Rentensümpfe, sie wollen meistens was zerreißen. An jeder Ecke hört man „ich wünsche mir spannende Technologieprojekte". Genau, und der Architekt ist dazu da, das passende Gefühl zu vermitteln. Auf der anderen Seite versprechen sich potenzielle Partner durch Ihren Technologievorsprung niedrigere und besser planbare Kosten im Vergleich zu Ihrem Mitbewerber, und dass auf neue Anforderungen und Marktgelegenheiten schneller reagiert wird und sie sogar von Ihnen lernen können. Der IT-Architekt ist auch für dieses Gefühl der eigentliche Garant – das Management kann das nicht entsprechend präsentieren.

Gehen Sie als Architekt in die Offensive, vertreiben Sie Ihre IT, erzählen Sie auf Kongressen und in der Presse von den technischen Erfolgen und Innovationen und sorgen Sie unbedingt für diese, damit es keine leeren Worte bleiben.

Einkaufsunterstützung Wenn Ihnen im privaten Leben jemand etwas verkaufen will, haben Sie im Normalfall eine ziemlich genaue Vorstellung darüber, welche Produktmerkmale Sie für wichtig erachten, was die absoluten Muss-Kriterien sind, welche Produkteigenschaften Sie am besten emotional ansprechen und was das Ganze Ihrer Meinung nach kosten soll. Richtig? Genauso funktioniert es auch, wenn ein potenzieller Partner Ihrem Unternehmen eine technische Leistung oder ein technikrelevantes Produkt anbieten möchte. Als Architekt sind Sie dabei derjenige, der die Angebotspositionen hinsichtlich der technischen Aspekte, der technischen Tauglichkeit und der technischen Zukunftsfähigkeit prüft. Auch finanzielle Aspekte sind nicht ganz außerhalb Ihres Fokus, da Sie mit Ihrer Erfahrung ungefähr abschätzen können sollten, ob z. B. eine angebotene technische Dienstleistung aufwandstechnisch korrekt bzw. passend angeboten wird und ob der gewählte Lösungsansatz wirklich sinnvoll erscheint.

Natürlich geht es auch bei Fremdangeboten zunächst darum zu prüfen, ob der potenzielle Partner überhaupt in Frage kommt. Anhand von Referenzprojekten und den Erfahrungen am Markt (und man sollte sich nicht scheuen, um Referenzen zu bitten und diese auch zu interviewen) gilt es herauszufinden, ob der Anbieter das Angebotene leisten kann und ob man es ihm selbst zutraut. Der Techniker ist dabei mittendrin mit seinem Urteilsvermögen und seinen eigenen Erfahrungen. Auch eigene Kandidaten sollte man ins Gespräch bringen, wenn sie sich als technisch kompetent und zuverlässig erwiesen haben. Es geht ja schließlich darum, etwas Konkretes bestens zu lösen und nicht darum, wer wem einen Gefallen schuldet oder wer wen zu einem niedrigeren Preis bewegen kann. Daher sollte die Objektivität die größte Rolle spielen. Das mag utopisch klingen, ist aber mit genügend Bockigkeit durchsetzbar und zahlt sich am Ende aus. Reine Geschäftsorientierung bei ausschließlicher Preisgetriebenheit und dem daraus resultierenden Entgegenkommen eines Anbieters hat im architektonischen Sinne keinerlei Mehrwert und geht oftmals durch preisbedingten Pfusch, Folgeverrechnung und höhere Abhängigkeit vom Anbieter nicht selten auch kaufmännisch in die Hose.

Obgleich dies nicht wirklich eine zentrale Aufgabe des IT-Architekten ist, werfen wir doch vollständigkeitshalber einen Blick auf die Fragen, die zu der Beurteilung der Leistungsfähigkeit eines Anbieters beitragen. In der Regel haben Anbieter auch ganze Fragenkataloge zu beantworten – z. B. im Rahmen von RFI oder später RFP. Abbildung 3.13 zeigt einen Ausschnitt aus einem solchen Fragenkatalog bzw. Bewertungsbogen mit den bereits liebgewonnen handschriftlichen Randanmerkungen.

Bei der Beurteilung der Leistungsfähigkeit des Anbieters ist es für den Architekten wichtig zu wissen, wo und wie dieser das Vorhaben zu realisieren gedenkt: Traut man es dem Team zu? Wird ein Projektarchitekt gestellt? Wie wird die Qualität gesichert? Ist der Anbieter mit den risikotechnischen Belangen vertraut? Wie oft kann integriert werden? Kann man andere Kunden (Referenzen) über den Ablauf und den Erfolg der Projekte und der technischen Qualität befragen? Und dergleichen mehr. Und dann natürlich die Faktoren, die für die spätere Übernahme der Leistung oder des Produkts in den eigenen Betrieb sowie in die eigene Entwicklung relevant sind: Umgebung, QS, Tools, Test, Weiterentwicklung usw.

Dies alles sollte man selbst bei Festpreisangeboten schon im Vorfeld prüfen. Denn was nutzt einem die Situation, in der der sich der Anbieter später z. B. übernimmt und das Projekt reißt, obgleich man sich als Kunde dagegen vertraglich abgesichert hat? Niemand hat etwas davon und das Ergebnis ist mehr als in Gefahr. Und bei einem kurzen Time-to-Market z. B. ist womöglich für immer die Marktgelegenheit futsch. Da helfen keine Pönalen, denn der Mitbewerber schläft nicht.

Eine weitere und diesmal primäre Aufgabe des Architekten bei der Einkaufsunterstützung ist die Ausarbeitung von technischen Prüfkriterien des Produkts bzw. der angebotenen Implementierung sowie deren eigentliche Bewertung. Abbildung 3.14 stellt einen Ausschnitt aus einer Entscheidungsmatrix mit rein technischen Aspekten dar.

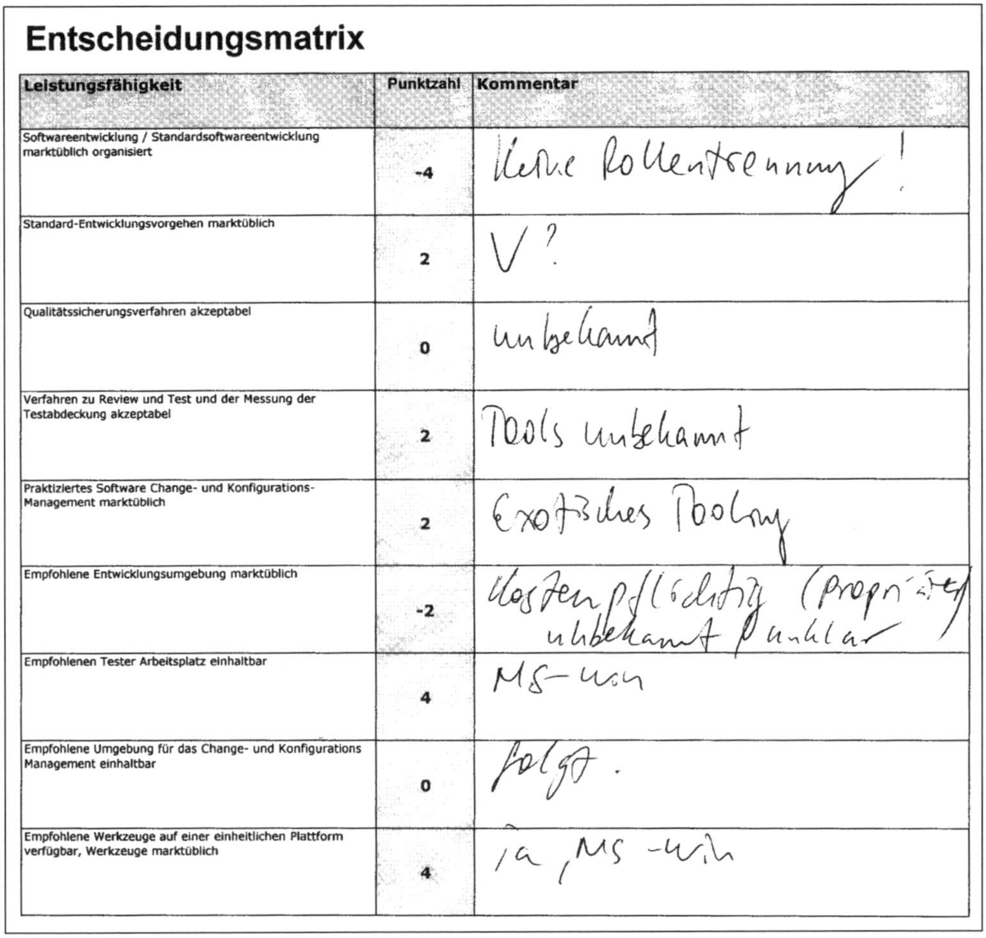

Entscheidungsmatrix

Leistungsfähigkeit	Punktzahl	Kommentar
Softwareentwicklung / Standardsoftwareentwicklung marktüblich organisiert	-4	*Keine Rollentrennung !*
Standard-Entwicklungsvorgehen marktüblich	2	*V ?*
Qualitätssicherungsverfahren akzeptabel	0	*unbekannt*
Verfahren zu Review und Test und der Messung der Testabdeckung akzeptabel	2	*Tools unbekannt*
Praktiziertes Software Change- und Konfigurations-Management marktüblich	2	*Exotisches Tooling*
Empfohlene Entwicklungsumgebung marktüblich	-2	*kostenpflichtig (proprietär) unbekannt / unklar*
Empfohlenen Tester Arbeitsplatz einhaltbar	4	*MS-was*
Empfohlene Umgebung für das Change- und Konfigurations Management einhaltbar	0	*folgt .*
Empfohlene Werkzeuge auf einer einheitlichen Plattform verfügbar, Werkzeuge marktüblich	4	*ja, MS -was*

Abbildung 3.13: Ausschnitt aus einem Bewertungsbogen (Leistungsfähigkeit)

Zu der Beurteilung der Leistungsfähigkeit eines Anbieters hinsichtlich der IT-Architektur gehören diverse Kriterien, die der Architekt ebenfalls prüfen sollte, obgleich nicht treibend – es ist eine klassische Aufgabe des Einkaufs und des Managements. Wir wollen aber restlos den Einsatzbereich aufdecken, also dürfen diese Punkte hier nicht fehlen – s. Tabelle 3.11 für Details. Die Betrachtung der kommerziellen Aspekte des Einkaufprozesses sparen wir uns dafür aber restlos, da sie nun wirklich keinen direkten oder nennenswert indirekten Bezug zur IT-Architektur haben. Höchstens spielen die Releasezyklen und die generelle Releasestrategie eines Produktanbieters sowie z. B. ESCROW eine architekturrelevante Rolle, da sie den Bereich der Technology Governance betreffen. Dazu aber mehr in Kapitel 6.

Leistungsparameter	Zu prüfende (relevante) Punkte
Vertrauenswürdigkeit Kennzahlen	Leistungen werden an einem vertrauenswürdigen Standort bzw. vor Ort erbracht
	Vergleichbare Projekte für mindestens n Kunden durchgeführt
	Investitionen in Forschung und Entwicklung in adäquater Höhe
Entwicklung/Wartung	Softwareentwicklung adäquat organisiert
	Standard-Entwicklungsvorgehen (V-Modell, Wasserfall, RUP) adäquat
	Qualitätsmanagement adäquat
	Qualitätssicherungsverfahren akzeptabel
	Anforderungsmanagement akzeptabel
	Verfahren zu Review und Test und der Messung der Testabdeckung akzeptabel
	Projektmanagement akzeptabel
	Praktiziertes Software-Change- und -Konfigurationsmanagement adäquat
	Praktiziertes Aufwandschätzverfahren adäquat
	Praktiziertes Risikomanagement adäquat
	Praktiziertes Subunternehmermanagement adäquat
IT-Umgebung	Empfohlene Entwicklungsumgebung adäquat
	Empfohlenen Tester-Arbeitsplatz (Werkzeuge, Schnittstellen) einhaltbar
	Empfohlene Umgebung für das Change- und Konfigurationsmanagement einhaltbar
	Empfohlene Werkzeuge auf einer einheitlichen Plattform verfügbar, Werkzeuge adäquat
Prozesse	Das empfohlene Prozessmodell akzeptabel
	Prozessmodell adressiert die besonderen Herausforderungen
	Prozessqualität kann sichergestellt werden
	Audits bzw. Assessments akzeptiert
	ISO 9000:2000 zertifiziert
	In den letzten Jahren ein CMMi Scampi Appraisal mit positivem Ergebnis durchgeführt
	Die Restfehlerrate wird in adäquaten Intervallen in Produktion gemessen; Projekte werden üblicherweise mit geringer Restfehlerrate ausgeliefert
Mannschaft	Personal (Projektmanager, Entwickler, Tester, ...) zertifiziert, nach marktüblichen Standards und durch vertrauenswürdige Organisationen
	Kontinuität des Projektteams sichergestellt

Tabelle 3.11: IT-Architektur-relevante Leistungsparameter, die bei einem Anbieter abgefragt und bewertet werden sollten

Auch an dieser Stelle darf eine Aufstellung der möglichen zu prüfenden technischen Aspekte nicht fehlen. Die Tabelle enthält einige prototypische Parameter, die jedoch in Abhängigkeit vom Unternehmen bzw. vom Vorhaben beliebig variieren können.

Technischer Aspekt	Zu prüfende (relevante) Punkte
Technologie	Enterprise-übliche Technologien
	Integrierbar in den Betrieb (RHEL4/Solaris, Java-Schnittstellen)
	Keine Mischtechnologien im Einsatz
Daten	Datenbank- und Datenstrukturtransparenz (z. B. für ETL)
	Export wichtigster Daten möglich
	Datenbankabstraktion (Produktunabhängigkeit)
Schnittstellen	Schnittstellen für Report Engines und BI-Tools vorhanden
	Schnittstellen (in/out) für Basisfunktionen vorhanden
	Schnittstellen per Konfiguration änderbar (Mapping, Rules, Struktur etc.)
	Java-fähige oder standardisierte Schnittstellen (z. B. Web Services)
Betrieb	Kein ASP/SaaS-Zwang (kann je nach Security-Anforderungen tatsächlich so sein, dass ein Outsourcing nicht in Frage kommt)
	1st und 2nd Level Support eigenständig, 3rd Level Support durch den Anbieter
	Wartung eigenständig mit Hilfestellung des Anbieters möglich
	Weiterentwicklung durch den Anbieter/Partner
	Eigenständige Satellitenentwicklung möglich
	Client/Server-Betrieb als Standard, keine Dezentralisierung
	Thin- und Fat-Client-Zugriff möglich, keine Zwischenschichten (Groupware), keine Terminal-Server-Verhinderung
	Integration mit MS-Exchange oder Ähnlichem möglich (Mails, Termine)
	Skalierbarkeit gewährleistet
	Ausfallsicherer Betrieb (z. B. HA-Cluster) standardmäßig möglich
	Standardmäßige Verfügbarkeit von 99,5 % kann gewährleistet werden
	Datenzugriff im laufenden Betrieb für Backup/Replikation möglich
GRC (Governance, Risk, Complience)	Sourcecode-Hinterlegung möglich (z. B. ESCROW)
	Need-to-Know-Prinzip standardmäßig umgesetzt
	RBAC-Berechtigungsmodell
	Mandantenfähigkeit
	DataWarehouse/MIS integriert/integrierbar
	Erfüllt GDPdU
Komponenten	Modulares Leistungsangebot
	Runtime-Lizenz einer Reporting Engine (z. B. Crystal) enthalten

Tabelle 3.12: Technische Aspekte, die der Architekt bei der Bewertung eines Anbieters abfragen kann

Es ist klar, dass es in der Einkaufsphase oft nicht möglich ist, alle technischen Facetten gründlich zu prüfen, sonst kommt der Deal nie zustande. Der Pragmatiker versucht, zumindest die wichtigsten Dinge abzufragen bzw. von der Reaktion des Anbieters bzw. dessen Stellungnahmen auf bestimmte „schwarze Löcher" bzw. positive Bereiche zurückzuschließen. Man kann es den Aussagen auch entnehmen, wie gut der Anbieter auf derartige Fragen vorbereitet ist bzw. ob er konkrete prüfbare Referenzen benennen kann, die die Qualität der Leistung bzw. des Produkts in dem jeweiligen Bereich bestätigen können. Die goldene Regel in der Einkaufsunterstützung lautet also: Lass den Anbieter kommen und erläutern, wie sein Angebot Ihre technischen Vorstellungen deckt. Und auch ohne langwierige, gründliche Voruntersuchung lassen sich sehr viele Erkenntnisse gewinnen, zumindest beim Einkauf.

Es bleibt jedoch anzumerken: Je riskanter die einzukaufende Leistung bzw. zentraler das einzukaufende Produkt (z. B. ein ESB als zentrale Drehscheibe der Systemintegration), um so tiefer sollte man selbst prüfen und sich um so weniger auf die Aussagen des Anbieters verlassen. Die Hersteller sind in solchen Bereichen in der Regel mit allen Wassern gewaschen und kennen die richtigen Antworten auf die Standardfragen, ob sie nun ganz, teilweise oder gar nicht der Wahrheit entsprechen.

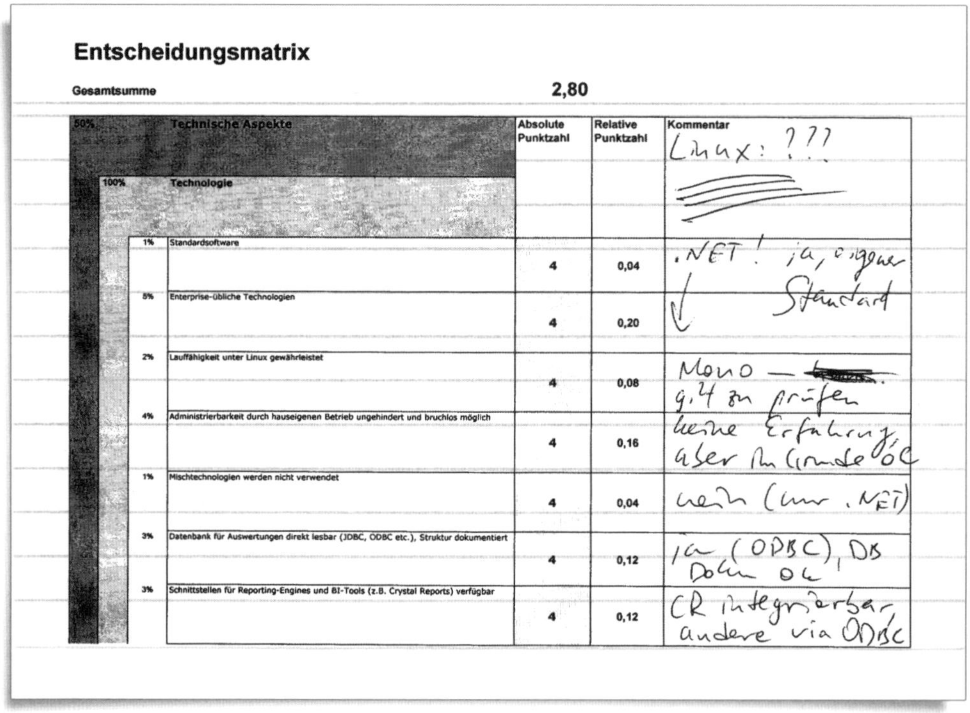

Entscheidungsmatrix

Gesamtsumme 2,80

		Absolute Punktzahl	Relative Punktzahl	Kommentar
50%	Technische Aspekte			Linux: ???
100%	Technologie			
1%	Standardsoftware	4	0,04	.NET! ja, eigener Standard
5%	Enterprise-übliche Technologien	4	0,20	
2%	Lauffähigkeit unter Linux gewährleistet	4	0,08	Mono — 9.4 zu prüfen
4%	Administrierbarkeit durch hauseigenen Betrieb ungehindert und bruchlos möglich	4	0,16	keine Erfahrung, aber im Grunde OK
1%	Mischtechnologien werden nicht verwendet	4	0,04	nein (nur .NET)
3%	Datenbank für Auswertungen direkt lesbar (JDBC, ODBC etc.), Struktur dokumentiert	4	0,12	ja (ODBC), DB Doku OK!
3%	Schnittstellen für Reporting-Engines und BI-Tools (z.B. Crystal Reports) verfügbar	4	0,12	CR integrierbar, andere via ODBC

Abbildung 3.14: Ausschnitt aus einem Bewertungsbogen (technische Aspekte)

Ein wichtiger Punkt bei der Bewertung der technischen Aspekte sowie der Begleitung der eigentlichen Umsetzung bzw. Einführung ist der Dialog mit dem Anbieter. Das geht über Gespräche, Workshops etc., in denen die Technik nie zu kurz kommen darf, denn trotz der üblichen fachlichen und kommerziellen Orientierung des Einkaufs ist und bleibt die Technik das Herzstück einer jeden IT-Lösung.

Wenn Ihnen z. B. ein Standardprodukt angeboten wird, versuchen Sie gleich im ersten Kennenlerngespräch auf technischer Ebene zusammen mit dem Anbieter ein mögliches Deployment-Diagramm zu skizzieren. Das lenkt von den bunten Hochglanzfolien ab und bringt das Ganze auf einen pragmatischen Pfad. Sie können dabei mehrere denkbare konkrete Szenarien durchspielen und müssen nicht hoffend abstrahieren – der Anbieter ist mit am Tisch und soll es mit Ihnen gemeinsam erarbeiten. Wenn er das nicht kann, kann es entweder an der Qualität Ihres technischen Ansprechpartners oder des gesamten Produkts liegen. Ersteres ist für den Anbieter zwar peinlich, aber reparabel. Das andere kaum.

Auch über die initialen Gespräche hinaus sollten Sie versuchen, eine stabile und solide technische Linie zu befolgen und auf dieser Linie bestehen. In Umsetzungsprojekten werden oftmals sehr blutige Kompromisse gemacht, und zwar auf Managementebene. Das ist ohne die technische Sicherheitsschleife falsch, also muss der Pragmatiker mit aller Kraft und mit allen ihm zur Verfügung stehenden Mitteln für die technische Sauberkeit der Lösung kämpfen. Akzeptieren Sie keinen Pfusch, selbst wenn das Management gewillt ist, sich finanziell zu einigen – Sie müssen es später auslöffeln.

Ein weiterer Punkt, auf den im Dialog mit dem Anbieter geachtet werden sollte, sind z. B. die Qualitätsmerkmale. Es ist immer wieder erstaunlich, wie hoch das Thema Qualität von den Anbietern selbst im Vorfeld eines Auftrags aufgehängt wird und wie stark diese oftmals mit jedem weiteren Projektmonat sinkt. Es ist normal, dass die Stellschraube namens Qualität sehr gut gedreht werden kann, sofern die fachlichen Projektziele in Gefahr sind oder der Termin immer näher rückt. Aber aus Architektursicht ist es völliger Quatsch und sollte tunlichst vermieden werden. Auch hier würden Sie die Suppe auslöffeln müssen, steht einmal die endgültige Lösung fest. Der pragmatische Architekt kämpft mit aller Kraft um die Einhaltung sinnvoller Qualitätsvorgaben, und das tut er über häufige Prüfung und ständige Kommunikation mit dem Anbieter, über Erläuterung der von ihm gewünschten Qualitätsaspekte gegenüber dem eigenen Management und über permanente Erinnerung daran. Lassen Sie als Pragmatiker nur in den allerletzten Fällen zu, dass die Grundqualität der Lösung leidet, und das nur über strenge Auflagen für das Nachprojekt, also nur um des Termins willen.

Es gibt noch viele weitere Punkte, die der Architekt mit dem Anbieter klären kann und sollte: Integration, Migration, Versionierung, Entwicklung, Andocken, Skalierbarkeit, Betriebsszenarien etc. Alle Punkte haben eines zum Ziel: für Qualität und Nachhaltigkeit zu sorgen. Der Pragmatiker achtet nicht auf die Präsentationsfolien und Hochglanzprospekte. Stattdessen nimmt er Dinge in die Hand – ob steuernd oder praktisch. Insbesondere beim Einkauf externer Leistungen und Produkte ist die allerhöchste Vorsicht geboten, damit sich die Katze im Sack nicht als tot entpuppt.

Fremdleistungsübernahme Ist es nun soweit, dass ein Anbieter beauftragt wurde, gilt es, sinnvolle prüfbare Meilensteine zu vereinbaren und an definierten Zeitpunkten die technischen Prüfungen durchzuführen. Und hier gilt die allerwichtigste Regel: kein Erbarmen. Erbarmen bedeutet Schwäche, wenn es darum geht, die erforderliche Qualität und Nachhaltigkeit einer Lösung durchzusetzen. Wenn man nachgibt, hat man seinen Job als Architekt nicht richtig gemacht, da es nichts Übleres gibt als Halbgarheiten und Pfusch. Und das Schlimme ist, und das soll hier erneut betont werden, dass man diesen Pfusch hinterher tatsächlich auch selber ausbaden darf. Warum denn das wieder? Weil ein Anbieter, der die Vertragsbedingungen erfüllt hat und dafür auch bezahlt wurde, nicht wirklich daran interessiert ist, nachträglich noch viele Verbesserungen vorzunehmen, sofern diese nicht im Rahmen von Zusatzaufträgen erfolgen. Die späteren Changes sind immer ein Streitpunkt – ob sie Bugs oder wirklich Changes sind etc., aber die Bugs und Changes an der Architektur sind extrem teuer, und niemand will mit Freuden eine undurchdachte oder technisch mangelhafte Architektur nochmals auf Kulanz anreißen. Kleine aufstrebende Firmen, die um jeden Kundenauftrag froh sind, wären bis zu einem gewissen Grad dazu bereit, aber heutzutage ist das nicht der Fall, weil fast jeder Dienstleister restlos gesättigt und existenziell nicht wirklich gefährdet ist, wenn mal ein Kunde abspringt, zumindest in dem, wie sie sich verkaufen. Der Kunde muss heutzutage gar froh sein, dass man ihm seinen Auftrag erledigt – das Gefühl könnte bei größeren Dienstleistern mit Lösungen von der Stange durchaus entstehen. Der Schein trügt zwar, aber man zeigt es eben nicht.

Nach diesem Abstecher in Richtung Dienstleistungsmoral wollen wir im Sinne des Pragmatismus betrachten, was der Architekt bei der Übernahme einer Fremdleistung oder einer Produkteinführung tun sollte.

Zunächst einmal kann man es nicht oft genug wiederholen: Als Architekt sollten Sie dem Dienstleister bzw. Anbieter in der Übernahme das Leben sozusagen so schwer wie möglich machen. Das soll auf keinen Fall böse klingen, es ist nur lebensnotwendig. Alles, was sie in der Übernahme übersehen, wird nach der Abnahme entweder zum Streitpunkt oder zum Bedarf, es selbst zu reparieren! In den seltensten Fällen kann man mit Kulanz rechnen.

Die Erzeugnisse bzw. Produkte müssen daher unbedingt auf ihre Qualitätsmerkmale hin geprüft werden. Der Architekt konzentriert sich auf die Prüfung der statischen und dynamischen technischen Qualität (s. Kapitel 2 für die Definitionen). Die Dinger müssen per Stresstest ans Limit geführt und per Lasttest auf verkappte Was-auch-immer-Leaks und Bottle Necks hin geprüft werden. Ist der Sourcecode im Spiel, müssen dessen statische Metriken und Merkmale gezogen werden: Abhängigkeiten, Zyklen, Dokumentationstiefe, Testabdeckung etc.

Wenn die Qualitätsparameter im Vertrag festgehalten wurden, hat man ein leichteres Spiel, die Qualität wie verlangt durchzusetzen. Andernfalls ist es ein harter Kampf, denn in jedem Softwareprodukt und in jeder generell IT-technischen Lösung ist damit zu rechnen, dass sie schwarze Löcher oder zumindest dunkle Stellen hat! Es gibt kein perfektes oder nur annähernd perfektes System, und wenn man es für jemand anderes als für sich selbst baut, wird dieses umso gestrickter sein. Keine empörten Schreie? Na ja, schon wieder die Zeitverschiebung.

Aus dem wahren Leben...

Endlich war es soweit: Das lang ersehnte erste Release der von uns in Auftrag gegebenen Anwendung wurde mit zweiwöchiger Verspätung ausgeliefert. Es handelte sich um eine Webapplikation. Leider kam mit dem Release keine Installationsroutine mit, sondern ein loser Bund von Artefakten und ein Techniker des Anbieters. Gut, deren Projektleiter war auch dabei. Na ja, ideal ist das zwar nicht, geht aber bei einer intern zu betreibenden Anwendung vorerst gerade so – die Lieferung der Installationsroutine sowie -anleitung wurde für die kommenden Woche zugesagt. Legen wir los.

Die beiden Herren waren recht überrascht, als ich ihnen mit einem Lasttest daher kam. Ihrer Aussage nach hätten sie doch – wie vertraglich vereinbart – permanent selbst auf Last getestet und sind da recht guter Dinge. Ich beharrte darauf – ihr Test ist doch nicht mein Test. Ich will es selber sehen. Also setzen wir kurzer Hand die Umgebung. Ihre Standarddatenbank war embedded, vertraglich war aber eine Datenbankabstraktion vereinbart, sodass theoretisch jede ODBC-fähige Datenbank verwendet werden konnte. Ich bestand auf Oracle. Sie hätten aber damit nicht gerechnet und das so nie richtig getestet, war die Reaktion. Ich ließ nicht locker und bestand darauf, obgleich an dieser Stelle mit keinerlei Tuning-Empfehlungen zu rechnen war – woher denn auch? Also blieb es bei unserer vorher präparierten 08/15-Datenbankinstanz und einem einfachem Schema. Hmm, ich machte aber weiter.

Ich schlug vor, mit dem Test mehrere Millionen Records anzulegen und gegen die Abfragen loszuschicken. Aber das sei doch am Anfang gar kein Anwendungsfall, kam die prompte empörte Antwort. Ich wies sie aber darauf hin, dass es in zwei Jahren durchaus so sein wird.

Sie waren aber der Meinung, dass sie bis dahin schon neue Releases und damit viele Optimierungen einspielen würden, die in der Startphase keinen Sinn machen. Ihre Meinung, nicht meine – als ob es einen Unterschied ausmachen würde, denn wenn am Anfang die Basis nicht performt, wird es später nahezu unmöglich sein, das wieder geradezubiegen – die Daten sind da schon drinnen, die Migration kann sich als schwierig erweisen, und Datenexplosion kann ja in jeder Software z. B. aufgrund eines Programmierfehlers zustande kommen und, und, und. Die typischen Tricks des „Luftholens vor dem Tode". Ok, sie wollten diskutieren, ich aber nicht – die Hartnäckigkeit zahlt sich nicht nur bei so etwas aus. Wir machten uns also an die Testszenarien.

Nach einigen Stunden voller Experimente und Feintuning war es soweit: Wir haben im Labor den Test losgeschickt, mit einer geschickten und absolut realistischen Nutzerstrategie, einem durchdachten Lastanstieg (wir machten keinen Stresstest, sondern die Simulation eines ganz normalen Businesstages) etc. War sehr schön, der Test. Aber nicht das Ergebnis: Nach zehn Minuten kam kein Request mehr durch und die Sache war gelaufen. Der zweite Versuch brachte keine Besserung – diesmal flog uns das Ding noch schneller um die Ohren. Was sagen denn die Herren dazu?

Ja, aber mit solchen Datenmengen sei doch nicht gerechnet worden, und die Embedded-Datenbank hätte es doch alles locker weggesteckt. Da waren doch schon einige hundert Testdatensätze drinnen, das ging immer problemlos.

Na ja, ein Lasttesttool hatten sie in dem Sinne nicht erworben, sondern es mit einem Shell-Script und Wget nachgebaut – ist ja fast das Gleiche. Und wir sollten unbedingt prüfen, ob eine solche Last überhaupt jemals zustande kommt.

Ich habe unserem Management vorgeschlagen, das Release durchfallen zu lassen und alles daran zu setzen, dass es auf Kulanz nachgebessert wird. So geschah es auch. Es war fair, und zwar uns gegenüber. Wir waren der Kunde, der ohne gründliche Prüfung einen Pfusch gekauft hätte. Der Standpunkt des Lieferanten spielte in dem Moment eine untergeordnete Rolle, da es um viel Geld ging. Aber auch da ging es fair zu – ich habe angeboten, die Probleme mit ihnen gemeinsam zu analysieren, und so taten wir das auch. Am Ende haben wir mit 6 Wochen Verspätung ein recht gutes Release zusammenbekommen. Was wäre denn, wenn man dem Vertrag geglaubt hätte? Man hätte es abgenommen und dann ein paar Jahre später einen riesigen Streit wegen mangelnden Durchsatzes gehabt. Die Rechnungen wären da aber schon bezahlt und die Ausgangsposition wäre mehr als ungünstig gewesen.

3.9.2 Nullprovision: Architekturvertrieb

Was ist das denn? Architekturvertrieb? Architektur ist doch kein Kaufgegenstand, oder? Doch, ist sie! Und den Architekten bekommt man gratis dazu, wenn man in den nächsten 20 Minuten anruft.

Architektur ist etwas, worüber man sehr gerne spricht, was man aber noch weniger anfassen kann als die Software (ok, Hardware und Netze sieht man wenigstens). Es fühlt sich nach gar nichts an, kostet Geld, macht sich wichtig und muss immer kritisch betrachtet werden. Richtig, so denkt das Management immer, und das mit Recht. Eine bestimmte Architektur ist Verkaufsgut. Wenn man ein Haus bauen lässt, so kauft man doch auch nicht gleich den allerersten Entwurf, oder? Den prüft man, ob er einem gefällt, lässt sich die Vorteile erklären, die Gründe, warum bestimmte Dinge so sind wie sie sind etc. So auch bei der IT-Architektur, und der Architekt ist für den Vertrieb seiner Ansätze und Ideen zuständig.

Das wirklich Eigenartige dabei ist, dass er im Gegensatz zu einem herkömmlichen Hartwaren- oder Dienstleistungsvertriebler keinerlei Provision kassiert. Seine Provision ist schlichtweg die Erlaubnis, fortzufahren. Man muss eben als Architekt nach allen Regeln der Kunst die Architektur vertreiben: beim Management, bei den IT-Kollegen, bei Kunden usw. – bei allen potenziellen und wirklichen Stakeholdern der Architektur. Und das sind fast alle.

Jeder Verkäufer hat sein Arsenal an überzeugenden Argumenten für sein Produkt – ob sie nun stimmen oder nicht. Der Architekt als Verkäufer hat eben auch seine eigenen. Tabelle 3.13 zeigt einige davon, auf die dann in gewohnter Manier die detaillierten Erläuterungen folgen.

Verkaufsargument	Erläuterung
Einsparung	Mittel- bis langfristige Einsparpotenziale durch Automatisierung
Gewinnsteigerung	Potenzielle Gewinnsteigerung durch Durchsatz
Wettbewerbsvorteil	Nase vorne durch technologischen Vorsprung
Innovation	Neuheiten am Markt als Erster umsetzen
Recht	Haftung bei falscher oder keiner Umsetzung
Katastrophe	Horrorszenario bei falscher oder keiner Umsetzung
Ansehen	Man spricht darum unter Gleichgesinnten
Coolness	Das fühlt sich einfach... cool an!

Tabelle 3.13: Waffen des Architekten als Verkäufer

Einsparung

Der beste „Köder" in normalen bis schlechten Zeiten ist die Einsparung. Wenn die Gewinne sinken, versucht man durch Einsparung das Niveau gleich zu halten. Das ist u. U. auch die goldene Zeit für die pragmatische Architektur. Ein pragmatischer Architekt macht eben Vorschläge, wie bestimmte Kosten – in der Entwicklung, im Betrieb oder in sonstigen relevanten IT-Bereichen – mittel- bis langfristig gesenkt werden können. Dazu zählen u. a. flexible Skalierungsmodelle (scale up/down), Outsourcing-Strategien inklusive Back-Sourcing und Qualitätssicherung, Open-Source-Strategie usw. Technologisch ist der Architekt für all die strategischen Ansätze mitverantwortlich und muss letztendlich dafür sorgen, dass die ganzen Einspar-Puzzleteile zusammenfinden.

Man muss an eben dieser Stelle jedoch stark aufpassen. In den schlechteren Zeiten neigt man zum Wursteln statt zum Pragmatismus, was aber anders verpackt wird. Ein IT-Architekt befindet sich generell im Spannungsfeld zwischen dem Entwicklungs- und dem Betriebsleiter, in den Sparzeiten wird seine Rolle womöglich als Erstes infrage gestellt. Jeder Betriebsleiter neigt dazu, sich seine Sachen eigens zurechtzulegen, was zwar an sich nicht schlecht ist, verleitet jedoch manchmal zu üblen Schnellschüssen. Oder haben Sie schon mal einen Betriebsleiter erlebt, der als Erstes auf architektonische Zusammenhänge schaut, wenn ihm ein wichtiger Server ausgefallen ist? Nein, das tut er nicht – zur Not fährt er mal schnell zu Aldi, um für die Überbrückungszeit einen einfachen PC zu besorgen. Und das ist auch richtig so – Funktion geht immer vor Optimierung.

Allerdings ist ja Wursteln bekanntlich kein Pragmatismus. Kosteneinsparung um jeden Preis hat oftmals schlimmere Folgen – die Infrastruktur und die Gesamtarchitektur werden so dermaßen verwaschen, dass das Aufräumen danach, wenn man Dinge wieder etwas optimieren möchte, locker das Zehnfache Kosten kann. Das ist aber die Nachbetrachtung, die zählt beim Sparstrumpf keineswegs. Also sollte der Architekt auch zumindest versuchen, die Sparmaßnahmen mitzugestalten. Man kann sich allerdings auch schon mal selbst wegoptimieren, das aber auch nur als Scherz am Rande.

Gewinnsteigerung

Wenn der Architekt mit seinen Vorschlägen bzw. mit seiner Tätigkeit zu einer Gewinnsteigerung beitragen kann, ist es die optimalste und fruchtbarste Situation, die er sich überhaupt wünschen kann. Es ist natürlich nahezu unmöglich, diese Situation allgemein zu schildern, da sie sehr unternehmensspezifisch ist. Im Großen und Ganzen verbirgt sich der Weg dahinter, der über eine ordentlich durchdachte Architektur das Unternehmenswachstum unterstützen kann. Wenn die IT-Budgets flacher steigen als die Gewinnkurven, ist der Ansatz richtig. Benötigt man zu jedem neu verdienten Euro weitere 75 Cent für neue Hardware, ist der Job des Architekten nicht richtig gemacht. Kapitel 2 geht näher auf die Ansätze ein, die für eine positive Situation im Rahmen der Gewinnsteigerung sorgen können.

Wettbewerbsvorteil

Dieses Thema ist immer und überall in aller Munde. Derzeit erhofft sich buchstäblich jeder einen Wettbewerbsvorteil durch Technologie, zumindest wenn man den Erfolgsgeschichten in einschlägigen Magazinen Glauben schenken mag. Dabei wird nicht selten ausgelassen, dass man den Wettbewerbsvorteil auch nicht wirklich immer benötigt, wenn man ihn eher schon hat.

Aus dem wahren Leben...

Wir hatten einen Pitch bei einem großen Mittelständler. Bereits im Vorfeld hatten wir mit dem dortigen IT-Leiter einige Rahmenparameter geklärt und ihn so für unsere Konzepte begeistern können, dass die Sache schon klar zu sein schien und sich unser Management auf die Vertragsverhandlung einstellte. Die letzte Hürde galt es allerdings noch zu nehmen – die Vorstellung des Konzepts vor dem Vorstandsvorsitzenden...

Dieser galt als äußerst herrisch, hatte er die Firma doch selbst aufgebaut, und er kontrollierte jeden einzelnen Aspekt des IT-Geschehens nochmals selbst nach. Daher mussten wir zu ihm, fürchteten und freuten uns gleichermaßen auf die Runde. Wir kamen mit einem Konzept, bei dem der potenzielle Kunde innerhalb von 2 Jahren sämtliche seiner Anwendungen von C++ auf Java migrieren würde, da sie nahezu unpflegbar geworden sind und extrem hohe IT-Budgets für Wartung und Betrieb schluckten.

Außerdem wollte man voll und ganz ins Web und völlig unabhängig vom Betriebssystem sein.

Wie so eine Präsentation nun mal ist, waren wir zunächst an der Reihe, den großen Mann davon zu überzeugen, dass unser Konzept für ihn genau das Richtige ist. Wir haben buchstäblich brilliert, und spielten dabei all unsere Eloquenz und die in Worte gefasste Erfahrung voll aus. Jemand, der Interesse hat und zuhört, könnte nicht anders, als über den Preis zu sprechen. Aber nicht in diesem Fall...

Eine der wichtigsten Säulen unseres Konzepts war das Argument, dass die Firma durch die Umstellung einen sofortigen und weiten technologischen Vorsprung vor dem Mitbewerb erhält. An sich ist es auch pure Wahrheit gewesen. Doch der Vorstandsvorsitzende überlegte es nicht lange und sagte: „Schrott!".

Als wir, total geschockt, ihn baten, diese Aussage doch etwas zu konkretisieren, kam dabei heraus, dass die Firma bereits ohnehin einen riesigen Vorsprung hatte, da die beste Lösung der Konkurrenz aus lauter dezentralen Visual-Basic-Applikationen bestand, wogegen man selbst schon eine Client/Server-Lösung sein eigens nannte. Und zudem hatte der Kunde im Vergleich zu dem Mitbewerber so geringe IT-Kosten, dass auch das zu keinerlei positiver Argumentation verhalf. Letzten Endes ist aus dem Vorhaben nichts geworden, da die Technik und der damit verbundene Vorsprung nicht immer ausschlaggebend sind – es zählt immer in erster Linie die Wirtschaftlichkeit, und das macht den Pragmatismus aus.

Innovation

Hierzu muss man nicht wirklich viel sagen. Innovation treibt die Entwicklung und den Fortschritt. Innovative Unternehmen haben bei allem die Nase vorn: bei gutem Personal, zufriedenen Kunden und bei Investoren. Der Architekt sorgt dafür, dass die Innovation in solide technische Lösungen übergeht, denn eine gebastelte Innovation ist nur brüchige Fassade.

Recht

Die sich ständig verändernden Rechtsgrundlagen und Vorschriften/Vorgaben – ob seitens des Gesetzgebers oder durch die eigenen Partner – lassen einen Architekten nie in Ruhe. Man muss ständig den Finger am Puls der Zeit haben, die Entwicklungen beobachten und auf Veränderungen möglichst früh reagieren oder gar vorbereitet sein. Das alles allerdings niemals auf Kosten des gesunden Menschenverstandes.

Aus dem wahren Leben...

Da unsere Firma immer stärker mit Audits und sonstigen Prüfungen insbesondere im Sicherheitsbereich konfrontiert wurde, beschloss die Firmenleitung, sich einen Security-Manager zu besorgen. Es war ja nicht genug, jemanden mit der Aufgabe zu beauftragen, uns die Vampire vom Hals zu halten, sondern da musste gleich eine neue Stelle her – klar, damit man offiziell jemanden hat, dem man den schwarzen Peter jederzeit zuschieben kann.

Also kam der gute Mann zu uns und fing an, sich zu profilieren. Im wahrsten Sinne des Wortes. Dabei hatte gleich als das allererste Meisterwerk eine Security-Policy entstehen müssen. Warum? Nun ja, davor hatte diese Rolle ein externer Berater bekleidet, und er erhoffte sich dadurch eben ein gutes Honorar. Als er intern ersetzt wurde, blieb die angeratene Maßnahme bestehen, und der Neue hatte sich natürlich auf Monate sicherer und fruchtbarer Tätigkeit gefreut.

Also entstand das Meisterwerk der Sicherheitsliteratur Schritt für Schritt. Das Problem war nur, dass sich der gute Mann mit niemandem außer sich selbst und ein paar hungrigen externen Beratern abstimmte. Er ging in jedem Fall immer direkt zur Geschäftsleitung, schürte Angst und Schrecken mit irgendwelchen hypothetischen Risiken und Referenzfällen und holte ständig Maßnahmen ab.

Zudem kamen ein paar hartnäckige Auditoren, die uns schon länger im Nacken saßen und die ständig mit Nachprüfungen drohten.

Als es dann nach Fertigstellung der ersten Version der der Security-Policy an deren Umsetzung ging, wusste kaum jemand etwas vom Inhalt. Die dort verfassten Vorschriften waren teilweise so utopisch und schlichtweg nicht machbar, dass den Entwicklern und dem Betrieb die Haare zu Berge standen. Man ging sogar auf die Barrikaden, um einige der Maßnahmen zu verhindern. Demnach wären einem z. B. bei Produktivstellung und Bugfixes einfach die Hände gebunden, was für uns absolut undenkbar war – keiner konnte uns so richtig helfen.

Aber der Widerstand war umsonst – die Firmenleitung hatte sich zu den Maßnahmen offiziell und Richtung Partner commitet, also auf geht's. doch das war leichter gesagt als getan. Die Umsetzung kam schleppend voran – zum Teil aufgrund des internen IT-Widerstands, zum anderen wegen der Hirnrissigkeit einiger Maßnahmen. Es wurde so viel Geld in die hypothetischen Risiken investiert, dass sich das IT-Budget um ein Vielfaches erhöhte. Man konnte gar nicht so viel erwirtschaften, um solche horrenden Kosten noch mittragen zu können. Somit wurden viele der Maßnahmen unterwegs begraben, Geld zum Fenster hinausgeworfen, und der Sicherheitsmensch durfte dann seinen Hut nehmen.

Und was lernen wir daraus? Der Architekt hätte da aufpassen müssen, oder zumindest mitreden. Als er dazukommen durfte, war es schon zu spät. Und die rechtlichen oder wirtschaftlichen Vorschriften sind dazu da, befolgt zu werden, jedoch nicht durch jedes Mittel. Maßnahmen können auch mit Köpfchen erarbeitet werden, nicht nur nach schlichten 08/15-Vorgehen – zu teuer, zu viel Overhead.

Der Architekt muss in jedem Fall mitreden, wenn es um Audits oder neue rechtliche Anforderungen geht. Hier ist viel Hirnschmalz und viel Erfahrung notwendig, um aus teilweise dubiosen Vorschriften eine technisch einfache und erfüllende Lösung zu machen – eben eine pragmatische. Und um das Topmanagement zu überzeugen, reichen oftmals nur die Hinweise auf deren persönliche Haftung, um bestimmte Maßnahmen schneller durchzusetzen.

Aus dem wahren Leben...

Das PCI DSS kam. Dabei ging es unterm Strich darum, die bei sich abgelegten Kreditkarteninformationen so dermaßen stark zu schützen, dass kein Datenklau möglich ist. An sich eine absolut sinnvolle Sache, hört man doch ständig über Datenmissbräuche und möchte seine eigenen Daten auch in Sicherheit wissen – es ist ja schließlich Geld.

Doch viele Unternehmen haben diese Daten jahrelang gesammelt, ohne überhaupt eine denkbar passende Architektur und Infrastruktur zu haben, mit der man zumindest in die Nähe der PCI-DSS-Erfüllung kommen konnte. Als die Firmen anfingen sich das Ganze auszurechnen, gingen sämtliche Alarmglocken– zu teuer. Mehrstufige Firewalls, Netzstreckenschutz (wie wäre es damit bei einer weltweiten Verteilung der Niederlassungen auf ca. 5 000 Stück?).

In unserer damaligen Firma hatte man auch die Kreditkartendaten gesammelt. Auch die Sicherheit war durchaus gegeben, doch nicht nach allen Anforderungen des PCI DSS. Alleine der Wahnsinn mit der Mehrstufigkeit der Firewalls hätte uns in den Ruin treiben können. Aber es gab eine absolut pragmatische Lösung, und die hieß: outsourcen. Weg mit den Kreditkartendaten zu einem, der die Zertifizierung bereits besitzt und dafür im Ernstfall finanziell geradesteht. Ganz einfach, ganz simpel. Deutlich weniger Kosten, als das Ganze bei sich nachzuziehen und ständig kontrollieren zu lassen, ob man noch zertifizierungswürdig ist oder nicht. Pragmatisch eben.

Katastrophe

Manchmal muss der Architekt zu einer sehr empfindsamen und gefährlichen Waffe greifen: dem Horrorszenario. Was das ist? Das ist, wenn man dem Management erzählt, dass bestimmte große Schwierigkeiten kommen, wenn etwas getan oder nicht getan wird, z. B. die Rundumerneuerung der Produktionshardware. Da hatte man doch für teures Geld vor 4 Jahren diese ganzen Maschinen gekauft und die tragen nicht mehr: Zu viel Neugeschäft, zu fett und gefräßig gewordene Software usw. Was tun? Das Management freut es nicht wirklich, da die Hardware womöglich noch abgeschrieben werden muss, und da kommt schon die neue. Das hält doch noch ein Weilchen, garantiert.

In diesem Fall muss der Architekt manchmal auch durch Horror überzeugen. Man zeigt dem Management auf dramatische Art und Weise, was wann passiert, wenn die Investition nicht getätigt wird. Man holt dazu unbedingt eine zweite, verlässliche Meinung ein und malt ein Horrorszenario in Form von Hochrechnungen auf. Je dramatischer, umso besser. Das Management reagiert sehr empfindlich auf solche Szenarien, man darf das aber auf keinen Fall übertreiben – es entsteht mit der Zeit eine Art Immunität dem Horror gegenüber, insbesondere wenn es einige Male doch nicht so schlimm gekommen ist.

Ansehen

Das ist auch ein recht einfacher Punkt: Der Architekt kann mit seinen Lösungen z. B. auf Kongressen „angeben" und so das technologische Ansehen der Firma erhöhen. Ansehen führt zu besseren Bewerbern und zu guten Partnerschaften.

Coolness

Oh ja, Coolness. Haben Sie etwa noch nicht festgestellt, das Lösungen unter Techies heutzutage nicht nur als solide oder praktikabel bezeichnet werden, sondern in erster Linie danach beurteilt werden, ob sie cool oder uncool sind? Auch ein „geil" und „geschmeidig" sind weitere Abstufungen der Qualität einer technischen Lösung, wogegen „Geraffel" und „Zeugel" eher negativ gedacht sind.

Der moderne Geek, wie auch der unmoderne, hat da seine eigene Sprache. Und Geeks bzw. Techies sind ja schließlich die Leute, die den technischen Fortschritt garantieren. Wenn sie nicht ihre eigene Art Humor sowie ein eigenes Glossar entwickelt hätten, würden sie nicht überleben können und die moderne IT-Technik wäre auf dem Stand der 70er Jahre. Gerade die Bezeichnung „cool" birgt so viel in sich: Begeisterung, Bewunderung, ein bisschen Neid, Sehnsucht nach eigener Beteiligung, Motivation etc. Gerade dieses Gefühl muss bei Geeks, insbesondere wenn sie noch so richtig jung und frisch sind, aufrechterhalten und gefördert werden. Gerade davon leben ja Mannschaften bei Google und Co. Und es ist dann für einen jungen ITler ein Riesenansporn, gerade zu einem solchen zu gehen, wo er an „coolen" Dingen arbeiten kann.

Die Aufgabe des Architekten ist es, auch einen Forschungsgeist im Team zu fördern und zu leben. Architekten, die alles selbst evaluieren (oder auch nicht) und dann den „einfacheren" ITlern bloß Vorschriften herunterwerfen, werden natürlich nicht akzeptiert – da greift wieder das Ivory-Tower-Syndrom. Dagegen wird ein Architekt, der im Team die Atmosphäre eines aktiven Forschungslabors trotz der wirtschaftlichen Orientierung verbreitet, mit diesem Team garantiert architektonisch bessere Ergebnisse erzielen.

3.9.3 Einspruch, Euer Ehren – der Architekt und die Verträge

Es ist generell ein sehr umstrittenes Thema: IT-Governance. Die rein theoretischen Definitionen sind klar, aber die Praxis schlägt umso stärker zurück: Auf dem Papier gibt es Governance, diese wird aber gut und gerne umgangen, und das vom Topmanagement selbst.

Es hat sich um die Jahrtausendwende auf obersten Ebenen herumgesprochen: Der IT darf man nicht zu viel Macht an die Hand geben. Wahrscheinlich war das die Angst vor Abhängigkeit. Diese ist jedoch auch so eingetreten, und die IT erlangt ein neues Bewusstsein: Sie will ein vollwertiger Geschäftspartner sein, keine Kostenstelle. Sie muss es auch, wenn man bedenkt, dass heutzutage ohne IT gar nichts geht – Kapitel 4 geht explizit auf die IT-Governance und ihren Stellenwert im Vorgehen ein.

An dieser Stelle interessiert uns allerdingt Folgendes: Wie kann der IT-Architekt so früh wie möglich für Qualität und die Einhaltung technischer Strategie sorgen? Festlegung ist das eine, Einhaltung das andere. In-Haus geht es womöglich einfacher, aber was tun bei externer Dienstleistung, bei Lieferanten, bei Anbietern? Wie zwingt man diese dazu, die Vorgaben einzuhalten? Na, per Vertrag natürlich!

In Kapitel 4 gehen wir auf den Spagat zwischen Agilität und Vertragsklauseln ein. In sehr vielen Projekten, zumindest hierzulande, geht Vertrag nun mal vor Kundenbeziehung – alte Schule, alte Sitten, was auch immer man darüber denkt – es ist so. Und diese Vertragsfixierung muss der Architekt für die architekturstrategischen Ziele nutzen. Wie? Dadurch, dass er die Vertragsbedingungen um die Qualitätsanforderungen erweitern lässt – direkt vertraglich oder indirekt mittels nichtfunktionaler Anforderungen, auf die im Vertrag hingewiesen wird. Diese sind daher nicht nur aus rein technischer und architektonischer Sicht notwendig, sondern auch aus pragmatischer Sicht, wenn es um Dienstleistungs- oder Produktverträge geht.

Aus dem wahren Leben...

Wir hatten Bedarf, unser bestehendes System aufgrund lizenzrechtlicher Dinge von einigen Bibliotheken zu befreien und stattdessen andere einzuführen bzw. sie durch Eigenimplementierung zu ersetzen. Wie immer war Land unter. Also muss ein externer Dienstleister herhalten. Der Lieferantenpool war prall gefüllt, sodass man aus einigen Anbietern letztendlich einen ausgesucht hatte, der sich als einziger durch schiere Ressourcen-Power auszeichnete. Man musste schließlich schnell handeln, da die besagten Bibliotheken bis zum Jahresende raus mussten. Es war ja nicht so, dass man sich damals bei deren Auswahl vertan hat. Die Anbieter haben bloß mittendrin durch Merger mit einem anderen so eine aggressive Vertriebsstrategie auch für Bestandskunden losgetreten, dass wir passen mussten. Also, her mit den Händepaaren.

Zwei Seniors und um die 10 Juniors schlugen bei uns auf. Davor hatten wir aber ganz genau ausgehandelt, was wie wo eingebaut werden und wie dessen Qualität zu messen war. Es ging dabei ewig hin und her, aber der Dienstleister war scharf auf das Projekt und wir einigten uns. Dabei wollte der Dienstleister von sich aus auf die Meilensteinprüfung verzichten, und wir haben eingelenkt, da das Projekt insgesamt ca. 1,5 Monate Laufzeit hatte und wir sonst zu viel Prüf-Overhead hätten. Also los.

Der Fertigstelltermin wurde zumindest umfangstechnisch eingehalten, und die fachlichen Funktionen wurden ebenfalls recht schnell solide fixiert. Jetzt ging es an die technische Prüfung. Wir hatten uns im Laufe des Projekts auf den Einsatz bestimmter Technologien hin abgestimmt, sodass zumindest in den Lizenzen und Mechanismen selbst keine Überraschungen zu erwarten waren. Wir haben uns also auf den Sourcecode und dessen erforderliche und vertraglich vereinbarte Qualität gestürzt.

Was soll ich sagen: vier Anläufe mit je einer Woche Fleißarbeit für den Dienstleister hat es gebraucht, um endlich in etwa unseren nicht wirklich sonderlich hoch geschraubten Vorstellungen zu genügen. Der Code war zusammengeschustert, keine Frage, und jede Prüfung ähnelte einer Tortur. Der Manager des Dienstleisters hat zudem nach allen Kräften versucht, die Sache abzuwenden, immer und immer wieder, hat unserem Management etwas von mangelnder Rentabilität und Partnerschaftlichkeit vorgejammert, unser Management war aber hart geblieben und hatte auch keine Vertragsstrafen akzeptiert – für uns zählte absolut das Resultat. Sie haben immer weiter nachgebessert, bis es passte. Das ist fair – nicht partnerschaftlich wäre es, uns diesen fast schon Pfusch unterzujubeln und uns auf der miesen Codequalität sitzenzulassen. Also lasst uns doch bitte ernsthaft partnerschaftlich miteinander umgehen.

Beim nächsten Projekt wussten sie, was sie erwartet, sind auch explizit darauf eingegangen, waren dann etwas teurer, da sie weniger Juniors mitbrachten. Und sie haben sehr gewissenhaft gearbeitet, sodass wir sehr zufrieden waren. Gegenseitiges Geben, Nehmen und Lernen.

3.9.4 Steter Tropfen... - Managementberatung rund um die Architektur

Architektur ist nicht selbstverständlich. Selbst wenn ein Manager sich einen Architekten holt, will er, dass ihn dieser aktiv „bearbeitet". Er will von ihm hören, ob er seine Kosten einsparen, Bestehendes mitverwenden kann und trotzdem weiter wachsen. Er will wissen, ob er nicht doch zu viel oder zu wenig Personal für Dinge hat, die einfacher werden könnten und wie. Er will die Trends kennen oder selber prüfen lassen. Er will das Big Picture (Kapitel 2).

Zu jedem IT-relevanten Problem oder Ansatz muss der Architekt versuchen, Governance durchsetzen. Er ist der technische Filter, der Dinge prüft und empfiehlt, sie so oder so zu machen, kontrolliert die Wiederverwendbarkeit etc. Er erarbeitet in erster Linie Entscheidungsvorlagen, die dem Management vorgelegt werden. Es ist ungemein wichtig, zentrale architektonische Entscheidungen durch das Management treffen zu lassen – die Aufgabe des Architekten liegt dann darin, dem Management den Sachverhalt entscheidungsreif aufzubereiten und für Laien zu erklären – nicht gerade einfach. Das Management muss aber immer final entscheiden, wenn es um zentrale Konzepte geht – andernfalls ist der Architekt im Fehlerfall einfach nur kurzlebig. Es ist daher eine Art Selbstschutz, aber auch ein wichtiges Instrument, das Management für Architekturthemen zu gewinnen. Zweischneidiges Schwert also.

Abbildung 3.15: IT-Architekt als Managementberater

Um mit dem Management vernünftig zusammenarbeiten zu können, muss man als Architekt viel Geduld aufbringen. Auch in diesem Umfeld wird man gerne als überflüssig angesehen, als notwendiges Übel, wenn man es so mag. Es hilft an dieser Stelle, die gröbsten Managertypen zu kennen, wie sie in Tabelle 3.14 beschrieben sind.

Managertyp	Beschreibung
Administrator	Dieser Typus verwaltet nur das Erreichte. Ein Architekt hat es bei so einem Topmanager sehr schwer, die Bürokratie regiert und Architekten mutieren allesamt zum Selbstzweck. Grauer Alltag und richtig langweilige Aufgaben.
Sanierer	Dieser Managertyp spezialisiert sich viel mehr auf die Kosteneinsparungen und Personalreduktion, Optimierungen etc. Nicht wirklich geeignet für innovatives Architekturverständnis, hier kann man nur mit Einsparpotenzialen punkten sowie der Befriedigung des Manager-Egos.
Visionär	Das ist ein Firmengründer. Hier hat der Architekt sehr viel zu tun, muss aber sehr stark aufpassen, dass die technologische Sauberkeit der Schnelllösungen nicht zu sehr unter der kurzen Time-to-Market leidet.

Tabelle 3.14: Managertypen

So weit, so gut. Abschließend sollte man aber auch anmerken, dass das Management es liebt, nach dem Bauchgefühl zu entscheiden. Manager lieben es, das zu betonen – macht ihre eigene Welt wahrscheinlich attraktiver. Nichtsdestotrotz muss man als Architekt auch damit leben. Man muss viele Vorwürfe über sich ergehen lassen: Man würde zu viel akademische Forschung betreiben, unnötig viel Zeit mit Vorhersagen verbringen (Entwicklungs- und Betriebsleiter lieben es, diese Vorwürfe anzuheizen, da ihre eigenen Tätigkeiten rein reaktiv sind und sie nach konkreten Ergebnissen bzw. nach Fehlerfreiheit bewertet und bezahlt werden).

Man muss all dem widerstehen und eine saubere Linie durchsetzen. Nicht bürokratisch, sondern immer noch pragmatisch, was an sich eine Kunst ist. Es gab bisher noch keinen historisch registrierten Bauch, der ein IT-Fach studiert hätte, also kann er sich jederzeit irren, wenn nicht genug Wissen dahintersteckt. Das Wissen bringt der Architekt mit, er muss es nur für die Bäuche einfach vermitteln. Aber der Architekt muss dem Manager immer das Gefühl geben, dieser hätte die Entscheidung getroffen, und zwar ganz alleine – das befriedigt das Ego ungemein. Man stellt da seine eigenen Ambitionen zurück – das sollte in jedem Fall eine machbare Hürde sein. Denn ein Manager steht hinter der eigenen Entscheidung, selbst wenn ihn der Architekt „manipuliert" hat.

3.9.5   Scheitern

Jeder ehrgeizige Mensch hasst es, zu scheitern. Oder anders: er hat Angst vor dem Scheitern. Das falsche Selbstbewusstsein an dieser Stelle ist dem Wahnsinn nahe, wenn man behauptet, diese Angst nicht zu haben – sie gehört in die Ecke des Selbsterhaltungstriebs. Die Gründe für diese Angst sind allerdings so unterschiedlich und fassettenreich, dass es den Rahmen dieses Buches eindeutig sprengen würde, sie alle aufzulisten – mögen sich die Berufspsychologen damit befassen. Wir wollen an dieser Stelle nur das Scheitern aus der Sicht des Architekten und dessen Umfelds beleuchten, was ja schon bunt genug ist.

Was heißt es eigentlich, wenn man als Architekt scheitert? Wie auch im übrigen Leben, kann das Scheitern selbst- oder fremdverschuldet sein. Beides ist an sich nicht wirklich befriedigend, aber für den Architekten von zentraler Bedeutung, denn es bestimmt darüber, ob man eine zweite Chance bekommt oder nicht. Tabelle 3.15 stellt die Gründe für das Scheitern kurz und bunt gemischt dar, und das sind nur einige wenige bzw. häufige.

Grund	Schuld	Erläuterung
Kurzsicht	selbst	Der Architekt überblickt nicht die wichtigsten Implikationen und Evolutionshorizonte
Oversizing	selbst	Der Architekt entwirft ein unangemessen komplexes System
Überflexibilität	selbst	Der Architekt entwirft ein allzu offenes System
Strategieschwankungen	fremd und selbst	IT-Strategie wechselt ununterbrochen
Minimalismus	fremd	Das Unternehmen benötigt keinen Architekten
Baufreude	selbst	Der Architekt will auch selber bauen
Führungswechsel	fremd	Richtungswechsel mittendrin
Krise	fremd	Maßnahmen werden zurückgefahren
Sparstrumpf	fremd	Jeder Cent zählt
Akzeptanzmangel	selbst	Die Konzepte des Architekten kommen nicht an
Dogmatismus	selbst	Der Architekt verfängt sich allzusehr in etwas
Introvertiertheit	selbst	Der Architekt kommuniziert kaum
Starallüren	selbst	Der Architekt schreibt lieber Autogramme

Tabelle 3.15: Gründe für das Scheitern eines Architekten

Bevor wir die einzelnen Punkte noch näher betrachten, sollte man sich als Architekt quasi hinter die Ohren schreiben: das Scheitern gehört dazu, insbesondere, wenn man es selbst nicht mehr verhindern kann. Das ist kein Todesschein, sondern nur eine wertvolle Erfahrung, die sich allerdings nicht allzu häufig wiederholen sollte, denn da hätte man nicht wirklich aus eigenen Fehlern gelernt, nicht wahr? Wenn man lange genug gekämpft hat und trotzdem gescheitert ist, ist das immer noch ein halber Sieg. Und nun zu den Gründen.

Kurzsicht Wenn der Architekt die notwendigen Evolutions-, Variabilitäts- und Explosionspunkte des Systems außer Acht lässt, wird er scheitern – s. Kapitel 4 zur näheren Erörterung dieser und anderer ähnlich gelagerter Punkte. Das reine Hier und Jetzt hat zwar den Reiz, schneller zum aktuellen Erfolg zu führen, ist aber nicht wirklich der Fokus eines Architekten. Genau das ist ja sein Job, in die Zukunft zu schauen und mögliche Untiefen zu erahnen. Tut er das nicht, ist seine Lebenserwartung recht kurz.

Oversizing Ein anderes Extrem, welches zwangsläufig zum Scheitern führt, ist die Überladung der Architektur. Fred Brooks z. B. hatte das als „Das zweite System"[5] bezeichnet, obgleich inzwischen klar ist, dass diverse Architekten aus dem zweiten System nicht lernen und auch den Rest so angehen. Das überladene System ist so komplex im Aufbau, dass auch die einfachsten Dinge dort wie im großen Ozean chancenlos untergehen.

---

5   Frederick O. Brooks jun.: „Vom Mythos des Mann-Monats", mitp-Verlag/Bonn 2003, S. 57

Überflexibilität Systeme, die allzu offen sind, sind zum Scheitern verurteilt, und mit ihnen ihre Architekten. Ganz prachtvoll sieht man es an dem Phänomen, das als „Inner-platform effect"[6] bezeichnet wird. Grenzenlose Offenheit führt zu übermäßiger Generizität und somit zur absolut mangelnden Transparenz. Mangelnde Transparenz führt zur fehlenden Akzeptanz und somit zum Scheitern – so wäre eine mögliche logische Verkettung.

Strategieschwankungen Wenn im Unternehmen häufig die IT-Strategie wechselt, kann dort ein Architekt kaum überleben – mit der Strategie würden sich auch regelmäßig die Architekten abwechseln (es kann natürlich auch sein, dass es gar keine Strategie in Bezug auf die IT gibt, sodass auch ein Architekt ganz wenig Sinn macht, das ist aber ein anderer Fall). Niemand mag es, mittendrin mit einer Richtung aufzuhören und in die andere zu gehen, ganz besonders die Architekten. Allerdings kann man als Architekt die Schuld für die strategischen Schwankungen nicht nur dem Management in die Schuhe schieben – der Architekt ist selbst wesentlicher Bestandteil dieser Strategie und sollte sie – sofern sie tragbar und sinnvoll ist – mit aller Kraft auch gegenüber dem Management verteidigen. Scheitern kann er also auch wg. eigenem fehlenden Durchsetzungsvermögen bzw. dem Biss.

Minimalismus Wenn die IT immer nur reaktiv das Nötigste tun muss, und die Wege zur Erforschung von Innovationen und sonstigem Fortschritt werden permanent durch das unendliche Umdrehen des gemeinen Cent versperrt, wird jeder architektonische Vorstoß automatisch scheitern. Beziehungsweise, es gibt dann auch einen so minimalistischen Ansatz, dass die Architektur auch minimalistisch bleibt. Man kann in einer Strohhütte leben, obgleich ein Haus doch besser gewesen wäre – nicht übertrieben, sondern einfach besser. Aber die Hütte tut's auch irgendwie, und dafür braucht man keinen Architekten.

Baufreude Ja, der Architekt muss Hand anlegen, und darum geht es in diesem Kapitel. Aber je tiefer er sich in den eigentlichen Bau hineinbegibt und dadurch den Fokus für das Drumherum gegen den Tunnelblick eintauscht, umso schneller wird er scheitern. Es ist einfach nicht seine Aufgabe, die gesamte Lösung bereitzustellen, und wenn er selbst keine eingebaute bzw. erworbene Tiefenbegrenzung mitbringt, hat er bald keinen Erfolg mehr. Ein weiterer Aspekt passt hier übrigens genauso dazu: Wenn der Architekt es nicht verhindert, dass die Baulust der Entwickler im Eigenbau jeder Kleinigkeit ausufert, statt dass vorgefertigte Lösungen gekauft und integriert werden, wird das Vorhaben samt Architekten scheitern – man wird für einfache Lösungen einfach nur das Mehrfache an Zeit benötigen, und hinterher nur proprietäre sowie nicht qualitative künstlerische Ergüsse bekommen, und zwar an der Stelle, wo man sich gar nicht hätte aufhalten sollen. In Kapitel 6 wird viel näher darauf eingegangen, was das Thema Make-or-Buy ausmacht.

Führungswechsel Es gibt eine äußerst ärgerliche Situation, in der der Architekt zwar scheitern, dies aber auch kaum verhindern kann. Die Rede ist davon, wenn das Management wechselt. Und je höher es passiert, umso wahrscheinlicher ist das Scheitern. Das neue Top-Management, sobald es am Ruder sitzt, würde z. B. wahrscheinlich alles daran setzen, die Hinterlassenschaften der Vorgänger mindestens als fragwürdig anzusehen. Zum einen muss man beweisen, dass man besser ist. Zum anderen ist es leichter, auf „Fehlern" der Vorgänger aufzusetzen, da man dadurch einen großen Vorsprung für die

---

6   http://en.wikipedia.org/wiki/Inner-Platform_Effect

„Reparatur" erhält. Also passieren einfach Kurswechsel – ohne Rücksicht auf Sinnhaftigkeit der bisherigen Arbeiten bzw. auf ihren Fortschritt. In einer solchen Situation kann der Architekt zwar versuchen, seine halbgaren Arbeiten zu retten, sollte sich aber bei Aussichtslosigkeit auch schnell davon distanzieren – aus einfachem Überlebenstrieb heraus. Okay, das mag jetzt heuchlerisch wirken, ist aber im Berufsleben zum einen normal und zum anderen muss alles seinen Zweck haben. Es wird viel mehr helfen, wieder von vorne anzufangen – mit Unterstützung des neuen Managements – als ihm den Kampf um verlorene Posten anzusagen und zu scheitern.

Krise Ein ziemlich aktuelles Thema, das alle paar Jahre in dieser oder jener Form zurückkommt. Ob Wirtschafts-, Markt- oder Sicherheitskrise, oder eine lokale Krise in Form eines einfachen Stromausfalls – alles Gründe dafür, angefangene Arbeiten komplett zu stoppen oder in eine völlig andere Richtung zu lenken. Plötzliche Richtungswechsel sind genauso wie Stopps Gift für das architektonische Geschehen – entweder ist die Motivation oder einfach das ganze Vorhaben tot. In der Krise sind schon mal viele innovative Vorhaben abgewürgt worden – ob berechtigt oder einfach nur gesponnen. Damit muss man als Architekt leben, und wenn nicht genügend Munition für das Gegenhalten verbleibt, ist das Aufgeben bzw. Scheitern besser als der Untergang in der Krise.

Sparstrumpf Noch so ein Schätzchen. Egal aus welchem Grund, ab und zu zieht das Management gerne mal einen Sparstrumpf an. Im Grunde genommen geht es dabei meistens um die Gesamtergebnisverbesserung – niedrigere Ausgaben sind ein möglicher Weg, wenn man schon den Gewinn nicht steigern kann. Manch ein Manager überspannt an dieser Stelle schon mal gehörig den Bogen und sorgt für ein Scheitern auf breiter Front. Die einen lassen die Truppe auf Wasser und Brot umsteigen, die anderen entlassen die halbe Truppe. Vielleicht war da gar kein Geld und man hat es künstlich aufgeblasen, um nach mehr auszusehen, oder das Geld ist irgendwann ausgegangen und es gab kein frisches mehr, spielt keine Rolle. Wenn bestimmte Architekturentwicklungen in dieser Phase betrieben werden und dabei nicht sichtbar zum Einsparen beitragen, werden sie gestoppt. Ein schlauer Architekt versucht, die angefangenen Maßnahmen sowie generell die strategischen Themen immer unter dem Gesichtspunkt der Gewinnsteigerung und Einsparung zu präsentieren – und zwar sorgen architektonische Aspekte nicht wirklich für kurzfristige, sondern für mittel- bis langfristige Einsparungen. Ansonsten können die als Spielerei aufgefassten Entwicklungen einfach über Bord geworfen werden, und der Architekt scheitert.

Akzeptanzmangel Das ist ein sehr häufiger Grund für das Scheitern eines Architekten. Es gibt sehr viele Gründe, warum seine Tätigkeit keine Akzeptanz findet – ob in den eigenen Reihen oder beim Management. Das zweite ist ganz einfach lösbar – er ist dann kein Architekt mehr. Das erstere ist aber in jedem Fall seine eigene Verschuldung. Es kommt überhaupt nicht darauf an, ob man gemocht oder gar geliebt wird. Sympathie kann zwar zu Akzeptanz führen, muss aber nicht. So wie auch umgekehrt. Die Aufgabe des Architekten ist es u. a., für seine Ideen Mitstreiter zu gewinnen. Dazu gehört Überzeugungsarbeit, Durchsetzungsvermögen und Taktik (aber auch noch viel mehr). Wenn der Architekt jedoch immer und immer wieder keine Akzeptanz findet, ist er fehl am Platzte und scheitert somit.

Dogmatismus Wenn sich der Architekt an irgendeine Idee oder Technologie so fest-beißt, dass er nichts um sich herum sieht und bewertet, wird er scheitern. Kompromiss-bereitschaft und nüchterner Blick sind seine Hauptwaffen, nicht jedoch die einseitige Religiosität. Es ist ja geradezu die Essenz seiner Tätigkeit, für alles offen zu sein und alle Möglichkeiten in Betracht zu ziehen (nicht jedoch mitten im Ritt das Pferd zu wechseln). Wenn er das nicht tut und blind ein Dogma befolgt, wird er zwangsläufig scheitern.

Introvertiertheit Na ja, da muss man nicht wirklich viel zu sagen. Ein Architekt, der nicht kommunizieren kann, ist keiner. Da kann er auch noch so ein brillanter Techniker sein, er ist einfach zum Scheitern verurteilt, wenn er seinen Mund nicht aufbekommt und nicht auf die Leute zugeht.

Starallüren Wenn der Architekt abhebt, verliert er den Bezug zur Realität und scheitert. Alleine kann man nichts lösen, nur kleine Themen, die aber mit Architektur nichts zu tun haben. Der Witz liegt darin, für andere den Bau nach dem Entwurf zu ermöglichen. Ein Star schert sich um niemanden und ist damit das genaue Gegenteil des Architekten. Hier ist das Scheitern auch wieder vorprogrammiert.

3.10 Woher weiß ich, ob ich Erfolg habe?

In der Einleitung zu diesem Buch haben Sie gelesen, dass es helfen soll, Erfolg zu haben. Ohne zu wissen, wann und ob man als IT-Architekt überhaupt Erfolg hat, kann man den Erfolg auch gar nicht erkennen, selbst wenn er laut an die Tür donnert. Woher weiß man denn, ob man Erfolg hat?

Zunächst einmal sollte man sich darüber im Klaren sein, dass jemand, der als IT-Archi-tekt zwischen den Stühlen sitzt und mit jeder Unternehmensschicht interagiert, von niemandem ein Schulterklopfen erwarten darf. Wofür denn? Das Management hat ihn dazu berufen, das zu tun, was er tut, und sieht keinen Grund für Sentimentalitäten. Die IT-Truppe ist der Meinung, der ist ohnehin überflüssig, aber na ja, wenn er keinen stört und doch ab und zu was Sinnvolles produziert (ach ja, die Geeks…) und sich nicht abhebt, sondern einer von uns ist, dann lassen wir es gerade so durchgehen. Lobeshym-nen sind da nicht zu erwarten. Und wozu denn auch? Seien Sie froh, wenn jeder das akzeptiert, was Sie mit Mühe erarbeiten, und das nicht in Frage stellt, sondern Sie um Rat bittet, Ihnen zuhört und mit verschiedenen Themen zu Ihnen kommt. Das ist das Lob! Das ist der Erfolg des IT-Architekten.

4 Pragmatisches Vorgehen

An dieser Stelle gleich vorab: der Leser soll hier in keinster Weise mit noch einem Buch über die Vorgehensmodelle gelangweilt werden. Architektur und der Architekt stehen hier im Mittelpunkt, und aus deren Perspektive heraus betrachten wir nun die Vorgehensmodelle. Außerdem hat das Buch die Vermittlung des pragmatischen Denkens mit zur Aufgabe, also machen wir dieses Kapitel recht kurz und bleiben ganz pragmatisch, um einfach nur das Wichtigste aus der Materie herauszuholen. Und dazu zählt auch, nur einige der möglichen Vorgehensmodelle zu erwähnen und von der großen uneinheitlichen Masse einfach mal abzusehen – der pragmatische Filter ist mal wieder im Einsatz.

4.1 Zinnsoldatenspiel - Vorgehensmodelle in der IT

Abbildung 4.1: ITler: Zinnsoldaten?

Wann sprechen wir von den Vorgehensmodellen und wofür werden sie in der IT benötigt? Aus einem einzigen Grund: Effizienz. Ob diese finanzieller, technischer oder prozessualer Natur ist, ist an dieser Stelle unwichtig – es spielt alles in der gleichen Liga. Wichtig ist die Tatsache, dass die Vorgehensmodelle existieren und mit ausreichend Pragmatismus und Menschenkenntnis erfolgreich angewandt werden können, sogar dort, wo man immer mit dem Schlimmsten und Unerwarteten rechnen muss – in der Softwareentwicklung.

Der größte Wandel, den die IT in den letzten Jahren mitgemacht hat, ist der von geführten Einheiten zu selbstorganisierenden Teams. Während man früher die ITler als Ressourcen ansah, als eine Art Zinnsoldaten, hat man jetzt festgestellt, dass es viel besser und produktiver ist, einem recht lose organisierten Team eine Aufgabe zu erteilen und es selbstständig arbeiten zu lassen. Der Wandel ging also von regungslosen Zinnsoldaten, die man von außen bewegen musste, zu selbstdenkenden und selbstlernenden Kampfrobotern. Zumindest sieht das Management das gerne so, wir selbst wahrscheinlich eher nicht. Egal, Hauptsache man darf selbstständig arbeiten, und das lässt ein Team ganze Berge bewegen, wenn es in sich passt und auch die Qualifikationen stimmen.

4.2 Aye, Aye, Sir – klassische Vorgehensmodelle

Abbildung 4.2: Ein klassisches Vorgehensmodell

Egal, welches klassische Vorgehensmodell man nimmt – jedes davon hatte sich immer darauf verlassen, dass es einen Projektleiter oder Ähnliches gibt, der ein Team herumkommandiert (steuert), ihm Aufgaben erteilt und deren Erledigung anschließend kontrolliert. Desweiteren gehen die klassischen Modelle davon aus, dass IT-Projekte gut planbar und in ihrem Umfang während der Laufzeit recht stabil sind. Und die Menschen an sich führen ja auch nur bloß zugeteilte Aufgaben aus. Die Essenz der klassischen Vorgehensmodelle liegt in folgenden Punkten (erst einmal ohne Bewertung, diese kommt später):

- Teamleiter steuert und verteilt
- Zeit ist vorherseh- und planbar

entwickler.press

- Umfang und Funktion werden vor dem Start fixiert und ändern sich kaum

- Ressourcen sind plan- und ersetzbar

- Jedes Projekt ist wie das andere

- Änderungen werden über Verträge abgesichert

- Ein hart festgelegter Entwicklungsprozess sorgt für Arbeitsdisziplin und Qualität

Auf diese Punkte gehen wir nun mehr oder weniger explizit ein, bevor wir anschließend die dazu im Gegensatz stehenden agilen Methoden angehen und auch noch prüfen, wie und wann man beide Ansätze kombinieren kann.

4.2.1 Fließband: IT-Lösungen aus der Manufaktur?

Man kann es wirklich definitiv und eindeutig sagen: Der zweite große Wandel, den die IT in sich und in ihrer Darstellung in Richtung der Außenwelt mitgemacht hat, ist folgender: IT-Lösungen werden nicht am Fließband produziert, und IT-Projekte kann man kaum mit der sonstigen Produktherstellung vergleichen. Man beschäftigt sich nahezu die ganze Zeit mit dem Hin- und Herschieben von Luft. Bits und Bytes – sind sie nicht etwa Luft? Eigentlich schon vergleichbar, oder?

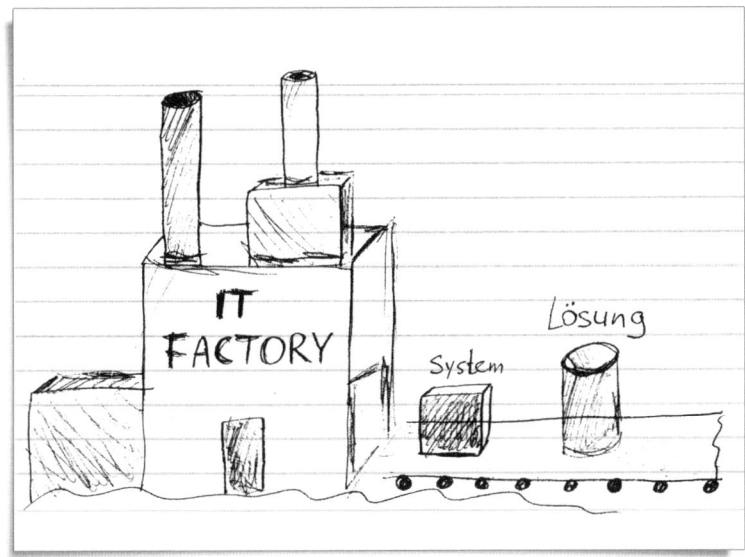

Abbildung 4.3: IT-Lösungen aus der Manufaktur

IT-Projekte sind höchst kreative Angelegenheiten mit einer Masse an Unbekannten und einer kaum vorhersagbaren Zeitachse sowie unaufhörlichem Änderungspotenzial. Egal, wie viel man tut, um ein IT-Projekt vorauszuplanen, man wird nie zu dem Zeitpunkt fertig sein, zu dem man es sich erhofft hatte. Eine derartige Unplanbarkeit ist in der Manufaktur schlichtweg undenkbar. Und genau da liegt auch der stattgefundene Wandel: Man hat eingesehen, dass es in der IT kein Fließband gibt, und das Produktivste, was man machen kann, die IT-Projekte sozusagen on-going in kleinen Chunks zu planen und fertigwerden zu lassen. Irgendwo im dritten Drittel der Gesamtlaufzeit wird es schon ziemlich genau ersichtlich, wie das Ganze werden wird. Und genau an dieser Stelle liegt auch der Unterschied zwischen den sog. klassischen und den agilen Vorgehensmodellen.

4.2.2 Wasserfall[1]

Abbildung 4.4: Wir sausen runter

Im Prinzip ist das das Basismodell aller anderen Modelle, die es jedoch teilweise entweder weit ausbauen oder präzisieren oder eben in kürzeren Iterationen wiederholen. Beim klassischen Wasserfall ist es gang und gäbe, die gesamten Anforderungen und die ganze Architektur soweit upfront festzulegen und zu fixieren, dass danach in der Entwicklung kaum Änderungen mehr gewünscht bzw. überhaupt möglich sind. Folgende Phasen stellen dabei die Basis dar und müssen an dieser Stelle nicht wirklich erläutert werden:

- Anforderungen
- Design
- Umsetzung
- Integration
- Prüfung
- Einrichtung
- Wartung

---

1   http://en.wikipedia.org/wiki/Waterfall_model

entwickler.press

Und das eben nacheinander. Wie oft man den Wasserfall auch immer bislang für absolut tot erklärt hat, er überlebt nach wie vor. Und warum? Weil er vom Modell her passt. Die Phasen sind so absolut in Ordnung, und nicht jeder Kunde will bei sich ein geordnetes Chaos sehen. Viele planen und spezifizieren weiterhin upfront, um mehr Sicherheit zu haben (die allerdings mehr als fraglich ist). Großen Militärprojekten sagt man immer noch nach, sie würden nach diesem oder ähnlichem Modell ablaufen. Und generell in Unternehmen mit recht starren bürokratischen Prozessen ist dieses Modell zuhause. In unserem Fokus liegen aber dynamische Unternehmen, und diese meiden den klassischen Wasserfall aufgrund eben seiner Unbeweglichkeit. Später in diesem Kapitel werden wir aber sehen, dass auch Abwandlungen des Wasserfalls durchaus für bestimmte Situationen geeignet sind, und das eben auch für dynamische Unternehmen.

4.2.3 V-Modell (XT)[2]

Noch eins, von dem man zumindest wissen wollte. Die deutsche öffentliche Hand hatte für sich seinerzeit dieses Modell entwickelt, um Aufträge nach außen zu vergeben. Das Modell selbst wurde mehrfach angepasst, bis man schließlich bei der etwas realitätsnäheren XT-Variante gelandet ist. Diese lehnt sich immer mehr an das agile Vorgehen an und trennt sich von dem wasserfallartigen Gebilde. Es ist nämlich so: egal, wie man die Kaskade malt, es kommt immer auf die Reihenfolge an. Das V des V-Modells kann mit Ruhe aufgeklappt werden, und man hat einen schönen Wasserfall, der es im Großen und Ganzen auch wirklich ist. Abbildung 4.5 zeigt die Phasen des V-Modells.

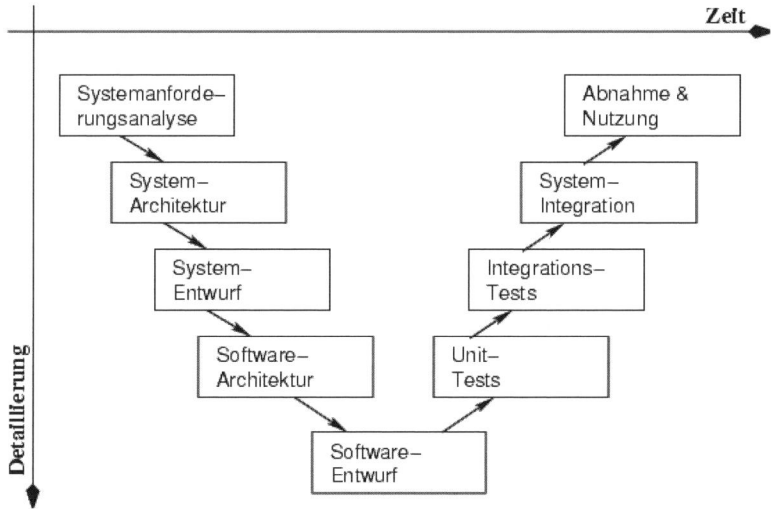

Abbildung 4.5: Das V-Modell (Quelle: Wikipedia)

---

2 http://de.wikipedia.org/wiki/V-Modell

4.2.4 Reality Check - wenn bloß alle Roboter wären...

Die klassischen Vorgehensmodelle gehen schlicht und ergreifend von falschen Voraussetzungen aus, zumindest was IT-Projekte betrifft. Nehmen wir doch einfach mal unsere eigene Liste wieder her und kommentieren Sie entsprechend.

Teamleiter steuert und verteilt

Es führt zu Bottle-Neck-Situationen, wenn sich einer um alles kümmert. Man hat mit der Zeit festgestellt, dass Teams, die einfach nur Aufgaben zugeteilt bekamen und diese unter sich selbst aufteilten und kollektiv bearbeiteten, viel produktiver arbeiten können. Wenn sich einer penibel um die Meilensteinplanung sowie das Schnüren von kleinsten, auf ein einzelnes Teammitglied zugeschnittenen Arbeitspaketen kümmert, geht das Projektgeschehen einfach an ihm vorbei. Die Realität erfordert ständige Anpassung, und in den IT-Projekten kann man ohnehin nicht auf Arbeitspaketebene heruntergehen – einzelne Produktionsschritte, wie man sie den Robotern vermitteln kann, sind bei kreativen Menschen mitten im dynamischen Umfeld nicht denkbar und auch absolut unplanbar. Arbeitspakete können erarbeitet werden, jedoch auf gröberer Ebene, dann in einen Topf geworfen und geprüft, wer das eine oder andere am besten erledigen kann. Ein solches Vorgehen hat sich als deutlich produktiver herauskristallisiert.

Zeit ist vorhersehbar und planbar

Nein, das ist sie nicht. Nicht in den IT-Projekten. Es kommt immer zu Verzögerungen, weil mal ein Tool nicht will oder der Kunde sich mittendrin eine Funktion anders überlegt. Zeit ist in IT-Projekten durch ständige Changes sowieso eine äußerst unsichere Komponente. Sogar das Budget ist sicherer als Zeit, da man zumindest einen Festpreis aushandeln kann. Zeit ergibt sich, und man kann sich dem Wissen um den Liefertermin in der IT nur iterativ annähern.

Umfang und Funktion werden vor dem Start fixiert und ändern sich kaum

Das funktioniert nie. Insbesondere bei Software nicht. Software ist Luft, nichts, was man wirklich anfassen kann. Und im Zeitalter des WWW ändert sich alles sowieso im Sekundentempo. Da will jeder Kunde innerhalb kürzester Zeit Änderungen vornehmen (lassen) und sie auch gleich sehen. Daher kann man ungefähr anvisieren, welchem Umfang die Software haben wird, die groben Funktionen beschreiben, und danach gleich lieber mit der Umsetzung beginnen, um dem Kunden schnelle Zwischenresultate zu zeigen und so seine Änderungswünsche früh genug abzuholen. Ansonsten ergibt sich immer das in Abbildung 4.6 dargestellte klassische „Erfolgsbild".

Ressourcen sind planbar und ersetzbar

In der IT leider nicht ganz. ITler sind keine Fließbandarbeiter, und jeder hat so seine eigenen Schwerpunkte. Die IT als solche ist so komplex, dass man nicht erwarten kann, Leute von einer Tätigkeit auf die andere zu schieben und dabei immer noch adäquaten Erfolg haben. Stattdessen sollte man einen Topf von Leuten haben – ein Team – welchem man die Aufgaben gibt, und dieses macht dann das Beste daraus, da es seine eigenen aktuellen Schwerpunkte und Verfügbarkeiten kennt.

How Projects Really Work (version 1.5)   Create your own cartoon at www.projectcartoon.com

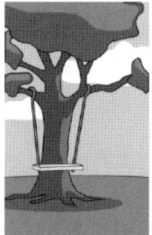

| How the customer explained it | How the project leader understood it | How the analyst designed it | How the programmer wrote it | What the beta testers received | How the business consultant described it |

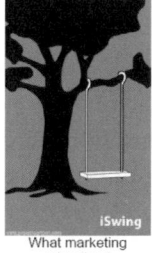

| How the project was documented | What operations installed | How the customer was billed | How it was supported | What marketing advertised | What the customer really needed |

Abbildung 4.6: Ein Erfolgsprojekt (Quelle: projectcartoon.com)

Und nach das Chinesen-Prinzip: Neun Frauen bringen in keinster Weise ein Kind in einem Monat zur Welt. Das geht nicht, oder? Warum versucht man denn das bei IT-Projekten? Einen neuen Kollegen dazunehmen, bedeutet vor allem erst einmal Produktivitätsverlust – er zieht das Team herunter, da man ihm alles erklären muss. Wenn er dann „zündet", ist immer noch keine ganze Ressource drauf – mehr Leute auf dem Projekt bedeutet immer weniger Gesamtproduktivität. Der zwanzigste Mitarbeiter ist also keineswegs Faktor 20 insgesamt.

Jedes Projekt ist wie das Andere

Völlig falsche Schablone und Vorstellung. Kein IT-Projekt ist wie das andere. Punkt.

Änderungen werden über Verträge abgesichert

Man kann das finanziell tun, um bessere Planbarkeit zu haben. Sich aber vertraglich darauf festzulegen, dass der ursprünglich vereinbarte Funktionsumfang im Projektverlauf unverändert bleibt, bedeutet, das Projekt von Anfang an in den Abgrund zu schicken. Es werden sich immer Änderungen ergeben, und man kann ihnen nur mit Akzeptanz, nicht jedoch mit Ablehnung oder harter Abgrenzung im Vertrag begegnen – wenn man Erfolg haben will.

Ein hart festgelegter Entwicklungsprozess sorgt für Arbeitsdisziplin und Qualität

Oh je, das ist wirklich ein Märchen. IT-Projekte werden nicht am Fließband erstellt. Ein harter Prozess ohne Bewegungsmöglichkeiten sorgt für die Senkung der Produktivität. Es muss immer ein ausreichender Rahmen, ein Framework also, vorgegeben, dabei jedoch nicht jeder kleinste Arbeitsschritt genau definiert sein. Die Abfolge der Schritte sollte natürlich eindeutig sein, aber auch da darf es genügend Spielraum für Eigeninitiative geben, falls diese schneller und besser zum Erfolg führt, statt dogmatisch an dem definierten Prozess festzuhalten und dabei die Realität zu ignorieren.

4.3 Packen wir es an - agile Vorgehensmodelle[3]

Ja, und genau um diesen ganzen Ungereimtheiten und Fehlern der klassischen Modelle zu begegnen, entstand die agile Bewegung. Ihre Historie ist ausreichend in der einschlägigen Literatur beschrieben und sollte uns an dieser Stelle – aus pragmatischen Gründen – schlichtweg nicht weiter aufhalten. Viel mehr aber ihre Kernaussagen, die in dem sog. Agile Manifesto niedergelegt sind und für alle Variationen agiler Vorgehensmodelle gleichermaßen gelten sollten. Diese Thesen sind die folgenden (Formulierungen aus dem Wikipedia-Artikel):

■ Individuen und Interaktionen gelten mehr als Prozesse und Tools

■ Funktionierende Programme gelten mehr als ausführliche Dokumentation

■ Die stetige Zusammenarbeit mit dem Kunden steht über Verträgen

■ Der Mut und die Offenheit für Änderungen stehen über dem Befolgen eines festgelegten Plans

Mit diesen an sich leicht verständlichen und selbsterklärenden Thesen bzw. mit der entsprechenden Einstellung gegenüber der Zusammenarbeit und den IT-Projekten im Allgemeinen schickt man sich an, all die Schwierigkeiten der klassischen Vorgehensmodelle zu tilgen. Das gelingt aber auch nur bedingt, und das wollen wir uns in Kürze ansehen. Hier aber so viel: Es gilt, die Ärmel hochzukrempeln und sich in jeder Hinsicht im Projekt beweglich, flexibel zeigen. So verspricht man sich mehr Erfolg, und das ist unbestritten deutlich vielversprechender als die starren klassischen wasserfallartigen Vorgehensmodelle.

4.3.1 XP[4]

Das eXtreme Programming ist ein recht komplexes Thema, das an sich eigene dicke Wälzer verdient und von uns hier nur leicht gestreift wird. XP deckt nahezu alles ab, was im agilen Manifest so alles gesagt wurde und ist so mit der älteste offizielle agile Ansatz überhaupt. Und bewusst oder unbewusst, viele Teams arbeiten bereits nach XP-Prinzipien und sind ganz glücklich, auch ohne dass sie dafür einen besonderen, wohlklingenden Namen verwenden.

Im Mittelpunkt von XP stehen im Wesentlichen folgende Prinzipien, Mechanismen und Praktiken:

■ Respektvoller, kommunikativer Umgang miteinander

■ Wirtschaftlichkeit und Kundennähe

---

3 http://de.wikipedia.org/wiki/Agile_Softwareentwicklung
4 http://de.wikipedia.org/wiki/Extreme_Programming

- Kollektives Eigentum an Wissen und Artefakten

- Continuous Integration – auch wieder Tooling

- Pair-Programming – wenn es einer will

- Testgetriebenheit – aber eher als Tool

- User-Stories – das zentrale Element, das eine Anforderungen spezifiziert und zur Planung verwendet wird

- Iteration – die Software gewinnt in kurzen Iterationen an Wert in ihrem funktionalen Umfang und ihrer Qualität

- Teamkonstanz – eigentlicher Garant für kollektives Eigentum

Und noch Vieles mehr. Man sollte um diesen Ansatz in jedem Fall wissen und Teile davon verwenden, ein kompletter XP-basierter Prozess ist aber immer noch recht selten anzutreffen, da viele Unternehmen so viel doch noch nicht wagen wollen. Mehr dazu später.

4.3.2 FDD[5]

Das sog. Feature-driven Development (und um Gottes willen nicht Fiddling-driven Development) ist eine weitere wissenswerte Ausprägung der agilen Projektabwicklung. Dabei wird das Projekt in folgende sequenzielle Teilprozesse unterteilt:

- Gesamtmodellentwicklung

- Feature-List-Ableitung

- Feature-basierte Planung

- Feature-basierter Entwurf

- Umsetzung eines Features

Die letzten drei Teilprozesse gelten pro einzelnes Feature und umfassen Planung aller Rollen, Zeiten etc. Vorher muss aber die Gesamtvorstellung entwickelt werden, wo man überhaupt hin will. Und alle denkbaren und notwendigen Features in einer Liste gesammelt. Das war es dann aber auch schon – aus pragmatischer Perspektive heraus.

4.3.3 Scrum[6]

Scrum ist eigentlich kein separates Vorgehensmodell, sondern behauptet von sich, mit allen anderen agilen Methoden gut zusammenzupassen bzw. sie zu ergänzen. Und eigentlich stimmt das auch, denn Scrum definiert einfach nur Rollen und einige Rahmenparameter für die Projektabwicklung, das eigentliche IT-Projekt-Tooling bleibt der jeweiligen Entwicklungsmethode überlassen. Und ganz ehrlich jetzt: Von der Scrum-Zertifizierung sehen wir mal an dieser Stelle komplett ab, da sie sich hart am Rande des teuren Selbstzwecks bewegt.

---

5   http://de.wikipedia.org/wiki/Feature_Driven_Development
6   http://de.wikipedia.org/wiki/Scrum

Rollen in Scrum sind:

- Product Owner – derjenige, der „die Musik bestellt"
- Team – die Macher
- Scrum Master – der Gesamtkümmerer

Das war es dann auch schon. Der Scrum Master rennt durch die Gänge und schiebt dem Team vor allem Barrieren aller möglichen Art aus dem Weg. Er ist auch derjenige, der wie kein anderer für das Scrum-Vorgehen steht und die erforderliche Grundeinstellung vermittelt und lehrt. Der Product Owner entscheidet, was wann für ihn wichtig ist und ob die Sachen so korrekt sind wie sie sind. Und das Team arbeitet.

Scrum ist ein Framework, das folgendes Abwicklungs-Tooling bietet:

- Sprint – eine Iteration, idealerweise 30 Tage lang
- Daily Scrum – das tägliche Standup-Meeting zum Informationsaustausch
- Review – der Check, ob alles korrekt ist
- Retrospektive – was kann im nächsten Schritt alles optimiert werden?
- Product Backlog – eine Liste von allen anstehenden Anforderungen
- Impediment Backlog – die Störfaktoren
- Burndown Chart – eine Grafik des Fortschritts zur Selbstberuhigung
- Sprint Backlog – die Liste der zu erledigenden Punkte pro Sprint

Es gilt auch in größeren Projekten die Idee von Scrum-Of-Scrums – Meetings der Scrum-Master aufgeteilter Scrum-Teams untereinander und weitere ähnliche Mechanismen. Die Verfechter dieser Methodik schwören darauf, dass man ohne Zertifizierung kein Scrum machen kann, da man sonst alles kaputt macht. Na ja, in Teilen ist das richtig, klingt aber, wie gesagt, mehr nach absolutem Selbstzweck – wo Scrum nie ankommt, weil die Leute es nicht wollen, da hilft auch keine Zertifizierung.

Aus dem wahren Leben...

Wir hatten auch mal eine Einführung gewagt, und zwar da, wo teilweise Leute seit über einem Jahrzehnt immer das Gleiche taten. Und man kam daher und wollte Scrum. Einer von uns war zertifizierter Master, was auch nichts half, wenn man ehrlich ist. Das Ganze scheiterte am ersten Scrum-Meeting: Einer wollte nicht stehen und setzte sich als einziger, da ihm seine Knie weh taten, der andere kam auch nach dem Mittagessen nicht, da er es gar nicht wollte, und der dritte sagte gleich, sie hätten es in der alten Firma gehabt und er hasse es. Danach gab es kein Scrum mehr.

4.3.4 Reality Check – Brownsche Bewegung

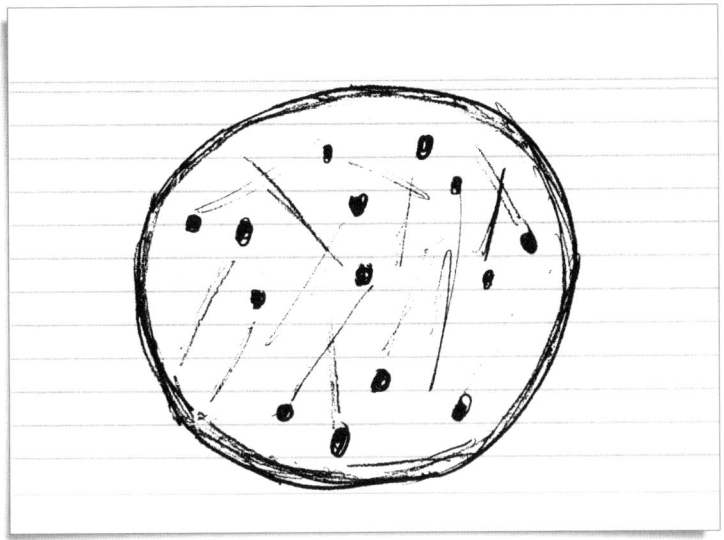

Abbildung 4.7: Ein kläglicher Versuch der Darstellung der Brownschen Bewegung

Nicht alles ist Gold, was glänzt. Und auch nicht alles, was behauptet, besser als der Vorgänger zu sein, ist es auch. Wollen wir doch mal die Hauptkritikpunkte an den agilen Methoden beleuchten – ohne Gnade und völlig pragmatisch-objektiv. Es ist nämlich in vielen Teilen chaotisch, unorganisiert – eben Brownsche Bewegung. Es wirkt so oder es ist so – es hängt von dem Betrachter und dem Kontext ab.

Zum einen bedarf es extrem motivierter Teams, um agil zu arbeiten. Und kleiner Teams. Und alle im Team müssten schon fast Hellköpfe sein, um so viel Selbstständigkeit zu verkraften. Viele Arbeiter möchten einfach, dass man ihnen sagt, was sie machen sollen und suchen selbst nicht nach Abenteuern. Da taugt Agile nichts – eher bei gutbezahlten und Spaß habenden Freelancern, die von Projekt zu Projekt gehen und für nicht lange bleiben – Cowboys, Pioniere etc. So auch die Ur-Agilisten: richtige Experten, die sich deutlich von der Masse abheben. Die Teamgröße ist eben ein weiterer Faktor – nur in kleinen Teams kann man sich selbst organisieren, sonst wird das Ganze schnell zum Chaos. Scrum z. B will das mit dem Dach-Scrum lösen – mit wechselndem Erfolg, wie man berichtet.

In den Umfeldern, wo es viel zu viel Zeremonie und Selbstzweck gibt – in großen Unternehmen eben, kann Agile nicht punkten – hier will man starre Prozesse und die Verwaltung der Verwaltung. Hier kann man mit einer Security Policy sämtliche Projekte ruinieren, und eine Revision kann hier vorschreiben, nach welchem Prozess man am besten arbeitet. Und die Hierarchien erst – der dritte Helfer des zweiten Stellvertreters des unteren Teamleiters – versuchen Sie da mit Agile und selbstorganisierenden Teams daherzukommen. Haha. Kleinster Aufstieg in der Hierarchie wird hier zur Gehaltserhöhung verwendet, da ist kein Platz für Selbstlosigkeit eines Scrum-Masters.

Lieber von allem Guten das Beste nehmen und erst gar nicht über die Namen für Prozesse nachdenken – das ist das richtige pragmatische Vorgehen. Wenn es auf einen passt, dann ist es völlig egal, wie das Ding heißt – es heißt eben „Ein Funktionierendes Vorgehen". Und *das* Vorgehen gibt es sowieso nicht – es ist stark vom Kontext abhängig.

Bei X-Shore-Projekten ist es enorm schwierig, agil vorzugehen. Warum? Weil es dem Kunden hier egal ist, wie sie da drüben arbeiten, und die selbst können unter sich machen was sie wollen – sie werden mit einem Festpreis geknebelt. Agilität scheitert an der Pönalen-Klausel im Vertrag, wenn es um Verzüge geht – was will man da groß iterieren und reflektieren? Jede Woche Verzug kostet richtig Asche. Daher eignet sich agiles Vorgehen nur bedingt auch für Festpreisprojekte – da muss der Umfang von vornherein klar sein, damit er vertraglich fixiert wird und danach unverändert bleibt. Der Rest läuft über Changes – und das kann in das Hauptprojekt ausufern, wenn die Anforderungen am Anfang nicht klar definiert wurden.

Agile bedeutet aber auch nicht Wursteln. Auch hier nicht. Dokumentationslosigkeit, unkommentierter Code, Kopfabhängigkeit etc. sind Indizien nicht für agiles Vorgehen, sondern für gar keines. Das wird von Vielen übersehen, die von sich behaupten, agil zu arbeiten – es ist nicht nur das Ballastabwerfen, sondern vor allem ein richtiges Maß, das bei Agile gilt.

Teams, die sich nicht verändern, gibt es kaum. Deswegen greifen die agilen Methoden viel besser in der Anfangsphase – bei der Produktentstehung. Ansonsten ist einer der größten Feinde des agilen Vorgehens die Fluktuation. Ein Team macht den Anfang, andere Leute warten danach – auch schwierig mit Agilität zu vereinbaren, die vom kollektiven Wissen und Eigentum ausgeht. Verlässt ein wichtiger Wissensträger das Team, ist ein Stück herausgerissen und schwierig zu ersetzen. Das Pair-Programming sowie weitere agile Tools wie Test-first werden vielerorts als Ressourcen- und Zeitverschwendung angesehen. Damit muss man rechnen, und das lässt viele agile Bestrebungen früh sterben.

Ein sehr fragiler Punkt in den agilen Methoden ist die Dokumentation. Eigentlich möchte man kein Papier produzieren und nach dem Motto „the code is the truth" arbeiten. Das klappt aber nicht – definitiv nicht. Es muss ein Mindestmaß an Dokumentation her – für Architektur, für getroffene Entscheidungen und betrachtete Alternativen – sonst geht sehr viel an Wissen verloren. Nicht alles steckt in dem Code, nicht alle Entscheidungen und ihre Auswirkungen. Da steht halt nun mal nur die Lösung. Und vielerorts wird das sogar noch heftiger übertrieben – man behauptet, agile Methoden verbieten Dokumentation. Quatsch! Sie versuchen mit einem Mindestmaß an dieser auszukommen, und es ist abhängig von dem jeweiligen Praktiker, wie viel Dokumentation er zulässt oder nicht.

Und ein weiterer Kritikpunkt am agilen Vorgehen, der vielleicht für uns in diesem Buch am Relevantesten ist: Die Architekturentwicklung findet on-going statt – mit einer recht kurzen Vorlaufphase, was teilweise enorme Risiken birgt. Man kann leicht bereits zu Beginn wichtige Aspekte übersehen, die man dann mit keinem Refactoring aus dem Code herausreißen oder dort hineinklopfen kann. Für den Architekten ist ein agiles Projekt also unterm Strich nicht wirklich zielführend, da er seine Rolle nur zu einem geringen Teil spielen kann.

Vielmehr tritt hier das ganze Team als virtueller Architekt in Erscheinung, das jedoch bei sehr wenig bis gar keiner Zeit, langfristige und weitreichende Entscheidungen ordentlich zu treffen. Daher wird den richtig agilen Projekten nachgesagt, dass sie die Architektur vernachlässigen und stattdessen einfach nur das Ergebnis abliefern, und das ohne Rücksicht auf Verluste. Das stimmt auch zu einem gewissen Teil, leider.

Und sorry an dieser Stelle – die agile Bewegung ist zur Tantiemenschmiede mutiert. Jeder der Urväter hat gut daran verdient, die Methoden sind aber immer noch nicht überall anwendbar und teilweise viel zu spezifisch für ihre eigenen geschilderten Fälle. Das muss auch mal gesagt werden – man sollte die Ideal- oder Sonderfälle aus der Literatur immer auf die Eignung im aktuellen Kontext hin prüfen. Immer.

4.4   Mischlinge – hybride Vorgehensmodelle

Es gibt Möglichkeiten, klassische und agile Prozesse zu mischen. Vor allem bei Festpreisprojekten empfiehlt sich das. Die Vorgehen dabei sind z. B der RUP[7] oder ein iterativer Wasserfall (!). Die klassischen Phasen eines Projekts werden nicht über den Haufen geworfen, sondern viel häufiger iteriert. Es entsteht also kein großer Wasserfall, sonder entweder viele kleine oder gar ein spiralförmiges Gebilde, das die Dauer einzelner Wasserfälle immer kleiner werden lässt.

Die Kombination macht es eben mal wieder aus – bewährte Dinge zu kombinieren ist das Sinnvollste, was man überhaupt machen kann. Für uns an dieser Stelle – aus der Sicht der pragmatischen Architektur – sehr willkommen und passend.

Abbildung 4.8: Ist das nicht niedlich – die perfekten Formen?

---

7   http://de.wikipedia.org/wiki/Rational_Unified_Process

Aus dem wahren Leben...

Es war mal wieder ein Pitch – ein Anbieter von Buchhaltungssoftware gab uns die Ehre. Einer von den dreien, die wir im Pool und mit dem RFI/RFP-Prozess beglückt haben. Wir fragten sie, nach welcher Methode sie das Projekt abwickeln wollen. Und da kam es: Der iterative Wasserfall soll es richten. Was? Na ja, das war wohl ihre eigene Erfindung, klang aber so schräg. Hat sich für immer in mein Gedächtnis eingebrannt – einfach eine tolle Namensfindung: Lass es agil wirken, mach aber den guten alten Wasserfall. Spiralmodelle zielen übrigens auch in diese Richtung – es sind sinnvolle Mischungen beider Welten, und das ist am meisten erfolgversprechend. Trotzdem – was für eine Bezeichnung: iterativer Wasserfall!

4.5 Wie bei Toyota: Lean Development[8]

Ohne dass wir dazu viele theoretische Worte verlieren (und auch gänzlich ohne japanische Worte – der Autor kann kein Japanisch, also fällt diese Sprache hier dem Pragmatismus zum Opfer), versuchen wir mal, die Essenz aus dem Lean Development herauszuholen. Diese wäre:

- Wirf alles über Board, was du nicht brauchst

- Tu nur so viel wie unbedingt gerade erforderlich

- Berücksichtige nur das, was wirklich nötig ist

- Sorge dafür, dass die Menschen kontinuierlich ausgebildet werden

- Schiebe die Entscheidungen vor dich hin bis zum Geht-nicht-mehr

- Liefere so schnell wie es geht

- Lass das Team selbstständig werkeln

- Sorge für die Einbindung und das Big Picture

Das ist es dann auch schon im Wesentlichen. Lean Development ist keine Aufforderung zum Chaosmachen. Es ist vielmehr eine Methodik, um überflüssige Teilprozesse loszuwerden und Effizienz im Ablauf durch schnelles Erledigen zu bekommen. Kein Teil des Prozesses darf zu lange auf den anderen warten. Kein Müll (waste) darf sich ansammeln oder in die Entwicklung einschleichen. Nur das, was tatsächlich klar ist, wird gemacht. Der Rest wird geschoben.

Für den Architekten bedeutet Lean Development vor allem eins: Lass den Prozess so schnell wie möglich Dinge erledigen und sorge im Hintergrund z. B mit Refactring für Ordnung. Versorge das Team mit Wissen, misch dich aber nicht allzu stark ein oder bringe dich als Mitglied voll ein. Überhäufe die Leute nicht mit Vorgaben, sondern lass sie selbstständig arbeiten und zu dir kommen, wenn sie Entscheidungen benötigen. Triff diese Entscheidungen möglichst spät, bis auf diejenigen, die ganz zentral und wichtig sind. Sorge ständig für das Vorhandensein und das Anstreben des Big Pictures.

---

8   http://en.wikipedia.org/wiki/Lean_software_development

Aus dem wahren Leben...

Ich hatte einmal das Vergnügen, mit einem recht interessanten IT-Manager zusammen-zuarbeiten. Dieser hatte von Anfang an als Ziel in seinem Vertrag stehen, dass er die IT-Kosten um 300 % gegenüber dem Einstiegszeitpunkt nach unten drücken soll. Und abhängig von der gelungenen Höhe erhielt er dann einen entsprechenden Leistungs-bonus. Nicht der eigentliche Erfolg seiner Abteilung, sondern ausschließlich die Kos-tenkomponente spielten für ihn daher eine Rolle, und dies gab er nie so direkt an seine Mitarbeiter, sondern verfolgte auf Biegen und Brechen den Sparkurs und errechnete die Leistungsboni seiner Untertanen fast schon nach dem Gefälligkeitsprinzip.

Und dieser Manager hatte längst den Bezug zu der eigentlichen Praxis verloren. Er ließ es sich allerdings nicht nehmen, auf einer architektonischen Metaebene zu reden, auf der man üblicherweise die Hochglanzprospekte der Produktanbieter an die Wand klebt und sie mit tollen bunten Linien miteinander verbindet, was ein Gesamtarchitek-turbild ergibt. Heutzutage kann und will nun mal jeder darüber reden, wie Architek-turen zu bauen sind, obgleich nur die Wenigsten die leiseste Ahnung davon haben.

Als er einmal von mir wieder einmal ein neues, alle Sparpotenziale enthaltendes Big Picture wollte und sich in diesem unbedingt zu verewigen wünschte, musste ich gegenargumentieren, um dem Schwall von ergossenem Schwachsinn einfach mal aus technischer Sicht zu widersprechen. Ich habe versucht, eine Lösung an die Wand zu skizzieren, die um einiges komplexer aussah als seine Metalösung. War sie in Wirklichkeit gar nicht, nur für eine Diskussion auf vernünftiger Basis eben ausrei-chend detailliert.

Das gefiel ihm aber ganz und gar nicht. Und er kam mit einem Spruch, den ich nie in meinem Leben vergessen werde, der mich bis heute verfolgt und auch noch lange ver-folgen wird: Er sagte, ich solle das alles nicht unnötig übertreiben, sondern es „so lean wie möglich" machen. Wow! Was für ein Spruch. Ich hatte es aber nicht gleich verstan-den, also fragte ich nach, was er damit meine. Anstatt mir jedoch mit einer entspre-chenden Essenz zu antworten, ließ er mich im Web nachschauen, was „lean" bedeutet. Ich wusste es und war einigermaßen vertraut mit der Theorie des Lean Development, schaute aber trotzdem nach, da ich nicht wusste, was er von mir wollte.

Nun, er wollte eben, dass ich es so lean wie möglich mache. Was ist dabei unklar? Halt einfach und schnell und billig und so blutig wie möglich. Aha. Das war es also. Ich weigerte mich darauf hin, und musste einen längeren Konflikt ausfechten, da dieses Vorgehen in dem Projekt nicht wirklich funktionieren konnte. Er glaubte nicht mir, sondern fest an seine fixe Lean-Idee. Also verließ ich das Projekt, und es wurde 6 Monate später auf dem gleichen Stand komplett eingestampft. Irgendjemand aus Indien hatte sich bereit erklärt, das Projekt „so lean wie möglich" zu machen, man hat sich aber Monate lang nicht mit ihm auf die Vertragskonditionen einigen können. Was dabei an Geld in den Sand gesetzt wurde, hatte wohl keiner gezählt. Oder doch, denn der IT-Manager nahm ebenfalls kurz darauf seinen Hut. Das war wirklich lean...

Das richtig Lustige ist mir einmal in einem Forum unter die Räder gekommen: Man spricht scheinbar aktuell vielerorts vom sog. Lean Thinking. Was ist denn das? Klingt nach bewusster Abschaltung bestimmter Gehirnregionen, und viele sog. Simple Minds beherrschen dann das Lean Thinking wohl aus dem Effeff. Aber in der Tat hat sich eine ganze Bewegung herauskristallisiert, die sich zum Ziel gesetzt hat, den Denkprozess – z.B in der IT – so weit wie möglich zu verflachen. Es tut mir leid, das lässt einen aber zum Roboter mutieren. Und was bei Asiaten in Massen vielleicht funktionieren kann, weil das in der Gesellschaft so üblich ist, kann sich in Europa vielerorts nicht durchsetzen, denn man ist ja auf sich als Denker so stolz, und das mit Recht.

Zudem kann bei Lean Thinking durchaus der Eindruck entstehen, es handele sich um eine Alterserscheinung. Das menschliche Gehirn ermüdet sicherlich bei längerer geistiger Tätigkeit, und um mithalten zu können, könnten doch einige ermüdete Geister alle anderen mit herunterreißen und zu Lean-Denkern machen. Wie wäre es mit einem solchen Szenario? Furchtbar, es lässt einen erschauern. Diese Thematik soll aber an dieser Stelle nicht weiter vertieft werden – trotz der hier angebrachten bissigen Kommentare sollte man auch um die Existenz dieses Übels wissen.

Die Lean-Bewegung kann u. U. nicht ohne Grund aus Japan gekommen sein, die Japaner sind dafür bekannt oder gar berüchtigt, in wenigen Tagen durch die ganze Welt zu hetzen und sich mit Fotos vom Weltkulturerbe zu versorgen, um danach wieder in den grauen, engen Alltag zurückzukehren. Zumindest ist es ein weit verbreitetes Klischee, dem wir aus Spaßgründen mal nicht widersprechen wollen. Dieses Hetzen erfordert ein strammes Zeitmanagement und extrem gut vorbereitete und durchdachte Logistik, zumindest was den eigenen Körper und das Gepäck angeht. Das Lean-Thema könnte also durchaus aus dem Zeitmangel entstanden sein, um Dinge in kurzer gegebener Zeit so schnell und effizient wie möglich zu machen. Das alles ist aber nur eine Mutmaßung, die von Lean-Denkern wissenschaftlich und historisch belegt oder widerlegt werden soll – wir ersparen uns die weitere Betrachtung und gehen „so lean wie möglich" weiter.

Nur so viel zum Schluss: Menschen machen Projekte, keine Roboter. Und die IT besteht zu einem großen Teil aus kreativen und spontanen Aktionen. Das Oversizing ist in der IT verkehrt, keine Frage, dagegen kann aber die komplette Verflachung der Prozesse auch nicht die Lösung sein. Der Pragmatismus schiebt den Fokus also auch hier mal wieder in die goldene Mitte und erfordert einfach nur das Einschalten des Gehirns, um bestimmte Denkprozesse abzuschalten. Oder so ähnlich. Und: Für den Architekten ist der Gedanke des Ballastabwerfens und des Schiebens der Entscheidungen auf später ein willkommenes Mittel, um pragmatisch vorzugehen, und das sollten wir aus dieser kurzen Betrachtung mitnehmen.

4.6 Die Rückgewinnung des gesunden Menschenverstands

Seinen Titel verdankt dieses Unterkapitel Sebastian Meyen, der es in einer E-Mail zum Autor und einem weiteren Kollegen mal so gesagt hat. Das trifft die ganze Sache wie einen widerspenstigen Nagel auf den Kopf. Man benötigt nicht wirklich viele Worte, um diesen Satz zu kommentieren – die beste Methodik ist die passende. Die passende Methodik ist diejenige, die dem gesunden Menschenverstand und nicht irgendeinem akademisch angehauchten und in einem Uni-Labor oder auf einer Militärbasis daher-laborierten Hirngespinst entspringt. Es ist nicht die Methodik, die ein Projekt erfolgreich macht, sondern der gesunde Menschenverstand, Flexibilität, das spontane Denken und Entscheiden – selbst wenn dieses eine Methodik komplett brechen würde.

Sprechen Sie mal mit einem schlauen Manager und langweilen Sie ihn mit Scrums, XPs etc. Er wird Sie bald darauf bitten, sich auf Ziele, Kosten und Termine zu konzentrieren und diesen ganzen akademischen Kram beiseite zu legen. Und das Interessante dabei ist: er hat Recht. Wir sollten um die akademischen Möglichkeiten und Wege wissen, sie aber mit unserem eigenen Gehirn und der gegebenen Umgebung in Einklang bringen. Das dogmatische Befolgen einer Methodik hat noch nie funktioniert – vielleicht nur in pro-blemlosen und vakuumabgeschotteten Schulprojekten. Stattdessen funktioniert die Fähigkeit, den am Anfang anvisierten Prozess im Nu umzustellen, falls es sich unter-wegs anders ergeben sollte. Das erlaubt uns unser gesunder Menschenverstand.

Das ist die wahre Agilität – sie sitzt im Kopf und lässt uns die ganze Zeit überleben. Wer sich nicht bewegt, bewegt nichts. Wer nicht mit sich anfängt, verändert nichts. Man kann an dieser Stelle noch hunderte weiterer schlauer Sprüche anbringen, der Sinn bleibt der gleiche – die IT hat begriffen, dass sie mit ihren ursprünglich angedachten Theorien und Annahmen nicht weit kommt, dass sie die Welt nicht an sich anpassen kann, sondern die Welt erwartet von ihr die absolute Anpassungsfähigkeit. Und da hat eben Herr Meyen völlig Recht: Dass die IT sich nun zu der Anpassung gegenüber der Außenwelt immer mehr bekennt, ist ein Zeichen für die Rückgewinnung des gesunden Menschenver-stands. Jahrelang verhielt es sich so wie bei dem einen Denker, der sich in einen Käfig mitten in der Wüste einsperrt und die Außenwelt als Gefängnis deklariert.

Und noch etwas zu den Aufgaben und Rollen. Warum um alles in der Welt ist man immer der Meinung, dass gute Techniker auch gute Koordinatoren sein können bzw. wollen? Insbesondere um den Architekten herum gibt es dieses Märchen. Zugegeben, der Architekt ist eine Integrationsfigur. Aber muss er Projekte leiten (können)? Einige, ja – z. B strategische. Aber in dem ganz normalen operativen Umfeld muss es unbedingt Leute geben, die sich darauf stürzen und diejenigen, die eher den Weitblick behalten. Der gesunde Menschenverstand sagt auch hier, dass man nicht die Personallöcher mit Leu-ten stopft, die eine andere Eignung besitzen. Ob es eine vorgeschriebene Rolle im Prozess gibt oder man sie sich selbst ausdenkt – sie muss auf eine Person passen und umgekehrt. Nur um jemanden als etwas zu bezeichnen, damit dem Prozess Genüge getan wird, ist wirklich schwach und sinnlos – die Aufgaben bleiben unerfüllt.

(Anti-)Pattern: Architekt = (Projekt-)Leiter

Das ist nicht unbedingt sinnvoll. Das Management neigt gerne dazu, starke Entwick-ler bzw. Architekten in die leitenden Postionen und Rollen zu bewegen, und wenn es bloß die Projektleitung ist.

Das liegt vor allen Dingen daran, dass gute Techniker den noch besseren gerne fol-gen, weil sie durch die Zusammenarbeit ebenfalls besser werden. Das ist aber ein rein technischer Lead, eine Vorbildrolle, wenn man so will.

Diese darf man in keinem Fall mit dem allgemeinen Führungsanspruch oder der Führungseignung im unternehmerischen Sinne verwechseln. Projektleitung und vor allem Mitarbeiterführung haben alles andere im Fokus als die technische Entwicklung und die Architektur, damit sie erfolgreich sind.

Man verliert ggf. einen begabten Entwickler/Architekten, weil er seine wertvolle Zeit mit der Erstellung von Management-Zusammenfassungen und technisch gesehen völlig wertlosen Statusberichten verschwenden muss und sich stattdessen lieber im technischen Bereich umorientiert.

Ein Projektleiter hatte sich vorgenommen, auch die Architekturthemen zu treiben. Der Doppelhut ging so eine Weile, dann musste man eine Entscheidung treffen: Dateien im Dateisystem ablegen und per Name in der Datenbank referenzieren oder die Inhalte gleich in die BLOBs packen und per O/RM gleich mappen können. Er befolgte nicht den Rat, nachzuprüfen und nachzumessen, ob die BLOB-Lösung auch wirklich durchsatz- und datenmengentechnisch trägt. Er hat sich für sie entschieden, weil ihm der zweite Hut – der des Projektleiters – die technischen Augen verdeckt hat. Diese Lösung war diejenige, die ihn am schnellsten ans Teilprojektziel führte. Durch die resultierenden Performanceeinbrüche und die Datenmengenexplosion musste die Lösung auf die erste Variante umgeschrieben werden, was unter Entscheidern natürlich auf sehr positive Resonanz stieß.

4.7 Teilen und herrschen – IT-Governance[9]

Eigentlich ist dieses Thema für Managementbücher vorbestimmt und auch für schlaue Managerseminare, auf denen einem erklärt wird, wie man eine IT regieren kann, ohne auch nur die geringste Ahnung davon zu haben. Aber ein wirklich schlauer Manager hört auf seine Leute, und einer davon ist auch der IT-Architekt. Es ist daher für den Architekten relevant, einige Aspekte der IT-Governance zu kennen und zu nutzen, da er in seiner Rolle mitten in der Governance steckt und sie aktiv mit ausübt.

Das Thema hat generell eine sehr starke Auswirkung auf das Vorgehen. Und wir werfen hier einfach mal sämtliche fetten und unbeweglichen Frameworks über Bord, um die IT-Governance und ihren Bezug zur Architektur ganz pragmatisch zu betrachten – keine TOGAFs[10] und keine DoDAFs[11] und wie sie alle heißen – diese Ebene liegt per Vereinbarung außerhalb des Fokus dieses Buches und ist eher Riesenkonzernen oder dem Militär vorbehalten – kein dynamisches Unternehmen dieser Welt würde sich freiwillig in solche enge Rahmen quetschen lassen. Gewagt? Großmäulig? Nein – pragmatisch eher. Es ist nicht notwendig – obgleich sehr verlockend – die Aspekte der Architekturentwicklung z. B nach ADM[12] auch hier zu beleuchten.

---

9 http://de.wikipedia.org/wiki/IT_Governance
10 http://de.wikipedia.org/wiki/TOGAF
11 http://en.wikipedia.org/wiki/DoDAF
12 http://en.wikipedia.org/wiki/Architecture_Development_Method#Architecture_Development_Method

Abbildung 4.9: Wie war das nochmal mit dem Daumenurteil?

Wir beschränken uns auf die bloße Referenz und wagen einfach die Behauptung, dass die wichtigsten Aspekte, die uns solche Monster vermitteln wollen, ein Architekt sowieso im Blut haben muss, und es ist aus pragmatischer Sicht nicht notwendig, sich damit in einen Käfig zu begeben und zur Bürokratie überzuwechseln – es ist immer noch enorm viel Raum für einfacheres, jedoch nicht weniger ordentliches und zielstrebiges Vorgehen da – halt eben nicht nach Was-weiß-denn-ich zertifiziert. Und außerdem, um sich in die Liga der (richtigen! Nach ihrer eigenen Meinung zumindest) Unternehmensarchitekten hin zu wagen, müsste dieses Buch mindestens doppelt so dick und extrem langweilig sein. Ist nur Spaß.

Aus dem wahren Leben...

Als ein wichtiges, jedoch erfolgloses Projekt eingestampft wurde, musste auch der extra dafür geholte externe Architekt den Hut nehmen. Ich kam gerade frisch ins Unternehmen, um den Job des IT-Architekten zu übernehmen. Wir saßen mit dem scheidenden Kollegen zusammen, um ein paar Übergaben zu machen und einfach mal zu plaudern.

Inmitten des Gesprächs fing es an, etwas hitziger zu werden. Wir diskutierten über die Architektur und unsere Ansichten, und ich ließ voll den Pragmatiker heraushängen. Er dagegen war auf dem TOGAF-Trip und generell scheinbar ein recht aktives Mitglied der Enterprise-Architecture-Bewegung – die Open Group & Co. Es ist wahrscheinlich ziemlich klar, dass wir in den Kernaspekten der diskutierten Materie völlig diametrale Ansichten vertraten.

Ich kam in kompakter Form mit all dem daher, was ich in dieses Buch habe einfließen lassen. Ich sagte, ich scheue keine Handtätigkeiten und freue mich sogar darauf, etwas selbst machen zu können und nicht nur Bilder zu malen oder die Einhaltung der Einhaltung der zwanzigsten Richtlinie zur zehnten Richtlinie zu überwachen und klug mit dem Zeigefinger umher zu drohen. Woraufhin er behauptete, ich sei kein richtiger Unternehmensarchitekt. Von deren Kaliber gäbe es eh nur ein paar wenige in Deutschland, und die sind bei IBM und weiß Gott sonst wo. Die machten keinen Finger krumm, sondern lassen nur den Geist schweifen....

Mal abgesehen davon, dass ein Unternehmensarchitekt bei einem IT-Dienstleister eher fragwürdig erscheint – die eigenen ITs (insbesondere Entwicklungsabteilungen, aber auch der Betrieb) der Dienstleister sind bekannter Weise immer unter aller Sau und völlig vernachlässigt oder gar verwahrlost, da die besten Leute eben an die Kunden verkauft werden und zur Not die eigenen Serverfarmen und Webseiten so nebenbei pflegen. Aber dass sie keinen Finger krumm machen? Na ja, sei's drum, dann ist es halt wie es ist – dann sind wir Pragmatiker eben keine richtigen Architekten. Dafür aber in absoluter Masse und immer noch auf dem Boden.

Ohne eine funktionierende IT-Governance – ob mit oder ohne Standards und Frameworks – funktioniert heute keine IT mehr und kann auch nicht funktionieren, da sich das Gesamtumfeld und ihre Verantwortung bzw. Rolle innerhalb der Unternehmen in den letzten Jahren so stark gewandelt haben. Alles ist komplexer und fragiler geworden, für jedes Problem existieren mindestens tausend Lösungen, die IT mutiert von einer Lieblingstochter zur knallhart und stramm geführten Kostenstelle, und die Aufgabe innerhalb des Unternehmens ändert sich von einem Mülleimer zum Problem-Einkippen zu einem adäquat aufzufassenden und auch gerne verhandelnden Geschäftspartner innerhalb des Unternehmens – einem echten Dienstleister.

Immer häufiger werden informale und auch formale SLAs zwischen Fachbereichen und der IT beschlossen, heißen sie nun Spielregeln, um die Form zu wahren oder wirkliche SLAs bei extrahierten Töchtern als IT. Und der dazugehörige Prozess, der hilft, diese SLAs einzuhalten und zu überwachen, kann im Allgemeinen eben als IT-Governance bezeichnet werden, zumindest der operative Teil davon.

IT-Governance ist aber zudem auch noch eine IT-Strategie bzw. deren Entwicklung und Verwirklichung. Eine IT-Strategie kann nur aus dem Management heraus gesteuert werden – es ist keine rein technische Angelegenheit. Es spielen z. B solche Faktoren eine wichtige Rolle wie ein Ausweichbetrieb für den Fall des Stromausfalls oder einer Katastrophe, Rahmenverträge mit Dienstleistern, Outsourcing etc. Beispiele davon gibt es Millionen – in der Größe eines allumfassenden unternehmerischen Überlebensaspekts bis hin zum kleinsten CD-Laufwerk und den Zugriffsregeln dafür.

Das Management selbst kann (und würde) aber natürlich die IT-Governance nur planen – die Umsetzung erfolgt eben durch die Entwicklung, den Betrieb, den Einkauf und nicht zuletzt den IT-Architekten. Dieser muss dem Management wichtige Anhaltspunkte für die Entwicklung eben dieser Strategie liefern – technische Bedürfnisse, Hochrechnungen, Sicherheitsaspekte, Schulungsbedarf, Zukunftsvision, passende Sourcing-Modelle usw. Und genau an dieser Stelle kommt ja auch wieder das Thema mit der Rolle vs.

Position: Diese Liste ist unendlich lang und kann unmöglich von einer Person verantwortet bzw. geleistet werden. Die Entwicklung der IT-Strategie aus der Macher-Perspektive heraus ist auf alle IT-Schultern verteilt, zumindest auf die führenden.

Ohne IT-Governance gibt es heutzutage keine IT. Der IT-Architekt – in unserem Fall mal wieder der pragmatische – sieht es als eine seiner zentralen Aufgaben an, die IT-Strategie des Unternehmens im Rahmen der Governance mitzugestalten und zu steuern. Es geht dabei nicht nur um die Technik, sondern vor allem um die Risiken und die Zukunftssicherheit bzw. die Absicherung des Fortbestands und des Wachstums des Unternehmens. Technik ist dabei einfach nur Mittel zum Zweck.

4.8 Woher weiß ich, ob es der richtige Weg ist?

Man weiß es einfach. Entweder läuft das Projekt oder es läuft nicht. Die Konzentration darf nur den Projektzielen und deren optimaler Erreichung gelten, nicht jedoch dem dogmatischen Befolgen irgendeines Vorgehensmodells. Die Neigung dazu ist groß, obgleich in der gesamten Literatur empfohlen wird, den Prozess an den Kontext anzupassen – und das ist ja schon pragmatisch. Doch Viele neigen dazu, die Reinheit des gelernten Prozesses zu hegen statt sich damit zu beschäftigen, das Projekt in-time und in-budget abzuliefern. Zumindest diejenigen tun das, die noch nie auf die Schnauze gefallen sind.

Man darf nicht so darauf versessen sein, ein publiziertes Vorgehen immer maßstabsgetreu und unverändert zu befolgen. Alles, was man so unterwegs lernt – und die Vorgehensmodelle sind da wärmstens empfohlen – darf der Architekt immer nur als mögliche Richtlinie, als eine Art Best Practice auffassen. Und je einfacher man sich aus einem starren, vorgegebenen Rahmen herausreißen kann, umso erfolgreicher geht man auch vor. Daher definiert sich an dieser Stelle der richtige Weg so: keine Dogmen, stricke dir einen Prozess zusammen, der in deinem aktuellen Kontext am schnellsten und einfachsten sowie erfolgreichsten zum Ziel führt. Kenne dabei die Theorie und mische Teile davon zu einem Kontextcocktail – die gemischten Vorgehensmodelle, die Hybriden also, eignen sich daher am besten für die pragmatische Denke und die pragmatische Architektur, da sie dem Architekten neben aller Agilität immer noch genügend Zeit zum Nachdenken und Vorausschauen lassen. Pragmatisch mal wieder.

5 Pragmatische Architekturentwicklung

Es ist an der Zeit, aus unseren bisherigen Betrachtungen etwas Konkretes, Pragmatisches zu machen. Das tun wir hier also auch – wir versuchen, eine pragmatische Sicht auf die Architekturentwicklung zu extrahieren und das Thema generell zu vertiefen. Wohlwissend jetzt, was einen pragmatischen Architekten so alles antreibt, welche Werkzeuge ihm zur Verfügung stehen und wie er im Projekt organisatorisch bzw. generell vorgehen kann. Wir blicken also nun ganz konkret darauf, wie er die Architektur im Projekt pragmatisch entstehen lassen kann.

5.1 Think big, act small

Das ist definitiv die Kernaussage der pragmatischen Architekturentwicklung. Folgende wichtige Komponenten sind darin enthalten:

- Nimm' die einfachste und schnellste aller möglichen Lösungen

- Sei niemals zeremoniös

- Konzentriere dich auf Quick Wins, lass jedoch das Big Picture nicht aus den Augen

Abbildung 5.1: Think big, act small

- Implementiere nur das, was jetzt nötig ist, verbaue aber keine Wege in die absehbare Zukunft

- Sieh architektonisch nur das vor, was du wirklich erkennen und voraussehen kannst

- Baue keine flexiblen Allzweckwaffen – du kannst nicht alles offen halten

- Konzentriere dich auf das Projektziel und Kundenwünsche, nicht auf die Schönheit

- Schiebe Entscheidungen so lange, bis sie wirklich getroffen werden müssen

(Anti-)Pattern – Fußball-WM im Vorgarten

Es ist übel, zuzusehen, wie manche kleinere bis mittlere Firmen sich in größere Vorhaben hineinwagen. Man versucht mit aller Kraft, alles viel größer wirken zu lassen als es in Wirklichkeit ist. Um z. B größeres Budget zu bekommen oder wenn mal ein neuer IT-Manager oder Vorstand aus einem größeren Unternehmen kommt und das große Spiel vermisst – hier ist die Anzahl der möglichen Gründe kaum begrenzt.

Es ist vergleichbar mit der Veranstaltung einer Fußball-WM im eigenen 10x10qm-Vorgarten. Der Rasen ist da, ein Tor könnte man vielleicht aufstellen und ein paar T-Shirts verkaufen. Aber Spaß beiseite – das machen diverse Firmen mit eigenen IT-Projekten, wo man es viel einfacher, billiger und schneller hinbekäme. Doch dies leisten sich nur eigentümergeführte Unternehmen, diesen soliden Pragmatismus. Da, wo es um fremdes Geld geht, sitzt der Geldbeutel immer viel lockerer, und die eigenen Fehler können viel schneller herumgeschoben werden.

Und zurück zum Anti-Pattern selbst: Es kommen sicherlich Millionen vorbei und kaufen Tickets für diese Veranstaltung, nicht wahr?

5.2 Architekturentwicklung vs. Architekturmanagement

Die einen entwickeln, die anderen verwalten. So ist es auch mit der Architektur: An und für sich sollte sie kontinuierlich weiterentwickelt werden, statt langweilig verwaltet. Man benötigt aber auch wiederum einen Mix von beidem, wobei sich jemand, der nur verwaltet, nicht als Architekt bezeichnen sollte, sondern als Verwalter bzw. Manager. Ganz einfach, und pragmatisch obendrein.

(Anti-)Pattern: Architektur = Bürokratie

Architektur ist in erster Linie Vision und Innovation, und erst an zweiter Stelle Verwaltung. Vor allem in großen Unternehmen beschäftigen sich Architekturabteilungen nahezu ausschließlich mit der sog. Architecture Governance, also dem nachgelagerten Prozess der Architektur, der eher das Erreichte verwaltet, statt nach Neuem zu suchen.

Wörter wie ARIS statt Forschung sind dann an der Tagesordnung. Ein Architekt muss seine Architektur in jedem Fall auch verwalten können, damit sie ausreichend dokumentiert und kontrolliert ist. Das gibt ihm und seinen Kollegen die Gewissheit, sich in einem gewissen Rahmen zu befinden und nie bei null anzufangen, was in Projekten schlichtweg ein Segen ist. Außerdem erleichtert die Verwaltung der Architektur auch deren Kommunikation an neue Kollegen oder jedwede prüfende Instanz.

Aber jemand, der sich nur auf die Pflege von Architekturartefakten in einem entsprechenden Tool beschränkt und dieses selbst nicht durch Projektarbeit mit Neuem füttert, ist kein Architekt, sondern Toolexperte bzw. einfach nur Verwalter. Architecture Governance ist das notwendige und wichtige Übel bzw. die eigentliche bürokratische Routinekomponente in der Arbeit des Architekten, da muss man einfach durch. Ob man es mit einem teuren und komplexen Tool macht oder sich auf Wiki mit Diagrammablage beschränkt, hängt von der Institutionsgröße, dem Bedarf überhaupt und dem eigenen Pragmatismus vs. Verwaltungswahn ab.

Ein solcher Architekt ist dem Autor mal über den Weg gelaufen. Er beherrschte jeden Klimmzug von ARIS und kannte jede Revision zentraler Architekturdokumente auswendig. Er hat auch viele dieser Dokumente erstellt, ohne wirklich zu wissen, welche technischen Aspekte sich hinter dieser oder jener Vorgabe verbergen. Als er für ein Großprojekt eine recht einfache Infrastrukturskizze anfertigen musste, hatte er für eine Visio-Zeichnung mit 5 Elementen und zwei Linien vier Wochen gebraucht und diese danach gar als Erfolg bezeichnet, der auf gesammeltem Wissen beruhe. Wie in der einen Star-Trek-Folge: Wir haben die Technik von unseren Vorfahren, wissen aber inzwischen nicht mehr, wie sie funktioniert…

5.3 Die Wahrheit – die Dokumentation einer Architektur

(Anti-)Pattern: Architecture by Implication

Eine nicht dokumentierte bzw. nicht kommunizierte Architektur ist keine Architektur. Fangen wir doch auch hier gleich mit der entsprechenden Analogie aus dem Bauwesen an: Wie baut man ein Haus, wenn es keine Entwürfe gibt? Wie leitet man daraus einen Bauplan ab? Oder wie effizient bzw. erfolgversprechend wäre ein Bauvorhaben, wenn der Architekt alles im Kopf behalten und jedem Bauarbeiter jeden seiner Arbeitsschritte diktieren würde?

In der Softwareentwicklung ist es nicht anders, geht jedoch noch ein bisschen weiter. Architekturbeschreibung als solche unterliegt keinem einheitlichen Standard, sondern vielen möglichen Pseudostandards.

Ob der Architekt es nach (R)UP macht und ein Paket von Dokumenten wie Supplementary Specification oder SAD pflegt oder ob es völlig formlos geschieht, wichtig und ganz entscheidend sind zwei Dinge: Erstens, die Dokumente sind da und im Team kommuniziert und verfügbar, und zweitens, die besagten Dokumente werden permanent gepflegt und bleiben nie in der ursprünglichen Version stehen. Zu jedem Zeitpunkt im Projekt muss man in die Architekturdokumentation sehen und dieser den aktuellen Kenntnisstand sowie Angedachtes entnehmen können: begründete Architekturentscheidungen, betrachtete Alternativen, „schwarze Löcher", Messergebnisse, Visionen etc. Derartige Information darf nicht im Kopf des Architekten eingesperrt sein – nicht nur aus redundanztechnischen, sondern schlichtweg aus projekttechnischen Gründen. Projektmitglieder dürfen zu keinem Zeitpunkt im Projekt in die Situation kommen, nicht zu wissen, in welchem technischen Rahmen sie bleiben bzw. dessen Details nicht zu kennen.

Rückfragen beim Architekten in Bezug auf die eine oder andere offene Lücke in der Architekturbeschreibung müssen zwangsläufig dazu führen, dass dieser sie sofort durch Vorgaben bzw. Best Practices oder technologischen Durchstich mit Ergebnisbeschreibung schließt. Dieselbe Frage darf einfach kein zweites Mal gestellt werden, sonst hat der Architekt seinen Job nicht richtig getan.

Es reicht auch bei Weitem nicht aus, ein Paket an Diagrammen als vollständige Architekturbeschreibung zu bezeichnen oder gar auf den Sourcecode als eine solche zu verweisen. Keine agile Methode empfiehlt den vollständigen Verzicht auf Dokumentation: Mindestens die Eckpfeiler und der Weg der Entscheidung, der zu ihnen geführt hat, müssen jederzeit verständlich dokumentiert vorliegen. Niemand sagt, dass man die Dokumentation der Architektur zum Selbstzweck erheben soll, aber ein gesundes Mindestmaß sorgt für organisatorische Rückendeckung und gutes technisches Vorankommen im Projekt. Der Architekt sollte dabei seinen zentralen Job darin sehen, diese Dokumentation immer aktuell zu halten und restlos zu kommunizieren.

Bei einem Unternehmen, welches nach recht frei ausgelegten agilen Methoden entwickelte, kam ein Kunden-Auditor zu Besuch. Er wollte wissen, wann und warum die technologische Entscheidung gegen .NET und für Java gefällt wurde, als man die superteure und hochkritische Kundenlösung erstellte. Der Architekt hat ihn auf den Sourcecode als die einzige Dokumentation verwiesen. Das Management freute sich anschließend über alle Maße über eine weitere Feststellung bzw. Maßnahme im Audit-Bericht.

Es gibt ungefähr eine halbe Millionen dokumentierter Mittel und Wege, eine Architektur zu beschreiben. Wir wollen sie uns alle erst gar nicht ansehen und stattdessen auf die passende Literatur verweisen, denn das alles gehört in den Bereich der Theorie. Aus der Praxis wollen wir aber in der Anlage B ein ganz konkretes Software Architecture Document nach dem Unified Process (oder zumindest wiederum eine pragmatische und leichtere Variante davon) zum Besten geben. An dieser Stelle wollen wir uns mal ansehen, was so ein SAD überhaupt beinhaltet und warum. Das Vorgehen und die Inhalte hier sollen dem (angehenden) Architekten vermitteln, worauf es bei der Architekturdokumentation wirklich ankommt. Das SAD gilt also vielmehr als Beispiel, nicht als Dogma.

Auf der anderen Seite sind die hier aufgeführten Inhalte für eine gute Architekturdokumentation unerlässlich. Und als Nebengewinn kann man an dieser Stelle gleich sagen: Wenn man Festpreisprojekte vergibt und die Architektur selber managt, gibt es nichts Schöneres, als dem Anbieter ein SAD in die Hand zu drücken und dieses im Vertrag als zu erfüllende Pflicht neben fachlichen Funktionen zu fixieren. Danach kann man sich wirklich auf die Kontrolle konzentrieren – die Entwicklung ist ja eh schon aus der Hand. Wenigstens kann man dann den Anbieter in einen Rahmen pressen, der für, sagen wir mal, akzeptablen Softwareaufbau sorgt.

Ein SAD besteht aus zwei primären Bereichen:

- Topics – protokollierte Entscheidungen

- Sichten – unterschiedliche Brillen auf die Architektur

Topics protokollieren also die Entscheidungen. Deren Protokoll sieht immer identisch aus und besteht aus folgenden Teilen:

- Zusammenfassung der Lösung

- Betroffene, relevante bzw. erfüllte treibende Architekturfaktoren

- Lösung selbst – was wurde entschieden?

- Motivation – warum ist so entschieden worden?

- Ungelöste Punkte – was ist noch offen an dieser Stelle?

- Betrachtete Alternativen – Fundus an Alternativlösungen, die zurückgestellt oder verworfen wurden

Und das ist es. Topic für Topic werden Entscheidungen beschrieben und begründet. Die Faktoren, die eine Architektur treiben, entsprechen weitgehend den nichtfunktionalen Anforderungen, die wir in Kapitel 2 betrachtet haben. Alternativen bieten sich für später an, falls die entschiedene Lösung nicht funktioniert. Aber auch zur Nachvollziehbarkeit der Entscheidungen, z. B einer Revision gegenüber.

Der zweite wichtige Bereich des SAD ist die Betrachtung der n+1-Schichten. Bilder, Ablaufdiagramme und Beschreibungen können hier beim pragmatischen Vorgehen in freier Form platziert werden. Die möglichen Schichten werden ebenfalls in Kapitel 2 beschrieben. Für ein Beispiel enthält dieses Buch in der Anlage B ein umfangreicheres SAD.

Eine ähnliche Form der Dokumentation kann man auch für die Beschreibung einer IT-Architektur wählen. Im Prinzip sind die Punkte identisch, einige davon verlagern sich vielleicht mehr ins Strategische oder ins Hardwaretechnische.

5.4 Das Skelett - die Referenzarchitektur

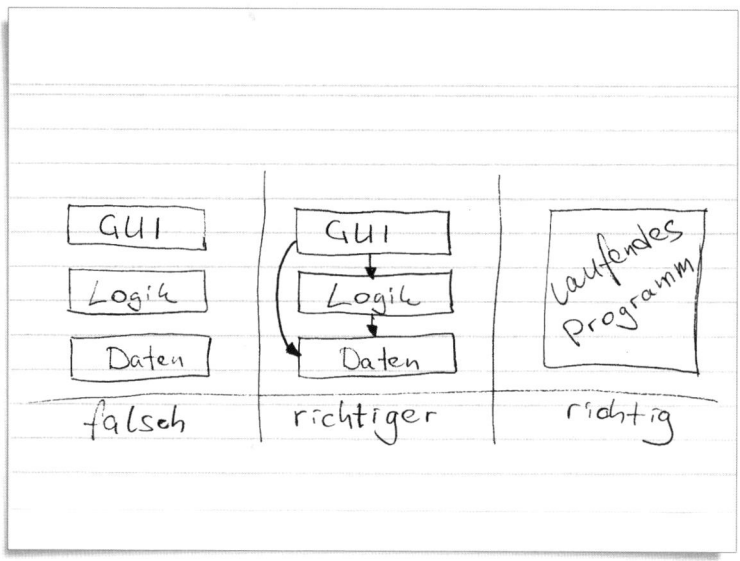

Abbildung 5.2: Das einzig Richtige und das Wahre: lauffähiges Stück Software

Eine Referenzarchitektur ist nicht nur das Skelett der gesamten Lösung. Es ist vor allem der sinnvollste und der einzig wahre Weg für den Architekten, seine Ideen und Konzepte zu präsentieren, zu kommunizieren und unter Beweis zu stellen. Nur wenn seine Referenzarchitektur auch wirklich funktioniert und andere sichtlich überzeugt, kann der Architekt behaupten, sie würde für den Anfang etwas taugen. Papier ist keine Referenzarchitektur, wie schön die bunten Käschen und vielleicht Pfeilchen auch sein mögen. Abbildung 5.1 stellt den Sachverhalt etwas konkreter dar.

(Anti-)Pattern: Metaarchitektur

Haben Sie schon einmal auf eine Architekturskizze gestarrt und es nach diversen Anläufen immer noch nicht geschafft, sie zu verstehen? Oder haben Sie schon mal einer längeren Expertenunterhaltung oder einem Forum-Thread im Bereich der Architektur beigewohnt, um hinterher festzustellen, dass sie keinerlei nennenswerten Inhalt trugen? Wenn ja, dann sind Sie Opfer der Metaarchitektur geworden.

Diverse Architekten bewegen sich einfach allzu oft auf einer Metaebene, die nahezu keine Details zulässt. Vor allem ist dieser Trend in Hype-Bereichen der Moderne zu beobachten. Stundenlange Debatten, Bücher mit mehreren hundert Seiten, ellenlange Artikel oder Forumsbeiträge, die allesamt wie von der jüngsten Gartner-Studie abgeschrieben oder dieser nachgesprochen zu sein scheinen. Man wirft mit Metaargumenten um sich, um an der Metaargumentation des Opponenten zu zerschellen, weil man zufällig ein Buzz-Wort übersehen hat.

Desweiteren existieren so viele Architekturbilder, die aus lauter bunten Kästchen bestehen, grauen Wölkchen, die jedoch keinerlei Verbindungslinien – egal, ob mit oder ohne Richtungspfeile – aufweisen. Eine solche Darstellung liefert keinen Mehrwert gegenüber einer simplen Aufstellung derselben Komponenten in Tabellenform, abgesehen von der grafischen Aufbereitung der Tabellenzeilen in Form von Symbolen.

Es gibt nichts an einer schönen Grafik auszusetzen, denn sie erfreut das Auge. Sobald aber der Sinn des Bildes versucht, sich einen Zugang über die Augen zum Gehirn zu verschaffen, prallt er an den fehlenden Verbindungsdetails ab und wird mit Tränen wieder durch die Augen ausgeschieden. Ein Architekt muss bei einer Architekturskizze dafür sorgen, dass sie angemessen detailliert ist. Je nach Architektursicht ergeben sich mal mehr, mal weniger Details, es sind aber immer irgendwelche Linien und idealerweise Richtungspfeile zwischen den Kästchen vorhanden, es sei denn, man beschreibt einen Topf von völlig losgelösten Komponenten. Dieser hat aber an sich wiederum keine Architektur und ist kaum eine Skizze wert.

Und nun zurück zu der Metaexpertise: Buzz-Wort-Olympiade kursierte schon mal im Netz unter einem anderen, etwas medienunfreundlichen Namen – da musste man am Ende „Bingo" schreien. Ein Architekt sollte sich auf gar keinen Fall auf die Metaebene begeben und stattdessen unbedingt, egal bei welchem Abstraktionsgrad oder welcher Annäherung an das zu betrachtende System, immer das notwendige Maß an Details beschreiben. Ganz ohne Details kann keine architektonische Betrachtung auskommen, denn das wäre mit einem Ziegelsteinstapel zu vergleichen, den ein Gebäudearchitekt als Architekturentwurf abliefern würde. Kann man sich daraus ernsthaft ein Haus vorstellen? Oder wie wäre es damit: Weiß man wirklich, wie stabil ein Gebäude wird, wenn man als angedachtes Baumaterial die Steinmassen von Maximegalon mit denen von Magrathea vergleicht (Doug, wir vermissen dich!)?

Eine weitere Ausprägung dieses Anti-Patterns ist der Vergleich von Technologien mithilfe der veröffentlichten und meist marketingtechnisch aufbereiteten Featurelisten. Ein Architekt vergleicht dabei oft Äpfel mit Birnen, nur weil sich zufälligerweise zwei Zeilen in der Featuretabelle ähneln, die Technologien an sich aber unterschiedliche Schwerpunkte haben. Es ist ermüdend, einer Feature-List-basierten Argumentation zuzuhören…

Übrigens, auch eine Power-Point-Präsentation einer vermeintlich tollen Architektur kann den Kunden außerhalb des Besprechungsraums nicht beeindrucken (naja, sie beeindruckt auch keinen mehr im Besprechungsraum – die Zeiten sind endgültig vorbei). Was zum Schluss laufen muss, ist die Software.

Ein heutzutage sehr erfolgreiches Unternehmen hatte zu Beginn seiner Tätigkeit diverse Investoren für sein Geschäftsmodell gewonnen, indem es eine Power-Point-Präsentation als angeblich fertige Webanwendung vorführte. Der Präsentierende hatte nach genauer Regie in die jeweiligen Bereiche der aktuellen Power-Point-Folie geklickt, und die nächste Folie kam hervor, als ob es der Maskenwechsel wäre. Der Trick funktioniert vielleicht bei Businessleuten, nicht jedoch bei Architekten.

5.5 Das Probiererle - die Macht des PoC[1]

Haben Sie jemals ein Haus mitten im Bau gesehen, bei dem noch am „Skelett" gebaut wird, aber irgendwo in der Mitte schon ein fertiges Fenster samt Dekoration verbaut ist? Das ist ein Probiererle bzw. ein Proof Of Concept, kurz PoC. Und genauso so geht es auch in der IT zu – man benötigt PoCs, um:

- Risiken sehr früh zu erkennen und zu minimieren

- Grundpfeiler eine Lösung auszuprobieren

- Zentrale Anforderungen auf Tauglichkeit hin zu prüfen

- Früher Akzeptanz für potenzielle Lösungen zu erhalten

- Fremdkomponenten vor dem Kauf/der Integration auszuprobieren

Der Architekt muss in jedem Fall die Kunst des PoC mit anschließender Courage beherrschen – der Courage, auch mal „nein" zu sagen, falls die anvisierte Lösung wirklich nichts werden kann. Es geht beim PoC eben darum, überhaupt Dinge zu prüfen, die eine Lösung gefährden können, um ausgehend vom Ergebnis z. B zu entscheiden, ob man die Lösung so überhaupt macht. PoC ist ein wichtiges Instrument zur Entscheidungsfindung und muss in jedem Fall eingesetzt werden.

5.6 Feuchter Mob auf altem Staub: Legacy[2]-Integration vs. Neuentwicklung

Was würde passieren, wenn die Häuser in der Münchener Innenstadt alle paar Jahre abgerissen und neu gebaut werden würden, nur weil sich eine neue Technologie ergab und sich die Architekten unbedingt austoben wollten? Die Stadt wäre hässlich, die Kosten unerträglich und das Ganze auch recht uneinheitlich und instabil. Warum ist es denn in der IT häufig der Fall, dass man wegen Berührungsängsten oder sonstigen deplatzierten Gefühlen auch mal funktionierende Systeme über Bord wirft – ohne Rücksicht auf Verluste, ohne adäquate Überlegung, einfach nur, um etwas Moderneres zu haben? Die Begründung dafür lautet nicht selten: Das alte System ist eben Legacy.

Wann spricht man eigentlich von Legacy? Es handelt sich bei einem Legacy-System um eine etablierte, historisch gewachsene Anwendung im Bereich Unternehmenssoftware[3]. Legacy ist hierbei das englische Wort für Vermächtnis, Hinterlassenschaft, Erbschaft, auch Altlast. Es wird jedenfalls nicht definiert, wie alt die Altlast werden darf, damit sie als solche bezeichnet werden kann. Das Alter einer Software wird im Übrigen nicht unbedingt in Kalenderjahren gemessen, sondern u. a. in Mannjahren der Entwicklung und der Anzahl der über die Zeit umgesetzten und geänderten Funktionen. Auch ist nicht direkt davon die Rede, in welcher Technologie ein Legacy-System vorliegen muss, damit es als Legacy gilt.

---

1   http://de.wikipedia.org/wiki/Proof_of_Concept
2   http://de.wikipedia.org/wiki/Legacy-System
3   Quelle: Wikipedia

Ganz entscheidend sind dabei die Wörter „etabliert" und „Unternehmenssoftware". Unternehmenssoftwaresysteme, bzw. hauseigene betriebswirtschaftliche Softwaresysteme, die z. B vor Jahrzehnten entstanden und über eben diese Jahrzehnte immer weiter ausgebaut und angepasst wurden, haben einen Vorteil gegenüber allem, was sich anschickt, diese abzulösen: Sie sind in den Unternehmen etabliert. Sie decken (meistens) den aktuellen Geschäftsbedarf ausreichend gut. Jedoch ist es oft nur die Momentaufnahme, die über die Beurteilung der Tauglichkeit eines Softwaresystems entscheidet. Findet in einem Unternehmen im Bereich der IT jedoch hauptsächlich reaktive fachliche Weiterentwicklung der hauseigenen Systeme statt (was in der Vergangenheit die Regel war und noch immer gang und gäbe ist), gibt es keine ausreichende strategische Vision und nicht genug Spielraum dafür, um zu den günstigen Zeitpunkten im Lebenszyklus eines Systems entsprechende Basisveränderungen herbeizuführen. Konsequenz: Das System wird für die Kunden zum Schloss Neuschwanstein, für die IT selbst gar zur MIR. Abbildung 5.3 zeigt eine prototypische Lebenszykluskurve eines Systems und einige Zeitpunkte, an denen in der Regel Kurskorrekturen vorgenommen werden sollten. Diese Kurskorrekturen können rein technisch gesehen auch später im Lebenszyklus erfolgen, dies ist jedoch mit deutlich höheren bis unvertretbaren Kosten bzw. Verlusten verbunden. Im späteren Verlauf des Artikels kommen wir nochmals auf diese Zeitpunkte zurück, um Ansätze für eine, wenn Sie so wollen, „Anti-Legacy-Strategie" zu diskutieren. Die besagte Kurve ist übrigens angelehnt an die Kurve des Produktlebenszyklus aus der Marketingperspektive, und auf viele Systeme trifft diese Ähnlichkeit sehr gut zu.

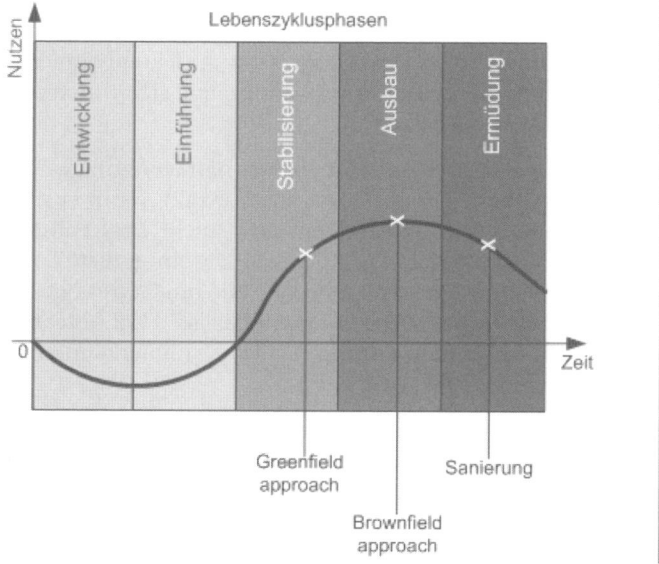

Abbildung 5.3: Lebenszyklus eines Softwaresystems und die Zeitpunkte zur Kurskorrektur

Während der Entwicklung und auch der Ersteinführung tendieren Systeme logischerweise dazu, mehr Aufwand als Nutzen zu verursachen. Das Release 1.0 ist aber meistens nur der erste Wurf, auf den zunächst eine Phase der Stabilisierung im technischen und fachlichen Sinne folgt (denken Sie nur an das berühmte Bild über die Software, wie sie am Ende wurde und wie sie der Kunde eigentlich wollte – genau, das mit der Schaukel).

Auf Stabilisierung folgt der funktionale Ausbau des Systems, der auf den initial zurückgestellten Kundenwünschen bzw. neuen Anforderungen beruht. Irgendwann ist das System funktional so gesättigt und technologisch ggf. überladen, dass die Phase der Ermüdung eintritt, die u. U. bis zum Lebensende des Systems andauert, sofern nichts dagegen getan wird. Der Legacy-Schatten, und das muss an dieser Stelle nochmals betont werden, erstreckt sich im schlimmsten Fall über alle Phasen, da er theoretisch schon während der Entwicklung erscheint. So hat man sich z. B extra für eine proprietäre Technologie entschieden, weil ein Standard noch nicht ausgereift war, das Projekt jedoch in-time fertig werden musste. Kurze Zeit später ist die eigene proprietäre Lösung nach der offiziellen Standardverabschiedung bereits Legacy. Dass ein System in der Ermüdungsphase bedenkenlos als Legacy bezeichnet werden kann, liegt nahe.

Nach diesem etwas theoretischen Seitenblick wenden wir uns den Java-basierten Systemen zu. Diesen Systemen und Plattformen, die sich Unternehmen z. B in den heißen .COM-Zeiten aufgebaut haben, um vor einem Börsengang den Unternehmenswert zu erhöhen oder generell den Markt mit einer Geschäftsidee so schnell wie möglich zu erreichen, geht es dabei in Wahrheit nicht anders als den graubärtigen COBOL-Anwendungslandschaften aus den Achtzigern: Sie haben über die gewünschte bzw. geplante Lebenszeit hinaus überlebt und hatten es sogar geschafft, Unternehmen beim Wachstum zu unterstützen und nicht nur den jeweils aktuellen Geschäftsbedarf zu decken. Das Tempo im neuen Jahrtausend ist jedoch so extrem gestiegen, dass durch immer weniger Marktnischen eine immer kürzere Time-to-Market entsteht, und in der Konsequenz veralten die Softwaresysteme um ganze Faktoren schneller als sonst. Der Versuch, diesem Umstand mit immer mehr Standards zu begegnen, führt zur Explosion eben dieser Standards und zum rapiden Altern der darauf aufsetzenden Systeme. Auf komprimierter Zeitspanne von 5 bis 10 Jahren schaffen es Java-basierte Anwendungen, sich durch eine Art System-Progerie[4] ins Legacy-Verderben zu stürzen.

Um aus der Java-Welt mal ein paar Beispiele durchzusprechen: Wer hält heutzutage noch JSPs mit Scriplets für zeitgemäß? Würde nicht jeder von uns schmunzeln, wenn er hört, dass JAWS CMP immer noch verwendet wird? Wird einem etwa nicht übel bei dem Gedanken, dass immer noch transaktionsloses Direkt-JDBC sein Dasein genießt? Wer nutzt denn heute noch Remote-Interfaces vor den lokalen Beans? Wie um Gottes Namen kann das denn noch sein, dass ein Domänenmodell nicht erkennbar ist? Und bitte, niemand will doch behaupten, er verwendet immer noch enum als Variablennamen im Code und betreibt seine Anwendungen immer noch auf JRE 1.4…

Die Softwarewelt verändert und erweitert sich tagtäglich. Im Falle von Java z. B sind es eigene verbesserte und fremdadoptierte Sprachelemente, Multilingualität, immer neuere Frameworks und Ansätze für unterschiedliche architektonische Bedürfnisse und Zielgruppen, immer mehr JSRs zur Standardisierung und Konsolidierung von etablierten Ideen etc. (ok, manchmal könnte man gar das Gefühl bekommen, JCP versucht, die ganze Welt zu standardisieren) Doch nicht jedes Unternehmen mit einer bereits vorhandenen, mit viel Aufwand und Investition entstandenen Lösung oder einer ganzen Lösungslandschaft wollte und will es sich leisten, diesen ständigen technologischen Wandel mitzumachen, insbesondere dann nicht, wenn kein unmittelbarer wirtschaftlicher Nutzen damit verbunden ist. Als Konsequenz veralten die verwendeten Standards,

---

4   http://de.wikipedia.org/wiki/Progerie

und die Codebasis wird generell „müde". Auf der anderen Seite haben solche für ein System absolut zentralen Standards wie EJB inzwischen diverse Inkarnationen hinter sich, die nicht immer problemlos kompatibel zueinander waren und bei einer Befolgung der Aktualität immer größere Umstellungen nach sich zogen. Viele haben diese Sprünge schlichtweg nicht mitgemacht. Kann man da noch von Solidität von Standards sprechen und diese den vermeintlichen Hypes vor die Nase reiben? Wohl kaum – nichts ist derzeit so vergänglich wie Standards, die sogar von Hypes überlebt werden.

Wollen wir doch mal gegenüberstellen, was die jeweiligen Interessensgruppen um ein Softwaresystem während dessen Lebenszyklus von eben diesem erwarten. Alle Stakeholder haben unterschiedliche Sichten auf ein Softwaresystem und erkennen die Notwendigkeit von Veränderungen wie größere Umbauten oder Releases auf ganz unterschiedliche Art. Auch die Schwerpunkte der Interessen sind sehr unterschiedlich gelagert. Tabelle 5.1 zeigt diese Interessen bezogen auf unseren prototypischen Lebenszyklus. Wir lassen auch ganz geschickt solche unsichtbaren Stakeholder wie den Vater Staat oder die Revision außen vor, um uns auf das Wesentliche zu konzentrieren.

LZ-Phase Stakeholder	Entwicklung	Einführung	Stabilisierung	Ausbau	Ermüdung
	Interessen				
Sponsor	Time-to-Market	Nutzerzufriedenheit	Investitionsschutz	Revenue	
Nutzer	Wunscherfüllung				
Entwickler	technische Qualität	Nutzerzufriedenheit	technische Stabilität	technischer Fortschritt	neue Welt
Betreiber	Stabilität = weniger Calls; weniger Releases				

Tabelle 5.1: Lebenszyklusphasen und dazugehörige Interessen einzelner Stakeholder

Wie man sieht, haben alle Interessensgruppen nahezu völlig unterschiedliche Vorstellungen davon, was im Lebenszyklus eines Systems am Wichtigsten ist. Lassen Sie uns diese pro Stakeholder im Detail erörtern.

Sponsor

Jedes Vorhaben hat einen Sponsor. Dieser muss nicht unbedingt ein direkter Nutzer des Systems sein, sondern ist in der Regel derjenige, der in eine Lösung investiert, um danach von ihr zu profitieren. Geschäftsführung bzw. Vorstand oder ein Investor sind die klassischen Sponsoren. Ihr Hauptinteresse liegt darin, das System so schnell wie möglich an den externen oder internen Markt (z. B eine Plattform oder ein rein internes System) zu bringen, um die Phase der Entwicklung, in der ja bekanntermaßen der Nutzen negativ ist, so kurz wie möglich zu halten. In der Phase der Einführung wollen die Sponsoren schnell die Nutzerzufriedenheit erreichen – ob intern oder extern, eben je nach Systemart. Auch hier muss die Phase schnell vorbei sein, um den Nutzen ins Positive zu lenken. Stabilisierung ist bei einsichtigen Sponsoren notwendig, um die getätigten Investitionen durch Beseitigen der Time-to-Market-Kompromisse vorerst zu sichern. Danach zählt für den Sponsor nur der Ertrag – auch hier direkt durch Gewinn oder indirekt durch Einsparung.

Nutzer

Die Nutzer wollen ihre Wünsche umgesetzt sehen. Stabilität und Performance werden schlichtweg als gegeben vorausgesetzt. Nehmen wir als Beispiel den Vertrieb in einem Unternehmen: hier zählt das Hier und Jetzt, um die Zielvorgaben zu erreichen. Da steht der Weitblick im direkten Konflikt zu dem Salär. Wofür entscheidet man sich wohl?

Entwickler

Diese Gruppe will natürlich, dass in der Entwicklungsphase mehr Zeit zur Verfügung steht und die Lösung komplett durchdacht wird, um so eine gute technische Qualität zu erreichen. Die Time-to-Market-Kompromisse tun doch uns allen weh, nicht wahr? Bei der Systemeinführung zählt jedoch in erster Linie, wie zufrieden der Kunde mit der Lösung ist, denn danach wird man eigentlich gemessen. In der Stabilisierungsphase möchten Entwickler mit all den technischen Kompromissen aufräumen, die sie zähneknirschend während der Entwicklung eingehen mussten. Beim Systemausbau möchte man als Entwickler natürlich ständig neuere Technologien verwenden, nicht zuletzt, um den Anschluss an die rapide technologische Entwicklung nicht zu verpassen. An dieser Stelle lauern aber viele Gefahren, ein System durch Technologieeskapaden zu überladen. Die Kunden mit ihren fachlichen Wunscheskapaden haben übrigens mindestens genau so viel Potenzial, ein System zu überladen (hierfür haben sich die Begriffe Featuritis bzw. Bloatware etabliert). Beide Gefahrenquellen müssen durch kontrollierte und wohldosierte Prozesse sowie einen gewissen Grundpragmatismus neutralisiert werden. Darauf gehen wir aber im weiteren Verlauf explizit ein. Ist ein System in der Phase der Ermüdung angekommen, denken viele Entwickler immer stärker an den Aufbau einer neuen Welt als Systemersatz, insbesondere dann, wenn sich bereits Entwicklergenerationen abgewechselt haben und die neu hinzugekommenen Entwickler sich nicht mit dem Altsystem identifizieren.

Betreiber

Hier ist es ebenfalls sehr übersichtlich: Betreiberleistung wird u. a. nach Calls bzw. nach Systemverfügbarkeit etc. gemessen. Je instabiler das zu betreibende System, umso mehr Calls gibt es, umso schlechter performt der Betreiber. Technische Stabilität des Systems ist also für den Betreiber essenziell. Und genau hier kommt natürlich auch der Punkt, dass neue Releases immer Kandidaten für Instabilität sind, also mögen Betreiber in Wahrheit keine neuen Releases.

Orthogonal zu allen Interessensgruppen verläuft die Unternehmenskultur, sie spielt bei dem Systemlebenszyklus gar die entscheidende Rolle. Ist das Unternehmen z. B stark vertriebsorientiert, bleibt die strategische Komponente oft auf der Strecke und die Ad-hoc-Gewinne zählen vor allem anderen. Sind die Strukturen wiederum recht bürokratisch und starr, ist die Entwicklung oft sehr langwierig. Die Lebenszyklen unterscheiden sich daher nicht wirklich in der Phasenzusammensetzung, sondern vielmehr in der jeweiligen Phasendauer und den Zeitpunkten der Kurskorrekturen.

Gar nicht so einfach, diese ganzen Interessenskonflikte unter einen Hut zu bringen und zu einer für alle Seiten akzeptablen Lösung zu gelangen. Das magische Mittel heißt hier wie auch bei sonstigen Konflikten: Kompromiss. Ein netter Spruch besagt, Kompromiss ist, wenn jede Seite weiß, dass sie etwas verliert. Wir haben hier aber vier primäre Stakeholder-Gruppen, die in der dargebotenen Reihenfolge auch die Machtverhältnisse repräsentieren. Wie man deutlich sehen kann, kommen Entwickler in ihrem Einfluss ganz knapp vor dem Schlusslicht und dem allseits beliebten Prügelknaben Betrieb. Zuerst kommen natürlich diejenigen, die die Musik bestellen – die Zahler, knapp gefolgt von denjenigen, für die die Musik bestellt wird, also den Nutzern. In einer solchen Reihenfolge sehen auch die Kompromisse pyramidenartig – je näher an der Spitze, umso weniger Verzicht. Mit dieser Situation muss man sich leider abfinden – ITs dieser Welt regieren nicht die Unternehmen, sondern sind schon fast Commodity. Wichtig ist, wie viel man daraus macht, um trotzdem noch qualitative Entwicklung und Wartung von Systemen aufrechtzuerhalten.

Welche möglichen Interessensüberschneidungen könnte es denn geben, wenn man unsere Tabelle genauer betrachtet? Als Erstes fällt auf, dass man unter Argumentation des Investitionsschutzes Postprojekte zur Qualitätsverbesserung bzw. für die Verbesserung der technischen Qualität dem Management gegenüber als notwendig etablieren kann, und zwar könnte man sogar versuchen, diese Nachprojekte an jedes Release zu knüpfen. Ob es klappt, liegt wieder stark in der Unternehmensstruktur. Eine weitere mögliche Überschneidung der Vorstellungen könnte z. B die Öffnung des Systems für neue Anforderungen sein, die mit dem bisherigen System nicht umsetzbar sind, durch bestimmte technologische Verbesserungen. Wir gehen auf diesen Punkt später etwas näher ein.

Insgesamt ist es aber erforderlich, die Interessen der zahlenden oder diktierenden Kundschaft (Sponsor, Nutzer) immer irgendwie mit den rein technischen Interessen zu kombinieren. Bleibt eines davon unbeachtet, entwickelt sich das System einseitig überproportional schnell zum fachlichen oder technischen Legacy-Gebilde. Rein technische Releases sind in Wirklichkeit auch sehr utopisch – lediglich in der Stabilisierungsphase sind sie halbwegs denkbar, während der Phasen des erwarteten Ertrags sind sie schlichtweg undenkbar. Dagegen sind rein fachlich getriebene Releases gänzlich ohne technische Verbesserungen durchaus an der Tagesordnung, spätestens dann, wenn das Unternehmen einen guten und erfolgreichen Vertrieb hat.

Lassen Sie uns nun darüber nachdenken, wie sich der Legacy-Geruch bemerkbar macht. Zum einen lässt die bereits erwähnte Featuritis ein System schnell zu Legacy mutieren. Man stelle sich nur vor, dass bei einer etwas erhöhten Fluktuation z. B im Marketingbereich bereits nach einem Jahr aktiven Einbaus von Werbe- und Sonderaktionen, Kanälen etc. mit dem Ausscheiden der fachlich Verantwortlichen das Wissen über die besagten Systemerweiterungen für immer verloren geht. Der Marketingbereich ist extrem lebhaft, und viele Systeme wurden auch nicht dafür vorgesehen, nahezu an jeder Stelle der Oberfläche erweiterbar zu werden und die Erweiterung bis nach ganz hinten in die Persistenz durchzuziehen. Entwickler reagieren auf die Marketinganforderungen, die meist spontan und kurzfristig entstehen und sich selten an geplante Releasetermine halten wollen, mit schnellem Einbauen – für tiefe Überlegungen und Analysen fehlt oft die Zeit. Der Code bleibt da stehen, wo er entstand, bis die jeweilige Aktion als obsolet gestrichen wird. In diesem Fall hilft aber die Fluktuation kaum – der Verantwortliche ist weg und niemand weiß so recht, ob die Aktion noch „lebt" oder nicht. So bleibt der Codemüll für immer da.

Ein anderes Beispiel: Wie wäre es mit Fluktuation in der Entwicklung selbst? Wenn Wissensträger das Unternehmen verlassen, z. B wenn es während des Lebenszyklus mehrere Teamwechsel gegeben hat, hilft auch die beste Übergabe nichts – übergeben werden in der Regel rein operative Aufgaben und Bereiche und nicht das breite Systemwissen. Außerdem gilt hier die Regel: Neue Mitarbeiter wissen ungefähr 20 % weniger über das System als ihre Vorgänger. Nach fünffachem Teamwechsel würde man so ziemlich bei null liegen (zugegeben, so stimmt es auch nicht ganz, das soll aber nur die Risiken aufzeigen). Und noch ein letztes Beispiel: In sehr dynamischen Unternehmen fehlen oft die dedizierten Hutträger, die ein Systemfeature fachlich bzw. wirtschaftlich über den gesamten Systemlebenszyklus hinweg betreuen – die sog. Produktmanager (PM). Diese Rolle ist unerlässlich, möchte man zumindest die Chance wahren, überflüssige Funktionen jemals ordentlich loszuwerden. Viele Unternehmen verzichten aber auf diese Rolle bewusst oder unbewusst – das Resultat ist immer ein System, das einem fachlichen, restlos überfüllten Leichenhaus mit angeschlossenem Friedhof gleicht und in dem es recht eigenartig riecht.

Wenn sich ein System zwar funktional immer noch trägt, die Weiterentwicklung jedoch immer langsamer vorangeht, sodass man in ein typisches Dilemma fällt, mit immer mehr Leuten immer weniger umsetzen zu können, ist es ebenfalls ein Indiz für Legacy. Genauso wie Codestellen, an die sich niemand mehr traut. Auch fehlende fachliche Wissensträger sind ein Indikator für den Legacy-Status. Wichtig ist dabei, zusammen mit allen Stakeholdern zu bewerten und zu entscheiden, was man dagegen tut und vor allem wann man es tut. Die fehlenden Fachexperten sind z. B als Schrei nach dem Neuaufbau zu verstehen. Codeleichen können zwar theoretisch bestehen bleiben, der Geruch verteilt sich aber mit jedem neuen Release immer weiter unaufhaltsam auf das Gesamtsystem. Ein kontinuierlicher Umbau im laufenden Lebenszyklus ist den Sponsoren sehr schwer zu verkaufen, da das Geld zumindest am Anfang stärker riecht als ein alterndes System. Generell sind die Sponsorennasen gegenüber Gerüchen außerhalb der finanziellen Sphären ziemlich resistent. Einige hatten es sogar schon mal mit Geruchsverstärkern probiert, also z. B Funktionen absichtlich im Betrieb scheitern lassen, um so die notwendige Aufmerksamkeit zu erlangen. Das ist aber nicht ganz die feine Art, und der Schuss geht oft nach hinten los. Die Überzeugungsarbeit gegenüber Sponsoren ist das Aufwändigste und Undankbarste, was es bei der Bekämpfung der Legacy-Zustände gibt. Hierzu müsste man selbst über Erfahrung und Analyse die Möglichkeiten und Wege herausfinden und diese auf das eigene Unternehmen projizieren. Wir widmen uns aber nun den üblichen, allgemeinen Ansätzen, um ein System vom Legacy-Status zu befreien.

Aus dem wahren Leben...

Ein Stelldichein der Anbieter. Wir wollen unsere Onlineplattform einigermaßen umbauen und modernisieren lassen. Der dritte im Bunde präsentiert. Lange Zeit geht es um nichts, und dann kommt man zum Finanziellen, das wir dem Technischen vorziehen wollten. Der Präsentator war sehr gut gelaunt und sagte uns, sie hätten *die* Lösung für all unsere Probleme – na, da waren wir aber mal gespannt, die zu hören, wo sich schon ihre Vorgänger so schwer getan hatten und dabei ehrlich waren. Diese waren noch ehrlicher. Sie sagten einfach, sie würden uns dringend davon abraten, unsere Legacy-Plattform anzufassen, sondern stattdessen eine Neue zu bauen.

> Und sie wären die einzigen, die dazu in der Lage wären. Und für schlappe 5 Millionen machen sie das auch – quasi als Festpreis und Freundschafts- bzw. Schnupperangebot. Da war der Mann mit seinen Ausführungen noch gar nicht fertig, als unser Vorstand aufstand und kommentarlos den Konferenzraum verließ.
>
> Sichtlich schockiert hatten die Anbieter dann noch weiter erzählt, obgleich ihnen keiner so richtig zugehört hatte – das Urteil war gefallen. Unser Vorstand kam dann zum Schluss dazu, machte sie einfach zur Sau und warf ihnen vor, seine wertvolle Zeit zu verschwenden etc. Sie haben den Zuschlag natürlich nicht bekommen…

Der Architekt sollte aus der ganzen Betrachtung Folgendes mitnehmen: Legacy-Systeme stellen einen Unternehmenswert dar. Wenn sie funktionieren und weiter gewartet werden können, ist der Ablösung aus welchen sonstigen Gründen auch immer in jedem Fall immer ein Fortbestehen vorzuziehen. Das sichert getätigte Investitionen und vermeidet neue, sowie ungewisse und gewisse Risiken im Zusammenhang mit einer Ablösung. Höchstens kann man versuchen, das System zu modernisieren oder z. B neu zu GUI-fizieren oder webifizieren, den Kern aber in Ruhe lassen. Hat er sich voraussichtlich ausgelebt, kann man über eine Ablösung nachdenken.

5.7 Blick in die Glaskugel – Evolution und Variabilität

Kennen Sie die Häuser, z. B in der Türkei, bei denen oben das Dach so offen gehalten wird, dass man weitere Stockwerke anbauen kann (es war leider unmöglich, herauszufinden, wie man diese Bauweise bezeichnet)? Da ragen oben Stahldrähte aus dem Beton hervor. Hat man mal mehr Geld oder Platzbedarf oder beides oder welchen Grund auch immer, kann man recht problemlos anbauen – in der Theorie zumindest. So muss auch die IT ihre Lösungen bauen, und der Architekt ist hier natürlich auch wie der Architekt im Bauwesen.

Eine andere Metapher drängt sich unter diesen Aspekten bezüglich des Architekten auf: der Wahrsager. Er muss nämlich anhand weniger verfügbarer, kontextspezifischer Wissenspartikel und seiner Erfahrungswerte die Zukunft vorhersagen. Und zwar nicht die, die der Wahrsager üblicherweise selbst nach Belieben oder wie bestellt erfindet, sondern die tatsächliche. Zumindest muss der Architekt versuchen, die Punkte im zu bauenden System zu erkennen, die sich später ändern können (Evolutionspunkte) und die, die sich je nach Situation oder Variante unterscheiden können (Variabilitätspunkte).

Evolution

Das ist ganz schwierig. Zu erkennen, wo sich ein System später verändern kann, ist wirklich einem Blick in die Glaskugel ähnlich. Denn das wissen auch die Kunden selbst nicht – sie können oft nicht einmal weiter als bis zum ersten Release blicken. Und ohne gültige Anforderungen kann man kaum in die Zukunft blicken – man sieht da nur den Nebel. Es gibt trotzdem einige Mechanismen, die dem Architekten wenn nicht den Blick in die

Zukunft ermöglichen, dann aber zumindest erlauben, das System so zu gestalten, dass nachträglich Änderungen möglich sind – in einem gewissen Rahmen natürlich. Diese sind u. a. folgende:

- Modularisierung
- Interface-driven Design
- Domainmodellierung
- Microcontainer/Microkernel
- Saubere Beschichtung (logisch und physisch)
- Schichtenzugriffskontrolle (statisch und dynamisch)
- Spätes Binding jedweder Art
- Stabiles API (syntaktische sowie semantische Stabilität)

Die Liste kann unendlich weitergeführt werden und soll lediglich einige Möglichkeiten aufzeigen. Eine theoretische Vertiefung einzelner Punkte würde massiv den Rahmen des Buches sprengen und auch außerhalb dessen Fokus liegen.

Variabilität

Der Variabilität begegnet man in der Regel u. a. mit folgenden Mitteln:

- Konfiguration
- Dynamische Modifikation und dynamisches Laden
- Reflection/spätes Binding
- Generative Ansätze
- Deklarativ statt imperativ entwickeln
- Codeistrumentalisierung bzw. Aspektierung
- Versionierung von APIs und Services

All das sind die heutzutage üblichen Mechanismen, um ein System variabel zu halten. Inwieweit es variabel sein muss, müssen wiederum die Anforderungen und der gesunde Menschenverstand entscheiden.

Ein ganz wichtiges Thema im Rahmen der Zukunftsvorhersagen ist die Planung einer saubereren Datenhaltung. Business lebt von sauberen Daten. Der Architekt muss Potenzialstellen für Datenmüll früh genug erkennen und sie isolieren bzw. für deren Beseitigung im laufenden Betrieb Lösungen vorsehen. Denn sowohl die Daten selbst als auch die Strukturen erodieren mit dem Fortschreiten des Lebenszyklus eines Systems am schnellsten.

Abbildung 5.4: Blick in die Glaskugel

(Anti-)Pattern - Universum unterm Mikroskop

Würde jemand wirklich ernsthaft je auf die Idee kommen, durch ein Mikroskop ins All zu blicken? Abgesehen von den rein optischen Aspekten sind dazu in der Regel andere Betrachtungswerkzeuge vorhanden. Warum machen denn auch die Architekten oft den Fehler, selbst jeden technischen Aspekt bis ins kleinste Detail zu analysieren?

Wir wissen ja, dass der Architekt vor allem den Blick für das Globale hat. Auf der anderen Seite muss er sich auch um die wichtigen Details kümmern, z. B tatsächliche Umsetzung zentraler Frameworks etc. Aber wir wissen auch, dass er kein Bottle Neck werden darf. Wenn er anfängt, sich in jedes Detail hineinzudenken und die technischen Themen nicht an seine Kollegen delegiert oder ihnen nicht den technischen Tiefgang ermöglicht, wird er bald den Wald vor lauter Bäumen nicht mehr sehen.

Bei sehr vielen Aspekten der Projektarbeit muss der Architekt auch auf Grautöne verzichten und sich zu Schwarz-Weiß-Entscheidungen durchringen, die vielleicht nicht immer den Forschergeist zufriedenstellen, im Projekt jedoch ein schnelleres Vorankommen ermöglichen. Man kann nicht vor einem komplexen strategischen Angriff beim Blick auf die Karte mit der Lupe deren letzten Quadratzentimeter genauestens untersuchen und dabei rechtzeitig und auch erfolgreich angreifen.

Für den Architekten ist eine Detailannäherung nur bei Dingen relevant, die von zentraler und missionskritischer Bedeutung sind, die Detailausarbeitung dagegen muss im Team gemäß der Arbeitsteilung ebenfalls unter Mitwirkung des Architekten erfolgen.

Ein Kollege durfte mal in ein bestehendes System eine fremde, kommerzielle Komponente einbauen und hatte diese vorher auf ihre Tauglichkeit hin zu untersuchen: Performance, Parallelisierbarkeit, fachliche Aspekte etc. Doch bevor er mit der eigentlichen Aufgabe losgelegt hat, wollte er unbedingt die Binaries disassemblen, um zu sehen, wie es innen drin tickt. Mal abgesehen von den rein rechtlichen Themen war diese Tätigkeit reine Zeitverschwendung: Mit dem Anbieter hatte man sich auf vertraglicher Ebene auf die entsprechenden Rahmenparameter geeinigt, leider mit wenig Test im Vorfeld, für den der Kollege dann doch kaum mehr Zeit hatte.

5.8 Mit Stethoskop und Spritze – Architekturdesign

Oh ja, natürlich muss die Architektur designt werden. Und zwar – wenn wir pragmatisch denken – ganz ohne Schnickschnack (das No-Frills-Prinzip[5] hält immer mehr Einzug in die IT und sorgt für kostengetriebenen Pragmatismus). Architekturdesign ist etwas, was eine Architektur zum Resultat hat, die nur das anbietet, was sie soll, jedoch den möglichen und erkennbaren Änderungen und Variationen mit Mechanismen begegnet, die sie so weit wie nötig offen halten. Um es konkreter zu machen, gehen wir doch einfach mal ein paar Anti-Patterns durch – daraus wird klarer, welches Architekturdesign „nicht pragmatisch" ist.

(Anti-)Pattern: Wunderwaffe/Allzweckwaffe

Die beiden Anti-Patterns gehören zusammen wie Pech und Schwefel. Eine Wunderwaffe entsteht dann, wenn eine und dieselbe Lösung unter jeder erdenklichen Sauce als der ultimative Lösungsweg verwendet wird. Anforderungen und Prozesse werden verbogen, Entwicklungsperformance völlig zunichte gemacht, nur um diesem Wundertool zu genügen. Es wird dabei nicht einmal über Alternativen oder Variationen nachgedacht.

Die Wunderwaffe wird zur Allzweckwaffe, wenn sie auch absichtlich so konzipiert wurde. Andernfalls könnte sie auch dazu mutieren, wenn die ursprünglichen Hersteller nicht mehr greifbar sind und die Nachfolger Angst vor Veränderungen haben.

Architekten dürfen schlichtweg keine Allzweckwaffen produzieren und müssen das Erheben eines Mechanismus oder Werkzeugs in den Rang einer Wunderwaffe durch ständige, geregelte Innovation und Kontrolle verhindern. Es ist absolut notwendig, Projekte technologisch bei deutlich mehr als null Prozent starten zu lassen. Der Architekt muss aber immer nüchtern und ohne jedwedes Stachelausfahren bei Kritik an eigenen Erzeugnissen abwägen, ob oder in wieweit eine fertige Lösung auf die aktuelle Aufgabe passt.

---

5   http://de.wikipedia.org/wiki/No-Frills

entwickler.press

Dies betrifft Eigenproduktionen wie Fremdartefakte gleichermaßen. Jeder Einsatz eines technischen Etwas muss durch den Bedarf und die Sinnhaftigkeit legitimiert und durch Kosteneinsparung oder gar Gewinn abgerundet werden, selbst wenn es jedes Mal etwas anderes ist.

Der Autor selbst fiel vor nun mehr als dreizehn Jahren selbst auf die Nase, als er einen Mechanismus baute, der zu Aufrufen einer Methode namens „doData" überall im Code führte. Diese Methode ließ sich über das übergebene Datenobjekt steuern, welches so um die 200 Felder besaß, weil man damit sämtliche Aufrufvarianten abbilden und zugleich vereinheitlichen musste. Als es zum Suchen von Produktionsproblemen kam, hatte sich die Allzweckwaffe verständlicherweise als sehr sprechend erwiesen.

Mit Wunderwaffen ist wenig zu erreichen, da sie nie funktionieren und u. U. erst gar nicht losgehen, wenn es ernst wird. Man hört dann nur ein gedämpftes leichtes „Puhhh" und ... vorbei.

(Anti-)Pattern: The Second-System Effect

Das ist das absolute Gegenteil zum Pragmatismus, und in der gleichen Liga spielt auch die Gasfabrik, die wir nicht gesondert betrachten werden.

Architekten müssen in ihrem Berufsleben viele technische Kröten schlucken. Dass die moderne IT mit jedem Jahr immer kostengetriebener wird, trägt auch einiges dazu bei. Ein Architekt kann nicht immer das Neueste, Tollste und Fortschrittlichste ausprobieren bzw. einsetzen, wenn der finanzielle, unternehmerische, terminliche und altlastspezifische Kontext es nicht zulässt. Der Architekt muss aus diesem Kontext das Beste herausholen, um den Fortschritt nicht zu vernachlässigen. In einem Projekt gibt es mehr davon, im anderen weniger.

Aber wenn ein Architekt anfängt, sichtlich schlanke und einfache Lösungen mit unnötiger Komplexität zu überladen, behindert und gefährdet er das Projekt. Dass Anwendungen geschichtet werden sollten, ist unbestritten und gehört zu den Basisüberlegungen eines Architekten. Aber mehr Schichten und dadurch mehr Entkopplung heißt nicht automatisch bessere Architektur. Diese wird nicht nur daran gemessen, wie unabhängig die einzelnen Schichten sind, sondern vor allem daran, wie pragmatisch und effizient sie jetzt ist bzw. an welchen Stellen sie dann ohne große Umbauten erweiterbar wäre.

Eine zusätzliche Abstraktionsschicht z. B, die niemals ausgetauscht wird, ist zumindest ein Kandidat dafür, die ersten Entwurfsskizzen erst gar nicht zu verlassen. Eine Architektur ist – das sollte jedem Architekten bekannt sein – dann fertig, wenn man nichts mehr streichen kann, und nicht erst dann, wenn man nichts mehr darauf geladen bekommt. Pragmatismus und noch einmal Pragmatismus – das ist eine der effektivsten Waffen eines Architekten.

Platz für Innovation gibt es in jedem Projekt genug, aber die Softwareentwicklung ist nicht der richtige Platz, um aus den unveröffentlichten Schnipseln des ersten Films auch noch eine Nachgeburt zu kreieren. Grenzenlose Innovation und Experimente gibt es nicht einmal in Forschungslabors – diese haben in der Regel klare, budgetgebundene Aufträge. Geduld und Pragmatismus – das ist der goldene Weg.

Manchmal muss man aber die Lösung überladen, wie kontrovers es auch klingen mag. In einem Pilotprojekt wurde mal eine etwas überladene Lösung gebaut, da es absehbar war, dass diesem Projekt in Kürze weitere, deutlich größere folgen würden. Die Basistechnologien waren sehr neu, also entschied man sich dafür, gleich den technologischen Vollausbau zu pilotieren. Es war zum Glück ein Erfolg, hätte jedoch auch schiefgehen können – die Risikobewertung hat die Entscheidung gebracht.

Erfahrung ist für einen guten Architekten sehr wichtig, gar unerlässlich. Im Kapitel 3 ist dieses Thema sehr tief diskutiert worden. Es wird viele Beulen am Kopf geben, bevor man einen Grunderfahrungsschatz besitzt, der einem wenn nicht die neuen Schläge erspart, dann diese zumindest etwas dämpft und jeden zweiten davon leicht vorbeischrammen lässt.

(Anti-)Pattern: Innere-Plattform-Effekt

Wenn der Architekt Entscheidungen so lange wie möglich hinauszögert oder die Anforderungen an das zu bauende System nicht in dem Maße bekannt sind, dass man überhaupt eines vernünftig bauen kann, die Zeit jedoch drängt, wird ein System implementiert, das an diversen Stellen so konfigurierbar und generisch ist, dass dessen Administration und Tuning im Betrieb zur permanenten Entwicklungsaufgabe werden.

Eine der wichtigsten Aufgaben des Architekten ist es, die sog. Variations- und Evolutionspunkte des Systems aus den technischen Anforderungen zu erkennen und als Konfigurationsmöglichkeiten oder Plug-Mechanismen vorzusehen. An Stellen, wo das System laut Anforderungen keine Flexibilität oder Erweiterbarkeit benötigt und der Architekt durch den mittleren Weitblick keinen Bedarf dafür erkennen kann, ist keine Konfigurierbarkeit bzw. Generizität erforderlich – hier kommt man mit mehr oder weniger hart gesetzten Grenzen oftmals zu besserem Durchsatz und generell schlankerem Code.

Was natürlich auch hier gilt: Man baut kein System, wenn die Anforderungen an dieses unklar sind, man sollte sich schlichtweg weigern, dies zu tun. Es ist schon schwer genug, ein bewegliches Ziel zu treffen, noch schwieriger ist es, wenn die Hand zittert bzw. der Lauf des Gewehrs mehrmals verbogen ist. Architekten machen unter Druck oft den Fehler, auf dieses Ziel gleich mit ganz schweren Geschützen zu schießen – da wird eine Kanone herausgeholt, und eines der riesigen Projektile trifft das Ziel samt Umgebung im Radius von einem Kilometer doch garantiert.

Und noch ein Hinweis: Es gibt in der Tat Systeme, bei denen der Konfigurationsbedarf und die notwendige Generizität eklatant sind. Diese weisen aber auch entsprechende Anforderungen auf, die man mit bloßem Auge erkennt.

In einem Unternehmen wurde ein Mitarbeiter zum Selbstzweck, als er ein Schablonensystem für Dokumentenerstellung als einziger bedienen konnte und die Firma mit der Zeit immer weiter an sich gebunden hatte, indem er sich mit Konfigurationseskapaden die Stelle sicherte. Es kam sogar so weit, dass in den Schablonen per Skript einzelne Druckbuchstaben konfiguriert wurden, und die Schablonen für einen Firmennamen zyklomatische Komplexität nach McCabe von sage und schreibe über 100 aufwiesen! Viel Freude an solcher Generizität…

Es ist völlig falsch, ein in alle Himmelsrichtungen offenes System zu bauen. Es gibt immer Grenzen, und wenn sie ausreichen und auch niemals durchbrochen werden, warum sie dann ausweiten oder eliminieren? Jede aufzulösende Grenze erhöht den Aufwand um ein Vielfaches, und wenn es gar nicht notwendig ist – und da spricht mal wieder der Meister Pareto[6] aus einem Pragmatiker – wieso überhaupt Aufwand investieren?

(Anti-)Pattern - Cowboy

Dieses Anti-Pattern dürfte in jedem Team schon mal aufgetreten sein, obwohl man immer wieder versucht, es zu verhindern. Dabei verhält sich ein Architekt wie ein Cowboy in einem Hollywood-Western: rücksichtslos, heroisch, selbstverliebt und stürmisch.

Ein solcher Architekt führt größere Erweiterungen und Refactorings durch, ohne sich im Team abzusichern bzw. abzustimmen. Dies hat meistens zufolge, dass das Team erst dann etwas von seinen Aktivitäten mitbekommt, wenn es bei einem SVN-Merge Konflikte hagelt. Eine weitere Eigenart solcher Architekten ist der ungebrochene Wille, Technologien am lebendigen Objekt auszuprobieren und niemanden darüber zu informieren.

Und noch eine Eigenschaft kennzeichnet einen solchen Cowboy: Er bastelt gerne im stillen Kämmerchen innerhalb kürzester Zeit etwas so Abstraktes und Generisches, dass kein Mensch, sogar teilweise nicht mal er selbst, damit zurechtzukommen vermag. Und wenn es soweit ist und die Sache nicht funktioniert, dem Ganzen schnell den Rücken zudrehen und sogar die Flucht ergreifen. Gut, ein Western-Cowboy mit diesem Verhalten wäre kein Publikumsmagnet, wir sind aber nicht in Hollywood – in der Realität haben Helden oft mehr Angst als Courage.

Diese Architekten neigen zu extrem verletzbarem Stolz und mögen es gar nicht, wenn man ihre misslungenen Schnellschüsse kritisiert. Zugegeben, Heldenprogrammierung oder der Cowboy-Modus beeindrucken auf den ersten Blick, doch sobald die Vergoldung zerkratzt ist, kommt darunter ein übler Geruch hervor.

Ein vernünftiger Architekt kann auch in seiner Arbeit schnell sein, da spricht nichts dagegen. Er darf jedoch dabei gegen keine der Vorgehensregeln verstoßen und nicht in arbeitstechnische Hast ausbrechen, denn das ist der Weg zum Chaos oder gar Ruin für das Projekt.

---

6   http://de.wikipedia.org/wiki/Paretoprinzip

Ein ehemaliger Kollege wollte, beflügelt von seinen zugegeben brillanten technischen Fähigkeiten, es allen beweisen und eine Massenbereinigung von Exceptions in einer großen Codebasis durchführen. Dies hat er auch getan, und dabei leider keinen einzigen Regressionstest erstellt und damit für Emergency-Releases fast im Stundentakt gesorgt, nachdem jede kleinste Exception ungefangen auf die Oberfläche durchgereicht wurde.

Cowboyartiges Vorgehen ruiniert Architekturen oder lässt sie erst gar nicht entstehen. Cowboys designen nicht, sie schießen nur daher, und das schnell und wahllos. So kann keine Architektur entstehen. Wenn man beim Wilden Westen bleibt, so dürfte der Architekt eher der ruhige Sheriff sein. Er kann auch schnell schießen, tut es aber nur dann, wenn es nötig ist. Ansonsten versucht er mit Strategie und Taktik, Banditen zu fassen, und den Rest der Zeit investiert er in das Kümmern um das Wohl der Stadt.

Matthias Bohlen hatte mal auf der OOP einen goldigen Vergleich gebracht: Er verglich den Architekten mit einem Arzt. Dieser muss sich ständig um Wehwehchen kümmern, Spritzen injizieren etc. Der Vergleich ist wirklich sehr gelungen und lustig, denn die Doktoren reparieren in der Regel, statt etwas zu bauen. Aber es ist wirklich so, nach dem Design bzw. dem Bauen beginnt die eigentliche Arbeit: das Kümmern.

(Anti-)Pattern: Management/Investor-driven Design

Dies ist eine recht häufig anzutreffende Anomalie. Dabei lässt sich der Architekt von skurrilen, irrationalen und nicht fundierten Anforderungen seitens des Managements oder indirekt der Investoren treiben.

So z. B die Nachahmung der Mitbewerber in Sachen Technologie als einer der beliebtesten Vertreter solcher Skurrilitäten: „Unser Mitbewerber macht jetzt .NET und ist erfolgreicher am Markt als wir. Machen Sie was, bringen Sie uns technologisch dahin, damit wir unsere Marktposition gegenüber dem Mitbewerber verbessern.

Schauen Sie es bei ihnen einfach ab. Oder nein, bauen Sie uns gleich was ganz Neues, möglichst auf Basis von Enterprise 10.0 für Web 20.0, damit wir einen gescheiten Vorsprung haben. Nehmen Sie dafür alles, was Sie wollen, aber achten Sie unbedingt auf Kosten, denn Ihr Budget von 50 PT ist eh schon groß genug: Ihr Erfolg wird daran gemessen, wie viel Sie davon am Ende des Tages gespart haben. Aber sparen Sie nicht an den Servern, nehmen Sie zwanzig, dreißig davon: Solange Sie im Budget bleiben, ist es kein Thema. Können Sie da schon das Big Picture Ihrer Architektur malen? Wie, Sie können noch nicht sagen, wann Sie fertig sind? Das ist aber schade, dass die Anekdote gekürzt wurde – der etwas schroffe Originaltext half den Aärger über Cowboys besser zu verstehen"

Und, schon mal was Ähnliches gehört? Wenn der Architekt das Zappeln und Zucken anfängt, sind seine Erfolgschancen gleich Null.

Seine Aufgabe liegt darin, aus dem ganzen Wust von Buzz Words und Glanzmagazinweisheiten die Essenz in Form von wahren Anforderungen herauszulesen. Er ist bei der Anforderungsanalyse mit dabei und muss den oftmals kindischen Wunschzettel ans Christkindl in eine Anforderungsliste bringen helfen, aus der technische Überlegungen abgeleitet werden können. In unserem Beispiel könnte es z. B heißen, dass eine benutzerfreundliche Oberfläche erforderlich ist, die stärker mit dem Kunden interagiert und ihn optimal unterstützt (ist aber an sich auch eine ganz schwammige Anforderung, hier nur exemplarisch übersetzt).

Zu beweisen, dass die eigentliche Anforderung im Vollausbau aus technischer Sicht weitere Nullen rechts an die o. g. PT-Zahl zaubert, ist ebenfalls eine der Aufgaben des Architekten. Zu hinterfragen, was es nun mit der Enterprise-Versionierung auf sich hat oder diese bewusst in den eigenen, jedoch klar pragmatischen und fundierten Sprachgebrauch zu übernehmen, um auf einen Dolmetscher verzichten zu können, obliegt unserem Architekten ebenfalls. Auf jeden Fall hat der Architekt Kontakt zum Management, und dieses will ihn verstehen.

Doch Vorsicht! Das Management erwartet von einem Architekten auf gar keinen Fall, dass er jedes Gespinst mitmacht, sondern misst die Skills des Architekten quasi an dem geleisteten technischen Widerstand, wie absurd das auch klingen mag. Zumindest sollte es das.

Der Autor hatte mal in einer Unterhaltung mit einem Topmanager erwähnt, dass die Architektur sozusagen das Big Picture einer Lösung im Fokus hat. Völlig harmloser Spruch, der jedoch wie ein Bumerang zurückschlug: Der Manager hatte es irgendwie missinterpretiert. Als sich ein neues, großes Projekt am Horizont abzeichnete, verlangte er innerhalb recht kurzer Zeit das Big Picture für das Projekt. Als er den ersten Entwurf des SAD sah, war er ganz groggy: das sei aber nicht das gewesen, was er erwartet hatte. Nach einem kurzen Frage-und-Antwort–Spiel hatte sich herausgestellt, er hatte einen gesamten Projektplan erwartet.

Man kann dieses Thema wirklich sehr gut mit Anti-Patterns illustrieren. Architekturdesign ist eine Angelegenheit, die in der einschlägigen Literatur aus theoretischer Sicht und in verschiedenen Variationen (es gibt nicht *das* Prinzip, sondern Millionen davon) mehr oder weniger gut beschrieben ist. Jeder Architekt muss für sich ein Vorgehen herausarbeiten, das ihm am besten passt und auch das jeweilige Projekt nach vorne bringt. Architektur ist jedoch in jedem Fall keine reine on-going Entwicklung – es ist ein Stück Upfront-Design erforderlich, und auch danach gibt es immer wieder Kontrollpunkte im Projekt, an denen Architektur-Reviews zu Änderungen führen können. Und jeder Architekturentwicklungsarbeit steht dann etwas Design vor – nicht viel, nur ausreichend, um entwickeln zu können, ohne sich Architektur beim Kodieren überlegen zu müssen, was absolut tödlich ist.

Abbildung 5.5: Architekturdesigner

5.9 Minenschutz – Explosionspunkte des Systems

Wussten Sie, dass der berühmte Murphy[7] ein IT-Architekt war? Nein? Wie hätte er denn sonst so genau das typische Projektgeschehen vorhersagen können, als er sagte: „Everything that can go wrong goes wrong"?

(Anti-)Pattern: Architektur durch die rosa Brille

Das ist ein sehr gefährliches Anti-Pattern. Hierbei handelt es sich um Architekten, die ihre Konzepte und Entwürfe so gestalten, dass diese von den optimalen Bedingungen und generell von Fehlerfreiheit ausgehen.

Technische Implikationen, Kontakt zu den benachbarten Systemen, Faktor Mensch etc. werden entweder bewusst oder unbewusst ignoriert bzw. Annahmen getroffen, die nichts mit der Realität zu tun haben.

Dabei sind es gerade diese teilweise unsichtbaren, impliziten Faktoren, deren Berücksichtigung ein System wirklich produktionsreif statt laboratorisch macht. Ein Architekt hat nur dann ungebrochener Optimist zu sein, wenn es um den Glauben an die Zielerreichung geht. Bei der Bewertung der möglichen Einflüsse und deren Risiken für seine Architektur und dem Herausfinden der expliziten und impliziten Architekturtreiber ist Murphy's Law seine Bibel.

---

7 http://de.wikipedia.org/wiki/Murphys_Gesetz

entwickler.press

Der Architekt muss die Explosionspunkte seines Systems kennen. Das sind u. a. folgende:

- Datenmengen bzw. Datenbanken generell

- Benutzerzahlen

- Threads/Prozesse

- Netzwerklatenz

- Klassen-/Objektinstanzen

- Eingelesene Konfigurationen

- Abstraktionen wie Bäume etc.

- Rekursion

Und auch davon gibt es wieder Millionen. Der Architekt muss in jedem Fall Mechanismen vorsehen, die die Explosion der Explosionspunkte verhindern. Jede Datenbank oder Datenabstraktionsschicht besitzt z. B Limitierungsmöglichkeiten für Fetches. TCP-Queue kann beschränkt werden. Konfigurationen nicht vollständig in den Speicher geholt, sondern per Stream sukzessive gelesen. Objektspeicher regelmäßig dealloziert. Anzahl der aktiven Threads gedeckt. Und, und, und. All diese Stellen müssen abgesichert werden, da man immer davon ausgehen kann, dass der dumme User genau an diese Stelle hinstolpert, und zwar genau so schnell und häufig, dass ein Absturz oder Datenverlust unausweichlich werden – Murphy eben.

Insbesondere im Bereich der Datenbanken gibt es unzählige Beispiele dafür, wie viel man durch das Vernachlässigen der Explosionspunkte kaputtmachen kann. Datenbanken sind schon immer die Bottle Necks einer jeden IT-Lösung gewesen, da man sie kaum skalieren kann, und wenn man da auch noch nicht sparsam mit umgeht, ist das Chaos perfekt. Datenbanken mutieren zu Marjories[8] und explodieren mit der Zeit in alle Himmelsrichtungen, wenn man nicht frühzeitig etwas dagegen tut. Gehen wir doch einmal die Gründe dafür durch, um das Problem der Datenexplosion etwas deutlicher zu machen und dieses als Beispiel für alle Explosionspunkte und ihre Wichtigkeit insgesamt zu verwenden.

Ursache	Beschreibung
Fehlende bzw. ungenutzte Expertise	Es gibt keinen DB-Experten im Team oder er wird nicht in den Designprozess mit einbezogen.
Häufiger Händewechsel	Über die Jahre wechseln diverse Händepaare die Zuständigkeit, und das punktuelle Wissen schwindet.
Mangelnde Dokumentation	Es herrscht die Meinung, dass der Quellcode die einzige und ultimative Dokumentationsquelle ist, auch für Datenmodelle.
Reaktive DB-Entwicklung	Die Datenbank wird nicht mit entwickelt, sondern immer nur an die sonstige Codeentwicklung angepasst

Tabelle 5.2: Ursachen des Datenbank-Marjorie-Effekts

---

8 http://de.wikipedia.org/wiki/Allwissende_M%C3%BCllhalde

Ursache	Beschreibung
Technologieignoranz	Technologische Spezifika des eingesetzten RDBMS werden nicht ausgenutzt oder gar absichtlich ignoriert
Mangelhafte Rollentrennung	Die Rollen des Anwendungs- und Datenbankdesigners bzw. -entwicklers oder gar -administrators sind nicht eindeutig geklärt.
Falsche Hoffnung	Es werden unrealistische Annahmen über die Arbeitsweise der eingesetzten Datenbank gemacht bzw. es wird viel zu oft auf das Default-Verhalten vertraut.
Mengenignoranz	Die zu erwartenden Datenmengen werden nicht beachtet, und stattdessen mit optimistisch kleinen Datenausschnitten gearbeitet/getestet.

Tabelle 5.2: Ursachen des Datenbank-Marjorie-Effekts (Forts.)

Was steckt konkret hinter diesen Ursachen? Fehlende bzw. ungenutzte Expertise ist symptomatisch und sehr weit verbreitet. Dabei hat das Team entweder gar keinen Datenbankexperten oder nutzt dessen Know-how bewusst oder unbewusst nicht. Es ist bei Weitem nicht ausreichend, einen Datenbankexperten vor vollendete Designtatsachen zu stellen. Idealerweise beteiligt er sich aktiv am Design und natürlich an der Umsetzung des Datenmodells einer Anwendung.

Beim häufigen Händewechsel ist von einem der typischsten Probleme die Rede, die ein System in seinem Lebenszyklus durchmacht. Einzelne Entwickler bzw. Know-how-Träger sowie ganze Teams wechseln sich ab, und mit jeder weiteren Wechseliteration schwindet das Wissen um das entwickelte System, häufig ganz besonders um das zugrunde liegende Datenmodell.

Um ein Datenmodell ausreichend zu dokumentieren, reicht leider oftmals der Sourcecode nicht aus. Hier sind ganz besonders ER-Diagramme oder ähnliche Mechanismen gefragt, bzw. schlichte Kommentare zu den Tabellenspalten. Ist die Dokumentation nur in den Köpfen des Teams oder im Quellcode, jedoch nicht in den Diagrammen und sonstigen begleitenden Medien enthalten – ist sie also allgemein mangelnd, muss das Team unverändert bleiben oder die Datenbankenmenschen müssen dann den Java-Code lesen und verstehen können. Beides ist absolut suboptimal, wenn nicht gar ziemlich utopisch.

Als reaktive Datenbankentwicklung kann man das Mitlaufen des Datenmodells neben den üblichen Entwicklungsaktivitäten bezeichnen. Ganz konkret: Ich brauche ein neues Feld, dann mache ich eben ein neues Feld. Entwickler machen sich häufig keinerlei Gedanken darüber, ob ein neues Feld nicht vielleicht zu einer Veränderung der Tabellenstruktur, also des Datenmodells führt. Es muss ja nicht bis zur fünften Normalform gehen, aber eine erweiterte Sicht auf die Daten ist in jedem Fall erforderlich, genauso wie sie in der Entwicklung für den zu erweiternden Code gelten sollte.

Bei Technologieignoranz handelt es sich um einige Aspekte wie z. B zu komplexe und damit löchrige Abstraktionen[9] oder schlichte Reduktion des datenbankspezifischen Technologiewissens auf ein für die simple Abbildung der eigenen Daten erforderliches Minimum.

---

9   http://www.joelonsoftware.com/articles/LeakyAbstractions.html

Im Zuge der Datenbankentwicklung kommt es auch zu datenbankspezifischen Änderungen und Anpassungen. Schlimmer noch, an die Administration der Datenbank muss man natürlich auch denken. Wenn die Zuständigkeiten und Rollen im Team nicht ausreichend getrennt sind – die Rollentrennung ist also mangelhaft – passiert es nicht selten, dass durch diverse Händepaare (die müssen sich gar nicht abwechseln, jedoch ändern, administrieren etc.) in der Datenbank strukturell wie inhaltlich chaotische Zustände eintreten.

Das Prinzip der falschen Hoffnung ist eine Folge der Wissensreduktion. Dabei erwartet man von der Datenbank ein implizites Verhalten, das der eigenen, kontextabhängigen Logik sowie schlichtweg dem Wunschdenken entspricht, jedoch von der Datenbank in dieser Form nicht unbedingt zu erwarten ist.

Mengenignoranz ist eine Erscheinung, die sehr typisch für viele Entwicklungsprojekte ist. Man testet die fachlichen Funktionen gegen einen Datenbestand, der nicht einmal einem nennenswerten Bruchteil dessen entspricht, was die Anwendung im Livebetrieb erwartet. Dass die Anwendung bei wenigen Daten prima performt, ist auf Produktion bei größeren Mengen nicht als selbstverständlich annehmbar.

Das sind nur einige der häufigsten Ursachen für den Marjorie-Effekt, der die sichtbare Vitalität einer Datenbank entscheidend und sehr negativ beeinflusst und somit auch direkte Auswirkung auf mögliche Explosionen von Daten hat. Es soll eben am Beispiel der Datenbanken zeigen, wie wichtig das Wissen um die Explosionspunkte und um deren Behandlung für den Architekten ist. Und der Architekt? Er gleicht einem Minensucher, wie in Abbildung 5.6 dargestellt.

Abbildung 5.6: Minensuche zahlt sich vor und nach der Systementstehung aus

5.10 Einschwörung – mentales Framework

Der Begriff „Framework" ist uns ITlern meistens aus der Technik heraus bekannt. Jeder denkt dabei z. B an ein Sammelsurium von Softwarebibliotheken, die irgendwie einen gemeinsamen Zweck erfüllen, oder an eine Sammlung von Best Practices wie die ITIL. Doch niemand denkt beim ersten und zweiten Mal daran, dass ein Framework nicht nur die Technik mitbringt, sondern auch einen gewissen Handlungsrahmen vorgibt, gewisse Patterns, wie bestimmte Probleme damit gelöst werden können, es vermittelt die Wichtigkeit der Einhaltung bestimmter Abläufe und deren Reihenfolgen im Prozess um das Framework herum etc. Kurzum: es handelt sich um ein mentales Framework, welches das technische ergänzt. Und der Architekt ist Lieferant und Garant für dieses mentale Framework – ganz einfach.

IT-Architektur – insbesondere die pragmatische – baut auf Menschen und ihren Interaktionen, auf kollektivem Wissen und architektonischer Arbeitsteilung auf. Jeder im Team ist ein Teilarchitekt, und das Team ist der Gesamtarchitekt. Es gibt einen Treiber, der die Vision aufrechterhält, aber nicht als Einziger alles macht. Aber dieser eine – der dedizierte Architekt eben – muss dem Team ein Gesamtframework an die Hand geben. Ein technischer und ein mentaler Handlungsrahmen, die immer noch weit genug sind, dass man die Freiheit spürt, allerdings doch an entscheidenden Stellen beschränkt, sodass man nicht herausbrechen kann. Es ist daher nicht mit einem Käfig vergleichbar, sondern z. B mit einem großen Reservoir mit quasi freilebenden Wölfen.

Der Architekt treibt ununterbrochen die Vision. Er gibt dem Team die technische Sicherheit, die es braucht, um nach vorne zu kommen. Er gibt ihm aber auch die Denkmuster, wie in welchen Situationen in diesem oder jenem Kontext zu reagieren ist usw. Der Architekt ähnelt dem Manager an dieser Stelle insofern, als ein guter Manager die organisatorischen Steine aus dem Weg des Teams räumt, während der Architekt sich um die technischen und prozessualen kümmert.

Abbildung 5.7: Mentales Framework oder Hypnose?

Aus dem wahren Leben...

Manchmal ist es aber schwierig, ein tatenhungriges Team im Zaum zu halten. Ein Team hatte ich z. B erlebt, das nach Monaten ohne technische Spielereien und ständigem Personal- und Managementwechsel unbedingt zu sich selbst finden wollte. Man hat in sich eigene Rollen definiert, die bunt gemischten neuen Leute in einen Topf geworfen, und ihr Teamchef gab ihnen eine Aufgabe, die sie alle zusammenbringen hätte sollen: den Entwicklerleitfaden. Das alte Wissen war extrem verstreut, alte Hasen ausgeschieden, Dokumentation uneinheitlich, also entschied man sich, neu anzufangen und alles zu sammeln, was man so findet – unter einem Dach.

Die Leute, die dabei ans Werk gingen, waren extrem frisch und fachlich auch nicht durchgängig auf der Höhe – leider. Man hat sie mit der Aufgabe zum Teil überfordert, da sie weder die geschichtlichen Zusammenhänge noch die tatsächlichen technischen Verhältnisse kannten, um ein so präzises und weitreichendes Dokument zu erstellen. Man bat mich, ein paar Kapitel beizusteuern, und den Rest wollte man unbedingt selbst erledigen. Ich tat mein Bestes – nach ein paar Tagen lieferte ich mein Zeug ab. Jahre vergingen, und ich bin mir ziemlich sicher, dass meine Kapitel mit die einzigen sind, die jemals beigesteuert wurden...

Man braucht halt einen Kümmerer, und den hat es da nicht gegeben, ich meinerseits war bereits einer derjenigen alten Hasen, die das Team verließen. Konnte dann auch nicht mehr helfen. Das Team arbeitet weiterhin nach der dokumentationslosen Methode, und Entwickler wechseln sich auch immer noch jeden Monat ab.

Und noch etwas an dieser Stelle: Der Architekt muss dafür sorgen, dass seine Teamkollegen seine künstlerischen Ergüsse gerne mittragen. Anders funktioniert das nicht – man lauert nur noch darauf, bis sich eine Fremdidee als Flop erweist, um den eigenen Kopf durchzusetzen – ein häufiges Phänomen in den wissenschaftlichen bzw. technischen Kreisen, die leider nicht allzu selbstlos sind. ITler wie Entwickler oder Betreiber sind wichtige Stakeholder einer jeden Architektur, da sie sie akzeptieren müssen, bevor sie sie annehmen. Wenn sie sie ablehnen, kann es kein Erfolg werden – man wird ständig jammern und sich auf jeden Ablösungsversuch freuen. Der Architekt muss also nicht beliebt sein, sondern seine Arbeit akzeptiert und mit Freude angenommen und mitgetragen werden.

Es ist auch noch wichtig zu wissen, dass es eine generelle Unterscheidung in Generalisten und Spezialisten gibt. Beide haben ihre Daseinsberechtigung, sind aber mit völlig unterschiedlichen mentalen Frameworks zu versorgen. Generalisten müssen den Überblick über das Ganze haben, ohne einen Tiefgang in einen Bereich zu riskieren. Hier muss der Architekt die Breite vermitteln. Bei Spezialisten dagegen geht es an einer oder zwei Stellen richtig in die Tiefe, wo sich der Architekt trotz seiner Breitenorientierung auch mal tieffachlich beweisen können muss. Spezialisten müssen vom Architekten ein mentales Framework erhalten, das der von ihnen erwarteten fachlichen Tiefe entspricht.

5.11 Der Werkzeugkasten - technisches Framework

Steigen wir hier in aller Kürze ein, da das Thema sehr konkret und übersichtlich ist – und einfach, da es nun wirklich bereits millionenfach in nahezu jedem Architekturbuch beschrieben wurde. Es ist eine der zentralen Aufgaben des Architekten, ein technisches Framework zu schaffen, das in etwa Folgendes ermöglicht:

- Einfache Erweiterung
- Schnelle Entwicklung
- Schlanker Prozess
- Reibungsloser Betrieb
- Trennung der Fachlichkeit von der Technik
- Schnelle Problemsuche
- Monitoring/Überwachung
- Statistische Auswertungen
- Skalierung
- Benötigte Performance (auch nach Skalierung)
- Etc. – und Schönheit wie Eleganz sind völlig optional!

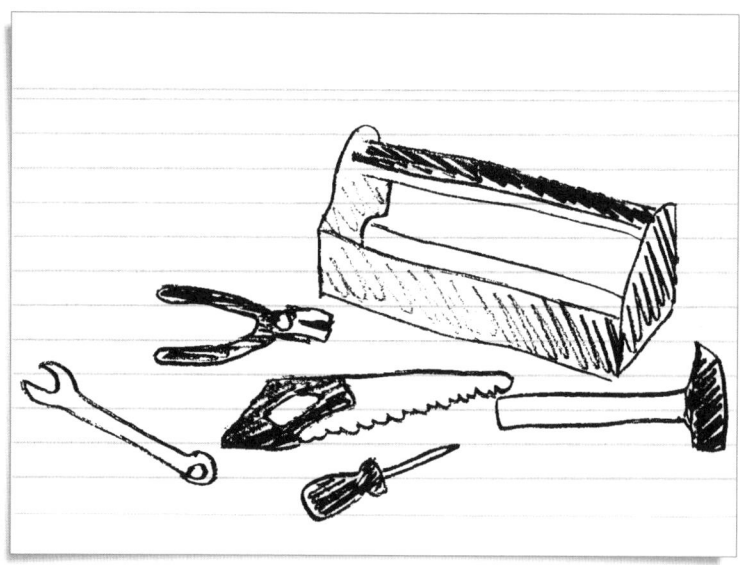

Abbildung 5.8: Das technische Handwerkszeug

Der Architekt muss der Truppe einen Werkzeugkasten an die Hand geben, der neben der mentalen Einschwörung zu dem dauerhaften Gesamterfolg führt. Leute müssen Spaß daran haben, mit dem Tooling und den Konzepten zu arbeiten, sich damit identifizieren und große Stücke dazu beitragen können, dann funktioniert die Sache auch. Und Pragmatismus? Der steckt in der Größe des Kastens, in der Ausführung der Werkzeuge – einfacher statt goldener Hammer z. B oder günstige Ware statt Markenprodukte, und in der Anzahl der Instrumente selbst. Das sind natürlich alles Metaphern – vom Leser muss aber erwartet werden, daraus auf den Sinn zurückzuschließen. Und der Leser dieses Buches kann das sicherlich, wenn er schon so weit in das Buch vorgedrungen ist.

5.12 Der lange Hebel: Skalierbarkeit

Was ist Skalierbarkeit? Das ist die Fähigkeit eines Systems, bei Bedarf mehr oder weniger zu tun, ohne dass dabei der Gesamtdurchsatz entscheidend sinkt. Skaliert wird in beide Richtungen: dazubauen und abbauen. Beides sollte in der Regel möglich und erwartet proportional sein. Skalieren kann sowohl Technik als auch der Prozess. Und ein Reibungsverlust ist immer unvermeidbar – die Frage ist nur, wie niedrig und berechenbar er ist.

Nehmen wir doch mal Fraktale als Beispiel (Abbildung 5.9). Sie skalieren extrem gut, haben aber natürliche Grenzen, wenn man sie – wie in diesem Fall – per Hand auf dem Papier malt. Die Grenze ist das Papier und die Dicke des Stiftes. Irgendwann, wenn man das Ding weiter ausmalt, wird alles zu einem unerkennbaren Brei. Und so ist es auch im wahren Leben mit der Skalierbarkeit – sie ist endlich, und das Ende hängt vom Kontext ab.

Abbildung 5.9: Fraktale sind wahre Skalierungswunder

5.12.1 Technische Skalierung

Es gibt keine Systeme, die linear skalieren. Ein Overhead ist immer dabei, egal was man hernimmt und „dazustöpselt": Software oder Hardware. Sei es die Verwaltung der Thread-Umschaltung oder das Auffinden des physischen Pfads zu einer lastbalancierten Hardware – es gibt immer eine Latenz, und sie steigt meistens exponentiell zu der Anzahl der verbauten Komponenten. Das Einzige, was ein Architekt dagegen machen kann, ist diese Latenz so niedrig wie möglich zu halten, wie z. B:

- Synchronisation vermeiden (Software/Hardware)
- Zustandslosigkeit anstreben
- Client-Weichen nutzen statt am Server zu verteilen
- Kopplungsgrad gering halten
- Auf Prozesse statt Threads verteilen (günstigere Umschaltung)
- Gemeinsame Speicherbereiche meiden

Und wieder gibt es noch eine Million weiterer Beispiele dazu. So viele, dass auch hier ein separates Buch vonnöten wäre, um sie alle adäquat zu beschreiben. Das ersparen wir uns unter Verweis auf die entsprechende Literatur. Stattdessen schauen wir uns an, welche technische Skalierungsarten es gibt – siehe dazu Tabelle 5.3.

Skalierungsart	Erläuterung
Vertikale Skalierung (scale up/down)	Erweitere die aktuelle Hardware um mehr Speicher oder CPU oder baue ab. Bei Software: mehr oder weniger Funktionalität in den gleichen Artefakten.
Horizontale Saklierung (scale out/in)	Nimm zu einem Hardware/Software Cluster mehr identische Komponenten dazu oder baue welche ab.
Diagonale Skalierung	Beides zur gleichen Zeit.

Tabelle 5.3: Primäre Skalierungsarten

(Anti-)Pattern: Die dicke Bertha[10]

Das ist ein wahrhaft illustres Anti-Pattern. Dabei verlassen und beziehen sich manche Architekten bei ihren Designentscheidungen oder, was viel häufiger vorkommt, bei Entscheidungen gegen Veränderungen jedweder Art auf empirische Faustregeln wie das Mooresche Gesetz[11] oder gar schlichtweg auf vage Behauptungen zu Leistungsfähigkeit der Hardware aus der Presse oder sonstigen Quellen, wobei ein Nachweis dieser Leistungsfähigkeit in solchen Situationen nicht so richtig erbracht wird, z. B durch Benchmark-Resultate.

---

10 http://de.wikipedia.org/wiki/Dicke_Bertha
11 http://de.wikipedia.org/wiki/Mooresches_Gesetz

Dabei stellt ein solcher Architekt gar keine eigenen Messungen an und meidet strukturelle Umbauten seines Systems, da er der Meinung ist, dass die Performance mit der „besseren Hardware" automatisch von alleine kommt.

Nicht selten hört man in diesem Kontext auch davon, wie schnell die jeweilige Software laufen würde, wenn erst weitere X Prozessoren eingebaut sind. Dabei wird die Parallelisierbarkeit des Codes generell nicht betrachtet, die bei wissenschaftlichen Hochrechnungsverfahren wie dem Amdahl's Law[12] im unbestritten verdienten Mittelpunkt steht.

In Wirklichkeit sollte ein Architekt versuchen, den Hardwarebedarf für seine Systeme möglichst genau hochzurechnen, denn selbst wenn sich die Anschaffungskosten für die Hardware selbst in den letzten Jahren immer weiter reduziert haben, so kostet der moderne Betrieb inkl. Kühlung und Strom für die immer schneller werdenden Systeme je nach Rechenzentrum schnell ein Zigfaches des Erwarteten. Niemand kann es sich leisten, mit weniger Hardware als nötig auszukommen, aber mindestens genauso schlimm und unnötig teuer sind hoch performante Systeme – die dicken Berthas – die sich mit 5 % Durchschnittsauslastung buchstäblich langweilen.

Ein Kollege hatte mal dem Autor gegenüber das Sizing und die Hochrechnung des CPU-Bedarfs als Zeitverschwendung bezeichnet. Es stünde doch im letzten Wundermagazin, die neuen Quad-Cores packen das alles locker weg. Auch der Moore sei lebendig wie eh und je. Als er selber vor dem Problem stand, dass sein Code auf 8 Kernen überhaupt nicht besser performte als auf einem einzigen, hat er gesenkten Hauptes um ein paar Tipps gebeten.

Abbildung 5.10: Die dicke Bertha

---

12 http://de.wikipedia.org/wiki/Amdahlsches_Gesetz

Der Architekt hat die Aufgabe, das System so zu entwerfen, dass eine Skalierung möglich ist. Ob dies vertikal oder horizontal oder diagonal oder diametral erfolgt, entscheiden die Anforderungen. Es gibt einfach eine Menge Faktoren, auf die man achten muss, um ein System skalierbar zu machen, und diese haben wir an dieser Stelle überflogen. Um es aber zu können, ist in jedem Fall der Blick in die entsprechende Literatur von zentraler Bedeutung. Und die eigene Erfahrung natürlich. Wichtig im Sinne des Pragmatismus ist aber auch hier das richtige Maß – ein System, das niemals wächst oder dessen Nutzerzahl konstant bleibt, muss auch nicht skalieren – es ist nicht erforderlich. Gedanken dazu macht man sich erst dann, wenn ein Wachstum oder ein Abbau in Zukunft denkbar sind, höhere Last zu erwarten ist etc.

5.12.2 Head Scale

Was ist denn das? Haben Sie es noch nie gehört? Ist aber unter anderen Namen bekannt: Personalgewinnung und -abbau. Und ja, der Architekt muss es ermöglichen, dass Lösungen mit mal mehr und mal weniger Leuten gebaut werden können – je nach Lage und Geschäft. Mal mehr Köpfe, mal weniger. Die Architektur muss hinsichtlich der einzusetzenden Köpfe gut skalieren, d. h. Aufgaben müssen über das Framework gut verteilbar sein und keine Kopfabhängigkeiten dürfen entstehen. Je weniger eine Architektur dokumentiert bzw. kommuniziert bzw. geprüft ist, umso weniger Head Scale ist denkbar.

5.13 Mach', dass es flutscht! Performance

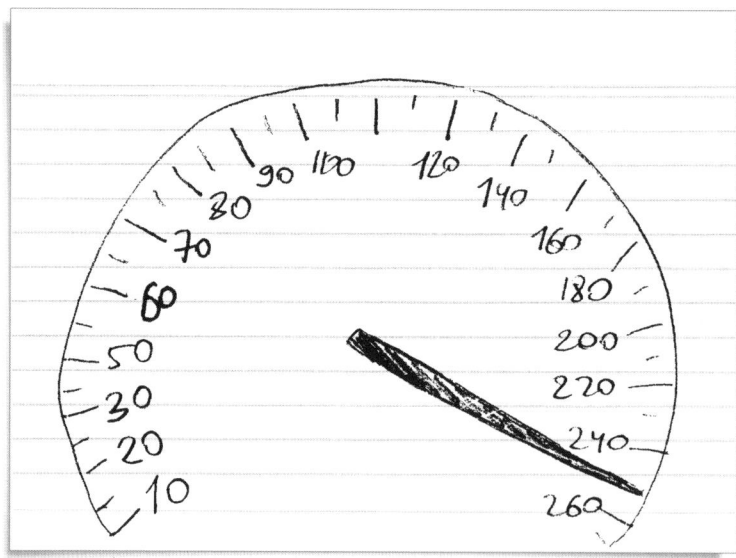

Abbildung 5.11: Ja, das fetzt so richtig!

5.13.1 Was ist Performance überhaupt?

Performance kann Vieles bedeuten. Hier einige Definitionen, die querbeet für den Begriff Performance geradestehen und ihn verwaschen:

- Durchsatz – wie viele Einheiten pro Zeiteinheit kommen durch?

- Latenz – Zeitverlust außerhalb der eigentlichen Antwort vom System, z. B Netzwerk

- Reaktionsbereitschaft – wann kann das System antworten?

- Antwortzeit – wie lange dauert eine Antwort insgesamt?

- Last – wie ausgelastet ist das System?

Und auch hier gibt es noch weitere. Wir wollen uns nun aber außer den technischen Begriffen auf die etwas weicheren Varianten davon konzentrieren bzw. diese zumindest einmal erwähnen. Die o.g. Definitionen können nämlich nicht nur für Systeme, sondern auch für Teams etc. gelten.

Laufzeitperformance

Das ist der Klassiker: Wie schnell läuft denn das System? Die o. g. Definitionen helfen dem Architekten, die Laufzeitperformance zu bestimmen. Normalerweise wird dafür entweder der Durchsatz oder die Antwortzeit verwendet, wobei man auch aus den Latenzen Vieles lernen kann.

Umsetzungsperformance

Wie schnell können Kollegen entwickeln? Das ist eine wichtige Frage, und die Antwort liegt oftmals nicht in den Fähigkeiten der Entwickler, sondern in dem Tooling und dem Framework, welche der Architekt bereitstellt. Taugen diese nichts, wird auch nicht performt.

Wartungsperformance

Ja, ja, in der Wartung gibt es auch Performance. Wie schnell kann der Support/Betrieb Fehler finden? Welches Analyse-Tooling oder Monitoring stehen zur Verfügung? All diese Fragen muss der Architekt beantworten bzw. einen reibungslosen Betrieb seiner Lösung gewährleisten.

5.13.2 Es hat aber seinen Preis...

An dieser Stelle kurz etwas für die Fanatiker der Laufzeitperformance: Sie ist nicht die einzige nichtfunktionale Anforderung! Eine Balance zwischen ihr und einer halben Million weiterer macht eine erfolgreiche Lösung aus. Es rentiert sich meistens nicht, die letzten 5 % der Performance aus dem System in Nachtarbeit und an den Wochenenden herauszuholen, wenn die vorhandene auch gereicht hätte. Das ist pragmatisch, also ist das, wonach wir in diesem Buch suchen.

5.14 Alles muss versteckt sein - das Prinzip der offenen Sicherheit

Wenn dich ein Auditor fragt, warum du in deinem Betrieb keine Rollentrennung hast, sagst du einfach, dass deine Mitarbeiter schizophren sind. Was sich nach einem üblen Witz anhört, ist gar nicht mal so weit hergeholt – aus pragmatischer Sicht ist Vieles am Thema Security völlig oversized und maßlos übertrieben. Denn meistens investiert man hier in Ängste und in die Bekämpfung rein hypothetischer Risiken. Und Vieles lässt sich einfach nur abwarten und man lässt es auf sich zukommen, denn nicht alle Daten dieser Welt sind so kritisch, dass sie nicht geklaut werden dürfen. Die Daten, die aus Datenschutzsicht sensibel sind, sind schützenswert. Die Geschäftsdaten und -kontakte ebenso. Aber es gibt so viel Müll, in dessen Schutz man erst gar nicht investieren sollte.

(Anti-)Pattern: Behandlung von Paranoiasymptomen

Das ist ein Anti-Pattern vor allem aus dem Security-Bereich. Dabei geht es darum, durch teilweise völlig sinnlose und kaum sicherheitsfördernde physische Beschichtung von IT-Systemen eine derart hohe Komplexität und Ausbremsung in die Entwicklung, Verteilung und den Betrieb hineinzuschmuggeln, dass sich der resultierende Aufwand und Performanceverlust in keinster Weise gegen die potenziellen Sicherheitsrisiken rechnet.

Die Befürchtung dessen, dass hinter jeder Internetecke ein Hacker lauert, führt in manchen Betrieben schlichtweg zu Paranoiazuständen, teilweise auch angeheizt durch profitmotivierte Fremdberatung. Architekten versuchen daraufhin ein vollkommen sicheres ETWAS zu bauen oder zumindest den Anschein dessen zu erwecken, etwas komplett Sicheres gebaut zu haben, nur um den paranoiden Sicherheitsanforderungen zu genügen. Dabei gilt auch an dieser Stelle eine der Hauptprämissen guter Architektur: Pragmatismus, und nur das Nötigste tun.

Desweiteren sagen heutzutage die Sicherheitsexperten, dass Hacker durch die Angriffe der Webschicht eines Systems deutlich schneller und effizienter einen GAU herbeiführen können, als wenn sie einen infrastrukturellen Zwiebelring nach dem anderen überwinden. Auch der Scheinschutz durch Attrappen in Form von pflichtinstallierten Firewalls führt vielmehr zu Durchsatz-Engpässen als zum beruhigenden Sicherheitsgefühl.

Ein geschätzter Kollege des Autors hatte mal dazu gesagt, dass das Einzige, worüber sich ein Hacker beim Angriff einer Attrappen-Firewall ärgert, die verringerte Geschwindigkeit ist, mit der er die interessanten Daten bekommt.

Angst ist ein natürliches menschliches Gefühl. Branchen wie Security, Versicherungen oder Militär machen sich das zunutze. Unser Selbsterhaltungstrieb sorgt dafür, dass wir uns überversichern und stets den Nachbarn im Auge behalten. Ein Minimum von uns lebt riskant und sucht den Kick, was auch gefährlich ist – insbesondere hinsichtlich der IT. Security ist nicht wirklich produktiv präventiv – sie schließt nur erfolgreich bekannte Lücken. Der Rest ist hypothetisch und angstgetrieben, was dem Pragmatismusgedanken völlig widerspricht. Und unnötige Risikominimierung kann zu teuer oder einfach nur zu fragil zum Tragen kommen – vergleichbar mit einem Ganzkörperpräservativ oder einem Glassarkophag.

Aus dem wahren Leben...

Wir hatten unsere Systeme per Outtasking an einen externen Betreiber abgegeben. Dieser hatte vorher das Ganze wochenlang analysiert und war zu dem Entschluss gekommen, wir seien so löchrig wie ein Schweizer Käse. Und damit sie ihre Arbeit machen können, schlugen sie uns die Erarbeitung eines Sicherheitskonzepts in sage und schreibe 20 PT vor. Wir hatten es noch auf 15 heruntergehandelt, sahen aber vom Konzept kaum etwas – aus Sicherheitsgründen dürfen wir das nicht, hieß es.

Es ging hauptsächlich darum, dass sie den Hauptteil des Betriebs stemmten und wir per SSH und sudo einige Sachen selbst in die Hand nehmen durften, wenn wir außerhalb der vereinbarten Servicezeiten Probleme hätten. 7x24 war so teuer, dass selbst unser Outsourcing-hungriges Management ablehnen musste. Also hatten die Jungs wohl ein Sicherheitskonzept ausgearbeitet und dieses dann auch in die Tat umgesetzt – bei Problemen außerhalb der Servicezeiten konnten wir aber eine ganze Weile lang nichts tun. Ein Fehler im Konzept scheinbar. Ich habe sie dann letztendlich über Eskalationen dazu gebracht, uns die notwendigen Rechte zu geben.

Eines unschönen Tages bekamen wir dann doch größere Produktionsprobleme. Die App-Server husteten ununterbrochen, und die Entwicklertruppe war nur noch am Analysieren – der Betreiber war mit seinem Latein am Ende. Also wollten wir auch systemseitig prüfen, zumal uns der Betreiber ein neues OS aufgeschwätzt hatte und wir da so unsere Bedenken hatten. Wir holten uns einen Experten unseres Vertrauens, der rein zufällig auch ein anerkannter Sicherheitsexperte war – neben dem von uns benötigten Systemanalysewissen.

Er bekam von uns eine Maschine und die erforderlichen Zugangsdaten – so wenige eben, wie wir hatten, da wir nur sehr eingeschränkte Rechte auf den Kisten besaßen. Er war so ungefähr eine Stunde da, als er seine Umgebung für ausreichend eingerichtet befand, und ich war dabei, uns einen Startkaffee aufzusetzen, als er leise kicherte und sagte: „Okay, ich bin jetzt Root". Nicht schlecht, was? Und das uneingeschränkt! Wie hat er das gemacht? Er hat aus dem sudo-vi einfach eine Shell ausgeführt. So simpel, dass man eigentlich selber darauf hätte kommen sollen. Wir hatten uns aber wahrscheinlich dem Tunnelblick hingegeben und sahen nicht mehr nach links oder rechts. Und er hatte sich auf das Aufspüren von Sicherheitslöchern in großen Systemen spezialisiert.

Ich frage mich, was die Jungs da für ein Sicherheitskonzept hatten... Unser Management hat ihnen in Folge die Hälfte der Betriebskosten für das erste Jahr kastriert – wegen akuter Sicherheitsrisiken. He-he.

In dem Bereich der rein pragmatischen Security hat sich der Begriff „Security Through Obscurity[13]" eingebürgert. Dabei werden u. a. diejenigen massiv kritisiert, die versuchen, mehr Sicherheit durch Verschleierung oder Codeschließung der Tools zu erlangen. Denn gerade das ist falsch – eine große Gemeinde, die mit Argusaugen auf eine Lösung schaut und jede nur erdenkliche Schwachstelle darin findet, ist in jedem Fall besser als nur die Entwickler

---

13 http://de.wikipedia.org/wiki/Security_through_obscurity

und ein paar Tester selbst. Man nutzt heutzutage Communities, die zentrale Lösungen hinsichtlich der Löcher analysieren, weil sie es einfach wollen, sich also einen Spaß daraus machen. Man lenkt die Hacker doch lieber in die „freundliche" Richtung und lässt sich von ihnen helfen, statt Opfer eines Angriffs zu werden, der aus demselben Spieltrieb heraus entstand. Wäre Apache-httpd so verbreitet, wäre er nicht quelloffen und könnte da nicht jeder reingucken und seinen Senf dazugeben? Nein, da wäre er nicht.

Security Through Obscurity hat aber auch eine zweite Seite: die absichtliche Irreführung. Man kann durch das Anbringen von Attrappen und Umlenkungen jedweder Art einen Angreifer zum Verzweifeln bringen. Dazu zählen Dummy-Login-Felder, offene Dummy-Accounts, irreführende Ausgabe von Fehlern etc. Es gehört aber eine Menge Mut und Expertise dazu, einen Hacker so herauszufordern. Und es kann auch übel enden, also lieber die Finger davon lassen, wenn man die Expertise nicht hat oder die Irreführung nicht wirklich benötigt, da die eigenen Daten für andere schlichtweg uninteressant sind.

Aus dem wahren Leben...

Dagegen muss man bei jeder neuen Version des IIS zittern, ob er nicht noch einmal solche Hämmer offenbart wie seinerzeit, als er aus der Dose mit dem anonymen FTP-Schreibzugriff (!) daherkam. Wir hatten es ohne Änderungen aufgesetzt und nichts Böses dabei vermutet – das war alles für eigene interne Zwecke gedacht, hing aber am öffentlichen Netz. Man dachte halt, das kennt doch niemand und so.

Innerhalb kürzester Zeit waren da irgendwelche Filmeschieber drauf, die uns ein paar geheime und kaum löschbare Ordner angelegt haben, in die wir nicht einmal reinschauen konnten, und das als Admin! Die Maschine ging vom Netz, Windows wurde gekickt, es kam ein FreeBSD drauf und ein paar Netzdienste, und fertig war die Perfektion. Aber wie aufregend…

Zum Schluss dieses kurzen Sicherheitsausflugs (das Thema alleine ist eines ganzen Buches würdig, wir überfliegen es aber nur kurz, um auch hier wieder mehr das Pragmatische ins Licht zu rücken) noch ein paar Worte zu der Sicherheit in Teams. Würde man nach der klassischen Rollentrennung z. B wie in ITIL beschrieben vorgehen, würde man pro IT-Team 100 Mann benötigen, die alle solche kleinen Hüte tragen. Das ist natürlich Quatsch, und egal was Ihnen Ihr Security-Berater sagt: Verteilen Sie die multiplen Rollen und bauen Sie Vertrauen zu Schlüsselmitarbeitern auf. Das kann durch keine Rollentrennung ersetzt werden.

5.14.1 Layer 8: der Mensch

Die ITler scherzen und nennen den Menschen Layer 8 (nach 7 Layern aus der Theorie der Netzwerke), die Nerd-Gemeinde lacht über den Kürzel PEBKAC (problem exists between keyboard and chair). Beides zielt auf Folgendes hinaus: Irren ist menschlich. Je manueller die Prozesse, umso fehleranfälliger sind sie. Und der Hauptverursacher von Problemen im Sicherheitsbereich ist der Mensch, oder haben Sie noch nie jemanden gesehen, der sein neues LDAP-Passwort auf einem Zettel aufschreibt und diesen unten an das Mousepad klebt? Na also – den Rest können Sie sich dazu denken.

Aus dem wahren Leben...

Eine neue Serverfarm entstand. Man war so stolz, im neuen Rechenzentrum zu sein. Glänzende Hardware, Hochsicherheitsnetz, Firewalls, wohin das Auge reicht. Sicher also. Eines Tages marschiert ein als Elektriker ausgewiesener Mann in den Serverraum, schraubt einen Server aus dem Rack heraus und verlässt damit in aller Ruhe das Rechenzentrum. Die Wachen dachten, sie würden den Mann kennen und hatten eh gerade eine interessante Diskussion. Geschätzter Verlust durch Spionage: 500 000 US$. Nicht schlecht, die Security...

5.15 Automatisierung

Es ist unbestritten, dass man in der IT soweit wie möglich automatisieren sollte. Warum? Na z. B um menschliche Fehler zu vermeiden, denn der Blechtrottel macht keine Fehler, wenn man ihn richtig von seiner Aufgabe unterrichtet. Oder um aufwändige Prozesse auf Knopfdruck wiederholen zu können. Und, und, und...

Der Preis für die Automatisierung sind jedoch deutlich höhere Vorlaufkosten, die sich nicht immer ausgleichen lassen. Wenn Automatismen für Dinge entstehen, die nur selten gemacht werden, hat man Geld und Zeit verschwendet (Pareto-Verteilung geht hier genauso: 80 % aller Aufgaben sind nur zu 20 % automatisierbar – das einfach mal als Beispiel). Der Pragmatiker überlegt es sich mehrfach, ob er automatisiert oder nicht einfach nur ein paarmal zu Fuß arbeitet. Der Preis für keinen Automatismus dagegen kann der hohe Aufwand und extreme Fehleranfälligkeit bei menschlicher Hand sein. Beides erfordert Überlegungen vorab, und der Mittelweg ist wie immer goldig.

Aus dem wahren Leben...

Wir waren uns mit dem Hersteller eines CRM-Systems weitestgehend einig geworden – seine Plattform bot die richtigen fachlichen Funktionen, und auch die Kosten hielten sich in einem akzeptablen Rahmen. Technisch war die Integrierbarkeit des Systems ebenso gewährleistet, zumindest soweit man es im Vorfeld prüfen konnte.

Jetzt ging es ans Eingemachte – das Thema Migration. Hier hat sich der Anbieter leider als etwas stur erwiesen und wollte unsere Altdaten aus dem zugegebenermaßen etwas exotischem Legacy-System nur widerwillig, d. h. zu einem sehr hohen Aufwandspreis, in das neue System übernehmen. Sie kannten sich mit unserem Bestand kaum aus, dessen ehemaliger Hersteller war inzwischen pleite, und für eine Nachfolge wurde nicht wirklich gesorgt, sodass trotz Escrow niemand mit dem System etwas anfangen konnte. Klar, da musste ein neues System her – sonst wäre die Entscheidung auch kaum begründet.

Aber da war doch dieses Migrationsdilemma, das uns allen die Verhandlungen verdarb. Unser Management bestand knallhart auf Drücken des Preises, der Hersteller war aber kein Neuling, kannte unsere unglückliche Lage und nutze sie schamlos für sich aus.

Doch da kam einer unserer Verhandlungsführer, der auch selbst um jeden Preis ein neues System wollte, um die vertrieblichen Probleme auf das alte zu schieben und mit dem neuen etwas Schonfrist zu gewinnen, auf die glorreiche Idee, auf die automatische Migration mit teuren Migrationsroutinen gänzlich zu verzichten und stattdessen – passen Sie auf – im dunklen Keller einen kleinen Server mit allen Daten des Altsystems aufzustellen. Ein Werkstudent, bzw. abwechselnde Scharen davon, würden dann bei Bedarf völlig manuell die Altdaten ins neue System übernehmen. Toll, keine Adhoc-Kosten, unser Management war begeistert, der Hersteller erleichtert, kein Show-Stopper im Deal, also Tinte aufs Papier und auf geht's. Kein Zureden aus der technischen Ecke half da auch nur ansatzweise.

Was soll ich sagen – es lief miserabel. Das System selbst war schon ok, aber die Altdaten komplett außen vor zu lassen…

Es saßen zum Teil mehrere Werkstudenten daran und brachten die Altdaten nach bestem Wissen und Gewissen mittels eines manuellen Mappings in die neue Datenbank. Unglaubliche Fehlerquote und Dateninkonsistenz sowie diverse Redundanzen waren die Folge. Der Vertrieb jammerte, Mailings gingen zum Teil doppelt an dieselben Kunden (fragen Sie mal bei Ihren Marketingkollegen, was das bedeutet) usw. Ein Chaos, aber: Die Initialkosten wurden minimiert und danach sind es ja „normale" Projektkosten – da gibt es immer unberechenbare Komponenten. So kann man zumindest den Geldgebern gegenüber argumentieren, wenn man möchte.

Und was lernen wir daraus? Eine manuelle Migration funktioniert eigentlich nur dann, wenn es um sporadische Datentransfers handelt, wo sich ein implementierter Automatismus nicht lohnt. Bei derart zentralen Daten wie Kunden, Adressen etc., also Stammdaten, ist ein Automatismus eigentlich unerlässlich, es sei denn, man nimmt die hohe Fehlerquote des manuellen Übertragens bewusst in Kauf.

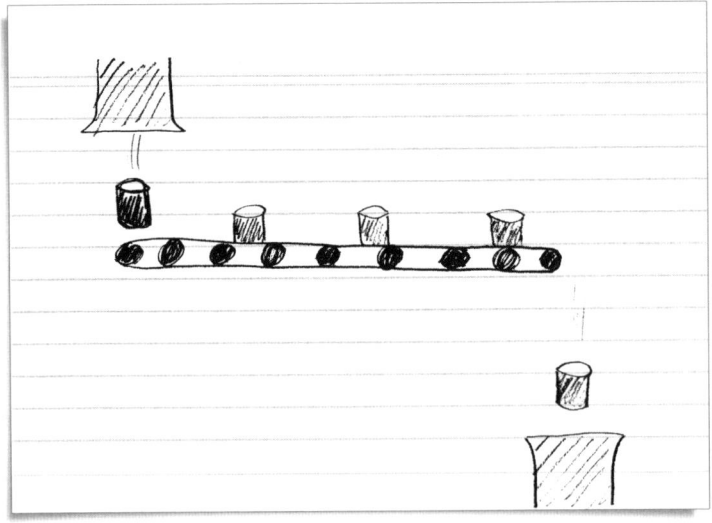

Abbildung 5.12: Musterhafte Automatisierung: Fließband

Wo lohnt sich denn die Automatisierung aus pragmatischer Sicht? Viele Aufgaben lassen sich ja auch mit einer „Horde Chinesen" erledigen, wie z. B die funktionalen Tests. Manchmal ja, und das ist auch pragmatisch, auch mal manuelle Tätigkeiten in Massen in Auftrag zu geben. Das kann aber wiederum zu teuer bis schier unmöglich werden, wenn z. B das Testobjekt zu spezifisch ist und dessen Tester besonderes Know-how benötigt. Folgende Szenarien sind jedoch für eine Automatisierung die üblichsten:

- Tests

- Analyse

- Migrationen

- Korrekturen

- Build

- Reporting

- Benachrichtigung

- Bereinigung

- Überwachung

- Usw. usf.

Die Wahrheit liegt auch hier erneut in der Mitte – wie Manches davon, was wir in diesem pragmatisch angehauchten Buch erörtern. Teilautomatisierung kann sehr weit helfen, Vollautomatisierung um jeden Preis ist Nonsens, keine Automatisierung kann zu viele Fehler hervorrufen.

Bei Automatisierung verlagert man den Fehler aus der Durchführung in die Prüfung – bei manuellen Tätigkeiten prüft man z. B während der Eingabe, beim Automatisieren erst danach – beides ist fehleranfällig. Automatismus ist aber erfahrungsgemäß besser, da der Blechtrottel nur programmierte Fehler machen und durch die fehlende Denke keinen Kurzschluss erleiden kann. Beides kann aber wiederum automatisiert gecheckt werden (Auto-Stichproben).

5.16 Wie im richtigen Leben – das richtige Maß

Auch hier entscheidet das richtige Maß darüber, ob eine Architektur als ausreichend oder als überladen bezeichnet werden kann. Nach der Pareto-Verteilung stecken in 20 % einer Lösung 80 % des Gesamtaufwands. Das trifft voll und ganz auf die Architektur zu, was nicht heißen muss, dass man die vermeintlichen 20 % je angehen möchte. Das wichtigste Stichwort zur Aufwandreduktion bei der Architekturentwicklung lautet nämlich: ausreichend.

Ballast abwerfen. Unnötige Dinge nicht berücksichtigen. Eliminate Gold Plating. No Frills. Usw. usf. – alles Slogans aus der Welt der Pragmatiker. Pragmatismus regiert inzwischen die Welt, und die Pragmatiker gewinnen immer mehr an Einfluss. Warum?

Weil sie Erfolg haben. Sie wursteln nicht, sondern machen ihre Sachen in einem gewissen Rahmen ordentlich – aber eben ausreichend und nicht überladen.

Architekten müssen noch viel lernen, um pragmatisch zu werden. Die viele bunte Theorie und die verlockende Welt der IT-Märchen zieht einen magisch an, was oft zu überladenen oder nicht ausreichend durchdachten und bunt gemischten Lösungen führt. Frank Buschmann pflegt von den dritten Gedanken eines Architekten zu erzählen: Die meisten Menschen handeln bei Problemen. Die schlaueren überlegen sich zunächst, wie sie handeln könnten. Und die richtig schlauen denken zuerst darüber nach, ob überhaupt Handlungsbedarf besteht. Unter der ersten Sorte von Menschen wird das meist als faul bezeichnet, wir sagen pragmatisch dazu.

Wenn ein Architekt mit Kanonen auf Spatzen schießt, riskiert er, nicht nur vorbeizuschießen. Komplexe Lösungen tendieren dazu, mit der Zeit nur noch zu einem Brei zu mutieren, und vorangedachte Funktionen geraten in Vergessenheit, werden nicht mehr angefasst, sondern umschifft und dupliziert, nur weil sie sich von Anfang an in der Architektur unnötig herumgetummelt hatten. Dieser Brei kommt zum Architekten zurück und droht ihn zu ersticken. Dagegen haben Architekten, die von Anfang an sparsam (pragmatisch) bauen, zumindest eine Chance, den Brei vorher noch in den Topf zurückzuzwängen.

Abbildung 5.13: Das richtige Maß?

entwickler.press

5.17 Woher weiß ich, ob es funktioniert?

Es ist sehr schwierig, den Erfolg einer Architektur zu messen. Ob sie taugt oder nicht, stellt sich erst Monate bzw. eigentlich Jahre nach der Entstehung erster Entwürfe so richtig heraus. Es gäbe da jedoch eine Reihe von Faktoren bzw. Fragen, die – beantwortet – eine Erfolgsmessung zumindest ermöglichen. Als da wären:

- Performen die Entwickler, wenn sie mit den technischen und mentalen Frameworks arbeiten?

- Wie gut kennen sich die Kollegen mit der Architektur aus?

- Wie schnell bzw. günstig können neue, auf dem Framework bzw. auf der Architektur basierende Lösungen umgesetzt werden?

- Wie schnell und wie schmerzlos kann ein Up- bzw. Down-Scale erfolgen – in Köpfen, in Hardware, in Software etc.?

- Wie weit driftet die Architektur pro Release vom Originalzustand ab?

- Versteht das Management die relevanten Grundzüge der Architektur und steht es dahinter?

Und so weiter und so fort. Unzählige weitere Indikatoren können hier aufgeführt werden, die jedoch jeder für sich selbst im jeweiligen Kontext überlegen und anwenden sollte. Pragmatische Architekturentwicklung hat jedoch beide wichtige Komponenten in der Bezeichnung: pragmatisch und Entwicklung. Alles andere ist entweder beabsichtigtes oder ungewolltes Chaos oder benötigter oder überflüssiger Overhead.

6 Pragmatischer Umgang mit Technologien

Technologie ist absolut essenziell für die IT. Das ist nicht wirklich etwas Neues – ich hoffe, damit ist kein Geheimnis verraten worden. Aber welche Technologie ist denn die richtige? Wie suche ich mir die passende Technologie aus? Gibt es eine Technologie, die alles kann, was ich brauche? Und vor allem: Wie viel Technologie benötige ich wirklich? All das sind Fragen, die in diesem Kapitel diskutiert und größtenteils beantwortet werden – aus klar pragmatischer Perspektive.

6.1 Wie bei den Borg - Technologie im Mittelpunkt

Die Borg aus Star Trek ist ein ideales Beispiel dafür, was wir an dieser Stelle als pragmatischen Umgang mit Technologien erläutern wollen. Denn die Borg entwickeln ihre Technologien kaum selbst. Stattdessen übernehmen und assimilieren sie alles, was sich unterwegs als nützlich und sinnvoll erweist. Egal, um welche Technologie es sich handelt: Ist sie nützlich und passt sie dazu, nimm' sie. Genau so muss auch ein pragmatischer Architekt bei der Auswahl der für das Erreichen der Projektziele und darüber hinaus notwendigen Technologien vorgehen: Nimm' das, was dazu passt und Sinn macht und wirf den Rest weg.

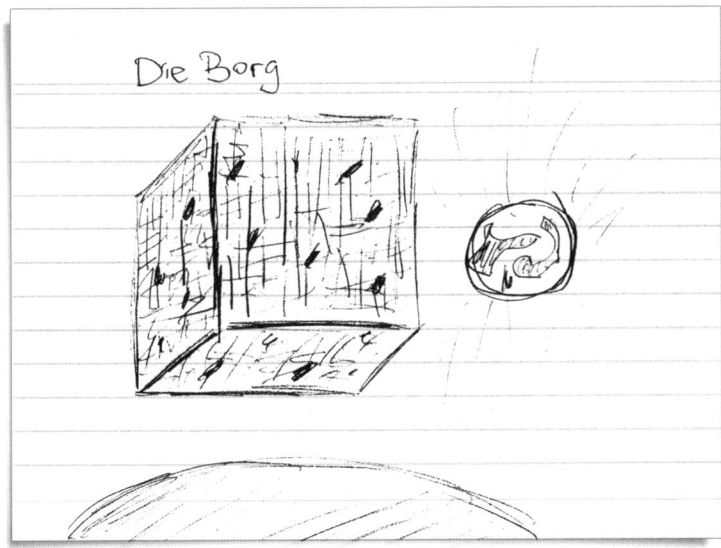

Abbildung 6.1: Die Borg, unterwegs zu irgendeinem Planeten (kann man das etwa nicht erkennen?)

Der Architekt hat bei der Auswahl einer Technologie so viel zu bedenken, was außerhalb der Technologie selbst liegt, dass es einen manchmal erschrecken kann. Gehen wir doch ein paar Beispiele durch. Was würden Sie spontan dazu sagen, wenn Ihnen jemand ein absolut tolles und innovatives Produkt anbietet, das gut zu Ihren Zielen passt, dessen technologische Basis allerdings von gerade mal zwei Leuten auf der Welt überhaupt beherrscht wird? Schwierig?

Nein, überhaupt nicht – einfach nur die Finger davon lassen! Was nutzt einem ESCROW, wenn die Technologie so komplex ist, dass es Jahre dauert, sich in diese einzuarbeiten? Das Risiko des Sturzes ist so immens hoch, dass es absolut jede Innovation überwiegt. Pragmatismus heißt zwar auch, die Nase vorne zu haben und frühzeitig auf erfolgversprechende Technologien zu setzen, allerdings nicht um jeden Preis.

Aus dem wahren Leben...

Ein schnell heranwachsendes Internet-Technologieunternehmen hatte in seinen frühen Monaten auf Biegen und Brechen versucht, namhafte Kunden mit äußerst günstigen ISP-Betriebsbedingungen anzulocken. Dies gelang auch an diversen Stellen. Die kleine Klitsche wuchs und wurde besser und professioneller.

Allerdings existierten aus den Anfängen immer noch Hinterlassenschaften, die halt auch funktionierten und um die sich niemand kümmerte, solange dies nicht unbedingt erforderlich war – klingt zumindest im ersten Augenblick pragmatisch. Doch man hat am Anfang auch auf Partnerschaften gebaut, die eben nicht mitwuchsen oder gar nicht mitwachsen wollten. Und vor allem damals, als man selbst startete, waren diese Partnerschaften so fortschrittlich, man lernte von ihnen so lange, bis man sie restlos überholte.

Und als eines Tages einer der größten Kunden anrief, weil ein zentraler Online-Shop von ihm nicht mehr lief (peinlich genug, denn das hätte die Überwachung melden müssen), brach ein völliges Chaos aus. Man suchte und suchte und bekam das Problem nicht zu fassen. Es schien, als würde es sporadische Ausfälle im Routing-Bereich geben. Man untersuchte die Hardware, dummerweise von ganz hinten nach ganz vorne. Klar, die Administratoren haben erst mal versucht, das Problem bei sich zu finden, bis sie feststellen mussten, dass die Probleme viel weiter vorne auftauchten.

Der Firmengründer wusste dann, als man ihm berichtete, was dies bedeutete. Es gab einen Partner, der nach wie vor mehrere Router für diese Firma unterhielt und im Nebengebäude saß. Das war halt in der früheren Zeit einfach, ihn für geringes Geld um Hilfe zu bitten. Jetzt hatte man strenge SLAs an der Backe, sparte aber bislang einen Umzug der Router ins eigene Rechenzentrum ein – wozu, es funktionierte ja, und man soll ja pragmatisch sein.

Die Router schienen aber immer schlimmer zu laufen. Ausfälle häuften sich, und der betroffene Kunde drohte unmittelbar mit dem Anwalt. Man versuchte die ganze Zeit, den einen Partner mit den Routern telefonisch und per E-Mail zu erreichen – vergeblich. Zu Hause auch Fehlanzeige. Und der Schock kam dann mit der detektivischen Ermittlung: Der Mann hatte alles hingeworfen und sich in die Karibik abgesetzt. Die Büroräume sowie die Firma gab es noch.

Also versuchte man, sich Zugang zu den Räumen zu verschaffen. Der Hausmeister half dann irgendwann, da die Räume vom Vermieter in Notfällen betreten werden durften. Und dann…

Es war ein sehr heißer Sommer. Die Fenster waren verschlossen, die Hardware stand wild verkabelt am Boden herum – unter direkter Sonneneinstrahlung. Und die Router waren übelst geschmolzen…

Hier noch ein weiteres Beispiel: Woran denken Sie als Erstes, wenn Sie eine RIA-Technologie wie Flex einsetzen möchten? Aus architektonischer Sicht natürlich. Performance? Gut, ist gegeben, wenn man die Kommunikation mit dem Server vernünftig gestaltet. Entwicklungs-Speed? Ist unbestritten hoch. Null-Verteilung? Ok, fast. Aber woran Sie eigentlich fast in erster Linie denken sollten ist: Wie bekomme ich Flex automatisiert getestet? Nämlich mit sehr viel Mühe und teuren Tools, wenn man es gut machen möchte.

Es ist nämlich so, dass das AMF-Protokoll, das dem Datenaustausch zwischen dem Flash-Client und einer Flex-fähigen Anwendung am Server zugrunde liegt, nicht wirklich einfach zu dynamisieren ist. Arrays werden z. B binär übertragen, was die dynamische Generierung irgendwelcher Entitäts-IDs beim Test nahezu unmöglich macht. Der Aufwand, den man betreibt, um eine Flex-Anwendung auf Last hin zu prüfen, kann durchaus den Entwicklungsaufwand überwiegen. Einmal nicht bedacht, kann es wirklich teuer werden.

Der Architekt muss also von vornherein an die Dinge denken, die für Technologiefanatiker oder einfach nur Nutzer verborgen oder unbeliebt bleiben. Das menschliche Gehirn sortiert ja bei der Wahrnehmung alles Unnötige automatisch aus, es kommt eben darauf an, was man als unnötig bezeichnet. Der Architekt geht weit unter die Oberfläche und hinterfragt Dinge, auf die sonst niemand kommt: Testbarkeit, Skalierbarkeit, finanzielle Stabilität und Zukunftssicherheit des Anbieters, Risiken in Bezug auf Patente usw.

Und nun ein paar Worte zum Thema exotische Technologien. Sich in die Hände von jemandem zu begeben, der durch den zentralen Einsatz seines Produkts oder seiner Dienstleistung das Unternehmen in den Ruin führen kann, wenn es ihm mal schlecht geht, ist stupide, nicht pragmatisch. Eben wenn es manchmal schneller und einfacher geht, einen kleinen und innovativen Hoflieferanten mit unschlagbarer Expertise zu unterhalten, wenn dieser allerdings nur von dir lebt, müssen Risikoabsicherungen her. Diese können nicht nur vertraglich mit demjenigen geregelt werden, sondern müssen vor allem darin liegen, aus einem größeren Pool an zuverlässigen Lieferanten zu schöpfen.

Aus dem wahren Leben…

Wir hatten einmal mehrere CRM-Systeme zur Auswahl, und zwar ganz speziell für einen bestimmten Geschäftsbereich mit vielen Eigenarten. Eines der Systeme war zwar fachlich nicht ganz das, was wir wollten, dafür haben die beiden Verkäufer (sie waren gleichzeitig auch Gründer und die einzigen Programmierer) eine Stunde lang darüber berichtet, auf welch bahnbrechender neuer multidimensionaler Datenbanktechnologie ihr Produkt aufsetzt und auch darüber, wie stolz sie auf diese waren, denn sie haben sie selbst erfunden und sind dabei, sie zu patentieren.

Ich sah mir die Sache genau an. Niemand außer den beiden wusste, wie die Technologie funktionierte. Zugegeben, sie war sehr gut, fast sogar brillant. Aber nur zwei Leute kannten sie, wollten sie patentieren, also keine Offenlegung der Sources, und ESCROW war zwar möglich, aber das waren doch immer die typischen Tricks: Bevor der Code in den Tresor wandert, läuft ein Skript darüber, das nur jeden vierzigsten Kommentar im Code belässt und den Rest entfernt, wenn nicht gar eine vollständige Codeverschleierung… Und Mann, es waren ja nur zwei Leute!

Ich habe meinerseits ein klares „Nein" gebracht. Das Fachliche stand im Vordergrund, und die Abhängigkeit vom Anbieter könnte trotz niedriger Einstiegspreise zum Verhängnis werden und die ganze Firma mit ins Verderben reißen. Also nein.

6.1.1 Technology Scouting

Trotz des ganzen Pragmatismus, oder gerade wegen ihm, ist der Architekt ständig auf der Suche nach neuen Technologien, bzw. er hält sich stets auf dem aktuellsten Stand bezüglich Neuentwicklungen, neuer Versionen, Marktveränderungen, Übernahmen, Erfindungen etc. Es ist vergleichbar mit dem Scouting im Sport – die Suche nach Talenten. Die Talente können dabei bereits etabliert sein oder ganz, ganz frisch – es liegt im Auge des Betrachters und in dem Sinn und Zweck der Suche, welches dieser Talente, in unserem Fall Technologien, tatsächlich auserwählt werden wird.

Es ist interessant zu sehen, wie gute Architekten an die Technologien herantreten. Sie unterscheiden sich auch hier in die beiden Gruppen: die Forscher bzw. Berater und die Nutzer, also die Unternehmensarchitekten. Die einen sind stets auf der Suche, versuchen aus jeder Neuentwicklung Geschäft zu generieren, es irgendwo im Projekt auszuprobieren. Die anderen dagegen lassen die Technologie erst mal ein bisschen reifen, bis sie sich mit ihr beschäftigen, und selbst dann nur, um zu sehen, ob sie auf die aktuellen Bedürfnisse passt. Beide haben ihre Daseinsberechtigung, ein guter Mix aus beiden ist für einen pragmatischen Architekten unerlässlich. Und vor allem: Interessierte Architekten schreiben gleich mal einen Artikel oder erzählen von der Technologie auf einem Kongress, sofern sie Zeit dazu haben.

6.1.2 Technology Governance

Es muss in jedem Fall fest geregelt werden, nach welchen Kriterien Technologien ausgewählt werden und zum Einsatz kommen. Der Architekt muss einen Regelkatalog aufstellen, da er unmöglich für jede kleinste Bibliothekauswahl den Bottle Neck spielen darf – hier kommt wieder die Erziehung des Bewusstseins der Truppe ins Spiel, das in Kapitel 5 diskutiert wurde. Hier ein Beispiel eines solchen Regelkatalog aus der Praxis.

Regeln zur Auswahl und Einführung von Technologien - ein Beispiel

■ Prüfen, ob die gewünschte Funktionalität in einer bestehenden Bibliothek bereits vorhanden ist. Falls ja, muss in jedem Fall in Erwägung gezogen werden, ob die bisherige Bibliothek ersetzt werden kann (Prüfung Aufwand, Risiko etc.), falls die neue Funktionalität konkrete Qualitätsverbesserungen der Software mitbringt. Andernfalls ist die alte Bibliothek beizubehalten.

- Bei Frameworks jedweder Art ist der Einsatz vorher in der Architekturrunde zu beschließen – ggf. wird hierzu eine technische Entscheidungsvorlage auf Basis der Produktevaluierung und eines Produktvergleichs erstellt werden müssen.

- Soll die Bibliothek zum Einsatz kommen, ist zu prüfen, unter welcher Lizenz diese vertrieben/bereitgestellt wird. Insbesondere bei Open Source ist darauf zu achten – ob binär oder als Code (auch JavaScript!), dass die Lizenz uneingeschränkte kommerzielle Nutzung ohne Code-Offenlegung erlaubt. Negatives Beispiel dabei ist die GPL in jeder Version (für kundenrelevante Anwendungen und Anwendungsbereiche definitiv zu meiden!).

- Als Nächstes ist zu prüfen – ob bei Open Source oder kommerziellen Bibliotheken – wie gut deren Weiterentwicklung gewährleistet ist (Größe der Entwicklergemeinde oder Firmenseriosität etc.). Seriosität heißt u. a. gepflegte und umfangreiche Dokumentation, regelmäßige Updates, gelebte Bug-Fix-Datenbank, namhafte Referenzkunden etc. Darüber wird in der Architekturrunde, ggf. mit dem IT-Leiter, entschieden. Unseriös erscheinende Produkte sind in jedem Fall zu meiden.

- Wir bevorzugen bei Open-Source-Produkten die etablierten Anbieter wie ASF, Tigris etc. Sog. Ein-Mann-Projekte von SourceForge bzw. veröffentlichte Uni-Experimente sind für zentrale Funktionen aufgrund eben fehlender Seriosität in jedem Fall zu meiden.

- Bei kommerziellen Produkten sind die Preisinformation und damit die Information zu den Lizenzkosten vorher einzuholen.

- Generell ist der direkte Einsatz (in der gleichen JVM) von Bibliotheken, die direkt oder indirekt per JNI auf native Systembibliotheken zugreifen, unzulässig. Ein solcher Einsatz ist im Einzelfall gesondert zu beschließen – unter Betrachtung aller möglichen Alternativen.

- Bibliotheken, die z. B per Sockets auf separierte Dienste zugreifen, sind auf ihre Robustheit und Fehlertoleranz sowie Fail-Over-Verhalten hin nachweislich zu untersuchen. Der Einsatz ist gesondert mit dem Systemintegrator zu prüfen.

- Als Nächstes wird in einem Labortest geprüft, ob die gewünschte Bibliothek nicht zufälligerweise zu Problemen in unerwarteten Programmteilen oder gar Schwesterprojekten führt. Dies ist daher mit allen Teams abzustimmen. Das Testresultat wird schriftlich fixiert und von allen Projekten unterzeichnet.

- Aus diesem Grund ist in jedem Projekt oder Teilteam eine Person zu benennen, die für den Labortest oder dessen Unterstützung zuständig ist.

- Des Weiteren muss zusammen mit dem Systemintegrator – unter Mitwirkung der Architekturrunde – der Integrationstest erfolgen, der beweisen soll, dass die Bibliothek auch im Betrieb (Cluster, Ziel-OS, Skalierbarkeit etc.) reibungslos funktioniert

- Ggf. – je nach Art der Bibliothek oder des Frameworks – sind ausgiebige Lasttests durchzuführen.

- Die finale Abnahme der einzuführenden Bibliothek steht dem IT-Architekten und dem AE-Leiter zu. Bei kommerziellen Bibliotheken und größeren Basisframeworks bedarf es u. a. der Abnahme durch den IT-Leiter.

■ In der Verantwortung des Einführenden liegt die Erstellung oder Bereitstellung einer ausführlichen Dokumentation zur Bibliothek selbst sowie ihrer Nutzung (Umfang, Patterns etc.) in der Anwendung. Bei etwas umfangreicheren Bibliotheken oder Frameworks ist eine Informationsrunde im Team obligatorisch.

Es ist in der Tat von einer Governance bezüglich der Technologien die Rede. Wieder ein Job für den Architekten. Er ist keineswegs damit erledigt, die Regeln aufzustellen. Diese müssen mehr als nur kommuniziert werden – sie werden nämlich schnell vergessen, wenn es zeitkritisch wird. Sie müssen gelebt werden, und der Architekt muss alles daran setzen, diesen Prozess zu unterstützen und den Kollegen immer wieder ins Gedächtnis zu rufen.

Ganz besonders wichtig ist es, diese Governance auf die Kaufsysteme anzuwenden. Es ist in diversen Unternehmen wirklich nach wie vor gang und gäbe, dass sich jede Abteilung selbst mit IT-Systemen – hauptsächlich mit Software – versorgt. Nicht nur dass dabei die Lizenzkontrolle flöten geht oder zumindest darunter leidet, viel wichtiger ist die Eliminierung der Symbiosen. Und außerdem wird der Betrieb einfach vor vollendete Tatsachen gestellt, eine Software installieren und betreiben zu müssen, die u. U. gar nicht in die übrige Landschaft passt. Hier muss der Architekt ganz besonders aufpassen und zusammen mit dem Management eine Governance durchboxen, die in Form eines Filters jedwedem Versuch vorsteht, eine Software durch die Hintertür einzuschleusen. Mit der Software kommen Technologien, mit Technologien kommt der Bedarf, diese zu kennen, um sie zu betreiben, damit kommt der Bedarf nach noch mehr Leuten, die einen bestimmten Fokus haben und weg ist der Pragmatismus.

Und was viel, viel wichtiger ist: Für jede eingeführte Technologie muss es 1-2 Hutträger geben, diejenigen, die für ihren Lebenszyklus gemäß den vereinbarten Regeln verantwortlich sind. Diese Leute kennen sich aus und können den anderen bei Problemen oder mit Lösungsansätzen helfen, sie sind aber vor allem diejenigen, die dafür Sorge tragen müssen, dass die Technologie immer auf dem passenden aktuellen Stand ist und dass sie trägt. Der Architekt ist in dieser Pflicht bezüglich aller Technologien, er hat damit aber Helfer.

Ein weiterer wichtiger Aspekt der Technologie-Governance ist der Umgang mit zugekauften Produkten. Bevor man überhaupt einen Hersteller beauftragt oder sein Produkt kauft, muss man immer prüfen, wie dessen Releasestrategie aussieht, wie gut und schnell mit Bug-Reports umgegangen wird, wie viel der Anbieter in die Forschung und Weiterentwicklung investiert usw. – in Kapitel 3 haben wir ausreichend darüber diskutiert. Hier sei noch anzumerken, dass vom Hersteller zu erwarten ist, dass er sein Produkt in einem strammen Lebenszyklus hält. Immer darauf aufpassen, wann ältere Versionen out-of-life gehen, denn bei zu kurzem Altversionssupport kann jede Aktualisierung zur Qual werden, insbesondere wenn Major-Releases häufig produziert werden und die Rückwärtskompatibilität nicht immer gewährleistet ist.

Bei der Betrachtung der freien Software bzw. OSS muss immer geprüft werden, ob diese unter einer Dual-Lizenz vertrieben wird. Heutzutage ist es üblich, die freie Software unter die GPL zu stellen, falls sie jemand kostenlos einsetzen will, und dabei eine kommerzielle Lizenz zu unterhalten für all diejenigen, die ihre Sources nicht offen legen wollen/können/dürfen – also die breite wirtschaftliche Masse. Die GPL ist hinsichtlich der Offenheit der Quellen zu drakonisch, um ernsthaft in einer Welt zu funktionieren, in der die Konkurrenz nur noch auf das Abkupfern lauert. Daher die Dual-Lizenz.

Es ist des Weiteren sehr wichtig, von Technologien zu abstrahieren und eine eigene Kapsel drum herum zu bauen. Eigene Implementierungen und Kapsel leben garantiert länger als die darunter liegende Fremdtechnologie. Frameworking ist das Stichwort dabei, und darauf wurde in Kapitel 5 näher eingegangen.

6.1.3 Effizienz

Jede Technologie muss ihren Zweck haben und ihn auch erfüllen. Schöne Gimmicks sind nicht für Architekten, sondern für Schulkinder gedacht. Na ja, vielleicht nicht so schlimm, denn jeder von uns hat seinen Spieltrieb, aber so ähnlich ist es. Jeder Technologie ihr eigener Zweck. Und sie muss diesen Zweck als Hauptmerkmal haben – thematisch zu verstreute Produkte wie Suiten usw. verlieren von jedem Fokus ein Stück, um die Breite zu haben. Manchmal ist es gut, meistens aber wirklich schlecht.

Eine effiziente Technologie ist die, die in der Auswahl und im Einkauf, in der Integration und Einführung und in der Weiterpflege optimal ist. Es ist ein Mix aus all diesen Faktoren, der eine gute Technologie ausmacht. Einseitige Akzentuierung eines der Faktoren kann dem Architekten nicht wirklich helfen. Er muss daher alle Faktoren abwägen. Das Management wird den niedrigsten Preis und null Pflege wollen, die Techies dagegen ein Spielzeug, die Kunden vor allem etwas, wo sie nichts investieren müssen und dabei alle Features inklusive sind. Eine Balance dazwischen muss her, und die stellt der Architekt ein.

Dasselbe gilt auch für Tools. ITler haben generell einen Hang zu Tools. Der Betrieb setzt Millionen davon ein, auch die Entwickler stehen denen in nichts nach. Alle spielen sie damit und probieren die neuen aus, die wie die alten sind, bloß vollgepackt mit Schnickschnack, wie z. B der GNU-tar, der bald schon fast kochen und tanzen könnte. Und der Architekt kann den Einsatz der vielen Tools natürlich nicht stoppen, solle er auch nicht. Stattdessen muss er absolut hart kontrollieren, dass die Anzahl der im kontinuierlichen Prozess wie z. B dem CI oder der Softwareentwicklung generell eingesetzten Tools so gering wie möglich ist und dass diese in einer Tool-Chain reibungslos und ohne Experimente funktionieren.

(Anti-)Pattern: Boat-Anchor

Hatten Sie schon mal Tools oder Frameworks im Einsatz, die nichts tun? Auf die man jederzeit und gerne verzichten könnte? Die den ganzen Prozess oder Betrieb an einer oder mehreren Stellen völlig ausbremsen? Man hat die Dinger aber weiterhin, weil sie in der Anschaffung bzw. Einführung richtig viel Geld gekostet haben und möglicherweise von einer externen Sturmtruppe von teuren Beratern in jahrelanger Arbeit integriert wurden. Der Investitionsschutz lässt es nicht zu, den Ballast abzuwerfen, niemand will es wirklich verantworten. Schlimmer ist es noch, wenn weitere Stakeholder wie Revisoren etc. aus völlig diffusen Gründen den weiteren Einsatz solcher Tools vorschreiben.

Der Architekt steht ganz klar in der Verantwortung, das System so optimal wie möglich zu gestalten. Aktive Sterbehilfe für warme Leichen in Form von technologischem Müll gehört zu seinen Basispflichten.

Das Loswerden solcher unbeliebten Hinterlassenschaften der Vergangenheit kommt ins Rollen, wenn der Architekt die Courage zum ersten Schritt hat und die Stakeholder für seinen Vorstoß gewinnt. Die Mittel dazu sind Kosten-Nutzen-Rechnungen, technologische Prognosen und Hochrechnungen, Alternativen und Forschung generell.

Eine Innovation beginnt mit der fundierten Diskreditierung des Aktuellen. Aber nicht hoppla-hopp, da hat man oft gerade einen einzigen Schuss frei. Ach ja, ein weiterer gern gemachter Fehler ist übrigens auch die Anschaffung eines teuren und coolen Tools, nur um des Tools willen, d. h. ohne ersichtlichen Bedarf und konkreten Einsatzzweck. Ganz übertrieben kann man sagen: A fool with a tool is still a fool…

In einem Projekt hatten die Fähigkeiten von MS Visio zum Zeichnen von UML-Diagrammen angeblich nicht ausgereicht. Stattdessen hatten die Architekten auf der Anschaffung eines recht teuren alternativen Wundertools bestanden, das neben dem Erstellen von Diagrammen auch gleich die Codeerzeugung aus dem Modell und weitere Gimmicks bot. Das Tool mutierte zum Visio Nr. 2 – es wurden nicht mehr und nicht weniger UML-Diagramme und in keiner besseren Qualität erstellt, von der Codegenerierung keine Spur. Schade ums Geld…

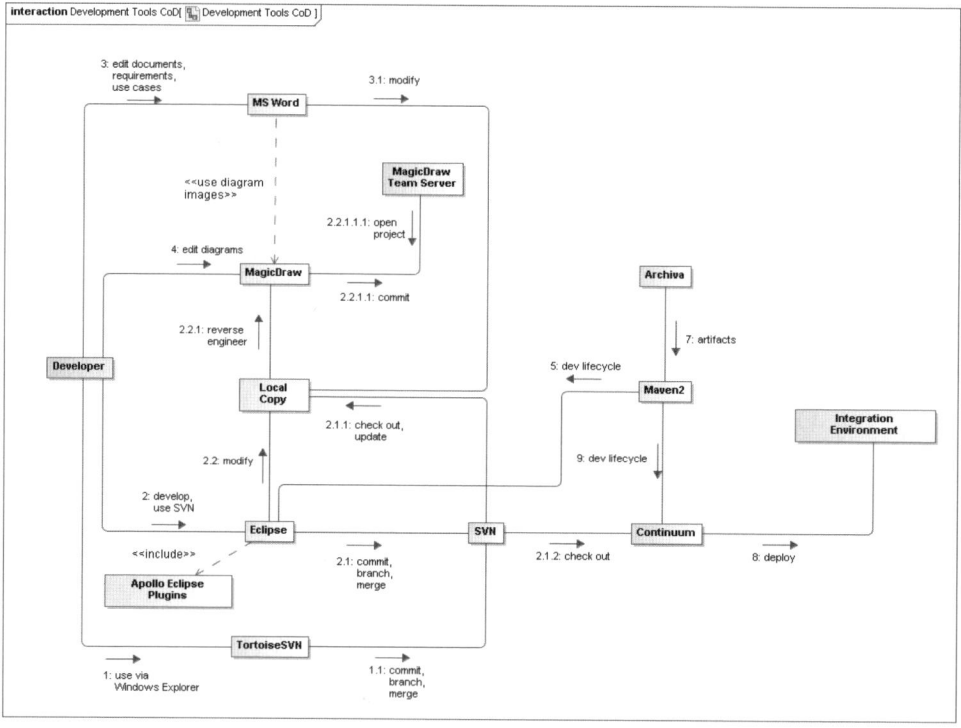

Abbildung 6.2: Ein Beispiel für die Tool-Chain-Darstellung

Der Kampf der Puristen gegen die Integratoren ist immer noch nicht final ausgefochten. Vi vs. Eclipse – kennt das nicht etwa jeder? Was ist denn besser? Ja, man kann im vi Makros hinterlegen, zumindest im vim. Aber muss ich das, wenn ich sie alle mit Eclipse geschenkt bekomme? Ja, aber vi gibt es überall. Nein, nicht wirklich – unter Windows nicht ohne Weiteres. Ja, aber Windows ist kein System, Unix muss her. Nein, das ist aber nicht immer möglich usw. Diese Diskussionen nehmen nie ein Ende – 10 ITler haben 11 Meinungen dazu. Der Architekt muss einfach versuchen, mit Akzeptanz und Härte eine Tool-Chain zu etablieren, die funktioniert, egal aus welchen Tools sie besteht – das ist Pragmatismus.

Eine Tool-Chain kann z. B in einem UML-Kommunikationsdiagramm beschrieben werden, obgleich da nicht wirklich alles passt. Pragmatische Sicht erlaubt es einem aber, sich von der Härte der UML-Spezifikation zu trennen und einfach mal schnell ein ähnliches Bild, wie in Abbildung 6.2 dargestellt, zu malen. Es dient der Übersichtlichkeit und man weiß schnell, was wohin gehört und was davon was tut.

6.1.4   Technische Perfektion

Das Streben nach technischer Perfektion steht im krassen Gegensatz zum Pragmatismus. Das ist einfach so. Ein pragmatischer Architekt kann und soll durchaus technisch ambitioniert sein, darf aber mit der Perfektion nur bis zu einem gewissen Punkt gehen. Dieser Punkt liegt da, wo das System bereits die geforderten Dinge tun kann und in auch in absehbarer Zukunft wird tun können. Das System ist so weit offen für Erweiterungen, dass auch mehrere Schritte ohne größere gefährliche Redesigns möglich sind. Weiter als das sollte man als Architekt nicht gehen – es wird zum einen nicht honoriert, zum anderen birgt es auch große Risiken des Scheiterns in sich. Und das Allerwichtigste: Wozu die Perfektion von gut suchen? Unnötig, zumindest in unserer schnellen Zeit mit täglichen riesigen Veränderungen, ganz besonders in der Technik.

Also sollte der Architekt immer dann aufhören, wenn das gesteckte Ziel erreicht ist, und den Rest nur im Auge behalten.

6.2   Forschung vs. Anwendung revisited

Es ist an der Zeit, an dieser Stelle zu schauen, ob wir unsere am Anfang des Buches ausgeführte Sichtweise der Versus-Situation zwischen Forschung und Anwendung noch einmal revidieren müssen, denn sie steht im Mittelpunkt des ganzen Buches und entscheidet über den Pragmatismus. Nach dem Durchlesen der bisherigen Kapitel dürfte der Leser nämlich festgestellt haben, dass sozusagen die Grundthesen der pragmatischen Architektur, die am Anfang formuliert wurden, allesamt erhalten blieben und noch weiter vertieft und bestätigt wurden. Ziehen wir doch mal an dieser Stelle eine Art Bilanz.

Einer der größten Feinde des Pragmatismus ist der Fanatismus. Auch Dogmatismus spielt in der gleichen Liga. Beide sind für den Architekten insofern gefährlich, als sie ihm die Sicht versperren und ihn zur Blindheit verleiten. Ein blinder Architekt ist kein Architekt, denn gerade er muss ja einen Panoramablick statt des Tunnelblickes besitzen, alles drum herum sehen, vorausahnen oder das zumindest versuchen. Alles, was ein Architekt in die Hände bekommt, muss er immer lediglich als ein Mittel zum Zweck auffassen. Das

Ziel ist die Erfüllung der Businessvorgaben, das ist das einzig Wahre. Alles andere ist nur Hintergrund und Begleiterscheinung. In der pragmatischen Architektur ist kein Platz für unnötige Experimente, für übertriebene Penibilität und überfülltes Tooling. Alles muss seinen Sinn und Zweck haben, und zwar gerade mal so viel, wie erforderlich ist.

Der Architekt informiert sich jedoch regelmäßig auf Kongressen, aus der Presse und über Kollegen. Es ist für ihn essenziell, auf dem neuesten Stand des Wissens zu sein, um überhaupt entscheiden zu können, was wichtig und was unwichtig ist. Ein pragmatischer Architekt ist aber dort, wo er selbst auftritt, kein Evangelist. Er muss absolut offen sein gegenüber neuen bzw. anderen Technologien, selbst wenn diese nicht auf der Liste seiner Präferenzen stehen. Technologien können sich nämlich aus Zwängen ergeben, weil sie z. B schon da sind und keine neuen benötigt werden. Was täte der Architekt in diesem Fall denn, abspringen? Nein, natürlich nicht. Weitermachen und das Bestmögliche erreichen.

Und wieder an dieser Stelle: Als Architekturberater oder Technologieforscher muss man in allen alten und neuen Technologien eine unglaubliche Breite an Wissen haben, als Inhouse-Architekt muss man sich dagegen viel mehr darauf konzentrieren, das Business zu enablen und hat kaum Zeit zum Forschen – leider. Aber darin liegt die Essenz der Architektentätigkeit.

6.2.1   Selbstzweck vs. Mittel zum Zweck

Jede Technologie war für etwas Konkretes gedacht, als sie erschaffen wurde. PHP z. B ist weiterhin ein unangefochtener Web-Primus, der jedoch aus allen Ecken kräftig Konkurrenz bekommt. Java hat sich am Anfang auf die OS-Unabhängigkeit konzentriert und entwickelte sich recht bald zu einer allumfassenden Plattform für Server-, Client-, Web- und sonstige Anwendungen. Es ist jedoch nach wie vor so, dass zwar beide z. B die Erstellung von Webanwendungen ermöglichen, an dieser Stelle hat aber PHP in der Entwicklungsperformance eindeutig die Nase vorne. Bei großen Enterprise-Anwendungen kann jedoch PHP Java nicht mal ansatzweise das Wasser reichen.

Es ist die Aufgabe des Architekten, für den jeweiligen Zweck die passende Technologie zu eruieren. Und keine Dogmen sowie nur wenige persönliche Vorlieben! Der Architekt muss vor allem aufpassen, auf keine Technologien zu bauen, die dem Selbstzweck dienen. Wozu beispielsweise die hundertste funktionale Sprache verwenden, wenn es Python auch schon tut. Nur weil sie cooler und moderner ist? Wohl kaum ein Grund für den Architekten, darauf zu bauen. Ausprobieren ja, aber ganz besonders aufpassen, dass man etwas nimmt, was Zukunft hat, keine Modeerscheinungen und deren vierzigste Variante.

6.2.2   Spielen vs. Vorankommen

Spieltrieb ist etwas, das wir seit unserer Kindheit ständig entwickeln. Manche kommen jedoch aus dem spielerischen Dasein erst gar nicht heraus, und das ist auch gut so. Die Welt braucht Forscher, diejenigen, die sie nach vorne treiben. Das sind aber nicht die Architekten. Spieltrieb ist bei diesen an und für sich nicht notwendig und eher schädlich.

6.3 Kreuzzügler vs. Chamäleons – welches ist die bessere Basistechnologie?

Abbildung 6.3: Vielleicht ein fairer Kampf

6.3.1 Krieg der Plattformen: Java vs. .NET vs. Rest der Welt

Können Sie folgende einfache Frage schnell beantworten: Was ist besser: Java oder .NET? Wie, Sie können es nicht? Aber für Viele ist es doch ganz klar: PHP ist besser! Spaß beiseite: Jeder hat da seine eigenen Präferenzen, doch das ist ein falsches Kriterium bei der Auswahl einer Plattform. Die eigentlich wichtigen Kriterien sind in Tabelle 6.1 aufgelistet und werden anschließend wie immer näher erörtert.

Kriterium	Kurzbeschreibung
Verbreitung	Ist die Plattform populär?
Reife	Wie lange und wie oft ist sie schon im Einsatz?
Systemunabhängigkeit	Kann sie auf jedem OS betrieben werden?
Erfahrung im Unternehmen	Haben unsere Leute Erfahrung damit?
Vorsprung im Unternehmen	Haben wir sie bereits im Einsatz?
Akzeptanz im Unternehmen	Mögen unsere Leute die Plattform?
Zukunftssicherheit	Wie viel tut die Plattform für den Fortschritt?
Standardisierung	Ist die Plattform ein Industriestandard?

Tabelle 6.1: Einige wichtige Kriterien zur Auswahl einer Softwareplattform

Kriterium	Kurzbeschreibung
Community	Wie groß und lebhaft ist die Community?
Expertenverfügbarkeit	Sind Experten am Markt gut und günstig verfügbar?
Passendes Spektrum	Deckt die Plattform das gut ab, was ich brauche?
Freiheit und Offenheit	Ist die Plattform offen verfügbar oder gibt es harte Constraints?

Tabelle 6.1: Einige wichtige Kriterien zur Auswahl einer Softwareplattform (Forts.)

Verbreitung

Es ist extrem wichtig, auf etwas zu bauen, was bereits etabliert ist. Standardisierung steht an dieser Stelle nicht im Vordergrund, viel mehr die Popularität. Je weiter eine Plattform verbreitet ist, umso mehr breites Wissen existiert um sie herum und umso leichter ist es, für diese Plattform qualifiziertes Personal zu finden sowie generelle Unterstützung.

Systemunabhängigkeit

Ein wichtiges Kriterium ist die Systemunabhängigkeit. Sie sollte aber um Gottes willen nicht dogmatisch aufgefasst werden. Da, wo es keinerlei Bestreben gibt, portabel zu sein, muss man auch nicht auf Biegen und Brechen eine systemunabhängige Plattform durchboxen. Mit anderen Worten: Wenn man nur Windows-Server herumstehen hat und darauf gar nicht verzichten will, ist der Griff zu .NET deutlich praktischer als zu Java. Dagegen sollte man im ernsthaften Betrieb von Nachbauten wie Mono lieber die Finger lassen.

Erfahrung im Unternehmen

Unglaublich wichtig ist es, eine Plattform zu nehmen, für die die eigenen Leute bereits Lösungen entwickelt haben. Die beste Plattform der Welt nutzt einem nichts, wenn man das gesamte Personal dafür extra schulen oder neu einstellen muss.

Vorsprung im Unternehmen

Eine Plattform, die im Unternehmen bereits im Einsatz ist, sollte immer als erste für neue Lösungen in Erwägung gezogen werden. Der Betrieb kennt sich damit gut aus, und auch die Entwickler haben womöglich gute Erfahrung damit. Alles Neue hat dagegen erst einmal die hausinterne Reife zu erreichen, und das kann so oder so enden.

Akzeptanz im Unternehmen

Wenn auch die beste Technologie nicht akzeptiert wird – von den Entwicklern oder von dem Betrieb, ist da wenig zu machen. Die Leute müssen das mögen, womit sie arbeiten. Man kann einem ITler nur mit Mühe eine unbeliebte Plattform aufzwingen, und das führt nur selten zum Erfolg, da er immer dagegenhalten würde.

Zukunftssicherheit

Eines der wichtigsten Kriterien für die Auswahl einer Plattform ist die Zukunftssicherheit. Wenn die Community der jeweiligen Plattform bzw. deren Hersteller aktiv an den neuesten Sachen in der modernen Softwareentwicklung partizipiert, in den Arbeitskreisen oder Committees aktiv vertreten ist, kann man davon ausgehen, dass die jeweilige Plattform zumindest zukunftssicherer ist. Außerdem muss der Architekt wie bei normaler Kaufsoftware prüfen, wie die Releasepläne für die Plattform aussehen und wie solide deren Weiterentwicklung aufgesetzt bzw. finanziert ist.

Standardisierung

Wenn eine Plattform zum Industriestandard erklärt wird, und zwar nicht von deren Herstellern, sondern von der nutzenden Industrie selbst, kann man davon ausgehen, dass sie einen Status erreicht hat, bei dem sie nicht so schnell abgestoßen wird und um die herum Lösungen zwischen Unternehmen entstehen werden. Denn die Industrie bewegt sich nie so schnell wie die Plattformentwicklungen stattfinden, und alleine dieser Zeitversatz wirkt sich positiv auf den Fortbestand einer Plattform aus. Warum wohl ist Cobol im Moment lebendiger denn je? Na, weil es eine etablierte Plattform ist, die loszuwerden es Jahre und Milliarden an Geldern kosten wird. Da rentiert sich die Fortentwicklungen der darauf aufbauenden Lösungen womöglich deutlich mehr als deren Ablösung, es kommt aber natürlich auf das Wo und Wann an.

Community

Eine starke Community – ob um eine Open-Source-Plattform oder um eine Kauflösung herum, bedeutet immer nicht nur eine weite Verbreitung und Zukunftssicherheit, sondern auch interessierte junge Leute, die begierig darauf sind, die Plattform zu kennen und sich in der Community einen Namen zu machen. Von diesen Leuten bzw. deren Einstellung, profitieren die Arbeitgeberunternehmen enorm, wenn sie aktive Community-Mitglieder in den eigenen Reihen haben. Und mit einer großen Community trifft man schon fast an der nächsten Bushaltestelle jemanden, der die Plattform beherrscht.

Expertenverfügbarkeit

Hier kommt wieder das obige Beispiel mit der Bushaltestelle ins Spiel. Bei guten, verbreiteten Plattformen sind Experten schnell verfügbar, und je mehr es davon gibt, umso günstiger sind die Preise im Einkauf, da die Konkurrenz hoch ist. Es ist zwar nicht immer so, da die Tagessätze im Durchschnitt von den Freiberuflerbörsen regiert und bestimmt werden, trotzdem kann man bei breit vorhandener Expertise bessere Konditionen verhandeln, da die Auswahl größer ist. Es gibt aber auch Momente, da ist der Markt leer. Das passiert mit den besten Plattformen.

Passendes Spektrum

Die Plattform der Wahl muss all das abdecken, was gefordert ist. Nicht mehr und nicht weniger. Das ist aber eine rein theoretische Aussage – meistens können sie weitaus mehr als gefordert. Doch an dieser Stelle schaut der Architekt auf die Schwerpunkte der Plattform: Die für ihn relevanten Sachen müssen zu den Schwerpunkten der Plattform zählen und dürfen keine Randerscheinung sein. Man nimmt doch keine Plattform her, die zwar toll im Desktopanwendungsbereich ist, dafür aber das Web vernachlässigt, wenn man gerade fürs Web einen starken technischen Stutz sucht.

Freiheit und Offenheit

Falls es für einen ein wichtiges Kriterium ist, sollte die Offenheit und die Freiheit der Plattform in Betracht gezogen werden. An sich ist es immer wichtig, eine Plattform im Einsatz zu haben, die gut mit fremden und eigenen Modulen erweiterbar ist, die sich offenen Standards unterstellt und die so wenig wie möglich vorgibt, sondern viel mehr ermöglicht.

Es bleibt nur noch anzumerken, dass die Plattformen dem Architekten eine vernünftige Basis ermöglichen, um nicht bei null anzufangen. Sie geben einen Rahmen vor, von dem aus man die Lösungen strickt. Umso wichtiger ist es, die für sich im jeweiligen Kontext passendste Plattform auszusuchen.

6.3.2 Krieg der Sprachen - prozedural, objektorientiert, funktional oder dynamisch?

Ein weiterer Kampf wird bereits seit Jahren ausgefochten: Programmiersprachen bzw. Programmierparadigmen. Wie oft hat man schon die prozeduralen Sprachen für tot erklärt, und sie kommen immer wieder zurück. Warum? Na, weil solche Unmengen von Code dafür existieren, dass man ihn mit keinem zu managenden Aufwand portieren kann. Das beste Beispiel dafür ist wieder Cobol. Es ist kein Wunder, dass Universitäten bald wieder anfangen werden, auch diese Sprache zu unterrichten – sie ist lebendiger denn je, und der Mythos von der globalen Legacy-Ablösung ist wirklich ein Mythos – zu teuer, zu riskant das alles.

Und die objektorientierten Sprachen? Sie waren dann auch keine wirkliche Rettung. Man kann damit zwar wunderbar kapseln, die Zustände und Scopes können allerdings nur mit viel Mühe behandelt werden, und diese sind in der Parallelprogrammierung immens wichtig, also kehrt man wider zu den funktionalen Sprachen zurück. Und so weiter, und so fort.

Wie wir hier mehrfach diskutiert haben: Jeder Technologie ihre Daseinsberechtigung. Es gibt Probleme, die man am besten mit dieser oder jener Programmiersprache löst. Man sollte als Architekt zwar möglichst einen Sprachenmix vermeiden, es spricht aber nichts dagegen, mit funktionalen, dynamischen Skriptsprachen und gleichzeitig kompilatororientierten objektorientierten zu arbeiten. Das ist im Übrigen auch der moderne Trend, bei dem die Anwendungen in dynamischen Skriptsprachen entstehen und die Backends objektorientiert oder gar rein prozedural entwickelt werden.

6.3.3 Frieden in Sicht – wie sich die Plattformen in Zukunft annähern werden

Abbildung 6.4: Lasst uns Freunde sein

Die konkurrierenden Plattformen werden sich immer mehr einander annähern. Der Web-Primus PHP will in den Enterprise-Sektor, da es dort große Marktanteile zu verteilen gibt, seit man doch nicht immer und überall mit Java zufrieden ist. .NET bleibt im Windows-Sektor zuhause, profitiert und lernt aber von allen ein bisschen und gibt sogar bei vielen Dingen den Ton an. Bei Web Services hat man sich ja schon fast überall gleichermaßen einander angenähert. Java will unbedingt den Desktopsektor und das Web beherrschen – zu schwach war man in der Vergangenheit an dieser Stelle, zu starr, abstrakt und unbeholfen.

Der Krieg der Plattformen geht zwar natürlich weiter, der funktionale Umfang und die generelle Breite derer wird sich in Zukunft angleichen, was dem Architekten viel mehr Bewegungsfreiraum und Auswahlmöglichkeiten bietet. Die Antwort auf alle Fragen wird dann halt nicht immer Java heißen, und das ist auch ganz gut so – Konkurrenz belebt den Markt!

6.3.4 Maßgeschneidert - ein passender Mix tut es

Abbildung 6.5: Cocktail - ein passender Mix

Wie bei einem guten Cocktail: Der gute Mix macht die Qualität aus. So auch bei Technologien: Es gibt nicht die eine Technologie. Analog zum Cocktail müsste man dann immer den Wodka pur trinken. Vielmehr sind es immer die Mischungen von Technologien, und zwar die gut aufeinander abgestimmten. Eine einzige Technologie durchzuboxen bedeutet, sich komplett in ihre Abhängigkeit zu begeben und zudem auch den Weg für weitere Alternativen zu versperren. Und es gibt einfach keine Allzweckwaffen, das sollte in jedem Fall klar sein.

Aus dem wahren Leben...

In einem sehr erfolgreichen Unternehmen wurde über mehrere Jahrzehnte hinweg ein System entwickelt, das ziemlich genau die Geschäftsspezifika abbildete – wie es halt bei jeder hausgemachten Businesssoftware ist. Die Software ist aber dabei kaum anpassungsfähig, da zugeschnitten, was auch in diesem speziellen Fall genauso so war. Kunden jammerten ununterbrochen, Businessregeln konnten kaum abgebildet oder geändert werden, alles war ein manueller Eingriff etc.

Und in den fetten Zeiten, da beschloss man prompt, das Ganze auf Java umstellen zu lassen. Zunächst zog man in Erwägung, die Altsoftware automatisiert, quasi per Skript, in die neue Sprache zu überführen, der Anbieter konnte es aber zum Glück nicht gut verkaufen – auch in den Ohren eines Laien von Manager klang das Konzept undurchführbar. Also schusterte man ein Projekt zusammen, das die Migration in ein paar Jahren hätte durchführen sollen.

Das Projekt lief aber parallel zu allem, was es da sonst noch gab. Es wollte alles von Anfang an analysieren und nicht einfach nur migrieren. Das ist ein guter Ansatz, jedoch absolut nicht praktikabel bei den Legacy-Anwendungen: Mehrere Mannjahrzehnte nachbauen, das ist sehr riskant und, sind wir doch ganz ehrlich, nicht realistisch. Entweder sollte man 1:1 migrieren und auf Bereinigungen vorerst verzichten, oder eben gleich auf Standardsoftware umstellen und sich an diese anpassen.

Was soll man sagen: Das Projekt scheiterte wegen akuter Erfolglosigkeit. Java wurde nicht angenommen – es stand in Konkurrenz u. a. zum bereits absolut erfolgreich eingesetzten Ruby on Rails, mit dem alle Webapplikationen entwickelt wurden. Die Wahnsinnsanalyse statt Migration hatte zufolge, dass man sich komplett in der verwirrenden Fachlichkeit verlief. Außerdem war das Geld einfach ausgegangen, und mit Java konnte man die Lösungen auch nicht schnell genug entwickeln. Alles in allem ein Misserfolg, für den Java an sich nichts kann – die Situation und der Kontext waren daran schuld. Aber was haben wir gelernt? Kontext entscheidet.

6.4 Bombodrom – der Nutzen des Testlabors

Angenommen, Sie haben eine Referenzarchitektur, ob Software oder genereller infrastruktureller Aufbau. Sie haben für Ihre Webplattform z. B einen Load Balancer geplant (natürlich ein paar, damit es ausfallsicherer ist), der auf zwei Webserver verteilt, die wiederum auf die dahinterliegenden 8 Applikationsserver verteilen. Ganz dahinter befindet sich das Datenbankserverpaar (Cold Standby). Das existiert alles auf dem Papier und ist von der geplanten Kapazität her soweit durchgerechnet. Wie wollen Sie nun testen, ob die von Ihnen geplante Architektur so auch funktioniert? Oder dass die Lösung performen wird?

In diesem Fall gehen Sie ins Testlabor, um dieses Szenario zu simulieren. Wir haben bereits darüber diskutiert, wie wichtig die Simulation in der IT ist. Und jetzt haben wir einen ganz konkreten Fall vor uns. Derer gibt es unendliche Mengen: Sie wollen prüfen, ob Ihre RIA sich gut auf einem Touchscreen anfühlt, Sie wollen wissen, wie Ihre browserseitige Applikation auf einem Ultra-Thin-Client performt, Sie müssen unbedingt entscheiden, ob Sie ihrem Web Service eine Million Requests pro Stunde zumuten möchten und was Sie dafür benötigen etc.

Die Macht der Simulation ist unendlich. Wir simulieren, um so früh wie möglich Erkenntnisse zu erlangen. Wir simulieren Ernstfälle, um zu prüfen, ob wir für sie ausreichend gewappnet sind, wir simulieren Benutzerverhalten, wie dämlich dieses manchmal auch sein mag, wir simulieren unerwartete Fehlersituationen wie bspw. einfach mitten im Betrieb das Stromkabel am wichtigsten Server zu ziehen, die USV-Schwelle abzuwarten und zu schauen, was dann passiert usw.

In vielen ITs dieser Welt herrscht leider der berühmte Daumen: Man peilt, statt zu simulieren. Man hält es womöglich für zu aufwändig, etwas im Vorfeld zu prüfen, was noch gar nicht eintraf. Man kauft Hardware auf Gutdünken und verlässt sich dabei auf das fragliche Bauchgefühl und ziemlich unbegründete Faustregeln etc. Dies ist nicht wirklich ein pragmatisches Vorgehen, obgleich es im ersten Augenblick wie ein solches scheinen mag. Dieses Vorgehen ist eher budgetintensiv und riskant, denn die Kosten werden nicht vorausgeplant, sondern quasi gleich im Voraus übernommen.

Wenn wir vom Testlabor sprechen, so meinen wir einen ziemlich virtuellen und allgemeinen Begriff. Ins Testlabor zu gehen bedeutet eben, im Voraus zu simulieren. Man kann simulieren, noch bevor man Investitionen getätigt hat, um zu prüfen, ob man sich bei der Hochrechnung nicht vertan hat bzw. um wie viel. Oder man kann schon dann simulieren, wenn eine Lösung steht und nur noch darauf wartet, auf ihre Betriebstauglichkeit hin geprüft zu werden. Und man kann auch zwischendurch simulieren, um zu sehen, wie gut man im Kapazitätsplan liegt. Alles ist denkbar, und das meiste jederzeit sinnvoll.

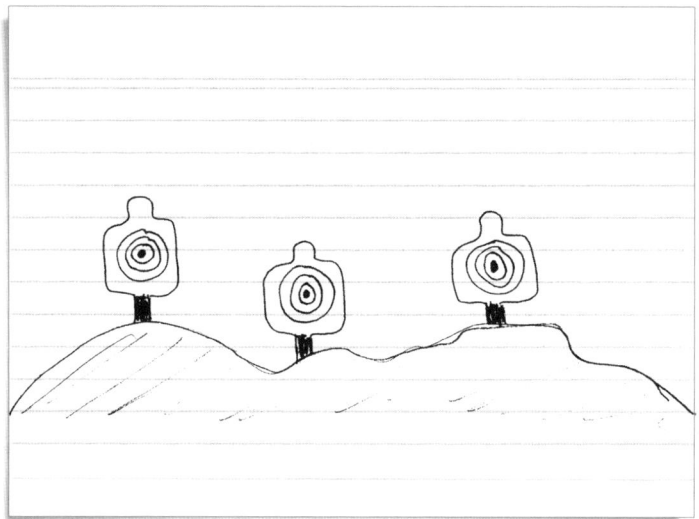

Abbildung 6.6: Testen für den Ernstfall

Jeder Lasttest, den man durchführt, ist z. B ein Gang ins Testlabor, und man sollte Lasttests unbedingt durchführen, egal, für wie pragmatisch man sich sonst hält. Jeder Testharnisch, also das Nachstellen einer bestimmten Fehlersituation z. B, ist auch ein Gang ins Testlabor. Viel zu viele ITs denken durch die rosa Brille und testen nicht auf Problemfälle hin, sondern nur auf die OK-Situation. Das ist zu wenig. Man kann immer noch mit viel Pragmatismus einfache Fehler nachstellen, z. B eben den Stromausfall. Es rentiert sich oft, schon vorher zu wissen, wie das eigene System auf solche Fehlersituationen reagiert, bevor diese eintreten und man ewig nach Problemen und ihren Lösungen sucht.

Es gibt professionelle Testlabors, deren Unterstützung man als Architekt in Anspruch nehmen kann. Jedes größere Unternehmen unterhält ein solches oder mietet eben eines an. In der Regel werden dort Lasttests durchgeführt, man kann aber mit automatisierten Tests eben jegliches Szenario simulieren. Man mietet sich dann ins Labor ein (auch diverse Anbieter haben ein solches im Portfolio) und prüft, was zu prüfen ist.

Es ist aber auch nicht immer notwendig, sich irgendwo einzumieten. Die Betriebe dieser Welt beherrschen so viele Tricks, um an die Hardware heranzukommen, dass man diese Fähigkeit als Architekt unbedingt nutzen sollte. So bieten viele Hersteller Teststellungen an: einfach mal ein Testgerät. Das ist Gold wert, denn selbst wenn dieses nicht die Zielhardware darstellt, so kann man zumindest mit Benchmarks auf die Zielhardware hin hochrechnen.

Man kann die Hardware aber auch gebraucht kaufen. Es hat sich früher insbesondere bei der Sun-Hardware rentiert, wenn man schwächere gebraucht eingekauft und dann daraus die Zielhardware anhand von Lasttests abgeleitet hat. Die SPEC-Benchmarks sind da gute Helfer – s. dazu das nächste Unterkapitel. Oder man mietet die Hardware von jemandem, der sie hat und gerade nicht benötigt – einfach mal für ein paar Tage, bis die Tests abgeschlossen sind.

Wenn die Kosten vertretbar sind, kann man aber auch auf gut Glück kaufen, wenn man weiß, dass die zugekauften Server dann in einem Cluster ihre Verwendung finden und man solche auch nachbestellen kann. All das sind pragmatische Ansätze, um sich zu einem eigenen Testlabor-on-demand zu verhelfen und statt der Vermutung, dass die eigene Lösung später auf der und der Hardware gut laufen könnten, durch frühzeitige Simulation in Bezug darauf Erkenntnisse und hoffentlich auch Sicherheit zu erlangen. Nichts ist für einen Architekten wichtiger, als früh genug zu wissen, dass seine Lösung funktionieren wird.

6.5 Daumen im Wind? Kapazitätsplanung

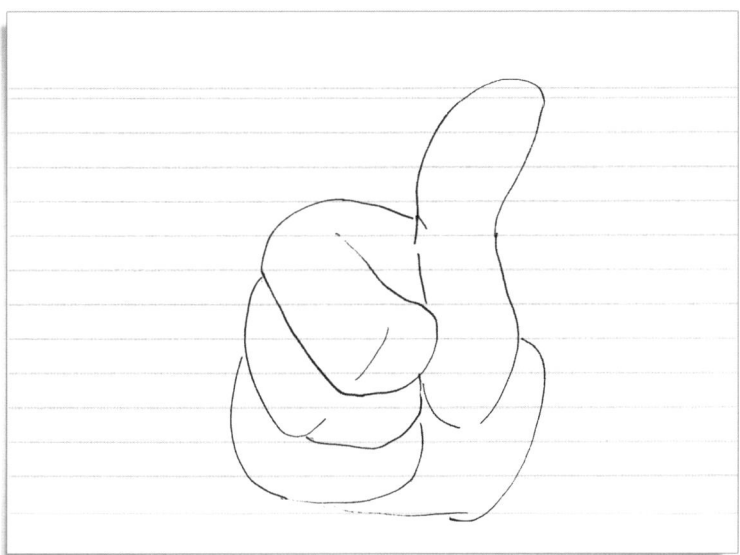

Abbildung 6.7: Daumen anfeuchten und in den Wind halten

An dieser Stelle wollen wir uns nun mit einem anderen ganz wichtigen Thema auseinandersetzen. Wenn eine neue Software entsteht oder eine neue Infrastruktur aufgesetzt wird, wird man noch vor den großen Investitionen wissen wollen, auf welcher Hardware und auf welche Menge derer das Ganze betrieben werden soll, um die nichtfunktionalen Anforderungen adäquat zu erfüllen. Genau hier kommt die Kapazitätsplanung ins Spiel.

Wenn wir davon sprechen, Kapazitäten zu planen, ist weniger von der ITIL-Variante die Rede, obgleich die dort aufgeführten Ansätze allesamt gut, jedoch in Teilen übertrieben sind. Für kleinere, pragmatischere ITs ist es nur wichtig, Hochrechnungen in Bezug auf die Hardware anzustellen und im laufenden Betrieb die Kapazitäten zu überwachen, um rechtzeitig reagieren zu können.

Kapazitäten sind im Prinzip – vereinfacht dargestellt – die erforderlichen Ressourcen. Derer gibt es vier wichtigste, wie Tabelle 6.2 darstellt. Mit diesen Größen operiert man hauptsächlich, wenn man Hochrechnungen anstellt. Sie bestimmen darüber, wie die Hardware bzw. die Infrastruktur ausgestattet werden soll, um einem gewissen Verkehrsaufkommen standhalten zu können und immer noch Reserven zu behalten.

Ressource	Inhalte
CPU	Leistungsfähigkeit der Prozessoren, Core-Anzahl, belüftet/unbelüftet
Memory	Hauptspeicher und generell alles drum herum
I/O	Durchsatz der Plattenoperationen, Netzspeicher wie SAN
Netz	Netzwerkbandbreiten intern wie extern

Tabelle 6.2: Die wichtigsten Ressourcenarten in der IT

Es gibt allerdings deutliche Unterschiede darin, wie verschiedene Architekten hochrechnen, sofern sie es überhaupt tun. Einige davon gehen strikt nach der Literatur um die Warteschleifentheorie herum und versuchen, auf rein mathematischen Wegen zu den Erkenntnissen zu gelangen. Dies ist ein dorniger und sehr aufwändiger Weg, der sich meistens gar nicht rentiert, außer in Szenarien, wo auf die Mikrosekunde heruntergerechnet werden muss. Für die meisten ITs, die z. B Webanwendungen betreiben, ist dies mehr als oversized.

Die anderen gehen da rein nach dem Daumen und hantieren mit empirischen Werten. Dies ist auch ein gefährlicher Weg, denn man kann sich mit Empirie verrechnen, und die IT ist doch eine präzisere Angelegenheit als eine reine Gefühlssache – schließlich beschäftigen wir uns mit Wissenschaft und Technik, man sollte da auch bei allem vermeintlichen Pragmatismus nicht ins Wursteln verfallen.

Der goldene Weg liegt hier mal wieder in der Mitte. Und auch dazu gibt es hervorragende Literatur, die einfach mal pragmatische Ansätze vermittelt (Verweise darauf sind im Literaturverzeichnis zu finden). Dabei geht es darum, der Empirie und dem Bauchgefühl etwas auf die Sprünge zu helfen und ihnen eine etwas bessere, jedoch weiterhin pragmatische wissenschaftliche Basis zu verpassen.

Als Allererstes sollte man bei der Kapazitätsplanung wissen, was man aktuell hat und wie die aktuellen Ressourcen ausgenutzt sind. Denn was will man hochrechnen, wenn man nicht weiß, was bereits in Verwendung ist – es kann u. U. völlig ausreichen oder bereit, über dem Limit liegen. Spielen wir an dieser Stelle einfach mal ein Beispiel durch. Nehmen wir an, wir wollen einen Datenbankserver durch einen leistungsfähigeren ersetzen. Wir haben das Gefühl, der alte performt nicht gut, und die CPU-Last ist ständig weit oben. Wir messen ein Zeitperiodenbild, wie in Abbildung 6.8 dargestellt.

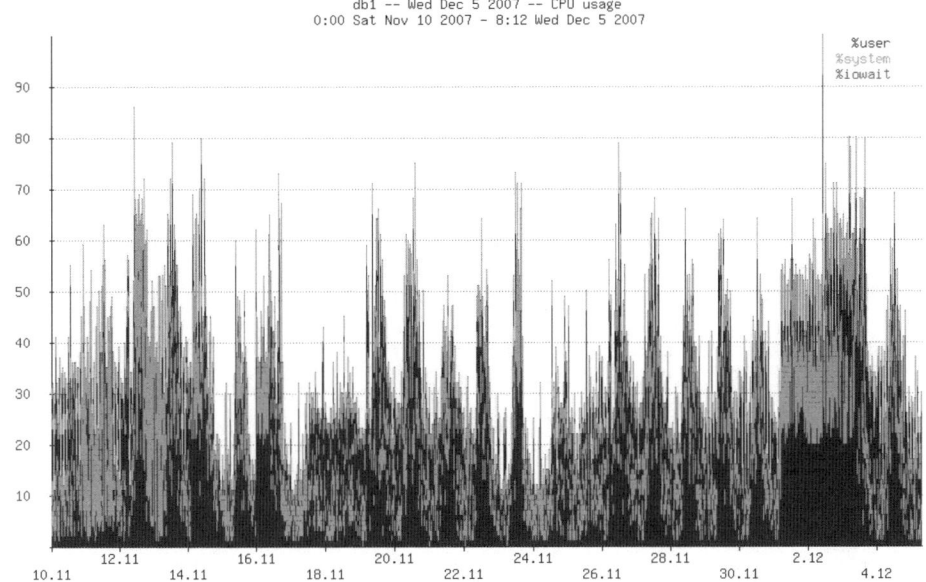

Abbildung 6.8: Ein Beispiel für die CPU-Auslastung eines Servers in einer Zeitperiode

Wir sehen hier, dass die Peaks mal an die 100 % heranreichen und eine gewisse Zeit andauern, was generell nicht wirklich gut ist. Aber auch generell ist der Server gut ausgelastet. Wobei aus aktueller Sicht kein Grund zur Panik besteht. Und jetzt kommt das Management ins Spiel und sagt, wir werden in den nächsten Monaten um 120 % wachsen. Reicht uns der DB-Server aus? Nein, tut er nicht. Also, wir wollen hochrechnen. Wir machen es aber an dieser Stelle nur oberflächlich, denn dieses Buch dient der Vermittlung des pragmatischen Denkens an die Architekten, und nicht der peniblen Auseinandersetzung mit allen möglichen Details ihrer Tätigkeit aus technischer Sicht – dazu reicht nicht einmal der Brockhaus-Umfang aus.

Angenommen, wir haben also eine Webanwendung, sodass wir ausgehend von der Anzahl der Hits die 120-Prozent-Wachstumsrechnung anstellen wollen. Wir messen die Hits in der gleichen Zeitperiode oder werten die Webstatistik aus und kommen zum Ergebnis, das in Tabelle 6.3 dargestellt ist.

Bereich	Response time	%	Hits	%
Webplattform	650.000	100	500.000	100

Tabelle 6.3: Ein Beispiel für die relevante Web-Statistikauswertung

Wenn man nochmal die durchschnittliche Last des Datenbankservers betrachtet, so liegt diese bei ca. 50 %. Wir haben somit also Werte, die für die Hochrechnung relevant sind. Dann wollen wir doch mal schnell hochrechnen und ein paar recht einfache Tricks anwenden, um zu vermitteln, wie man die Kapazität ganz pragmatisch und trotzdem logisch und begründet hochrechnen kann.

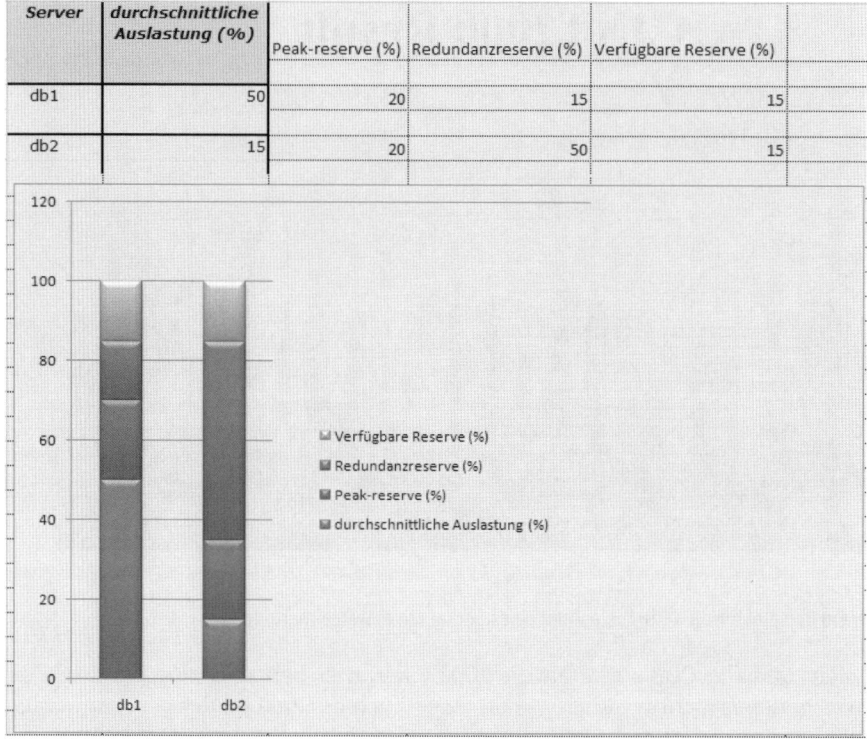

Server	durchschnittliche Auslastung (%)	Peak-reserve (%)	Redundanzreserve (%)	Verfügbare Reserve (%)
db1	50	20	15	15
db2	15	20	50	15

Abbildung 6.9: Berechnung der Brutto-Auslastung der Datenbankserver

Es ist nämlich so: Wir könnten doch neben diesem Datenbankserver einen zweiten im Einsatz haben, auf dem zwar die Datenbank auf Cold Standby steht (die Instanz ruht und wird nur dann geschaltet, wenn die Hauptinstanz auf dem anderen Server ausfällt), es könnte dort aber z. B ein Dateidienst wie NFS laufen. Im Ernstfall muss einer der Server aus diesem Paar in der Lage sein, alles aufzunehmen, weil der andere ausgefallen ist. Das bedeutet, dass wir die Auslastung für einen Server so berechnen müssen, dass da noch Reserve übrig bleibt, um den NFS-Dienst zu übernehmen – brutto also statt netto. Das wird häufig vergessen, und in Ausfallsituationen performt der verbleibende Server dann zu schlecht. Das gilt natürlich für den anderen Server im Paar genauso, nur umgekehrt.

Abbildung 6.9 zeigt die Logik der Berechnung. Zudem rechnen wir im Datenbankbereich mit einer Reserve für Peaks von 20 %. Warum? Weil die aktuelle Last gut verkraftet wird und die meisten Peaks bei 80 % liegen – ganz einfach und pragmatisch. Und was sehen wir nun? Wir haben insgesamt also eine verfügbare Reserve von 15 % – reicht also für das prognostizierte Wachstum nicht aus. Also – hochrechnen. Wir benötigen zusätzliche 105 %, um dem prognostizierten Wachstum Herr zu werden. Wieder einfach und pragmatisch.

Dabei sollte man aber auch noch versuchen, an die weitere Zukunft zu denken und niemals knapp nach Prognose einzukaufen. Leider ist es insbesondere bei Datenbanken schwierig, flexibel rauf und runter zu skalieren, zumindest horizontal. Der Scale-up hat aber natürliche Grenzen – die Maschine selbst, sodass man immer bei monolithischen Servern ca. 125 % der Prognose anvisieren sollte.

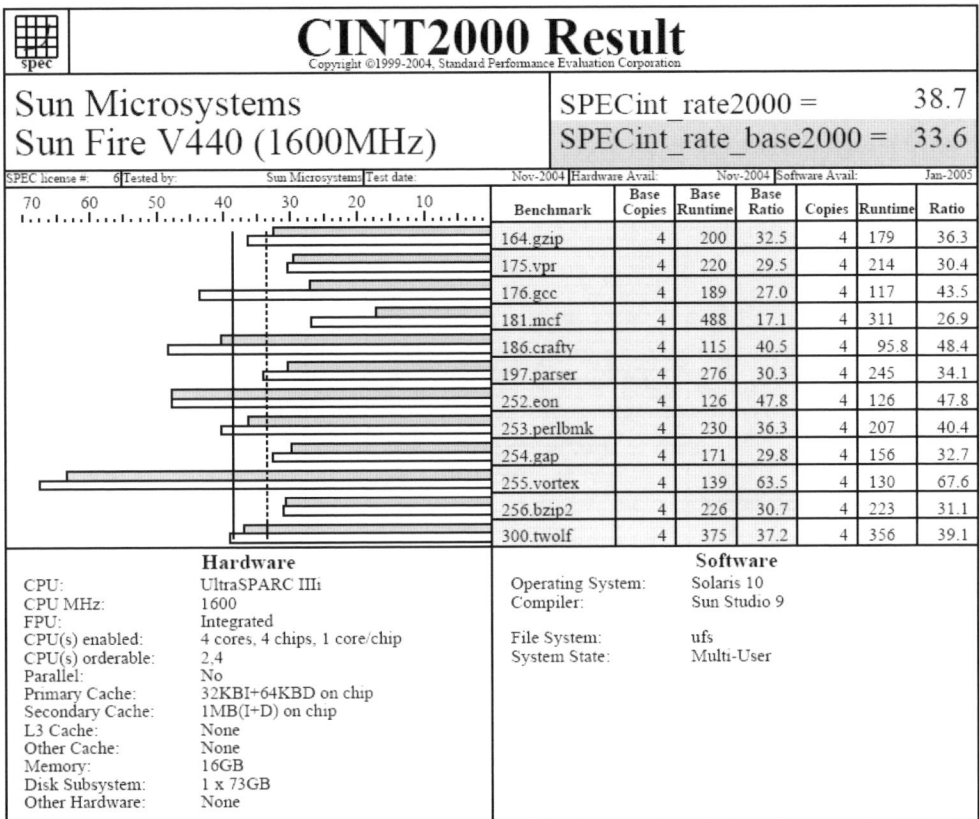

Abbildung 6.10: SPEC-Blatt des Datenbankservers

Gehen wir weiter. Wir benötigen nun die Information darüber, wie stark die aktuelle Hardware im CPU-Bereich ist. Dabei können uns eigentlich nicht der Daumen und die tolle Verkaufsbroschüre helfen, sondern nur ein Benchmark. Als sehr zuverlässig hat sich das SPEC[1] etabliert. Für unsere Bedürfnisse benötigen wir den SPECint_rate2000 (oder 2006, für welchen es jedoch kaum veröffentlichte Werte zumindest für ältere Hardware gibt). Wir schauen bei spec.org einfach mal nach unserer Hardware und finden das in Abbildung 6.10 dargestellte SPEC-Blatt.

Ausgehend von dem BASE-Wert können wir nun die gewünschten 150 % der Steigerung berechnen, ableiten und auf der SPEC-Webseite die passende Hardware anhand des passenden Rate-Wertes und der infrage kommenden Hersteller heraussuchen. Bei derartigen Hochrechnungen sollte man unbedingt im Rahmen identischer Prozessorarchitektur bleiben, zumindest bei CPU2000 – die Umrechnung ist sonst nicht wirklich aussagekräftig. Unser Wunsch liegt also bei ca. 83-90 Rate. Und das passende Blatt dazu könnte nun das in Abbildung 6.11dargestellte sein.

---

1   www.spec.org

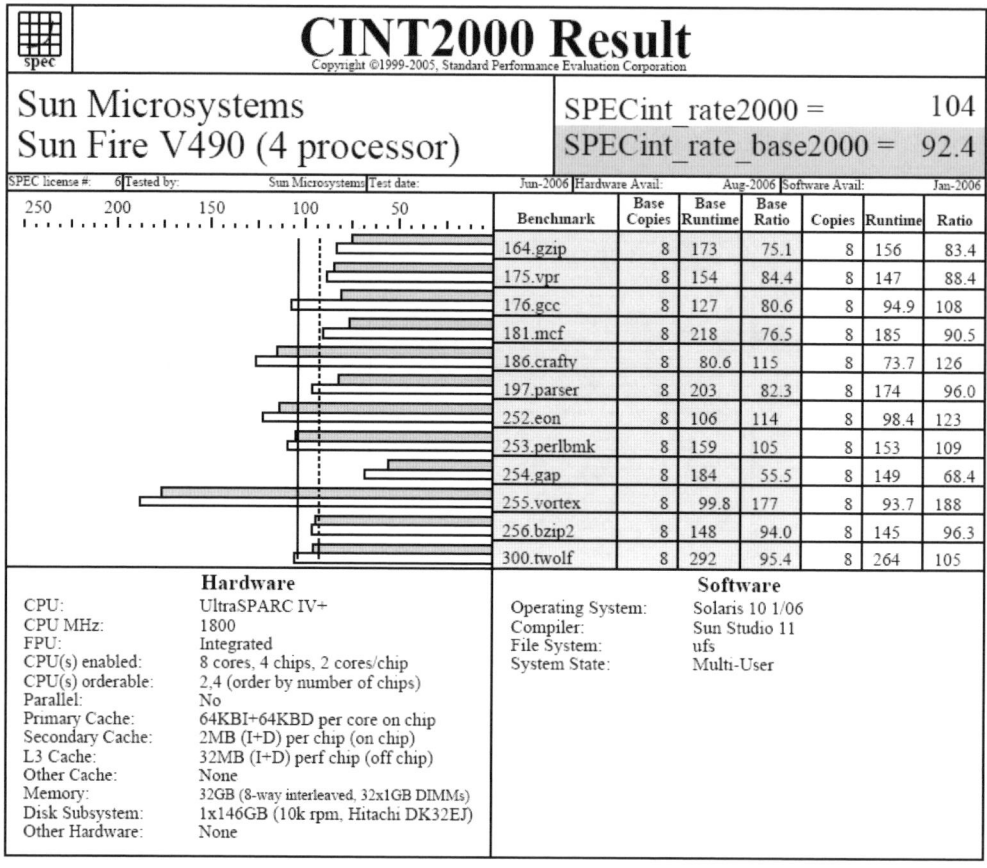

Abbildung 6.11: Mögliche infrage kommende DB-Hardware

Wir sehen also, wir mussten uns gar nicht mit der Anzahl der Prozessoren/Kerne beschäftigen. Das Beispiel an sich ist sehr einfach, aber wir kamen zu einem womöglich brauchbaren Ergebnis. Bei einer „echten" Berechnung müsste man viel mehr tun, obgleich weiterhin pragmatisch. Man kann von 120 % Geschäftsentwicklung nicht 1:1 auf die Serverausstattung schließen. Man muss differenzieren. Desweiteren ist die Anzahl der Cores oder Hyperthreading z. B für Webserver relevant, obgleich da die Hochrechnung nach Benchmark grundsätzlich auch funktioniert. Und, und, und…

Und wir haben ja noch nichts für die I/O, Memory und das Netz berechnet. Es ist ein Thema für ein separates Buch, das hier gezeigte Beispiel lässt den Architekten aber auch in die Materie reinschnuppern.

6.6 Selbstgemacht schmeckt besser - Make or Buy?

Abbildung 6.12: Sich selbst ein Koch?

Der aktuelle Trend geht eindeutig wieder weg von Standardsoftware in Richtung Individualsoftware. Warum? Weil der Aufwand für das Customizing z. B eines SAP R/3 deutlich den überwiegt, den man bei Individualentwicklung und sämtlichen Folgereleases investieren würde. Und zum Schluss passt die Software besser auf die eigenen Bedürfnisse. Nur widerspricht das wiederum ein wenig der Tendenz, die ITs auszulagern – also auch Entwicklungen. Man gibt nämlich bei Businessanwendungen dann das Wissen über die IT-seitige Umsetzung des Geschäfts ab, und das schreckt die meisten noch ab. Wie kann man dieser Situation in einer dynamischen IT begegnen? Nun, es gibt mehrere Wege.

Zum einen muss das nicht heißen, dass man gänzlich auf Fremdsoftware verzichten muss. Im Gegenteil, weg von Standardsoftware heißt ja nur, dass man die monolithischen riesigen eierlegenden Wohlmilchsäue vermeidet. Aber fremde Software zu integrieren, und zwar nach dem Best-of-Breed-Prinzip die passendsten Stückchen herauszupicken und zu implantieren oder daran anzudocken, ist weiterhin das effizienteste, was man tun kann. Statt an den allgemeinen Diensten wie Kundenpflege oder Textverarbeitung selbst zu basteln, sollte man diese immer dazukaufen und sich in der Entwicklung ausschließlich auf die Umsetzung der businessrelevanten Fachfunktionen konzentrieren bzw. beschränken.

Aus dem wahren Leben...

Hier ein leicht schräges Beispiel. Ich traf einmal auf eine Implementierung des E-Mail-Versands, die eigens in Delphi geschrieben wurde – mit allen Finessen des SMTP-Protokolls, jedoch absolut unflexibel und unnötig. Man hatte aus irgendwelchen Gründen keinen Zugriff auf sendmail gehabt oder man wollte es nicht (wenn Martin Fowler sagt, das ist ein Medienbruch, dann muss es doch nicht heißen, dass man es alles selbst implementieren muss) oder man hat keine passende Lib gefunden. Jedenfalls, wie viel ist diese Implementierung wert?

Entwickler neigen dazu, alles selbst machen zu wollen. Sie vertrauen meistens nicht den Bibliotheken, die sie verwenden, und sind häufig geradezu darauf versessen, sich in deren Quellcode hineinzuwuseln und dort nach der Wahrheit zu suchen, ob sie sie brauchen oder nicht (ein riesiges Argument für die Open-Source-Bewegung, aber nicht das wichtigste). Und an dieser Stelle muss der Architekt immer höllisch aufpassen: Nicht die Motivation nehmen, indem man solche unnötigen Aktionen wie die Neuerfindung des Rades unterbindet, aber auch keine schädlichen Zeitverluste zulassen. Ein bisschen spielen muss man dürfen, aber nicht, indem man z. B die längst vorhandenen Funktionalitäten nachbildet, nur weil sie gerade farblich nicht dazu passen oder so. Unter Umständen bzw. in den häufigsten Fällen spart man sich viel Stress, indem man Dinge dazukauft und / oder integriert.

Eine der ersten Entscheidungen, die ein Architekt in Bezug auf einen angeforderten Funktionsblock treffen muss, ist: Make or Buy? Diese Entscheidung ist von diversen Faktoren abhängig, die beispielhaft in Tabelle 6.4 aufgelistet sind und anschließend kurz erläutert werden.

Kriterium	Frage
Teamgröße	Sind wir groß genug, um alles selbst zu bauen?
Kernbusiness	Ist es ein Teil der Abbildung unseres Kerngeschäfts?
Standardfunktionalität	Ist es eine verbreitete Standardfunktion?
Exotik	Ist es sehr exotisch?
Randerscheinung	Hat es überhaupt zentrale Bedeutung?
Technik	Ist es ein rein technischer Service?
Outsourcing	Kann ich dessen Betrieb anschließend auslagern? Oder gar Entwicklung?
Kosten	Kostet es zu viel, zu bauen oder zu kaufen?

Tabelle 6.4: Einige Kriterien für Make or Buy

Teamgröße

Ganz wichtig bei der Entscheidung ist es abzuwägen, ob man eine eigene Implementierung überhaupt selbst stemmen kann. Häufig überschätzen sich die Entwickler, weil sie nach Zusatzmotivationen suchen, also sollte man hier ganz besonders genau rechnen und ggf. kaufen statt bauen.

Kernbusiness

Falls es um die Kernkomponenten geht, die zum Hauptgeschäft gehören, sollte man das Wissen über dessen Implementierung so gut wie möglich schützen. Hat man eine eigene Entwicklung, so sollten die Entwickler hauptsächlich diesen Teil pflegen. Hat man die Entwicklung zum Teil oder ganz ausgelagert, sollte man sich vertraglich gegen die Weitergabe des Wissens an Dritte und an Konkurrenz entsprechend schützen: z. B durch ein Verbot der Mitwirkung an ähnlichen Projekten für 5 Jahre usw. Teile der Kernbusinesslogik sollte man nicht kaufen, sondern selbst bauen.

Standardfunktionalität

Falls es sich um etwas handelt, was in dem jeweiligen Business zum Standard gehört, ob CRM oder ERP oder ein finanzmathematischer Rechenkern, sollte man dies immer extern einkaufen und integrieren.

Exotik

Exotische Funktionen sollte man nicht selbst bauen. Stattdessen auslagern oder kaufen, falls überhaupt am Markt verfügbar.

Randerscheinung

Wenn es keine zentrale Funktion ist, empfiehlt sich das Auslagern bzw. das Kaufen. Selbst bauen sollte bei so etwas die allerletzte Option sein.

Technik

Rein technische Dienste sollte man in jedem Fall kaufen bzw. aus OSS-Software integrieren. Nicht nur deswegen, weil sie da sind, sondern vor allem, weil sie immer besser sein werden, neueste Trends beinhalten und neueste Fixes, und Eigenimplementierungen können immer nur bedingt nachgezogen werden. Ändert sich da ein Stück des Standards, hat man dort wieder Ärger. Lieber kaufen und/oder integrieren – immer.

Outsourcing

Wenn man ein Stück der Funktionalität auslagern kann – Implementierung und/oder Betrieb, sollte man unbedingt in Erwägung ziehen. Es muss ja nicht unbedingt Offshore sein, nähere zuverlässigere Modelle sind da ein guter Rat.

Kosten

Je nachdem, was teurer ist, selbst entwickeln oder kaufen, kann entschieden werden, welchen Weg man geht. TCO muss aber betrachtet/berechnet werden, denn was im ersten Schritt günstig erscheint, kann später sehr teuer zu Buche schlagen. Ein Beispiel dafür sind die billigen Farbdrucker, deren Patronen bald so viel kosten wie die Drucker selbst und immer halb leer sind.

Unter der Betrachtung dieser und vieler weiterer Kriterien sollte abgewogen werden, ob man etwas kauft oder es selbst baut. Der Architekt spielt bei der Abwägung eine zentrale Rolle – er beurteilt und bietet Alternativen an.

6.6.1   Wie viel ist die interne Entwicklung wert?

Wie kalkulieren Sie die Kosten für Ihre interne Entwicklung? Bei Externen kennt man den Tagessatz und kann einen Festpreis vereinbaren. Wie sieht es denn aber mit den internen Leuten aus? Wenn Sie sie nicht weiterverkaufen, sondern nur für sich selbst einsetzen, was ist das wert?

Wenn intern keine klare Leistungsabrechnung erfolgt, ist es schwierig. Der interne Tagessatz kann sich dann nur aus Gehältern plus Infrastruktur errechnen, was aber auch eine Milchmädchenrechnung ist. Aber in diesem Fall spielen die internen Kosten sowieso keine Rolle, da sie keiner kennt und jeder ignoriert. Die Leute sind ja ohnehin da, also kippt man da die Arbeit rein.

Für den Architekten ist es wichtig, die internen Entwicklungskosten in etwa zu kennen, um sie mit der externen Entwicklung zu vergleichen und bei Buy-Entscheidungen berücksichtigen zu können. Man benötigt immer Vergleichswerte, sodass es einem anzuraten ist, den internen Tagessatz zu kalkulieren, möglichst auch nach Rollen wie Junior oder Senior oder nach fachlicher Orientierung wie Designer oder Entwickler.

6.6.2   Das Steuerspiel: AfA^2 & Co.

Noch eine kurze Empfehlung für Architekten: Beschäftigen Sie sich mal in Ihrer Freizeit mit Themen wie AfA (Absetzung für Abnutzung) und ähnlichen steuerrelevanten Dingen. Sie werden sich auf ihrem Weg Gedanken darüber machen müssen, wie Sie Einkäufe empfehlen und wie diese behandelt werden können. Sie werden von Ihrem IT-Manager zu hören bekommen, dass Sie bestimmte Besorgungen in die AfA überführen und Leistungen draußen halten sollen. Alles Themen, die auf das Ergebnis des Unternehmens Auswirkungen haben, und auf die IT-Budget-Planung.

6.6.3   Wie vor der Ehe – frühe Festlegung vs. Alternativenbetrachtung

Ganz kurze Anmerkung zum Thema Alternativen. Der Architekt muss immer Alternativen im Auge haben, und zwar zu allem, was er einsetzt oder plant. Man sollte immer aus 2-3 Varianten auswählen und sich für eine begründet und protokolliert entscheiden. Wird daraus nichts, hat man, rechtzeitig und vorab geprüft, bereits eine Alternative parat. Ein tolles Gefühl, trotz des Scheiterns einer Variante schnell eine andere aus dem Ärmel zu schütteln.

6.6.4   Ene, mene… – Systemauswahl

In Kapitel 3 haben wir einiges aus diesem Themenblock betrachtet. Wir wollen an dieser Stelle wieder lediglich etwas konsolidieren. Bei der Auswahl eines Systems sollten unbedingt die in Tabelle 6.5 aufgeführten Aspekte berücksichtigt werden.

---

2   http://de.wikipedia.org/wiki/Absetzung_f%C3%BCr_Abnutzung

Abbildung 6.13: Kann man jetzt schon sagen, ob die Ehe glücklich wird?

Aspekt	Erläuterung
Alternativen	Man sollte immer 2-3 Kandidaten zur Auswahl haben.
Fachlichkeit	Erfüllt das System die fachlichen Anforderungen?
Technik	Ist das System technologisch passend?
Betrieb	Wird das System entsprechend den Vorstellungen betrieben werden?
Wartung	Wird das System entsprechend den Vorstellungen gewartet werden?
Rechtlichkeit	Erfüllt das System die relevanten rechtlichen Vorgaben oder vermeidet es Konflikte mit den nicht direkt umgesetzten?
Kosten	Ist das System gut finanzierbar? Passt das TCO?
Leistungsfähigkeit	Kann man dem Anbieter vertrauen?
Zukunftssicherheit	Ist die Zukunft des Systems auf n Jahre gesichert?

Tabelle 6.5: Aspekte der Systemauswahl

Ausgehend davon, wie das Zusammenspiel all dieser Faktoren aussieht, kann eine Entscheidung getroffen werden, ein System einzusetzen. Und auch hier gilt: Pragmatismus ist nicht gleich Wursteln. Einfach mal etwas kaufen, weil es da ist, ist riskant und an sich stupide. Einige Prüfungen sollten immer angestellt werden, und es sagt ja keiner, dass die in der Bürokratie enden sollen. Aber ganz einfach darauf schauen, ein Gefühl für das System zu bekommen und vor allem dessen Alternativen zu kennen, ist absolut sinnvoll.

6.7 Kostet nix, taugt nix? Pragmatische Open-Source-Strategie

Abbildung 6.14: Alles muss raus!

Was ist eigentlich damit gemeint, eine Open-Source-Strategie zu haben? Ist es das Nehmen und Integrieren von OSS-Produkten, wenn man mal kein Geld ausgeben möchte? Oder ist es wesentlich mehr als das? Ja, es steckt wesentlich mehr dahinter, und das wollen wir an dieser Stelle mal wieder aus pragmatischer Sicht durchleuchten.

Wenn man eigene Entwickler hat, die aktiv in den OSS-Communities sind, so ist es ein direkter Vorteil für die Firma. Sie haben zum einen Kontakte, die man für verschiedene Zwecke nutzen kann. Zum anderen wirken solche Leute als Magnete für Spezialisten, meistens junge aufstrebende ITler. Das bringt nur Vorteile und ist klar Bestandteil einer OSS-Strategie.

Eine OSS-Strategie kann ein Dienstleister haben, wenn er rund um die Software Dienste anbietet, Patches commitet oder durch Sponsoring und auf Konferenzen bestimmte OSS-Produkte unterstützt.

Ein Softwarehersteller kann eine OSS-Strategie fahren. Er gründet und pflegt eine Community rund um sein Produkt, das er in einer Community-Edition zur Verfügung stellt. Oder er stellt es im vollen Umfang zur Verfügung, verdient jedoch nur an der Beratung. Oder er fährt eine Dual-Lizenz, sodass das Produkt frei und unter der GPL vorliegt, und wer seine eigenen Sources schützen will, kann eben eine Lizenz erwerben. Für Universitäten gibt es häufig freie Lizenzen, da die Studenten dadurch mit Freude mit dem Produkt in Kontakt treten – das erzieht und macht Hoffnung auf später, wenn diese ins Berufsleben einsteigen und ihre alten Produkte weiterhin mögen.

Security ist ein Bereich, der von OSS extrem profitiert. Das Prinzip der offenen Sicherheit wurde in Kapitel 5 näher erläutert, sodass Unternehmen eher schauen sollten, freie Lösungen im Sicherheitsbereich einzusetzen – sie werden meistens viel schneller auf dem aktuellen Stand gehalten und profitieren von einer großen Community, die immer nach Fehlern und Fixes dazu sucht. OSS an sich ist ja auch so attraktiv, weil sie von vielen Augen durchleuchtet und auf Schwachstellen hin analysiert wird.

Ansonsten bleibt hier nur noch eines: ITler lieben OSS. Sie mögen Kaufsoftware heutzutage nicht wirklich, es sei denn, sie ist konkurrenzlos. Aber kaum ist eine OSS-Alternative am Horizont, wird sie genutzt – ob sie den gleichen Funktionsumfang hat oder nicht, spielt keine Rolle – sie hat allein durch ihre Offenheit einen enormen Akzeptanz-, Toleranz- und Vertrauensvorsprung.

Ach ja, und zum eigentlichen Punkt: Pragmatische OSS-Strategie bedeutet zunächst einmal überhaupt eine OSS-Strategie. Dann muss man höllisch aufpassen, was man sich ins Haus holt – das fällt in die hier bereits diskutierte Technology Governance. Und last but not least: versuchen, aus OSS so viel wie möglich zu schöpfen. Kostenbetrachtung und Pragmatismus decken sich an dieser Stelle fast restlos.

6.8 Die Nachwehen – TCO[3] und ROI[4]

Diese Punkte dürfen in diesem Buch nicht fehlen, obgleich wir sie nur leicht streifen werden – dazu gibt es nun wirklich ausreichend qualifizierte und komplizierte Literatur, und die Themen selbst sind vielmehr kaufmännischer Natur. Wir schauen jetzt einfach mal kurz darauf, was ein Architekt darüber wissen sollte und wie er damit und mit dem Rest umgeht.

Zunächst einmal der Hauptkritikpunkt an sowohl TCO als auch an ROI: Das sind Milchmädchenrechnungen mit der Genauigkeit einer Wettervorhersage für das kommende Jahr. Hart? Ja, ist aber wahr.

Und nun dazu, wie es den Architekten betrifft. Bei allem, was er tut, muss er versuchen, soweit wie möglich in die Zukunft zu blicken und diese vorherzusagen. Das ist nicht leicht, und meistens irrt man sich. Aber um IT-Budgets für 2-3 Jahre zu fixieren, was heutzutage ganz üblich ist, benötigt man zumindest einen halbwegs zuverlässigen Weitblick. Und den muss der Architekt dem Management liefern.

Dazu gehört unter anderem die Hochrechnung der Kapazitäten, die wir hier bereits diskutiert haben. Und auch genaue Vorgaben an Hersteller und Entwickler, was die nichtfunktionalen Anforderungen betrifft. Systemauswahl nach pragmatischer, jedoch ordentlicher Art ist ebenfalls klar Bestandteil dieser Themen. Und ansonsten? Ansonsten ist es zu empfehlen, sich bei Interesse mit dem Thema aus der Literatur auseinanderzusetzen – das ist eben wieder so ein Punkt: Thema kennen und nur bei Bedarf vertiefen. Das ist pragmatisch, und dabei bleiben wir auch in diesem Buch.

---

3   http://de.wikipedia.org/wiki/Total_Cost_of_Ownership
4   http://de.wikipedia.org/wiki/Return_on_Investment

6.9 Das Börsenspiel: Early Adoption

Abbildung 6.15: Ach ja, die Börse...

(Anti-)Pattern: Technologieangst durch Statistik

Dieses Anti-Pattern kann einen zur Weißglut treiben. Dabei schlägt man dem Management aus den architektonischen Überlegungen und technologischen Bedürfnissen eines bzw. vielmehr mehrerer Vorhaben heraus die Anschaffung und Einführung einer fortschrittlichen, jedoch komplexen und umfassenden Technologie wie z. B Data Warehousing oder Virtualisierung vor.

Es ist sonnenklar, dass solche Technologien und deren Einführungen für Unternehmen von zentraler Bedeutung sind und einem daher logischerweise nicht zu Discountpreisen in den Schoß fallen. Der Architekt arbeitet eine Entscheidungsvorlage aus, mit Begründung des technologischen Bedarfs und der geplanten Kostenersparnisse sowie Performancegewinne bei der Umsetzung von künftigen Kundenlösungen. Voller Vorfreude auf die neue technologische Herausforderung reicht er die Entscheidungsvorlage „nach oben" und erhält als Antwort ein „Nein".

Managements Begründung liegt z. B darin, dass laut irgendeiner jüngst herausgekommenen Studie von Gartner oder ähnlichem 75 % aller derartigen Vorhaben in der jeweiligen Technologie scheitern. Außerdem habe man sich bei anderen persönlich bekannten Entscheidern (man kennt sich) nach deren Erfahrungen erkundigt, und da hieß es nur: Finger weg! Zu teuer, zu wuchtig, zu adynamisch, zu IT-lastig.Der Benefit der vorgeschlagenen Technologie in Bezug auf das eigene Unternehmen raucht sozusagen nervös in der Ecke – hier herrscht die schiere Angst. Ein Zureden ist bei solcher Gegenargumentation kaum sinnvoll, man kann höchstens versuchen, durch harte Gegenüberstellungen von Kosten und Prognosen das Management von der Notwendigkeit und durch anderweitige Studien bzw. Erfahrungswerte von Kollegen aus anderen Unternehmen und Branchen von der Machbarkeit zu überzeugen.

Eine Machbarkeitsstudie ist aus eigenrisikotechnischen Gründen Pflicht, der Kampf insgesamt wird aber voraussichtlich hochgradig hart und der Erfolgsdruck enorm.

Der Autor selbst musste in einem Projekt stundenlange Diskussionen mit einem Geschäftsbereichsleiter führen, um ihn davon zu überzeugen, dass dessen Anforderungen als einzige Lösung die Einführung von Terminal-Technologie nach sich ziehen. „Aber das kostet doch zu viel Geld, das stand doch neulich im Entscheider-Magazin!" schrie er andauernd. Als er feststellte, dass er sich ein Viertel der Betriebskosten dadurch einsparen könnte, war er überzeugt.

Abbildung 6.16: Wird es ein Huhn oder ein Krokodil?

Early Adoption ist etwas für Adrenalin-Junkies. Ja, ja, das ist es. Nur diejenigen, die an Technologien forschen und sie für weitere Einsätze untersuchen, sollten sich mit der Materie vertraut machen. Alle anderen – also hauptsächlich sind damit die internen Unternehmensarchitekten gemeint – sollten einfach die Finger davon lassen.

Zum einen: Warum den eigenen Kopf wg. unausgereifter Technologie riskieren? Zum anderen ist es doch schon seit Jahren gängige Praxis, nach Major-Releases von Software gleich den ersten oder gar den zweiten Patch abzuwarten. Ein Beispiel dafür ist Oracle RDBMS, bei dem die DBA immer auf die x.2-Version schwören. Bei Windows NT war das seinerzeit sogar so, dass man die geraden Service-Packs tunlichst gemieden hatte, aus welchem Grund auch immer. Wahrscheinlich ist da mehr oder weniger IT-Aberglaube im Spiel, dieser kommt aber unter Technikern nicht von ungefähr.

Also, es ist jedem Architekten anzuraten, von Early Adoption welcher Systeme auch immer Abstand zu nehmen und lieber auf eine solidere, stabilere Version zu bauen. Weniger Stress, weniger Risiko, mehr verfügbare Erfahrungswerte und generell: einfach nur pragmatisch.

6.10 Das Kaleidoskop – UI-Technologie stets offen halten

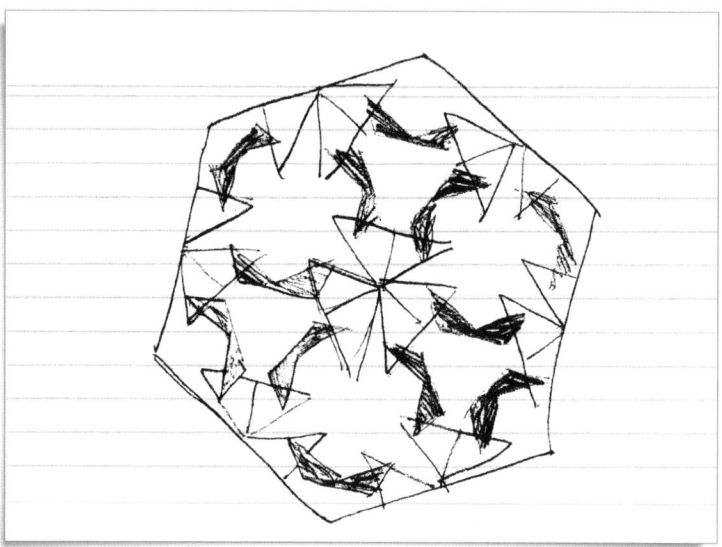

Abbildung 6.17: Das Kaleidoskop

Was ist das Wichtigste an Benutzeranwendungen? Funktionalität? Klar, das auch. Aber das einzig Wahre ist das, was man sieht, und wie sich die Anwendung in der täglichen Arbeit anfühlt. Ein gut designtes GUI hält Kunden warm, es macht ihnen Spaß, damit zu arbeiten, und sie verzeihen Fehler. Ein schlechtes GUI lässt sie nach Fehlern suchen, um die Anwendung endlich loszuwerden und eine andere zu bekommen.

Nun ist es aber auch so, dass sich die GUI-Ansätze so rapide ändern, dass man kaum nachkommt. Als Architekt sollte man dem begegnen, indem man zum einen die Präsentation komplett von der Logik trennt und zum anderen die GUI-Technologie immer offen hält, sodass man sie um eine weitere anreichern oder ergänzen kann. Bei Webanwendungen ist es wichtig, sich eine Request/Response-Lösung zu überlegen, die feingranular genug ist, um sowohl für klassische Webanwendungen als auch für AJAX-Requests herzuhalten. Passend geschnittene Front-Controller mit einer Action-Orientierung vollbringen da Wunder.

Zusätzlich dazu sollte man im Auge behalten, dass auch Desktopanwendungen weiterhin hoch geschätzt sind. Unabhängig von der Technologie ist es wiederum eine andere Art von GUI, die viel mehr eventorientiert arbeitet als z. B eine Request/Response-Webapplikation. RIAs sind da wiederum ähnlich wie Desktop usw. Für den Architekten heißt es also: Halte das GUI immer offen, triff da keine allzu harten Entscheidungen.

6.11   Die Logik des Zyklus

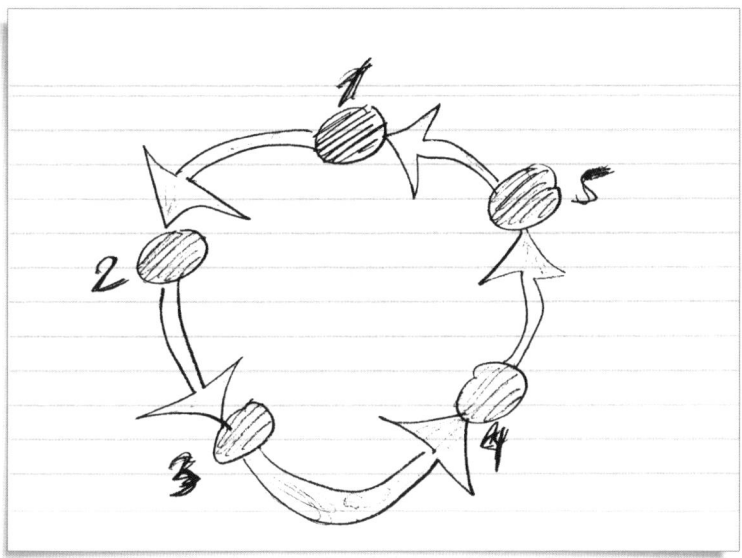

Abbildung 6.18: Ein Zyklus

Alles in der IT unterliegt einem Zyklus: Systeme, Entwicklung, Betrieb, Management usw. Wir betrachten an dieser Stelle die beiden ersten genauer, weil sie für den Architekten relevant sind. Weitere Zyklen ergeben sich aus diesen beiden – als Folge oder als Unterzyklus eben.

6.11.1   Lebenszyklus von Systemen

Den Lebenszyklus eines Systems kann man in folgende, in Tabelle 6.6 aufgelistete und danach kurz erläuterte Phasen unterteilen. In Kapitel 5 wurde bereits ziemlich tief auf dieses Thema eingegangen, sodass wir hier wieder aus Technologieperspektive heraus konsolidieren wollen.

Phase	Kurzerläuterung
Entwicklung	Entstehung des Systems
Einführung	Rollout des Systems
Stabilisierung	Erste Betriebshürden werden genommen
Ausbau	Features werden eingebaut
Ermüdung	Das System trägt langsam nicht mehr

Tabelle 6.6: Phasen des Systemlebenszyklus

Entwicklung In dieser Phase entsteht das System. Es wird konzipiert, entwickelt und kräftig investiert.

Einführung Hier erblickt das System das Licht der Welt. Erste Erfahrungen werden bereits hier gesammelt, um bestimmte Teile davon zu optimieren oder zu ersetzen.

Stabilisierung In dieser Phase wird das System stabil. Nach den ersten typischen Einführungs- und Schulungsaufregungen läuft es einigermaßen, und man sammelt bereits ganz konkrete produktive Erfahrungen und überlegt sich neue Funktionen.

Ausbau Hier wird das System kräftig ausgebaut. Neue Features kommen, neue Erweiterungen. Man versucht in dieser Phase, die Investitionen zwar im Griff zu haben, doch es wird weiterhin investiert.

Ermüdung In dieser Phase lebt man nur noch von dem System und investiert kaum in dieses. Es ist der langsame Tod, der nur durch bestimmte Kurskorrekturen vorher hinausgezögert werden kann.

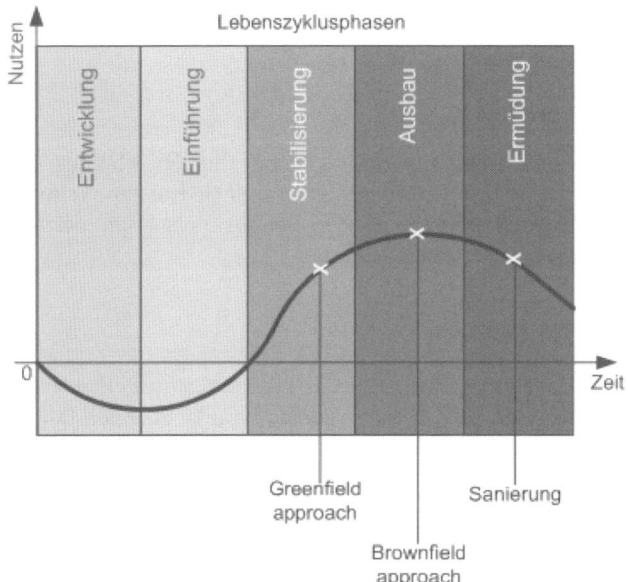

Abbildung 6.19: Lebenszyklusphasen eines Systems

In Abbildung 6.19 sieht man die Zeitpunkte, zu denen der Architekt Kurskorrekturen in dem Lebenszyklus eines Systems beeinflussen kann. In Kapitel 8 wird detailliert darauf eingegangen.

6.11.2   Softwareentwicklungszyklus

Es gibt so viele Variationen und Theorien zum Thema Softwareentwicklungszyklus, die allesamt auf folgende grobe Phasen hinauslaufen:

- Analyse
- Design
- Entwicklung
- Test
- Integration
- Wartung

So oder ähnlich gestaltet es sich immer. Die Länge oder die Kürze einzelner Phasen, der Umfang der dabei produzierten Resultate bzw. die Wiederholungshäufigkeit des gesamten Zyklus in Form von Iterationen entscheidet z. B über die Agilität des Entwicklungsprozesses. Es ist sogar vereinzelt möglich, auf die Analyse- und Designphasen gänzlich zu verzichten, doch diese Schritte erfolgen dann on-going während der Entwicklung. Lassen Sie uns einfach mal betrachten, was in den einzelnen Phasen so alles dabei ist.

Analyse

Bevor eine Software entstehen kann, muss verstanden werden, was sie tun soll. Ob man dafür Monate benötigt oder bereits nach kurzer Analyse beginnt, die Software zu entwickeln und die immer neuen Erkenntnisse gleich in den Code einarbeitet, ist Prozesssache. Wichtig ist nur, was das aus pragmatischer Sicht bedeutet, und das ist in diesem Fall ein recht kurzer Analysevorlauf mit anschließender on-going Entwicklung.

Aus dem wahren Leben...

Es gibt wirklich Analysten, die ihre Tätigkeit als die zentralste überhaupt ansehen und die Analyse zu einer absolut hohen Kunst erheben. Dies ist ein Punkt, über den man mit den Entwicklern streiten kann, die behaupten: The Code is the Truth. Beides sind Extreme. In einem Projekt hatten wir einen solchen Analysten im Einsatz, der in etwa so gearbeitet hat wie der eine Redner in „Das Leben des Bryan", der da immer vor sich hinmurmelte „Diese kleinen Dinge, die sich mit den anderen kleinen Dingen verzahnen..." und der anschließend unter Applaus von der Bühne gefegt wird.

Nach diversen Monaten Arbeit entstand zwar eine Art Dokument, in dem die Anforderungen gesammelt wurden. Dieses konnte jedoch kaum herhalten, um daraus eine Software zu entwickeln. Dafür hat sich der gute Mann viel Zeit mit der Erstellung der Schablonen für die Analyse gelassen und alle UML-Diagramme seiner Kollegen immer und immer wieder auf ihre hundertprozentige Spezifikationskonformität hin überprüft und korrigiert.

Zum Schluss hat man sich getrennt. Wir brauchten Anwendungen, kein Papier. Analyse kann kein Selbstzweck sein, zumindest wenn der Pragmatismus regiert: Nicht alles, was auf die Flugsicherung passt, muss auch für die „normale" Wirtschaft gut sein, und das ist es auch nicht...

Design

In dieser Phase entsteht die Software auf dem Papier und als Referenzimplementierung. Das ist die Stunde der Architektur als solcher – Entscheidungen, die hier getroffen werden, sind die weitreichendsten und diejenigen, die später am schwierigsten zu ändern sind. Doch diese Phase muss nicht unbedingt lang sein. Es genügen ein paar PoCs und lauffähige Prototypen, um die grundsätzlichen architektonischen Aspekte zu prüfen und mit der eigentlichen Implementierung loszulegen, in der dann weitere Entscheidungen fallen würden. Pragmatischer Ansatz dabei: nur so viel Design wie absolut notwendig, der Rest ist im Code.

Entwicklung

Hier entsteht die Software und auch deren eigentliche Architektur. Das ist die wichtigste Phase in dem Zyklus, keine Frage.

Test

Was entwickelt wird, muss auch getestet werden. Hier sind die Entwickler- und die Kundentests angesiedelt, aber auch die Qualitätssicherung mit Lasttests, Codeanalyse etc. Iterative Prozesse trumpfen an dieser Stelle ganz besonders, da sie den Test meistens als Bestandteil der Entwicklung ansehen und einem dafür die passenden Mittel an die Hand geben, wie z. B Unit-Tests, Akzeptanztests etc.

Integration

Das ist nicht nur die Überführung der Software in den Betrieb, sondern die Erstellung entsprechender Dokumentation, Schulung der User, Schulung der Weiterentwickler etc. Bei iterativen Prozessen ist es die Phase, in der der Kunde eine Testversion an die Hand bekommt und sein Feedback loswerden darf. Daneben wird auch geprüft, wie gut sich die Software in die Ziellandschaft fügt.

Wartung

Die Wartung ist neben der Entwicklung die eigentlich wichtigste Phase. Die Software muss weiterentwickelt, gepflegt, gefixt etc. werden. An sich ist dieser Block mit der Entwicklung identisch, doch muss er nicht im Rahmen von Projekten erfolgen, sondern nebenbei. Und ganz wichtig: Die Wartung erfolgt neben der größeren Weiterentwicklung, da führt kein Weg dran vorbei. Der Architekt muss immer dafür sorgen, dass solche Parallelentwicklungen vom Tooling her und auch prozessual möglich sind.

Iterative Prozesse drehen denselben Zyklus mehrfach, damit zwischendurch Feedback vom Kunden abgeholt werden kann. Die agilen Prozesse gehen sogar noch weiter und werfen alle Phasen in einen Entwicklungsblock als Iteration hinein, um den sich alles dreht.

6.11.3 Vom Keim bis zur Mülltonne – Application Management[5]

Wir werden an dieser Stelle nicht tief in das Thema einsteigen, da der Pragmatismus nicht zulässt, dass daraus eine hohe Kunst gemacht wird. Im Wesentlichen haben wir dieses Thema bereits an mehreren Stellen diskutiert und wollen es hier nur noch etwas konsolidieren.

Was ist Application Management? Das ist das Management eines Softwaresystems im Einsatz. Es beginnt mit dessen Konzept bzw. Einkauf und erstreckt sich über Entwicklung, Anpassung, Einführung bis hin zu Upgrades und End-of-Life. Am Beispiel einer Individualsoftware ist zunächst einmal der bereits geschilderte Entwicklungszyklus dran. Hat der Betrieb die Software bereits im Einsatz, beginnt die Phase, in der Optimierungen eine wichtige Rolle spielen. Der Entwicklungszyklus läuft die ganze Zeit nebenher.

Aus dem wahren Leben...

Ein gutes Beispiel für „Kein Application-Managment" wäre folgendes: Im Rahmen eines Projekts hat man bei uns, komplett an den zuständigen Instanzen vorbei, eine teure Testsuite lizenziert. Die Suite war richtig klasse, doch man hat nicht bedacht, dass die automatisierten Tests bei uns keinerlei Rolle spielen.

Die User wollten immer per Hand testen und sahen darin ihre Bestimmung (oder ihren Selbstzweck, wer weiß), und die Technologien, die wir einsetzten, ließen nahezu keine Automatisierung der Tests von außen zu.

Man hat versucht, die Suite an jeder Stelle einzusetzen, ob passend oder nicht. Man hat ja schließlich teures Geld dafür hingeblättert. Als es zu Unklarheiten in Bezug auf die Funktionalität kam, wusste man gar nicht, wo die Lizenzen sind und wie die Kundennummer lautete, da der Externe, der die Software bestellt hatte, inzwischen fort war. Und die Wege, die Suite einzusetzen, schwanden mit jedem Tag, da man sich mit anderen, nativeren und effizienteren Mittel besser behalf.

Letztendlich musste die Software sterben. Konnte sie aber nicht, da ein Wartungsvertrag auf zwei Jahre abgeschlossen wurde, von dem auch keiner mehr etwas wusste. Und dessen nicht genug: Als die Zeit nahe rückte, diesen zu kündigen, hat man es vergessen, da es keinen dedizierten Lizenzmanager für dieses vernachlässigte und sinnlose System gab. Das ist Application Management vom Feinsten.

Im Fall einer eingekauften Software sollte man unbedingt darauf achten, dass man sich den Sourcecode per Escrow[6] oder Hinterlegung beim Notar für den Fall sichert, dass der Anbieter nicht mehr weiterentwickeln kann. Das kann auch mit den größten passieren – sie werden gekauft und die Entwicklung geht nicht mehr weiter. Alles ist denkbar, sodass es bei zentralen Systemen immer wichtig ist, sich die Sources für den Ernstfall zu sichern. Ob es immer möglich ist, ist klar situations- und anbieterabhängig.

---

5   http://de.wikipedia.org/wiki/Application_Management
6   http://de.wikipedia.org/wiki/Escrow

6.12 Woher weiß ich, ob es passt?

Auch hier ist es relativ einfach: Verhalten Sie sich als Architekt so, wie die Borg es in Bezug auf die Technologien tun. Werfen Sie alles, was Sie nicht aktuell benötigen, restlos über Bord. Bauen Sie nichts ein, was irgendwie irgendwann mal benötigt wird. Führen Sie keine riesigen Bibliotheken ein, um nur eine Funktion daraus zu verwenden. Extrahieren Sie stattdessen alles, was sie brauchen, dort, wo sie es bekommen können, und passen es an sich an. Dabei sollte man unbedingt darauf achten, dass integrierte Bibliotheken im Kern weiterhin unverändert bleiben, damit Sie beim nächsten Upgrade kein blaues Wunder erleben und den eigenen Code wegwerfen oder neu schreiben müssen.

Ein erfolgreicher pragmatischer Architekt ist generell skeptisch. Sein Spieltrieb in Bezug auf neue oder alternative Technologien hält sich in Grenzen. Er sieht sich die Sachen zwar an, aber immer unter dem Gesichtspunkt, dass sie aktuell bzw. mittelfristig benötigt werden. Er geht niemals darauf ein, eine Technologie in einer sehr frühen Phase ihres Daseins in kritischen Bereichen zu integrieren. Und er vertraut generell keinen Hochglanzprospekten bzw. keinen Marketingaussagen der Hersteller von welchen IT-Produkten auch immer, selbst wenn es sich dabei um etablierte Marken handelt. Am Ende hat nur derjenige Erfolg, der die pragmatische und skeptische Brille aufhat und alles mehrfach prüft. Und derjenige, der nur die Sahnehäubchen assimiliert und den Rest ignoriert.

7 Pragmatischer Umgang mit Standards und Hypes

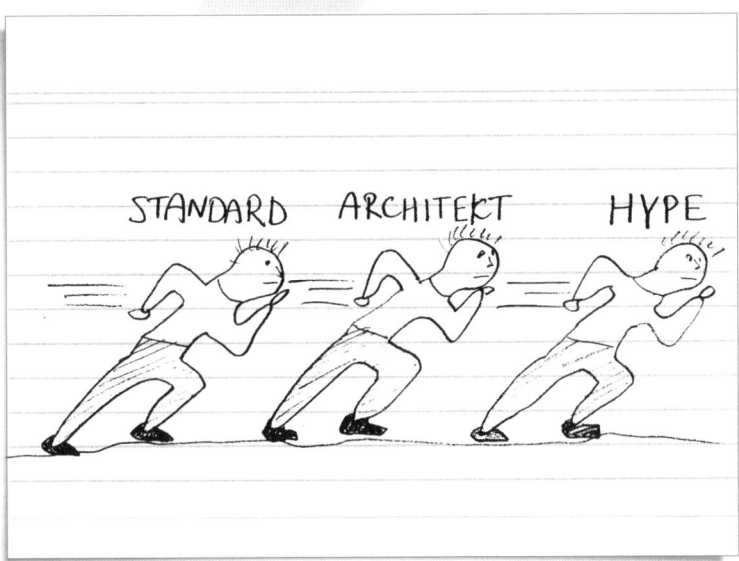

Abbildung 7.1: Der ewige Lauf: Ein Architekt jagt den Hype, wird aber weit hinten von Standards gefolgt.

(Anti-)Pattern: Buzzword-driven Architecture

Dieses Anti-Pattern ist in den letzten Jahren regelrecht erblüht und wird wahrscheinlich für immer dableiben. Dabei handelt es sich um Architekturdiskussionen und -beiträge, die buchstäblich wie aus dem Lego-Baukasten für Buzz-Wörter zusammengeschustert zu sein scheinen.

Meistens überholen die Buzz-Wörter, gezüchtet in den geheimen Marketinglabors unterschiedlicher Vertrauenswürdigkeit, die damit gemeinte bzw. dafür erforderliche Technologie um Lichtjahre. Während jedoch früher, mit Ausnahme einiger schwarzer Schafe, die Technologie parallel zu der Idee ausgearbeitet wurde, ist das Tempo heutzutage generell deutlich rasanter und die Komplexität um einiges größer geworden. Da dauert es Monate und Jahre, bis der Geist in Form einer Idee von dem Fleisch, repräsentiert durch die tatsächliche Umsetzung, eingeholt und eingefangen wird. Das hindert aber keinen daran, bereits jetzt in Form von inhaltslosen Grafiken und allzu abstrakten Erläuterungen Pseudoarchitekturen zu schmieden und blindlings dem Hype zu folgen.

Ein Architekt muss natürlich die Hand am Puls der Entwicklung halten, jedoch anämische Diskussionen oder gar Eigenkreationen tunlichst meiden. Vielmehr führt auch hier der Weg zum Erfolg über Experimente, Pilotprojekte und wirklichen Expertenaustausch.

Ein Paradebeispiel dafür ist die sagenumwobene SOA, über die viel mehr diskutiert wird, als sie tatsächlich von einigen Sprechern und Schreibern jemals gebaut wurde. Diverse Artikel und Blogbeiträge ähneln sich, der Architekturansatz wird mit Produkt absichtlich oder unbeabsichtigt verwechselt, alte Ideen werden per Lipstick-on-the-Pig wiederverkauft etc. Und als ob es nicht genug wäre – jetzt sucht man schon nach neuen Akronymen, da SOA aus Marketingsicht bereits verbrannte Erde ist. Wir dürfen echt auf SOA 2.0 gespannt sein, gerade da, wo es nicht einmal vernünftig eine SOA 1.0 gegeben hat.

7.1   Nichts ist vergänglicher als die Standards

Ja, in der Tat – nichts. Haben Sie sich schon mal überlegt, wie viele Standards es in der IT gibt? Halten Sie sie alle wirklich für Standards? Für wen gelten diese Standards denn? Und was noch interessanter ist: Wie lange leben die Standards überhaupt?

Solche Normen wie die DIN werden an sich nicht sonderlich häufig erweitert oder geändert. Sie beschrieben ursprünglich Dinge, die man anfassen konnte, die sich selbst nur bedingt änderten, die jeder kannte so wie sie waren. Wir kennen alle die Blattformate und leben mit ihnen unser Leben lang. Alles drum herum, angefangen mit Locher und aufgehört bei Ordnern und Scannern, alles verlässt sich auf diese Formate. Diese Dinge sind fühlbar und klar definierbar. Sind denn in der IT, die sich jeden Tag fast grundsätzlich ändert, deren Grundkonzepte jedoch immer dieselben bleiben, überhaupt irgendwelche Standards möglich? Und auch hier wieder: Wie lange leben sie denn, wenn die supermodernsten Programmiersprachen der 80er inzwischen schon fast tabu, mindestens jedoch uncool sind?

Dinge, die man in der IT anfassen kann, sind z. B. Hardwareprodukte. Während die Serverhöhen z. B. halbwegs standardisiert sind, sodass man meistens ohne Schwierigkeiten auch ein Rack dazu findet (na ja, stimmt auch nicht ganz – die Schienen passen mal nicht, mal ist die Stromzufuhr falsch angebracht usw.), sind z. B. Einzelgeräte wild geformt und niemals visuell und platzmäßig zueinander kompatibel. Bei den Protokollen allerdings herrscht zumindest im Groben bzw. auf dem kleinsten gemeinsamen Nenner weitgehend standardisierte Einigkeit. Wobei nein, das stimmt auch wieder nicht ganz – wie oft muss man zwei Firewalls an zwei Enden eines sicheren Tunnels vom gleichen Hersteller nehmen, weil da wieder irgendeine Besonderheit in der Protokollerweiterung existiert.

Aber bei der Software sieht es weitaus schlimmer aus. Ja, es gibt Standards, doch es gibt so viele davon. Und selbst die existierenden Standards lassen oftmals so viele Lücken offen, die von den Herstellern nach Belieben gefüllt werden, dass man sich trotz eines verwendeten Standards auf einen konkreten Hersteller zuschießen und sich doch von diesem abhängig machen muss – sog. Vendor-Lock-In, eben trotz Standards.

Nehmen wir doch ein paar Beispiele und gehen in die Java-Welt, von der man ja so lange behauptet hatte, sie wäre durch und durch standardisiert. Der JCP (Java Community Process) ist an und für sich eine recht strenge Angelegenheit. Die Gremien benötigen ewig, bis sie aus einer Menge von Vorschlägen und Optionen den kleinsten, für alle akzeptablen gemeinsamen Nenner herausarbeiten. Alle – das sind Java-Leader, Sun, zahlreiche Hersteller und Dienstleister etc. Das Ganze riecht förmlich nach sehr vielen Köchen, die sich um einen kleinen Topf Brei versammeln. Und so ist es leider auch.

Beispiele gibt es genug. JSR-94 z. B. – das Rules-Engine-API – schrieb alles vor, bis auf die Notation der Regeln selbst. Das führte dazu, dass man beim Einsatz einer Rules-Engine zwar auf einem standardisierten API blieb und theoretisch wechseln könnte, die Tonnen von definierten Regeln waren aber nicht portabel, weil hier jeder tun und lassen kann, was er will. Diejenigen, die nicht frühzeitig auf Generatoren oder eigens entwickelte generierende Editoren für Regeln gebaut haben, schoben diese Regelbearbeitung womöglich hinaus in die Fachbereiche, und somit ist bei entstandenen Regelmengen keine Rede mehr von Portierbarkeit.

Noch eines der unzähligen Beispiele aus dem unendlich großen Fundus. Haben Sie schon mal versucht, eine größere J(2)EE-Anwendung von z. B. JBoss AS nach BEA Weblogic zu migrieren (oder wie auch immer dies nun nach den ständigen Eigentümerveränderungen heißen mag)? Und, ist alles glatt gelaufen? Wenn ja, dann ist die Anwendung entweder nicht groß oder Sie sind ein Glückspilz.

Aus dem wahren Leben...

Wir standen vor dem Problem, dass die von uns betriebene Webanwendung in den fremden Betrieb übergehen sollte – per Task-Sourcing eben. An sich wollten wir das nicht – aus technischen Gründen – aber die Geschäftsleitung entschied das so, ein Vertrag wurde geschnürt und es ging nur noch um die Umsetzung – nur noch um diese Kleinigkeit also.

Unser Teil der Betriebsauslagerung bestand darin, die Anwendung auf der dort bereitgestellten Infrastruktur zum Laufen zu bekommen. Wir mussten noch vor der Vertragsunterzeichnung feststellen, dass unsere auf JBoss AS betriebene Webanwendung nun in eine fette Bea-Infrastruktur wechseln würde. Wir stellten diverse Hochrechnungen und Prognosen an, um zu sehen, ob es sich lohnt, und das tat es nämlich nicht, der Vertrag wurde aber trotzdem unterschrieben (um Gottes Willen, nicht den Mut und die Motivation verlieren – das passiert so einfach nun mal im Geschäftsleben).

Also gingen wir an die Arbeit. Bereits innerhalb der ersten Tage stellte man fest, dass das ein Horrortrip werden wird. Wir verwendeten nämlich zu neue Versionen von XML-Parsern/Mappern und der Referenzimplementierung des Web-Service-API. Die XML-Bibliotheken kollidierten mit den Bea'schen, egal, wie man mit den Class-Loadern tricksen wollte. Bea hatte nämlich einige der frei verfügbaren Referenzimplementierungen einfach mal im Jar-File verändert – mal eine Klasse herausgeschmissen, mal durch eine andere ersetzt. Kam man mit der nicht manipulierten Referenzimplementierung daher, krachte Weblogic beim Hochfahren, da es seine eigenen XML-Config-Files nicht mehr richtig parsen konnte. Ein Horror.

Die XML-Welt in Java ist ohnehin ein Alptraum. Trotz Standards macht jeder Bibliothekshersteller was er will. XPath-Implementierungen unterscheiden sich hinter dem stabilen API so gewaltig, dass man nicht von Kompatibilität reden kann. StAX-Implementierungen sind… na ja, lassen wir das. Das meiste davon ist ja Open Source, da heißt es so schön: Du kannst es doch selbst ändern oder? Klar, hat Bea ja auch getan. Und unsere Anwendung lief nicht mehr richtig, zumindest der Web-Service-Bereich. Es dauerte wirklich Mannwochen, die Probleme zu analysieren und zu beheben, und da war auch schon die neue Weblogic-Version am Markt, die die Hälfte davon behoben, die andere Hälfte aber noch kaputter gemacht hat.

Letztendlich sind die größten Teile dessen, was ein Application Server unter Java zu leisten hat, auf JCP standardisiert. Der Teufel steckt aber immer in den Teilen, die auf wackeligen bzw. lückenhaften Standards basieren, und das sind in der IT nahezu alle.

Generell ist die JCP ein recht fragwürdiges Konzept. Die entstehenden Standards sind einfach zu klein, sodass diejenigen, die sich darauf verständigt haben, sich danach auf ihren eigenen Stiefel konzentrieren und die Nutzer in die Abhängigkeit führen. Für Hersteller ist es gut, nicht für deren Kunden. Das alte Portlet-API z. B. – hat man denn überhaupt ein Portal gesehen, das zu dem anderen gepasst hat? Ganze Unternehmen wurden gegründet, um von den Diskrepanzen zwischen den Portlet-Servern zu leben. Also kein wirklicher Standard. Stellen Sie sich so ein Tohuwabohu mit DIN A4 vor.

Aber auch jenseits von JCP ist es nicht einfach, IT-Themen zu standardisieren, insbesondere wenn sie sich im Bereich der Software abspielen. „Soft" impliziert bereits eine Menge Spielraum und steht generell für Innovation und eigene Kreation. Datenaustausch, Softwarebetrieb, Datenzugriff usw. sind klassische Domänen der Standardisierung, sind aber immer nur für einen kleinen gemeinsamen Nenner gut. Beispiele? Wie wäre es mit SQL92? Welche Datenbank hatte sich ausschließlich an diesen Standard gehalten? Nur die, die kaum etwas auf sich halten. Sagen Sie mal einem Oracle-DBA, er möge sich auf SQL92 beschränken – er lacht Sie aus. Alle RDMS kommen mit ihren eigenen Erweiterungen oder gar Inkompatibilitäten daher – zum einen, weil sie sich halt so entwickelten, zum anderen, um die eigene Ablösung zu verhindern. Oracle ist übrigens sehr gut darin – so viele Funktionen können genutzt werden, dass man da nicht mehr herauskommt.

Als ein weiteres Beispiel aus vielen kann der ANSI mit der C-Standardisierung herhalten. Es ist auch wieder ein kleiner Ausschnitt, und die Compiler-Hersteller haben da immer mindestens noch so viel oben drauf gepackt. In vielen Bereichen kann es schwierig werden, kompatibel zu bleiben.

Man sollte nicht versuchen, die ganze Welt über die enge IT-Sicht zu standardisieren. Die Blechtrottel sind immer noch zu schwach, um das Gehirn zu ersetzen, und zu dumm, um vernünftig zu lernen. Nicht alles muss einem Standard, einer Norm unterworfen werden. Da, wo sich die Dinge verständigen sollten, wie bei Protokollen oder Datenformaten, ist es sinnvoll. Wo es darum geht, ein System zu designen, können Standards helfen, können aber auch im Wege stehen: Diejenigen, die von J(2)EE auf Spring umgestiegen sind, werden es jederzeit bestätigen und wissen, warum sie es taten. Es ist nichts wirklich Schlimmes daran, eine proprietäre Lösung zu bauen, solange sie in sich und nicht nach außen so ist. Wenn man das Standardisieren von Schrauben, das absolut sinnvoll ist, auf die Software überträgt, wird man scheitern – das Kreative wird immer gewinnen. Bei Schrauben sollte man allerdings dann doch nicht kreativ sein.

Standards sind also vergänglich. Kaum entsteht einer, ist schon sein Nachfolger in Sicht. Die klügste Standardisierung scheint das WS-I mit den WS-Profiles zu betreiben. Aus dem riesigen Wust an Pseudostandards haben sie sich so wenige herausgepickt, dass man darin das Wichtigste vorfindet, und der Rest ist rein optional. Allerdings gibt es auch da Interoperabilitätsprobleme zwischen Web Services aus der Java- und .NET-Welt, trotz eben WS-I. Auch da macht jeder seinen eigenen Stiefel, und man fragt sich oftmals, ob sie es wirklich selbst ernst mit den Standards meinen oder ob das nicht einfach nur eine Muss-Veranstaltung ist.

Solche Lösungen wie Spring gehen an sich den goldenen Weg: Sie kapseln Standards mit einem einfachen API, und da kann standardisiert werden was will. Spring selbst ist nicht standardisiert, sondern weitestgehend biegsam, daher hat man sich für keine Standards den Weg verbaut. Bei der Hardware ist es dagegen weitaus schwieriger, vom Standard zu abstrahieren – selbst ein Lötkolben schafft nur bedingt Abhilfe. Die Rotationszyklen sind hier daher ziemlich kurz, und es sammelt sich mit der Zeit einiges an Hardware, oder man wird sie noch während der Abschreibung los.

7.2   Meines ist Standard! Nein, meines ist Standard!

Es gibt so viele Standards wie Hersteller. Na ja, vielleicht ein Drittel so viele, ist aber auch schon schlimm genug. Klar, jeder Hersteller will ja sein Produkt verkaufen, was dazu führt, dass sie alle ihren eigenen Willen durchsetzen wollen. Und das Hauptproblem, das sie haben, ist die Kompatibilität bzw. Interoperabilität. Da müssen sie sich halt immer einigen, damit die Kunden die ganzen Spielzeuge miteinander verbinden, dazwischen Informationen austauschen und die Dinger einheitlich verwalten können. Es entstehen also Standards, die in den Gremien um die führenden Hersteller ausgearbeitet und verabschiedet werden. So weit, so gut.

Bevor es allerdings dazu überhaupt kommt, muss ja jemand mit einer bahnbrechenden Idee auf den Markt kommen. Das ist an sich immer so – zuerst den Marktvorteil sichern, dann über Standards diskutieren. So entstehen z. B. mehrere DVD-Standards, sodass man sich für das passende Abspielgerät die passenden Disks kaufen muss. So entstehen proprietäre Kommunikations- und Sicherheitsprotokolle, die nur zu sich selbst passen und die durch gutes Marketing bei einigen Kunden fest etabliert werden, sodass da immer die neueste Hardware nachgeliefert werden kann. Apple hatte diese Strategie, Sun ebenfalls.

Was hat man denn seinerzeit für die ersten ISDN-Anschlüsse an die Telekom zahlen dürfen? 900,- DM? Und den Anschluss wurde man nach ein paar Jahren nicht mehr los und musste hoffen, dass man ihn so abgebaut bekommt, da er für den Lieferanten nicht mehr wartbar war. In der Zwischenzeit hatte sich die Technik so vereinfacht und verbilligt, dass man u. U. in die Kompatibilitätsprobleme hineinlaufen durfte. So viel zum Thema Standards.

Abbildung 7.2: Na, wer von den beiden kann besseres Brot backen?

Jeder Hersteller behauptet und würde weiterhin gerne behaupten, dass seine eigene Kreation der Standard schlechthin ist. Das ist natürlich: Zum einen will man sich absondern, seine eigene Marke und seinen eigenen Stellenwert sichern, zum anderen will man vor der Konkurrenz sein. Also wir geforscht wie verrückt, und jede neue Idee wird als der neue Messias verkauft. Man deklariert sie selbst zum Standard und wartet auf den Mitbewerber.

Sind denn die 40 000 am Markt verfügbaren CRM-Systeme zueinander kompatibel? Fast alle behaupten von sich, sie seien Standardsoftware, warum können sie denn nicht miteinander? Das ist die Alleinstellung – warum kompatibel sein, dadurch würde man ja nur Marktanteile verlieren. Zweischneidig, dieses Schwert. Bei der Hardware ist das ähnlich: Warum um Himmels willen passt dieser U4-Server da nicht in das Rack? Ahh, man braucht eigene Schienen, und die kosten richtig Geld. Weiteres zum Thema Standards.

Wer war denn besser: HD-DVD oder BD? Hmm, beides waren Standards, DVD-Nachfolger. Einer hat gewonnen, man hatte aber eventuell auch schon HD-DVD-Geräte gekauft – es war ja eine Zeit lang nicht klar, welches sich durchsetzen wird. Blue-ray hat gewonnen, aber ein Standard ist dann wieder von uns gegangen. Es gibt für solche Situationen unzählige Beispiele, in der Software wie in der Hardware wie in der gesamten IT.

Und die Spitze des Ganzen sind die Organisationen, die Profile um eigene oder fremde Standards bilden. Um aus dem Wust an Standards überhaupt eine verwertbare Essenz herauszuholen und sich selbst als Dächer zu profilieren, oder sie werden von einer kleineren Herstellerlobby zusammengetrommelt, um mehr Kontrolle zu haben. Die OMG z. B. beschäftigt sich mit Profilen für ihre eigenen Standards. Diese sind teilweise so undurchsichtig und überdimensioniert, dass man durch Profile Ausschnitte machen möchte. WS-I geht da einen anderen Weg: Nimm die über 60 WS-Standards und mach daraus eine Handvoll verwertbare. All diejenigen, die auf die „unprofilierten" Standards bauen, begeben sich auf ein dünnes Eis der Vergänglichkeit und der Inkompatibilität.

Eigentlich sollte man keinem Hersteller glauben und auf einen offiziellen Standard warten. Eigentlich. Doch oft ist es so, dass man durch zu langes Warten die Entwicklung versäumt oder der Standard niemals kommt, oder er kommt so klein, dass man ihn kaum brauchen kann. Auch hier wieder ein Beispiel aus der Java-Welt: Diejenigen, die seinerzeit gewagt haben, von EJB 2.c auf Spring zu migrieren, sind heute glücklich und zufrieden. Diejenigen, die auf EJB3 gewartet haben, stellten fest, dass in dem Standardpaket die Hälfte fehlt – eigentlich die Hälfte, die man so dringend gebraucht hatte. Und auch EB3 ist sicherlich nicht das Ende der Fahnenstange – mit dem EJB-Ansatz hatte Sun sowieso von Anfang an unglücklich gelegen.

Ein weiteres Übel an dieser Stelle: die Neuerfindung des Rades. Der alte Wein in neuen Schläuchen. Lipstick on the pig. Abhängig von der Marktsituation und der Marketingstrategie scheint jeder Hersteller, insbesondere im Softwarebereich, seine bestehenden Produkte immer und immer wieder zu reinkarnieren. Was gab's da nicht alles für Namen für die Integrationsprodukte, hinter denen sich immer wieder die gleiche Lösung verbarg: Von EAI über SOA bis hin zu EDA ist nun durch Renaming alles drin. Das Produkt selbst ändert sich dabei kaum und ist womöglich eine seit einem Jahrzehnt verbaute Lösung, das macht aber nicht wirklich viel aus – Hauptsache, der Name enthält das jüngste Buzz-Wort.

Oder man nehme einfach ein altes Konzept, mixe es in der neuen Schale und hoppla – the new life is born. Beispiele? Funktionale Sprachen: Was macht Scala besser als Erlang? Es ist syntaktisch anders? Und? Es läuft auf der Java-Plattform? Hm, nicht immer ein schlagender Vorteil. Es ist modern? Na ja, lassen wir das Argument. Es skaliert gut? Tut Erlang womöglich noch besser. Das eine ist halt modisch, das andere genießt seit Jahren recht stillschweigend sein Dasein, und das sehr erfolgreich.

Egal, wer was wann in der IT erfindet: Es war schon einmal da, ist gescheitert, war zu langsam, zu dem Zeitpunkt noch nicht machbar oder schlecht vermarktet. Standards sind Versuche, aus dem Chaos weniger Chaos zu machen, sind dann aber zu klein und unbedeutend bzw. unflexibel, oder schlichtweg kurzlebig. Und wenn man einen ließe, würde jeder sofort behaupten, dass das, was er erfindet und macht, ein Standard ist. Und er hat recht – das ist sein Standard. Standards sind auch in der IT weitgehend subjektiv.

7.3 Hochglanz auf dem Laufsteg – was so alles „in" ist

Es gibt unzählige Akronyme in der IT. Nahezu alle Zweibuchstabenakronyme und viele Dreibuchstabenakronyme sind inzwischen mit irgendetwas sogar mehrfach belegt: Firmenname oder technologische Errungenschaft. Viele davon sind in den Geheimlabors der Marketinggurus entstanden, um die Welt zu verwirren und daraus Kapital zu schlagen. Ein Architekt muss sich in diesem Wust von Akronymen auskennen. Vor allem, weil er diese Buzz-Akronyme ständig vom Management gesagt bekommt. Dieses lässt sich gerne anderweitig beraten und liest ab und zu mal eine Ausgabe der Computerwoche, sodass es meint, sich mit den Begriffen auszukennen. Der Architekt muss sie kennen, um zumindest antworten zu können, und er muss in den Gesprächen mit dem Management in den sauren Apfel beißen und diese Buzz-Wörter so verwenden, wie dieses es selbst zu kennen meint.

Abbildung 7.3: Lauf der IT-Schönheiten

Wir wollen an dieser Stelle einige aktuelle Buzz-Begriffe durchgehen und sie ein bisschen aus der Architektenperspektive beleuchten. Es ist kaum als theoretischer Abriss zu verstehen, sondern vielmehr als Gedankenanstöße für Architekten, was man damit alles Interessantes anstellen kann. Und Eines ist sicher: In der Zeit, in der das Manuskript den Verlag erreicht, ist in der IT mindestens ein neues Buzz-Wort geboren.

7.3.1 SOA[1]

Vielleicht mag das überraschend kommen, aber in diesem Buch wird nicht sonderlich tief auf die SOA eingegangen – dazu gibt es ausreichend großartige, vor allem technisch orientierte Literatur. Vielmehr steht im Fokus das Warum. Aber auch die Wege zur SOA und die Wann-Betrachtung sind für uns an dieser Stelle relevant. Erst wenn eine SOA überhaupt Sinn macht, kann man sich den technischen Details widmen, und darüber berichten diverse Superbücher.

Das allererste, was man unbedingt verstehen sollte: SOA ist zwar ein weitgefasster Architekturansatz, deren technische Realisierung ist jedoch nicht dessen zentraler Bestandteil. Verwirrend? Nun ja, die Technik einer SOA ist durchaus anspruchsvoll, doch deren Notwendigkeit geht weit über die Rahmen der IT hinaus und verlässt sogar ihren Wirkungskreis. Die Einführung einer SOA ist ein Prozess, der beim Business beginnt. Die IT ist diejenige, die die Umsetzung im Ganzen oder in Teilen vornimmt bzw. deren Technik koordiniert und betreibt, die Notwendigkeit eines Service und einer Kommunikation zwischen den Services entsteht aber in der Businessabteilung.

---

1   http://de.wikipedia.org/wiki/Serviceorientierte_Architektur

SOA impliziert, dass die einzelnen Geschäftspartner, Geschäftsbereiche oder Abteilungen miteinander in Geschäftsbeziehungen treten und sich gegenseitig Services anbieten. Es gibt immer einen Owner für den Service, und das ist in den selteneren Fällen die IT selbst, an sich nur bei den technischen Diensten. Derjenige, dessen Geschäftsteil ein Service anbietet, sollte auch unbedingt dessen Owner sein. Das bedeutet, dessen Lebenszyklus zu koordinieren, SLAs auszuarbeiten und zu überwachen und generell das gesamte Monitoring zu übernehmen. Die IT stellt dabei die notwendigen Mittel zur Verfügung.

Wo die IT aber in dem ganzen Prozess eine viel stärkere Rolle spielt, ist die Gesamtüberwachung. Es ist das berühmte Thema Governance. Viele Märchen existieren um diesen Begriff herum, dabei ist er an sich relativ einfach erklärbar, jedoch unglaublich schwer realisierbar. Es handelt sich dabei um ein Gremium, das als Filter für alle IT-relevanten Themen und auch darüber hinaus fungiert und alle Anforderungen hinsichtlich der Servicetauglichkeit, der Servicewiederverwendung, Prozessabbildung etc. durchleuchtet. Keine doppelten Implementierungen sind zulässig, nur die richtigen Servicekandidaten finden ihren Weg in das Portfolio, die Gesamtarchitektur aus der Businessperspektive bleibt einheitlich.

Soviel zur Theorie. Aber können Sie sich vorstellen, wie „einfach" die Umsetzung einer solchen Governance überhaupt ist? SOA rentiert sich ja nur ab einer gewissen Unternehmensmasse. Und nun stellen Sie sich vor, dass jede Abteilung ihr eigenes Süppchen kocht, ihre eigenen IT-Dienstleister beauftragt, ihren eigenen Schatteneinkauf unterhält usw. Kann nicht sein? Doch, in größeren Unternehmen ist das sogar die absolute Mehrheit der Fälle. Die Buchhaltungen und Controllings dieser Welt belieben es z. B. ganz besonders, Schatten-ITs zu unterhalten, da sie meistens IT-technisch ganz vergessen werden.

Die Haupterfolgsfaktoren für die Einführung einer SOA im Unternehmen werden in Tabelle 7.1 aufgelistet und anschließend erläutert.

Erfolgsfaktor	Beschreibung
Prozessreife	Die Unternehmensprozesse sind geordnet
Governance	Ein zentrales Gremium kann als Filter installiert werden
Dienstleistungsorientierung	Abteilungen arbeiten als Geschäftspartner miteinander
Einheitliche IT	Eine zentrale IT setzt alles IT-Relevante um
Unternehmensarchitektur	Architektur des Unternehmens wird gestaltet
Unternehmensmasse	Eine gewisse Größe des Unternehmens
Durchhaltevermögen	Das Management bleibt bei der Strategie
Monitoring	Eine SOA muss Businessüberwachung ermöglichen
4 Ps	Pilot, People, Plan, Proceed

Tabelle 7.1: Haupterfolgsfaktoren für die SOA-Einführung

Prozessreife

Wenn die Unternehmensprozesse chaotisch sind, benötigt man keine SOA – sie wird nicht funktionieren. Chaotisch heißt, dass vor allem unnötige Reibungsverluste, Mitwirkung auf Zuruf und generell keine einheitliche Koordination stattfinden. Diese Prozesse auszubügeln, ist überhaupt keine Aufgabe der IT und auch nicht die des Architekten. Hier müssen Unternehmensberater ran, und selbst die bekommen es meistens erst nach 2-3 Fehlerversuchen überhaupt soweit hin, dass man über eine SOA nachdenken kann.

Governance

Ein zentrales Instrument bzw. Medium, das allen IT-relevanten Entscheidungen vorsitzt und darüber entscheidet, welche Services wie erstellt oder wiederverwendet, welche Prozesse abgebildet und wie die Landschaft und das Portfolio verwaltet werden. Ohne ein solches Gremium endet eine SOA in einem sog. JABOWS (just ananother bunch of web services), bei dem so jeder wieder sein Süppchen kocht, irgendwelche Services erstellen lässt und diese dann untereinander mit Höllenaufwand und unnötig enger fachlicher Kopplung kombiniert werden müssen.

Dienstleistungsorientierung

Damit eine SOA funktioniert, ist es unbedingt erforderlich, dass die jeweiligen Service-Owner miteinander auf wirtschaftlicher Basis zusammenarbeiten. Die eine Abteilung bietet eine Dienstleitung an und garniert sie mit einem vordefinierten und eigens verwalteten Service, die andere kauft diese Leistung ein. Das bringt die Serviceorientierung geschäftlich so weit nach vorne, dass die IT technisch mitziehen kann.

Einheitliche IT

Um Erfolg mit der SOA zu haben, sollte die IT im Unternehmen zumindest zentral geleitet werden. Es ist nach wie vor gang und gäbe, dass die Entwicklung und der Betrieb ihr eigenes Süppchen kochen, ohne eine nennenswerte gemeinsame IT-Leitung zu haben. In solchen Umfeldern kann keine SOA gedeihen bzw. überhaupt entstehen – der Governance-Gedanke würde gnadenlos untergehen. Eine zentrale IT kann die Technik der SOA einheitlich verwalten, was ohne sie zu einem Wildwuchs an irgendwelchen Technologien führen würde.

Unternehmensarchitektur

Eine erfolgreiche SOA bedarf der Vision eines Unternehmensarchitekten, wer auch immer das ist. Es muss nicht unbedingt ein ITler sein, obgleich es sich aufgrund der Komplexität und der IT-Nähe in jedem Fall rentieren würde. Dieser Mensch muss einfach sehr gut das Business kennen und die Anforderungen des Business in eine einheitliche IT-Architektur transportieren, die er wiederum nicht nur verwaltet, sondern führend entwickelt.

Unternehmensmasse

SOA rentiert sich erst ab einer gewissen Unternehmensgröße, sonst mutiert sie zum Selbstzweck. Abteilungen müssen als Geschäftspartner arbeiten, und das ist wirklich erst ab einer gewissen Größenordnung möglich.

Durchhaltevermögen

Das Management muss hinter der SOA stehen. Es muss Geduld haben, denn eine SOA trägt sich nicht von heute auf morgen, sondern erst mittel- bis langfristig. Und vor allem hat sie nicht die Quick Wins im Visier, sondern eher die Ordnung in der Prozessland-schaft, die dann zu Kostenersparnissen und Optimierungen führt. Die Aufgabe des Architekten ist es ganz klar, das Management permanent für die SOA warmzuhalten.

Monitoring

Eine SOA muss zum einen selbst überwacht werden, damit die Wege, die die Geschäft-sentitäten durch die Prozesse und Services nehmen können, immer transparent nach-vollziehbar sind. Zum anderen muss im Rahmen einer SOA auch die businessorientierte Sicht auf die Prozesse bereitgestellt werden, also das sog. BAM (Business Activity Moni-toring), bei der das Management mithilfe präparierter Dashboards das Geschäft kontrol-lieren, koordinieren, optimieren und einfach nur „genießen" kann. Ampelfunktionen sind für das Management wichtig, und nicht, welche Server wann nicht gehen – dies muss in die Geschäfts-KPIs umgewandelt werden.

4 Ps

SOA bedeutet vor allem Transformation. Dabei muss man unbedingt auf die goldenen 4 Ps achten. Diese sind:

- Pilot: Starte immer mit einem kleinen, aber geschäftsrelevanten Piloten, um zu sehen, wie es wird

- People: Erkläre den Menschen, was auf sie mit der SOA zukommt

- Plan: Erstelle einen Gesamtfahrplan

- Proceed: Tu es einfach, und zwar in sinnvollen und kleineren Schritten

Man kann eine SOA theoretisch mit der Technik beginnen, wenn man entweder weiß, dass die SOA-Reife auf Geschäftsebene erreicht werden wird, oder einfach nur, um eigene Technik über Services und eine Middleware miteinander zu verbinden. Stichwort dazu ist vor allem der ESB.

Im SOA-Umfeld tummeln sich einige weitere Unterkonzepte, die neben den WS-Spezifi-kationen sich allesamt anschicken, eine perfekte SOA zu erfüllen, denn SOA ist nur ein Konzept, und nicht dessen konkrete Umsetzung. Dabei steht vor allem die lose Kopp-lung im Vordergrund. Es entwickelten sich daher Ansätze wie die SCA, die EDA und auch nebenbei das OSGi, die allesamt eine SOA-Umsetzung aus technischer Sicht ermöglichen.

Das bereits erwähnte JABOWS ist die größte Gefahr einer SOA. Immer dann, wenn die Grundvoraussetzungen nicht erfüllt werden und man trotzdem von einer SOA sprechen möchte, hat man nichts mehr als einen losen Haufen Services, die nicht harmonisch und äußerst einsam ihren fraglichen und oftmals mehrfach kopierten Dienst tun.

Wenn man übrigens nach der reinen SOA-Lehre vorgeht, so müsste jeder kleinste Datenbankzugriff in einen Service verpackt und provisioniert werden. Das ist aus technischer Sicht natürlich utopisch, da man gerade im Datenbankbereich immer nach sinnvollen Datensymbiosen sucht, um die Anzahl einzelner Zugriffe zu reduzieren. Die reine Lehre ist also nicht mehr als die reine Lehre, und in der Realität regiert der gesunde IT-Verstand.

Und zu guter Letzt: Eine technisch eingeführte SOA ändert nicht die Geschäftsprozesse, da sie sie nicht richtig abbildet, wenn sie es tun muss. Sie ist zum Sterben verurteilt – einsam und verlassen.

7.3.2 BPM[2]

Zunächst einmal: BP steht in unserem Fall für Business Process. Aber was ist mit dem „M"? Nun ja, es gibt zwei davon, und sie grenzen aneinander – so viel zur Wiederverwendung der Akronyme. „M" kann stehen für Modeling oder für Management, eines davon ist je nach Kontext richtig.

Bei dem Modelling handelt es sich wirklich um reine Modellierung. Ein Prozess wird mittels einer entsprechenden Notation, z. B. der BMPN, abgebildet und kann so theoretisch sogar von Tools als solcher automatisiert werden. Die Prozessbeschreibung enthält dabei verschiedene Ereignisse/Trigger, Übergangspunkte, Entscheidungen, Timer, Ausnahmen etc. Synchrone und asynchrone Prozessmodellierung sind dabei unabhängig und gemeinsam denkbar.

Der modellierte Prozess kann simuliert werden, indem er mit Testeingangsdaten und -ereignissen gefüttert wird. Oder er kann eben – auch wieder theoretisch – ausgeführt werden. Was bedeutet denn „ausführen"? Nun, der ausgeführte Prozess steuert das Geschehen und fragt die Akteure nur bei Bedarf an, falls ihre Mitwirkung erforderlich ist. Nicht der Mensch initiiert einen Prozess – nicht gezwungenermaßen, sondern die Maschine, und in jedem Fall steuert sie ihn. Der Mensch kann z. B. zwischendurch um eine Unterschrift gebeten werden, davor und danach läuft alles automatisiert maschinell ab.

Und damit greifen wir bereits in den Bereich des Managements. Ein Prozess, der ausgeführt wird, muss auch gemanagt werden. So können mehrere verschiedene Versionen eines und desselben Prozesses laufen, aber eben mit typischen versionellen Unterschieden. Ein Prozess muss getraced werden, also muss nachvollziehbar sein, welcher Strang in welcher Konstellation durchlaufen wurde. Um einen Prozess herum können unzählige KPIs definiert werden, die z. B. die Effektivität oder die Geschäftsentwicklung in Echtzeit überwachen und dem Management in Form von Dashboards bereitstellen. Und dergleichen mehr.

So viel zur Theorie. Im praktischen Einsatz stellt sich das Ausführen der Prozesse als äußerst schwierig dar. Zum einen sind die bestehenden Notationen noch nicht ganz in der Lage, alle Facetten eines Businessprozesses adäquat zu umfassen. Insbesondere dann, wenn es um die Ausnahmen geht und ein menschliches, gehirngesteuertes, also intelligentes Eingreifen erforderlich ist, können die automatisierten Prozesse nicht mit-

---

2   http://de.wikipedia.org/wiki/Business_Process_Management;
    http://de.wikipedia.org/wiki/Business_Process_Modeling

halten. Aber auch die modernen Mittel, mit denen Prozesse ausgeführt werden können, sind noch recht bescheiden.

So hat man sich über die letzten Jahre diverse geschäftsabbildende Web-Services zurechtgelegt. Diese möchte man natürlich auch in den automatisierten Prozessen nutzen. Also kommt an dieser Stelle die XPDL[3] oder die BPEL[4] infrage. Diese unterstützen entweder direkt die BMPN oder es existieren Wege, die eine in die andere zu überführen. Allerdings ist es insbesondere im Fall der wegen der Web Services weiter verbreiteten BPEL ziemlich kompliziert, sich aus der BPMN-Prozessdefinition zu bedienen – nicht alle Elemente können übersetzt werden, da die BPEL eher einen kleineren Ausschnitt anbietet. Mit Erweiterungen wie BPEL4People lässt sich zwar auch der Mensch in den Prozess einschalten, es ist allerdings immer noch so, dass die Überführung aus BPMN nicht wirklich gut läuft.

Und die BPMN direkt laufen zu lassen ist teilweise zu abstrakt. Für den Architekten ist es wichtig zu verstehen, wo die Schwierigkeiten liegen, und insbesondere an dieser Stelle nicht irgendwelchen Hochglanzprospekten zu glauben. Dieses Gebiet ist noch weitgehend neu, und jeder verspricht hier das himmlische Manna. Man sollte sehr wählerisch und vorsichtig sein, und im Fall des pragmatischen Architekten im Moment auf das Märchen der automatisierten Prozessausführung aus BPMN-Definitionen einfach verzichten. Lieber bestimmte Dinge etwas manuell gestalten und versuchen, sie mit Disziplin zu lösen, statt auf eine noch zu frische und unausgereifte Technologie zu bauen und eine extreme Prozessstarre im Fehlerfall zu riskieren.

7.3.3 Green IT[5]

Jetzt ist es soweit, die IT wird bunt. Angefangen hat es jetzt mit der Farbe Grün, obgleich die IT ja auch schon länger transparent ist. Nun ohne Spaß, das ist eine Entwicklung, die für den Architekten absolut zentrale Bedeutung hat. Und an dieser Stelle sollte man mit einem Mythos aufräumen: Nur die Wenigsten bewegen sich in Richtung der grünen IT, um die Umwelt zu retten. Vielmehr sind Ersparnisse und extreme Kostenreduktion, eventuelle staatliche Förderungen und die Einhaltung gesetzlicher Vorschriften im Visier. Die Umwelt selbst ist für die meisten bedeutungslos. Na ja, besser so die Umwelt retten als nur gegen ihre Ausbeutung zu demonstrieren.

Zurück zum Thema. Green IT betrachtet alle Aspekte, die zu einem geringeren Energieverbrauch bzw. zu besseren Energiewiederverwendung und einer geringeren Umweltbelastung führen. Es ist eine architektonische und vor allem betriebstechnische Herausforderung. Die betrieblichen Themen sind z. B. die Luftzirkulation, korrekte stellenweise Kühlung, Warmluftverwendung z. B. bei Heizung etc. Architektonisch bedeutet Green IT vor allem sehr viel Virtualisierung und natürlich auch extrem gute Utilisierung der Maschinen.

---

3   http://de.wikipedia.org/wiki/XML_Process_Definition_Language
4   http://de.wikipedia.org/wiki/BPEL
5   http://de.wikipedia.org/wiki/Green_IT

Das Thema schreitet in großen Schritten voran. Rechenzentren on Demand, die z. B. einfach mal in einem Laster angeliefert werden und in sich autonom sind, sind jetzt schon sehr gut funktionierende Realität. Es ist noch viel mehr von dieser Bewegung zu erwarten und zu erforschen, was den Architekten hier noch treffen kann. Jedenfalls spricht jeder Rechenzentrumsbetreiber inzwischen davon, wie grün er ist und wie grün er die IT des Kunden einfärben kann.

7.3.4 GRC (Governance, Risk and Compliance)[6]

Zum Zeitpunkt der Buchentstehung ist das Thema GRC der neue Hype. Darunter ist in Bezug auf die IT zu verstehen, dass diese dem Management Mechanismen an die Hand gibt, das Geschäft zu kontrollieren, Risiken zu überwachen und die vorgegebenen Regelungen einzuhalten. Durch unterschiedliche Werkzeuge wie Identity Management oder Workflow Engines lassen sich Teile dieses Gesamtmonstrums realisieren. Es entstehen allerdings bereits auch Gesamtlösungen, die jedoch noch viel weiter hinten sind als die jeweiligen Einzelprodukte.

Reporting mit bunten Dashboards sowie ausgefeilte KPIs gehören natürlich auch dazu. An dieser Stelle kann der Architekt auch einiges tun, vor allem in dem Link zwischen der IT und dem Business. In jedem Fall weiter beobachten und vielleicht mal in Teilen selbst ausprobieren, ohne jedoch das Ganzen in den Kultstatus zu heben – nur wenige Unternehmen würden die gesamte Palette wirklich benötigen, die große Masse kommt hier mit Sicherheit noch lange mit Teillösungen und Disziplin aus. Oder rentiert sich überhaupt ein Dashboard, das in der Entwicklung so viel Geld gekostet hat, dass das dadurch überwachte Geschäft Jahre benötigen würde, um die Entwicklungskosten wieder zu decken?

7.3.5 AJAX[7]

Um dieses Ding herum existieren so viele Missverständnisse und Marketingsprüche, dass der Begriff bald schon verbraten sein dürfte. Was ist denn das überhaupt? Es ist zunächst einmal kein Mythos und keine Erfindung des Jahrhunderts. Es ist einfach nur eine Funktion, die zunächst von Microsoft nativ in den Browser eingebaut wurde. Es ist einfach nur eine spezielle Request-Art, die vom Browser im Hintergrund verarbeitet wird, ohne dass der Client in dem Moment blockiert.

An sich ist es nur ganz wenig JavaScript-Code, mit dem man einen asynchronen Request zu einer Webressource starten und den Response auf bestimmte Art verarbeiten kann. AJAX ist nicht Web 2.0 – es ist ein technischer Ansatz. Alles andere, was sich in diesem Umfeld tummelt – seien es GUI-Bibliotheken oder verschiedene Kommunikationsarten – das alles nutzt den AJAX-Ansatz. Also für den Architekten ist es wichtig, dieses Wort auch richtig zu verwenden – als Buzz-Wort beim Management und als technisches Mittel bei den wissenden Technikern.

Asynchronität hat ihren Preis. Das ist – neben dem Wording rund um das Thema AJAX – die zweite wichtige Sache, die ein Architekt berücksichtigen muss. Unabhängig davon,

---

6   http://de.wikipedia.org/wiki/Governance_Risk_&_Compliance
7   http://de.wikipedia.org/wiki/Ajax_(Programmierung)

welchen Weg man wählt, um den Client auf dem aktuellsten Datenstand zu halten (Server-Push, Comet, einfacher Pull etc.), die Asynchronität der Aufrufe birgt viele Nuancen, die geregelt werden müssen. Schauen wir uns diese einmal an –Tabelle 7.2 beschreibt einige wichtige davon.

Nuance der Asynchronen Requests	Kurztext
Massenweise Vermehrung	Viele kleine „fiese" Requests statt weniger großer
Kanalaufrechterhaltung	Offener Kanal ist besser als Verbindungsneuafbau
Synchronisation untereinander	Reihenfolge, in der Responses verarbeitet werden
Fehlerfall	Was passiert, wenn es kracht?
Kein Multithreading	Browser arbeiten single-threaded im relevanten Bereich
Security	Schwierigkeiten beim Zugriff auf andere Domänen
Datenformat	XML vs. JSON vs. Text etc.
Übertragungshäufigkeit	Bündelung von mehreren Requests
Verarbeitung im Client	Permanente Belastung des Clients
Skalierbarkeit	Welche Ansätze skalieren besser?
Barrierefreiheit und Indizierung	Wie kommen Sehbehinderte und Robots mit AJAX klar?

Tabelle 7.2: Einige wichtige Nuancen der asynchronen Requests

Massenweise Vermehrung

Dem Architekten muss es bewusst sein, dass sich Rich-Anwendungen deutlich anders verhalten als die klassischen Webanwendungen. Webapplikationen schicken Requests und erhalten Responses für eine ganze Seite bzw. einen ganzen Frame, der danach vom Browser neu gerendert wird. Eine RIA auf Basis von AJAX ufert in eine ganze Menge kleinerer Requests aus, die ständig hin und her wandern (bei Server-Push wird eben per Client-Polling oder mit Combined Requests gearbeitet, wir sprechen aber von dem am weitesten verbreiteten Ansatz).

Diese kleinen fiesen Requests bombardieren den Server. Je nachdem, wie die Infrastruktur dahinter aussieht, kann es durchaus passieren, dass pro kleinem Request je ein Thread gestartet bzw. recyclet wird. Konzepte wie das Non-blocking IO (in der Java-Welt als NIO[8] bekannt) helfen, das Problem zu verhindern, dass ein ganzer System-Thread für einen vermeintlich kleinen Request blockiert. Bei vielen kleinen Requests ist daher die Warteschlange schnell voll, die verfügbaren Threads sind ständig unter Hochdruck, und der Context muss ständig umgeswitcht werden. Das alles sind keine Performancegewinne – milde ausgedrückt. Daher sollte man die Möglichkeit kennen, die Webinfrastruktursoftware so zu konfigurieren, dass die Threads nicht blockieren und mehrere Requests per Thread abgearbeitet werden können.

---

8   http://en.wikipedia.org/wiki/New_I/O

Kanalaufrechterhaltung

Wenn man nicht ständig von Client zu Server springen und den Übertragungsprozess harmonisieren möchte, kann man versuchen, die Verbindung zwischen Client und Server aufrechtzuerhalten. Dem Browser ist es per RFC nicht gestattet, mehr als zwei gleichzeitige Verbindungen zur gleichen Domäne zu unterhalten, sodass bei einer ständig offenen Verbindung niemand in die Quere kommen dürfte. Also sollte der Architekt die typischen Tricks kennen, die allerdings nicht immer stabil laufen und manchmal zur Qual werden können.

Stichworte wie Comet[9] sind an dieser Stelle relevant. Bei diesem Ansatz bleibt eine Verbindung zum Server permanent offen, da sie vom Server nie als „geschlossen" freigegeben wird. Es kommen ständig Daten-Chunks zum Client zurück, die dieser dann verarbeitet und dann auf neue wartet. Dieser Ansatz blockiert aber eine der beiden möglichen Domänen-Connections für immer und ewig, sodass der Rest immer mit der einen verfügbaren abgearbeitet werden muss – HTML, Bilder etc. werden dann nur über eine Verbindung geladen, wenn nicht mit Domänen getrickst wird.

Synchronisation untereinander

Man kann niemals wissen, in welcher Reihenfolge die Responses auf AJAX-Requests zurückkommen. Sie kommen einfach. Sollte an dieser Stelle Synchronisierung notwendig sein, muss der Architekt sich ein paar Gedanken dazu machen. Es empfehlen sich Ansätze wie Correlation (bekannt von den Web Services) bzw. Combined Requests, bei denen mehrere Requests gebündelt zum Server geschickt werden und eine einzige Antwort kommt zurück, die dann am Client wieder aufgeteilt werden muss.

Fehlerfall

Die Fehlerbehandlung ist extrem wichtig. Welche Fehler zeige ich am Client an? Wie protokolliere ich die Clientfehler am Server? Hier muss sich der Architekt wieder ein paar Gedanken darüber machen, wie die Daten übertragen werden. So ist es z. B. sehr empfehlenswert, die Server-Responses zu envelopen, eine eigene Struktur zu erfinden, die dann neben den Nutzdaten noch Fehlerinformationen und Meldungen enthalten kann. Um die Client-Fehler am Server zu loggen (sonst gehen sie ja verloren), sollte man sie ebenso mit jedem Request in eine spezielle Struktur bündeln und dies als Combined Request an den Server schicken.

Kein Multithreading

Oh ja. Das war eine Überraschung, zu erfahren, dass die Browser zumindest nicht offiziell einen Thread pro AJAX-Request verwenden. Wie das genau implementiert ist, kann man mit Sicherheit in den Firefox-Quellen nachschlagen, es ist aber eine Tatsache. Irgendwann in einer großen Schleife ist ein Request dran und wird abgesendet. Der Architekt darf hier keine Wunder erwarten – die Asynchronizität betriff vielmehr das Rendering und nicht die Server-Requests.

---

9   http://en.wikipedia.org/wiki/Comet_(programming)

Security

Da es (eigentlich) unmöglich ist, am Client mehr als zwei gleichzeitige Verbindungen zur gleichen Domäne zu unterhalten, greift man u. U. zu dem Trick, Teile der Anwendung von anderen virtuellen Domänen verarbeiten zu lassen. Allerdings könnten die gleichen Mechanismen z. B. von XSS-Angriffen ausgenutzt werden, und der Browser als solcher erschwert einem die Arbeit dadurch, dass er zwischen den Domänen die Ausführungsmöglichkeiten von Skripten einschränkt. Die Security-Themen im AJAX-Umfeld sind für Architekten ganz besonders wichtig, da damit einige Lücken geöffnet werden können, die von Skript-Kiddies mal gerne ausgenutzt werden.

Datenformat

Was eignet sich besser als Datenübertragungsformat zwischen dem Server und dem RIA-Client: XML, JSON, YAML, Plain Text oder HTML? Die Antwort ist: Es kommt darauf an. Jedes Format hat seine Daseinsberechtigung, und diese hängt vom Anwendungsfall ab. Mittlerweile ist man sich darüber einig, dass JSON in der Verarbeitung am Client diverse Vorteile gegenüber XML hat: Es ist nativ JavaScript und sehr schlank.

YAML ist eine andere Alternative, die leichtgewichtiger ist, aber auch nicht browsernativ. Plain Text kann man auch verwenden, ist jedoch schwieriger mit Metadaten anzureichern, was die Verarbeitung im Client ungünstig macht. Und HTML kann man dann übertragen, wenn man vorgefertigte Darstellungsfetzen am Server bereitstellt und den Client von aufwändigen DOM-Operationen befreien möchte. Jedem Format sein Anwendungsfall also.

Übertragungshäufigkeit

Wenn man sich die veröffentlichten Kommunikations-Patterns im AJAX-Umfeld anschaut, fällt einem sofort ein dokumentierter und allseits belächelter Widerspruch auf: Es gibt zwei Patterns, die immer nebeneinander aufgeführt werden und sich gegenseitig ausschließen. Das erste heißt: Hole gleich zu Beginn immer so viele Daten am Stück vom Server wie du kannst, statt sie später in kleinen Chunks zu holen. Und das zweite: Hole Daten immer bei Bedarf über kleine Requests, statt sie am Stück zu Beginn zu holen.

Ein gesunder Verstand denkt sich in diesem Moment: hä? Oh ja, genau. Es ist in jeder Quelle, in jedem Buch ein eingebauter Lacher. Es gibt einfach kein Rezept dafür, wann und wie oft und wie groß die Daten zu übertragen sind. Es haben sich folgende Ansätze eingebürgert (hier nur einige davon), die immer für den jeweiligen Anwendungsfall gelten und niemals dogmatisch und ausschließlich befolgt werden dürfen:

Preload Daten werden nach Möglichkeit komplett – oder eben so viele wie möglich – zum Client übertragen, noch bevor der Anwendungsfall ausgeführt wird. Im Falle eines GUI würde das bedeuten, dass beim Bearbeiten einer Entität in mehreren Register-Tabs z. B. deren Inhalte komplett am Anfang gefüllt sind und beim Umschalten zwischen den Tabs lediglich gerendert wird.

Lazy Load Das Gegenteil zum Preload, bei dem die Daten bei Bedarf geholt werden, z. B. als Folge auf eine Benutzeraktion wie das Anklicken eines Register-Tabs.

Combined Request Es werden keine kleinen Requests zum Server geschickt, die nur Teile derselben Arbeitssituation abbilden, sondern diese werden zu einem gemeinsamen Request gebündelt. Hat sich z. B. das ausgewählte Item einer Combobox geändert, werden am Stück Daten für 3 Tabs angefragt und nicht 3 Requests mit je einem pro Tab.

Zudem können Clientfehler zwecks Logging mit jedem normalen Request zum Server mit übertragen werden.

Combined Response Das Gegenstück zum Combined Request, aber nicht nur. Idealerweise bedeutet der Combined Request, dass neben Nutzdaten noch Meldungen etc. zum Client übertragen werden. Ein Szenario ist denkbar, bei dem in dem GUI unten ein Feld für Instant Messages vorgesehen ist, und jeder Response trägt noch die aktuellen Meldungen mit, die dann am Client angezeigt werden. Das aber nur so als Beispiel mal dahingesponnen.

Server Push Das ist ein Ansatz, bei dem der Server dem Client die Änderungen mitteilt, z. B. falls sich die dort angezeigten Daten geändert haben. Dabei fragt der Client den Server nur zeitgesteuert nach Änderungen, ohne deren Semantik zu kennen, initiiert also lediglich die Übertragung der Änderungen.

Verarbeitung im Client

Der vermeintlich dünne Client namens Browser hat es bei AJAX-basierten Applikationen nicht leicht. Alles, was an Daten kommt, muss verarbeitet, auf DOM-Knoten verteilt und gerendert werden. Einige dieser Operationen sind extrem teuer und bedürfen äußerster Vorsicht. Auch wie gut und schnell welcher Browser bestimmte Operationen wie eval (eval is evil), DOM-Tree-Rekursion etc. schafft, ist von Browser zu Browser unterschiedlich. Am besten ist der Architekt mit Bibliotheken bedient, die solche Browserunterschiede kapseln und AJAX somit in Richtung Anwendung vereinheitlichen, z. B. Prototype[10].

RIA-Anwendungen im Browser sind generell teuer. Es ist ein Mythos, dass sie auch auf Ultra-Thin-Clients gut laufen. Reines HTML tut es, ja. XUL tut es im Firefox auch, da es native verarbeitet wird. Aber reine JavaScript-basierte Frameworks können nicht zaubern – der Client steht häufig unter Volldampf, wenn es um RIAs geht. Also sollte der Architekt immer ausreichend messen, vorab hochrechnen etc., um keine bösen Überraschungen zu erleben, wenn es heißt, der Client schafft es nicht und wir brauchen jetzt 5 000 neue PCs.

Skalierbarkeit

Ein schwieriges Thema. Am Server ist die Skalierbarkeit sehr gut möglich. Man kann hier balancieren, umleiten, verteilen etc. Am Client ist es viel schwieriger. Die modernen Browser unterscheiden sich so stark voneinander, dass man höllisch aufpassen muss.

---

10 http://de.wikipedia.org/wiki/Prototype_(Framework)

entwickler.press

Der Internet Explorer schafft beispielsweise kaum einen Garbage-Collection-Lauf. Der Speicherverbrauch bleibt nach intensiven DOM-Operationen einfach stehen – oben, nicht unten. Es sind IE-Bugs bekannt, die in bestimmten Fällen dazu führen, dass der Speicher nicht mehr freigegeben wird, obgleich die DOM-Knoten an sich entfernt wurden.

Der Firefox ist da zwar besser, allerdings haben sie alle klare Macken – je mehr Daten verarbeitet werden, um so weniger linear steigt die Prozessorlast sowie der Speicherverbrauch. Es ist immer eine Exponente, ob man es so will oder nicht, und auch den Firefox musste man schon mal nach „Ermüdung" durch mehrere Stunden RIA-Lauf frisch durchstarten. Der Architekt muss um diese Macken wissen oder sich zumindest derer bewusst sein.

Barrierefreiheit und Indizierung

Diese Themen sind bei jeder Webapplikation relevant. Barrierefreiheit ist zwar nur für bestimmte Arten von Webangeboten vorgeschrieben – z. B. für Behörden, nichtsdestotrotz wollen auch Sehbehinderte sich im Web frei bewegen, was für RIA-Anwendungen auf AJAX-Basis schon mal zum Problem werden kann. Es ist dem Architekten unbedingt anzuraten, sich mit den Möglichkeiten zu befassen, wie man Barrierefreiheit im AJAX-Zeitalter gewährleistet. Jedoch der etwas schroffe, aber pragmatische Ansatz lautet auch hier: Mach's erst dann, wenn du es wirklich musst.

Indizierung bzw. Zugang der Robots zu den Angeboten ist da viel relevanter, zumindest finanziell. Viele Angebote leben zu einem Teil von den Leads, also den Besuchern von anderen Seiten, und von Page Ranks. Was tut man heutzutage nicht alles, um Google auszutricksen und sich im Ranking möglichst weit vorne zu positionieren, um so bei bestimmten Suchwörtern auf der ersten Seite zu erscheinen? Ganze Berufe wie SEO usw. haben sich nur zwecks dieser Erbsenzählerei gebildet. Und RIA-Anwendungen dürfen da keine Ausnahme bilden – sie müssen ebenso auf Indizierung reagieren, Content lesbar bereitstellen und auch Metadaten verlinken. Der Architekt sollte sich mit dem Thema SEO[11] sowieso beschäftigt haben – einige Themen davon beeinflussen die Architektur.

7.3.6   SaaS[12]

Software as a Service ist nicht wirklich ein neuer Ansatz, im Grunde sogar ein ganz alter. So hieß es früher ASP oder MSP. ASP scheiterte allerdings kläglich an den dünnen Bandbreiten, und man musste unbedingt ein neues Marketingwort dafür erfinden: SaaS, was auch viel cooler wirkt. Dabei ist das Ganze recht einfach: Man mietet Software, statt sie zu kaufen. Der Lebenszyklus wird ganz durch den Anbieter verwaltet, und die Software als solche wird nicht zum Client verteilt – er greift auf sie mit welchen technischen Mitteln auch immer remote zu.

Ohne auch dieses Thema unnötig zu vertiefen und stattdessen auf die dazugehörige Literatur zu verweisen, soll aber in jedem Fall an dieser Stelle beschrieben werden, was SaaS für den Architekten bedeutet. Zum einen ist es mal wieder ein Konzept zur Auslagerung bestimmter IT-Tätigkeiten. Die Verwaltung des Lebenszyklus von Software – angefangen beim Einkauf und bei Lizenzen und aufgehört beim End-of-Life ist ein sehr

---

11   http://de.wikipedia.org/wiki/Suchmaschinenoptimierung
12   http://de.wikipedia.org/wiki/Software_as_a_Service

aufwändiger Prozess für jede IT. In so vielen ITs dieser Welt existieren schwarze Löcher in Bezug auf die vorhandenen und nicht vorhandenen Lizenzen, dass diese oft unabsichtliche Nichtverwaltung auch mal teuer zu stehen kommen kann.

SaaS bietet einem Unternehmen die Freiheit, die Software so zu mieten, wie man sie braucht, und wie viel man davon braucht. Der Zugriff darauf erfolgt z. B. per Browser oder per Service, je nach Art der angebotenen Software eben.

Die wichtigsten Themen rund um SaaS dürften für den Architekten Verfügbarkeit bzw. Servicelevel und die Sicherheit bzw. der Datenschutz sein. In Großkonzernen ist es z. B. die Regel, externalisierte Systeme bzw. fremde Anbieter hinter eine dreistufige Firewall zu stecken und sich technisch so abgesichert zu meinen. Haben Sie schon mal darüber nachgedacht, was das bedeuten kann? Drei Stufen der Firewall würden z. B. bedeuten, dass mindestens zwei Hersteller dafür genommen werden. Alle Geräte redundant ausgelegt etc. Was das für Kosten nach sich zieht! Wenn der Anbieter dies nicht unterstützt, kann der SaaS-Ansatz an den Security-Policies scheitern, was er manchmal auch tut.

Und vor allem die ganz pragmatische Frage – abgesehen von den wahnsinnigen Vorgaben: Wo sind die Daten, wie gut sind sie geschützt, wie oft werden sie gesichert, wie sicher werden sie archiviert, wie ist der Zugriff durch Dritte geregelt, und vor allem: Wie viel darf ich selbst von diesen Daten sehen, bevor der Datenschutz oder eine sonstige relevante Instanz eingreift. Diese Fragen sind architektonisch gesehen die eigentlich wichtigen, und sie müssen mit den Anbietern sehr früh geklärt werden.

7.3.7 Web 2.0[13]

Als Erstes schon mal vorab: AJAX ist ein Ansatz, Web 2.0 eine soziale Entwicklung. Das sollte in jedem Fall voneinander getrennt betrachtet werden. Denn Web 2.0 ist ein Web, das den User voll und ganz mit einbindet, ihn zur Sprache kommen lässt, ihn mitentscheiden oder kritisieren lässt und die sozialen Netze zwischen den Menschen fördert. Das ist Web 2.0. AJAX ist nur ein Mittel, um den Browser als besseren Client wirken zu lassen.

Die modernen Architekten sehen sich mit dem Web 2.0 insofern konfrontiert, dass sie über moderne Anwendungen den Menschen Mittel an die Hand liefern müssen, eingebunden zu werden. Dies bedeutet Foren, Instant Messenger, Wikis, Sozialnetze, Votings etc. Die Mittel sollten bekannt sein, da sie in den Anwendungen durchaus angeboten werden können. Die als Referenz angegebene Wiki-Seite empfiehlt sich als guter Einstieg, um die Materie zu verstehen.

7.3.8 REST[14]

Seit Jahren spricht jeder von Web Services. Und es entstehen jeden Tag immer mehr davon. Das Tooling ist inzwischen so gut und ausgereift, dass man für ein Stück Code in den meisten modernen Sprachen bzw. Umgebungen einen Web Service kreiert und diesen sogar gleich publiziert. Diese Vereinfachung hat allerdings ihren Preis: Das Ganze

---

13 http://de.wikipedia.org/wiki/Web_2.0
14 http://de.wikipedia.org/wiki/Representational_State_Transfer

basiert auf Abstraktionen und Standards, die sich trotz rasanter Hardwareentwicklung immer noch als träge bis gar langsam und ressourcenintensiv präsentieren. Die Rede ist von XML generell und den WS-Standards im Besonderen.

Dadurch und auch durch die weite Verbreitung der XML-Web-Services sind über die Jahre sehr viele Kommunikationswege zwischen Unternehmen entstanden: Datenaustausch, Prozesssteuerung. Viele davon sind noch bei einfachen HTTP-basierten XML-Schnittstellen geblieben, was für sie völlig ausreichend ist, wenn die Security über SSL bzw. über einen IPSec-Tunnel gewährleistet wird. Ansonsten ruft man halt einen URL ab und enthält ein Stück proprietärer Daten – sobald die beiden Partner sie interpretieren können, ist die Welt in Ordnung.

Aus dem wahren Leben...

Wir hatten einen neuen Partner gewonnen. Man hat einen Web Service vereinbart, mit uns als Provider. Deren Architekt rief mich auf dem Handy zu Hause an, und wir benötigten 5 Minuten, um uns komplett auf die Rahmenparameter des Service zu einigen: Document/Literal, kein WS-Security, stattdessen SSL über einen Tunnel zwischen den beiden Rechenzentren, wir erledigen das Mapping deren Daten in beide Richtungen, sie binden dynamisch ein, da wir die Services nicht versionieren etc. 5 Minuten. That's it – da ist der Vorteil der Standards bzw. Best Practices.

Allerdings, wie gesagt, hapert es immer noch an den Basistechnologien. XML-Verarbeitung ist langsam – Punkt. Egal, ob man die Daten am Stück einliest, einen Baum im Speicher aufbereitet oder die Daten als Stream Packet für Packet einliest, es ist langsam. Die Daten sind halt nun mal strukturiert und ordentlich geklammert. Da muss man durch. Ansätze wie YAML und JSON versuchen, dem Datenaustauschformat seine Schwere zu nehmen, was auch nicht schlecht gelingt.

Und die Basisstandards bei Web Services haben auch nicht immer den besten Ruf und sind an sich auch nicht immer erforderlich. Wer macht Gelbe Seiten (UDDI), wenn man seine eigenen Services punktuell veröffentlicht und den Zugriff darauf gewährt? Der Standard ist ohnehin als solcher recht misslungen, zumindest wie er gedacht war – für globale Kataloge. WSDL steht auch nicht anders da: Nicht jeder will und muss seinen Service beschreiben, zumindest denken viele so. Zumindest die Beschreibungsbereiche, bei denen es um die Datentypen geht, sind nicht immer nutzbar. Die Erstellung von Servicerümpfen und Stubs aus der WSDL ist einfach, keine Frage – wenn man die passenden Tools parat hat. Das Resultat ist jedoch oftmals ein statisches Binding, das dazu führt, dass mit jeder Änderung der Schnittstelle neue Kompilate entstehen und deployt werden müssen.

Einige gehen da einen anderen Weg und dynamisieren den Zugriff. Der Client wertet also die Beschreibungsinformationen zur Laufzeit aus, was sich jedoch wiederum schlechter auf die Performance auswirkt. Und nicht alles in dieser Welt kann mit Pferdestärken erschlagen werden, sodass Hersteller wie IBM spezielle Appliances zur XML-Verarbeitung bereitstellen, da die sonstige Maschinenpower nicht ausreicht. Die Web Services mit SOAP als Basis-Wrapper haben sich als etwas zu träge und überladen entpuppt. SOAP-Abstraktion wird meist nur über HTTP genutzt, obgleich auch SMTP etc.

möglich sind. Im Fall von HTTP gibt es eine Reihe von Fällen – und die bilden die Mehrheit – wo man über dem HTTP keine weitere Abstraktion mehr braucht. Weiterführende WS-Standards wie Adressing oder Reliable Messaging werden zu selten genutzt, geschweige denn der völlig instabile WS-Security-Bereich.

Und an dieser Stelle setzt REST ein. Es ist nichts Neues, das gibt es schon, seit es das WWW gibt. Es besagt: Wirf deinen Ballast über Bord. Werde wieder flacher und einfacher. Transportiere Nutzdaten und nicht den Glue. Referenziere jede Ressource eindeutig. Vereinfache, wo es nur geht.

REST baut auf dem HTTP-Standard auf. Es schreibt vier Basisbefehle vor, die sich größtenteils selbst erklären: GET, PUT, POST, DELETE, HEAD, OPTIONS, wobei die letzten beiden eher als exotisch zu bezeichnen wären. Durch die Angabe des Befehls im Header des Requests und die eindeutige Adressierung einer Ressource per URL ist die serverseitige Zuordnung und Ausführung gewährleistet. Als Response kommen dann proprietäre Daten innerhalb des HTTP-Bodies, wobei die HTTP-Fehlercodes zur Fehlerbehandlung verwendet werden können. An und für sich ein einfaches und vielversprechendes Konzept, aber…

Es kann aktuell nicht wirklich helfen. Es kann zwar – bei Neuentwicklungen, aber niemand kommt so schnell auf die Idee, die über Jahre gebauten Milliarden von Web Services einfach mal von SOAP auf REST umzustellen. Und das ist pragmatisch, was ein pragmatischer Architekt jederzeit genauso sehen sollte. Was er außerdem sehen sollte, ist die Tatsache, dass REST vor allem dann viel verspricht, wenn es um die firmeneigenen Umsetzungen geht, also ohne öffentliche Schnittstellen. So ist es sehr gut denkbar und möglich, Peripherie hinter dem REST-Service zu kapseln und ihn an einen ESB zu hängen. Die darüberwandernden Daten sind binär proprietär, was dem Client und dem Server einen nahezu Overhead-freien Datenaustausch ermöglicht. Und dabei wird die Entkopplungsinfrastruktur genutzt – was will man mehr?

Im öffentlichen Bereich ist es für REST schwierig. Hier hat sich bei B2B eindeutig SOAP als das Maß aller Dinge durchgesetzt, und bei öffentlicher Kommunikation zwischen Partnern spielt eine gewisse Formalität doch eine große Rolle, zumindest dann, wenn es an die Fehleranalyse geht, wenn z. B. Geld abhanden kommt. Und für REST dürfte es an dieser Stelle durch die Nacktheit des Standards ziemlich schwierig sein, sich zu etablieren. Während dieser Zeit würden sich diverse WS-Standards so etablieren und die XML-Verarbeitung direkt oder indirekt verbessern, dass das einfache REST-Konzept u. U. das Nachsehen hat. Auch Themen wie Security sind bei WS-Standards trotz des aktuellen Chaos irgendwann so weit, eingesetzt und ausprobiert zu werden, und einige der dort durchdachten Konzepte sind wirklich toll.

REST hat aber bei rein internen Services auch nicht die besten Karten. Man kann alles noch einfacher machen, als mit REST. So z. B. einfach mal die Technik hinter einem proprietären Servlet verbergen und dieses an den Bus hängen – geht auch. Und die Daten sind ebenfalls binär, die da über die Leitungen wandern. Sogar noch weniger Overhead. Es bleibt also abzuwarten, wie sich dieser Weg entwickelt – es ist nett, aber keine Allzweckwaffe, soviel ist sicher.

7.3.9 Mashups[15]

Ein modernen Ansatz zur Entlastung der IT sind die sog. Mashups. Aber auch hier wollen wir in gewohnter Manier erklären, wie man diesen Ansatz nutzt, ohne sich in diesen starren Originalrahmen zu begeben – pragmatisch eben. Mashups geben der IT ein wichtiges Instrument an die Hand – Verschiebung der Verantwortung für ausgefallene Kundenprogramme.

Eine interne Softwareentwicklung eines Unternehmens hat immer vor allem mit einem zu kämpfen: den Sonderlocken. Jeden Tag gehen Kunden ein und aus und wünschen Änderungen, kleine Modifikationen, Anpassungen etc. Die führt bei ungeregelten Releasezyklen oder bei extremer Kundenorientierung dazu, dass die eigenen Programme komplett verbaut werden.

Wie schön wäre es denn, wenn man den Bau der Anwendungen auf den Kunden selbst abwälzen und sich voll und ganz auf die Umsetzung der Kernfunktionen sowie die Anbindung von weiteren Systemen welcher Art auch immer konzentrieren würde? Das wäre wohl ein Traum, oder? Nicht wirklich – die Mashups sind ein Konzept, das hierbei Abhilfe schaffen kann. Wie die früheren Stöpselwerke, die in VB geschrieben wurden, können nun beliebige Services miteinander zu Applikationen zusammengemischt werden.

Abbildung 7.4: Alles in einen Topf

Die IT stellt geregelte und wohldefinierte Services zur Verfügung, den Rest macht der Fachbereich. Mit ihrem Excel und Access haben sie sich doch schon Jahre lang eigene Nester gebaut – fast in jeder mittleren bis größeren Firma gibt es hauptsächlich im buchhalterischen und Controlling-Bereich solches Chaos – eben Marke Eigenbau. Und ITs schaffen es bislang nicht, dies an sich zu ziehen – zum einen sichern sich damit die

---

15 http://de.wikipedia.org/wiki/Mashup_(Internet)

betroffenen Kollegen ihre Arbeitsplätze, zum anderen will man sich häufig gar nicht mit diesem Thema auseinandersetzen – diese Bereiche sind prädestiniert für Chaos und Sonderlocken – Abrechnung, Provisionierung etc. sind fast die schlimmsten Dinge, die eine Entwicklung treffen können.

Also, man nehme nun einen Topf von Services (idealerweise einfache Web Services, z. B. nach dem REST-Prinzip) und mische sie nach Belieben. Das GUI kann man dann mit den Bauwerkzeugen, mit Excel oder dem Browser einfach umsonst bekommen, da ist kein größerer Client notwendig. Und die IT ist glücklich. Der Weg dorthin ist aber steinig – denn so viele Eigenbauten tummeln sich in den zentralen Fachbereichen der Unternehmen, dass man erst lange suchen muss, um einen Prozess ganz zu verstehen.

Ein moderner Architekt weiß aber um die Macht der Mashups und um ihr Potenzial.

7.3.10 Virtualisierung und Cloud Computing

Zunächst eine ziemlich provokante und gewagte bzw. unangenehme, jedoch weitgehend wahre Aussage: Wenn man den Trend der letzten Jahre beobachtet, so arbeitet der IT-Manager von morgen ganz allein. Er braucht keine Macher in der IT, höchstens vielleicht Projektleiter, und selbst die kann er sich mieten. Ein kleines Kernteam bildet die gesamte interne IT-Kompetenz der künftigen Unternehmen. Viele haben bereits damit begonnen, und der Trend wird sich viel stärker fortentwickeln: Outsourcing, Outtasking, Virtualisierung, Service-on-Demand etc. – alles Stufen auf dem Weg zu der IT von morgen: gemietet, lizenziert, ausgelagert. In der Hand von externen Spezialisten, mit Budgetsteuerung seitens des IT-Managers. Provokant? Ein bisschen, ja. Aber auch wirklich wahr.

Wenn man diese These verarbeitet hat, kann man sich den etwas konkreteren Details der Virtualisierung und des Cloud-Computing zuwenden. Auch an dieser Stelle ist es nicht das Ziel dieses Buches, den gesamten theoretischen Umriss zu liefern, sondern vielmehr darzustellen, was die beiden Themen aus der Sicht des Architekten bedeuten und für ihn mitbringen.

Virtualisierung[16]

An und für sich ist das Thema recht schnell definiert: Mach aus weniger Physik mehr Logik. Verwirrend? Dann lassen Sie uns das etwas feiner erörtern. Es existieren unterschiedliche Arten der Virtualisierung, wie Tabelle 7.3 sowie die nachfolgenden Erläuterungen zeigen.

Art	Objekt	Verfahren
Container	OS	Ein Kernel bedient alle Gäste
VMM	System	Der Gast erhält eine komplette virtuelle Maschine
HW-Emulation	System	Eine beliebige Hardware wird vollständig emuliert
HW-Virtualisierung	System	Immer die gleiche Hardware wird emuliert (CPU-Art)

Tabelle 7.3: Einige Arten der Virtualisierung

---

16 http://de.wikipedia.org/wiki/Virtualisierung_(Informatik)

Art	Objekt	Verfahren
Paravirtualisierung	OS	Gäste greifen auf eine gemeinsame Abstraktion zu
App-Virtualisierung	Anwendung	Emulation einer lokalen Anwendungsausführung
Partitionierung	Hardware	Aufteilung einer Hardware in mehrere Bereiche
Virtual Domains	Web-Domain	Behandlung der Zugriffe auf mehrere Domains
CPU-Virtualisierung	Prozessor	CPU unterscheidet zwischen Gästen
Speichervirtualisierung	Speicher	Aufteilung und Deckelung einer Speicherkapazität
Netz-Virtualisierung	Netzwerk	Aufteilung eines größeren Netzes in virtuelle Netze

Tabelle 7.3: Einige Arten der Virtualisierung (Forts.)

Container Ein Container betreibt quasi mehrere Gastsysteme, ohne dass diese dabei einen eigenen Kernel mitbringen. Das hat Vor- und Nachteile. Die Vorteile liegen in der recht einfachen Konfiguration sowie der einheitlichen Sicht. Nachteil ist ganz klar: Um den Container-Kernel zu modifizieren, müssen alle Gäste dran glauben. Für den Architekten ist es wichtig zu wissen, dass ein Container vor allem im Bereich der Sicherheit anfällig sein kann: Bricht einer aus dem „Jail" heraus, kann er eventuell den Container angreifen. Ein gemeinsamer Kernel birgt so seine Gefahren.

VMM Hier erhalten die Gastsysteme ganz eigene virtuelle Maschinen. Ob mit oder ohne eingebaute native Prozessorunterstützung, die Virtualisierungssoftware stellt den Gästen eine nahezu komplett eigene Hardwareschicht zur Verfügung, und die Gastsysteme können nach Belieben (hauptsächlich innerhalb einer einheitlichen Prozessorarchitektur) eingerichtet betrieben werden. Innerhalb der gleichen Prozessorarchitektur sind die VMs nahezu frei übertragbar, also auf anderen Maschinen einsetzbar. Was für den Architekten ganz interessant ist, ist die schnelle Option zum Ausprobieren z. B. eines Prototyps unter einem bestimmten Betriebssystem. Tools wie VirtualBox sind auf einem herkömmlichen PC im Nu eingerichtet, genauso wie die Gastsysteme. Man kann sogar, wenn man möchte, bestimmte Hochrechnungen ausgehend von dem Gastsystem für die künftige Hardware anstellen – basierend auf Benchmarks, obgleich dieser Weg nicht ganz zuverlässig ist, da die VMs die Prozessorzeiten nicht immer berechenbar geschnitten bekommen.

HW-Emulation Das ist zwar nicht für Hochrechnungen geeignet, ist aber trotzdem eine ganz solide und interessante Angelegenheit. Dabei emuliert eine spezielle Software eine ganz andere Prozessorarchitektur. Sei es Emulation für mobile Geräte oder ganze Serverarchitekturen, diese Emulationen sind ein Segen für Entwickler und Architekten – man kann Dinge ausprobieren, bevor man überhaupt an die Testhardware denkt.

HW-Virtualisierung Ein Ansatz, der vor allem im Serverbereich großen Erfolg hat. Die Software stellt mittels einer Zwischenschicht und der nativen HW-Unterstützung den Gastsystemen quasi virtuelle Hardware zur Verfügung und schneidet die physische Hardware sowie den Prozessorzyklus dementsprechend im Hintergrund. Architektonisch ist es ein sehr praktikabler und z. B. mit Xen auch ein TCO-mäßig attraktiver Ansatz, mit wenig guter Hardware viele kleinere virtuelle Einheiten zu schaffen, z. B. als balancierte Webserver.

Aus dem wahren Leben...

Wir hatten unsere ganzen alten Webserver auf Xen-Virtualisierung umgestellt. Damit es schnell funktioniert, hat man eben zunächst 1:1 umgestellt, also ein alter Server wurde zu einem neuen physischen Server, jedoch mit dem eingezogenen Xen. Das hatte den folgenden Vorteil: Als wir mehr Zeit für Experimente hatten, konnten wir mit der neuen Hardware und dem bereits verfügbaren Xen das Vierfache an virtuellen Servern meistern.

Paravirtualisierung Eine gemeinsame, hardwareähnliche Abstraktionsschicht wird vom Virtualisierungssystem bereitgestellt, sodass die Gastsysteme auf diese zugreifen können, dafür aber entsprechend modifiziert werden müssen. Architektonisch kann der Ansatz schwierig werden, da die nicht Quelloffenen Betriebssysteme durchaus mal nicht virtualisiert laufen können.

App-Virtualisierung Hier ist z. B. Citrix zuhause. Immer dann, wenn es um eine große Verteilung von Dienststellen, Filialen etc. geht, greift man gerne zu dieser Art der Virtualisierung. Auf einem durchaus dünnen Client (kann ein abgespecktes Linux sein, z. B. auf einem Mini-PC oder Ultra-Thin-Client) wird z. B. nur ein ICA-Client benötigt. Dieser sorgt dafür, dass auf dem Nutzer-Desktop entsprechend publizierte Fernanwendungen z. B. als Icons eingeblendet werden. Die Ausführung der Anwendungen erfolgt aber auf der Serverfarm, also entfernt. Dazwischen wandern immer kleine Bitmap-Ausschnitte.

Architektonisch gesehen ist dieser Ansatz sehr interessant, kostet aber ziemlich viel Geld. Die Serverfarm kann nahezu nach Belieben erweitert werden, ein neuer Server verbraucht ca. einen halben User. Davon sollte pro Server in der Farm eine endliche, kalkulierte Anzahl vergeben werden. Und weitere Schwierigkeiten lauern beim Thema Druck und Bildverarbeitung – dafür existieren Lösungen bzw. Disziplinansätze.

Partitionierung Jeder hat schon mal eine Festplatte partitioniert. Exakt darum geht es bei diesem Ansatz. Man nehme eine Hardware mit einer gewissen Kapazität und schneide diese in Scheiben. Das geht unter gewissen Umständen mit der CPU, mit dem Hauptspeicher, der Netzwerkbandbreite sowie natürlich mit dem Plattenspeicher. Aber vor allem geht es mit der Hardware, die von Haus aus eine solche Aufteilung unterstützt.

Virtual Domains Ein Klassiker, wenn es darum geht, mehrere Webdomänen auf derselben Webserver-Infrastruktur zu betreiben und z. B. zu balancieren. Der Apache-Webserver unterstützt z. B. diesen Ansatz orthogonal – es zieht sich also durch nahezu die gesamte Konfiguration durch. Virtuelle Domänen können restlos voneinander getrennt werden, aber eben auf logischer Ebene, ohne dabei pro Domäne eigene Infrastruktur aufzustellen.

CPU-Virtualisierung Moderne Prozessoren unterstützen einen Befehlssatz, den die VMs benutzen können, um den Prozessor in Abschnitten für sich arbeiten zu lassen, ohne dass dabei jemand ernsthaft dazwischen vermittelt. Es ist also keine Emulation, sondern die CPU selbst unterscheidet zwischen den Gästen und performt so deutlich besser.

Speichervirtualisierung Das Konzept an dieser Stelle lautet: teilen und herrschen. Ob Hauptspeicher oder Plattenspeicher, dieser wird einem Gast gedeckelt oder shared zur Verfügung gestellt. Gäste greifen nicht direkt darauf zu, sondern über eine Softwarezwischenschicht. Damit kann man z. B. den Hauptspeicher zwischen Gästen in Scheiben aufteilen, und jeder kennt nur die ihm zugewiesene Obergrenze. Aber auch ein gemeinsamer, kontrollierter Pool ist bei manchen Lösungen möglich.

Netz-Virtualisierung Das ist ein Konzept, welches für die rasante Entwicklung der weltweiten Netze steht. Lokale oder globale Netze werden dabei je nachdem getunnelt (VPN), segmentiert (VLAN) oder die IP-Pakete werden speziell markiert (MPLS), um aus größeren Netzen mehrere kleinere zu machen. So kann man z. B. über das globale Internet wunderbar die eigenen Filialen miteinander verbinden, ohne dass dabei eigene Leitungen gelegt oder Sicherheitsangriffe zu fürchten sind.

Wir haben uns nun die Virtualisierungstypen angesehen. Aber warum macht man denn das Ganze? Gründe bzw. einige Vorteile davon sind in Tabelle 7.4 aufgelistet und werden nun näher betrachtet.

Grund/Vorteil	Kurzerläuterung
Bessere Utilisierung	Hardware steht nicht unbeschäftigt herum
Adaptive Computing	Aufbau/Abbau der Leistung bei Bedarf
Einfacheres Management	Besseres Management
Kostenreduktion	Geringere Betriebskosten
Mehrzweck	Mehrere verschiedene Betriebssystem und Modelle
Mandantenfähigkeit	Mehrere Kunden auf gleicher Infrastruktur
Sicherheit	Logische statt physischer Trennung

Tabelle 7.4: Einige Gründe bzw. Vorteile der Virtualisierung

Bessere Utilisierung Hardware, die herumsteht und zu wenig tut, tut weh. Sie kostet viel Geld: Strom, Kühlung, Wartung etc. Wenn sie nicht vernünftig ausgelastet ist, kann sie auch mal nicht rentabel werden. Daher ist da immer eine bessere Utilisierung anzustreben. Die Hochrechnung des Bedarf auf einen gewissen Zeitraum ist die Aufgabe des Architekten – s. dazu Kapitel 6. Virtualisierung hilft, die verfügbaren physischen Ressourcen kontrolliert aufzuteilen und zu nutzen.

Adaptive Computing Leistung on-demand ist ein alter Traum der Menschheit, der mit der Virtualisierung in Erfüllung geht. So sind z. B. Betreiber der Rechenzentren heilfroh, dass sie ihren Maschinenpark virtualisieren und so die Leistung unter Kontrolle halten können. Wenn der Kunde mehr verbraucht, zahlt er eben mehr, oder wenn er weniger braucht, kann man ihn herunterstufen. Dedizierte Hardware für jeden Kunden würde bedeuten, dass dieser eventuell auch für die Nichtnutzung zahlt. Und mehrere Kunden können sich die gleiche Infrastruktur teilen, falls es die Kapazitäten und die Verträge erlauben.

Einfacheres Management Virtuelle Maschinen sind bei den meisten Lösungen dermaßen einfach zu managen: Erstellung von Images, Limitverwaltung, Aufteilung, Verschiebung auf andere Hardware – alles Vorteile, die man mit der Virtualisierung erhält.

Kostenreduktion Das ist das absolut primäre Ziel der modernen IT. Und die Virtualisierung hilft an dieser Stelle ganz eindeutig: weniger Stromverbrauch, weniger Kühlung, bessere Maschinenparkkontrolle, schnelle Bedarfsreaktion etc.

Mehrzweck Das bedeutet, dass verschiedene Betriebssysteme nebeneinander auf gleicher Hardware laufen können, was im Betrieb und im Test sehr nützlich sein kann.

Mandantenfähigkeit Auf derselben Hardware können mehrere Kundenserver virtualisiert werden, was dem Betreiber eine hohe Flexibilität in der Kapazitätenverwaltung und -planung einbringt.

Sicherheit Physische Trennung kostet richtig Geld. Wenn man Kunden eines Rechenzentrums physisch voneinander trennen würde, dann müssten Redundanzen aufgebaut und teure Hardware aufgestellt werden. Softwarelösungen wie Firewalls sind immer deutlich günstiger und flexibler, vor allem durch einfachere Aktualisierbarkeit, und verbrauchen zudem keinen eigenen Strom. Systeme logisch voneinander zu trennen, ist ein günstiger Weg der Realisierung von z. B. mandantenfähigen Betrieben.

Es bleibt allerdings anzumerken, dass man sich von der Virtualisierung nicht immer große Vorteile versprechen sollte. So sind z. B. Datenbanken sind ganz schwer bis gar nicht virtualisierbar – der native Plattenzugriff und eigene Speicherverwaltung sind Trümpfe guter RDBMS.

Cloud Computing[17]

Abbildung 7.5: Cloud Nr. 9 des modernen IT-Managers – die tollen, bunten Wolken

---

17 http://de.wikipedia.org/wiki/Cloud_Computing

Im Prinzip stellt Abbildung 7.5 den Sachverhalt zwar unschön, aber erkennbar dar. Unser künftiger IT-Manager ist quasi ein Alleinarbeiter (na ja, einen Architekten wird er immer noch brauchen, und zwar mehr denn je) und lagert alles aus, was er nicht selbst anfassen muss. Dazu gehören vor allem IT-Infrastrukturen und die darauf betriebene Software. Wir knüpfen an dieser Stelle gleich an das Thema Virtualisierung an und spinnen es noch weiter.

Ein Unternehmen von morgen benötigt an und für sich keine eigene IT, um wirtschaftlichen Erfolg zu haben. Noch schlimmer: Gesetzliche und geschäftliche Auflagen, Zwänge, Komplexität, Kosten, Lizenzen etc. – das alles sind Faktoren, die die Auslagerung von Teilen bzw. von ganzen IT fördern. Und für die meisten Unternehmen ist es besser, eine Kerntruppe von IT-affinen Businesskennern zu unterhalten, statt mühsam zu versuchen, am so umkämpften Personalmarkt gute IT-Leute zu ergattern. Gute Leute gehen primär zu Technologieunternehmen, um Spaß an der Arbeit und fachliche Entwicklungschancen zu wahren. Immer weniger gehen zu den Firmen, die nur eine eigene IT unterhalten, weil sie es historisch bedingt nicht anders können.

Und das Cloud Computing kommt an dieser Stelle gerade richtig: Es gibt einem Unternehmen das, was es braucht, on demand, leistungsorientiert abgerechnet und mit ausgelagerter Verantwortung für die meisten Betriebszwänge. Niemand sagt, dass so ausgelagerte Betriebe günstig sein müssen. Alles in allem rechnet sich das aber in jedem Fall, wie die ersten großen Fälle bereits beweisen.

Cloud Computing beschreibt eben die Bereitstellung einer benötigten IT-Infrastruktur bzw. benötigter Software in einer für den Kunden völlig transparenten Betriebswolke. Der Kunde hat bestimmten Zugang zu der Wolke und nutzt sie. Es werden Schwellenwerte bzw. Mindestleistungen vereinbart, und man kann den Leistungs-Slider beliebig ansetzen – nach oben wie nach unten. Wie die Lösung dahinter aussieht, ist dem Kunden unbekannt und auch völlig egal, sofern SLAs und gesetzliche bzw. geschäftliche Vorgaben erfüllt werden. Die Messung von KPIs erfolgt ebenso durch die Mittel, die der Wolkenbetreiber bereitstellt.

Technisch gesehen stecken dahinter die bereits bekannten Virtualisierungslösungen bzw. Grids. Es ist auch alles auf einem sehr guten Weg, die bereitgestellten Dienste als Web Services zur Verfügung zu stellen, um so auf den Unternehmen mit eigener Software den Zugang zu den gemieteten Services zu ermöglichen.

Ein vielversprechendes Konzept, das für die Architekten von morgen mit Sicherheit eine wichtige Rolle spielen wird. Es benötigt aber noch einige Jahre Reife.

7.3.11 Reality Check – die Entstehung moderner Standards

Auch hierzu findet der Leser nach all dem Gelesenen eine passende Abbildung 7.1. Standards schießen wie Pilze aus dem Boden, und wenn sie nicht gefunden (also ausreichend genutzt) werden, werden sie zu Asche oder so ungefähr.

Moderne Standards entstehen vielmehr in Marketinglabors. Zumindest tun es die dazu passenden Buzz-Wörter. Der alte Wein wird permanent in die neuen Schläuche gepumpt, die Fassade leicht verändert und fertig ist der neue Trend, den man dann auf technischen Kongressen gleich zum Standard erhebt. Na ja, so schlimm ist es nun auch wieder nicht, aber ansatzweise doch.

SaaS z. B. ist die Reinkarnation von ASP/MSP. Man hat es umbenannt, weil man angeblich aus den begangenen Fehlern gelernt hat, in Wirklichkeit jedoch, weil der Begriff ASP bereits totes Fleisch ist. Man hat einen neuen gebraucht – voilà. Aber die älteren Konzepte scheiterten hauptsächlich nicht an ihrer Untauglichkeit – nichts wirklich Neues ist an den „moderneren" Konzepten zu verzeichnen. Vielmehr waren es die Netzbandbreiten und die Silizium-Verarbeitung, die ASP und Co. zum Scheitern brachten.

In der Software sind die Standards und Trends extrem kurzlebig. Die schiere Breite des Spektrums des Möglichen und des Kreativen lässt nahezu keinen Spielraum für größere Standards als die minimalistischen für Protokolle und Datenformate. Alle anderen leben zu kurz, um wirklich den Namen Standard zu verdienen. Und es ist auch nicht notwendig, die Welt zu standardisieren. Wir haben gesehen, dass die Abbildung der Welt in Form von Klassen bzw. Objekten zu starr ist, um als programmatische Allzweckwaffe zu taugen. Die funktionalen Sprachen erlebten ihre Renaissance, dynamische Sprachen und Skriptsprachen regieren die moderne Webwelt, ohne die es heutzutage nahezu kein Geschäft mehr gibt – in dieser oder jener Form.

Die Softwarewelt sollte wirklich so wenig wie möglich an Standards unterhalten, meistens in dem Bereich, wo es um die Anbindung von Hardware geht – zur Kommunikation etc. Es lässt Spielraum für Fantasie, die für Entwickler sehr wichtig ist und die Entstehung kreativer und erfolgreicher Lösungen fördert.

7.3.12 Und was kommt jetzt?

Ja, ja, und an der kabellosen Stromübertragung arbeitet man ja auch schon. Die Entwicklung bleibt nicht stehen, obgleich derzeit erst Konzepte umgesetzt werden, die bereits vor Jahrzehnten angedacht waren, jedoch aufgrund von harten Faktoren wie Netzbandbreiten oder Chipgröße nicht wirklich über die Theorie hinausgingen.

In den nächsten Jahren werden wir mit Sicherheit die Konsequenzen der globalen High-Speed-Vernetzung erleben. Software wird zumindest geschäftlich nicht mehr installiert, sondern entfernt genutzt werden. Die internen ITs dieser Welt mutieren zu einer kleinen Gruppe von Architekten/Managern, die neben den IT-Belangen auch sehr viel vom Business verstehen. Der Rest wird gnadenlos ausgelagert, und die IT-Köpfe sind viel mehr bei den Beratungs- und Wartungshäusern zu suchen.

Software wird eindeutig ins Web wandern. Es gibt bald keinen Grund mehr, sie auf dem eigenen Rechner zu behalten, wenn die Bandbreiten und die Kapazitäten stimmen. Der Zugriff darauf wird mittels eigens gestrickter Mashups erfolgen, die sich jeder selbst nach Belieben zusammenstellen kann – Hauptsache, die Basisservices stehen zur Verfügung. Das ist im Wesentlichen auch so ziemlich alles, was aber auch nicht ganz wenig ist. Wir dürfen auf diese Entwicklungen sehr gespannt sein.

Abbildung 7.6: Schießen wie die Pilze aus dem Boden, diese Standards

7.4 Der Mythos ITIL

ITIL[18] ist ein Thema, mit dem sich auch ein pragmatischer Architekt durchaus auseinandersetzen sollte. Man könnte jedem Architekten dringend empfehlen, zumindest die Foundation-Schulung mitzumachen und die Prüfung zu bestehen.

Aus dem wahren Leben...

Ich erinnere mich an meine eigene Foundation-Schulung mit anschließender Prüfung. Der Mann quälte uns zwei Tage lang mit diesem trockenen, langweiligen Stoff. Ich kämpfte mit dem Schlaf und tat mein Bestes, um mich zu konzentrieren.

Am Ende der Schulung, so zwei Stunden vor der Prüfung, sagte uns der Dozent: „So, und jetzt machen wir die Prüfungsvorbereitung. Vergessen Sie schnell alles, was sie je gelernt haben, und auch Vieles davon, was ich Ihnen in den zwei Tagen erzählt habe. Ich werde jetzt mit Ihnen 60 typische Prüfungsfragen durchspielen. Sie müssen die Logik und fast das ganze Gehirn abschalten – denken Sie nicht logisch, sondern denken Sie nach ITIL. Die Fragen werden mit Sicherheit sehr ähnlich sein, also versuchen Sie, sich diese zu merken."

WOW! Ich dachte mir, ich bin im falschen Film. Tat aber wie geheißen – ich verschwende nur ungern Firmeninvestitionen und bin noch nie in einer Prüfung durchgefallen. Also merkte ich mir schlichtweg die Antworten.

---

18 http://de.wikipedia.org/wiki/IT_Infrastructure_Library

Und bestand die Prüfung mit fast kompletter Punktezahl, wonach mir der TÜV-Mensch stolz meine Urkunde und mein grünes Abzeichen aushändigte. Diejenigen, die logisch dachten, sind durchgefallen und durften nachholen. Der Dozent sagte im Übrigen, dass er kaum jemanden erlebt hatte, der dabei durchfiel. Wir hatten gute Jungs, also war bei uns die Hälfte gen Boden gekracht. Aber so viel dazu, wie ernst man die ITIL nehmen kann.

Es ist natürlich keine Aufgabe dieses Buches, den Architekten in die Untiefen der ITIL einzuweihen. Die Bücher dazu sind schon teuer genug, und ein pragmatischer Architekt würde nie und nimmer auch nur daran denken, dieses Monstrum mit all seinen Facetten einzusetzen. Es ist völlig ausreichend, deren Grundkonzepte zu kennen und für seine eigene Situation das Beste daraus zu nehmen.

An und für sich orientiert sich die ITIL daran, für IT-Infrastrukturen ein IT-Servicemanagement zu beschreiben. Sie versteht sich selbst nicht als Dogma, sondern als Sammlung von Best Practices. Diejenigen, die sie einführen, missverstehen dies nicht selten, und man ist in einem unbeweglichen prozessualen Moloch gefangen.

Die ITIL ist als Bibliothek also eine Sammlung von Büchern, die in die Gebiete Strategie, Entwurf, Überführung, Betrieb und kontinuierliche Verbesserung unterteilt sind. Laut Experten streift die ITIL zwar den Bereich der Softwareerstellung, konzentriert sich aber vielmehr auf die infrastrukturellen Services und überlässt das Softwarefeld den Kalibern wie SPICE. Wenn man es sich jedoch anschaut und pragmatisch denkt, kann man aus der ITIL wertvolle Tipps für die Erstellung von Softwareservices und deren Management abholen, was im modernen SOA-Umfeld gar nicht so verkehrt ist. Wenn man im Laufe dieser Lektüre eines gelernt hat, so ist es der Ansatz des Herausholens der Sahnehäubchen.

Die ITIL eignet sich also als Nachschlagewerk auch für einen Pragmatiker, dieser würde sie jedoch niemals einführen. Ständige Zertifikatserneuerung, Rezertifizierung bei Versionswechsel etc. zwingen einen dazu, davon Abstand zu nehmen – wenn man kann. Falls es in einem Unternehmen jedoch erwartet wird, dass alles nach ITIL betrieben und gemanagt wird, so ist auch da Spielraum für Pragmatismus gegeben. ITIL definiert diverse Rollen von verschiedenen Managern, die auf die gleichen Schulterpaare verteilt werden können. Anders ist dieser Wust an Selbst- und Kleinzweckmanagern nicht zu bezahlen.

Aus dem wahren Leben...

Wir mussten mal wieder einen Pitch über uns ergehen lassen. Drei verschiedene Hersteller buhlten um die Ehre, uns ihre CRM-Wunderwaffen vorzustellen – drei von den ca. 40 000 verfügbaren, die alle von sich behaupteten, die ultimative Lösung aller Probleme in Sachen Kundenverwaltung mitzubringen.

Es war einer der Termine desjenigen Unternehmens, das zu Beginn sehr gute Karten hatte, weil es eine flexible, rein webbasierte Lösung anbot. Das bestach vor allem durch die Betriebserleichterung und die Nullverteilung. Aber auch die Oberfläche nach Web-2.0-Manier war bunt und flackerte schön, was unsere internen Kunden sehr überzeugte. Also schrieen diese „Juhu" und wir von der IT durften diesen Schrei einfangen und kanalisieren, damit es noch kontrollierbar ist.

Und da saßen wir also. Der gute Mann von der buhlenden Firma stellte uns seine Software vor. Die war an sich nicht schlecht, mir gefiel sie sogar außerordentlich gut. Ich hatte da bloß immer so meine Bedenken, da die Firma ihre Software immer selbst auf ASP-Basis vertrieb und auch so an uns herangetreten war. Wir hatten aber konzernseitig solch stringente Auflagen bei ausgelagerten Betrieben, da unsere Mutter selbst einen laut ITIL vollqualifizierten Betrieb stellte, dass ich von Anfang an skeptisch war, dass diese Firma bei uns landen wird. Und ich sollte nicht enttäuscht werden.

In einem Augenblick, da ging die Benutzerverwaltung in der Software nicht richtig – Images konnten nicht hochgeladen werden. Die Präsentation lief auf dem eigentlichen Produktionssystem der Firma, also da, worauf auch alle anderen Kunden zugriffen. Und irgendwas ging halt nicht. Der Vertreter der Firma war aber ein schlaues Kerlchen. Als er zum dritten Mal feststellte, dass der Upload nicht ging, entschuldigte er sich, griff schnell zum Handy und rief in der Firma an. Direkt an Ort und Stelle sagte er einem Techniker dort, dass dieser mal schnell das Problem fixen sollte.

In 20 Sekunden lief der Upload wieder. Der Mann strahlte, unsere internen Kunden riefen: WOW! Ich stand auf, verabschiedete mich kurz und ging. Nachträglich teilte ich intern mit, dass uns diese Firma einen enormen Schaden anrichten kann, wenn sie so unseriös mit Changes umgeht, und die Konzernrevision würde uns nach Strich und Faden zerlegen. Ich sagte also nein, mein Vorgesetzter sagte auch nein. Den Zuschlag erhielt jemand anders. Soviel zum Thema, wie ernst man eigene Standards oder die intern vorgeschriebenen nehmen sollte. Und nach ITIL wäre ein solches Vorgehen ein schlichter Selbstmord, wobei… nicht nur nach ITIL.

Arbeit nach ITIL – so richtig danach – schränkt die Flexibilität und die Geschwindigkeit ein. Die ITIL enthält aber sehr interessante Ansätze, die so in Teilen und ohne Fanatismus verwendet werden können. Jeder Architekt sollte sich damit befassen.

7.5 Blick durch die Businessbrille

Geld regiert alles, auch die moderne IT. Vorbei die Zeiten der üppigen IT-Budgets oder der budgetlosen fetten ITs. An ihre Stelle treten nun die strengste Kostenkontrolle und der nimmer endende Sparstrumpf. Die IT kann sich nur dann verbessern, wenn diese Verbesserung auch wirklich gesetzlich oder geschäftlich vorgeschrieben ist oder wenn sich damit mehr Geld erwirtschaften oder einsparen lässt. Alles andere rückt für das Management komplett in den Hintergrund und fällt dem Rotstift zum Opfer.

Dass sich Business z. B. im Fall der Green-IT nicht wirklich viel um die Umwelt schert, ist zwar moralisch falsch, geschäftlich jedoch nachvollziehbar – Umwelt und Industrie standen schon immer auf Kriegsfuß miteinander. Viel wichtiger ist die Tatsache, dass das Business nicht wirklich großes Interesse daran hat, viel Geld in die IT zu investieren – diese ist Commodity bzw. einfach nur eine Kostenstelle. Auch hier ist die IT nirgends mehr der Motor, höchstens das Öl. Und überlegen Sie es sich selbst: Verkäufer werden zum größten Teil ihres Salärs nach Provision bezahlt, und einen Teil davon frisst die IT. Wie hoch ist da die Zufriedenheit mit hohen IT-Kosten, die die eigene Provision reduzieren, da sie das Ergebnis verschlechtern? Sehr gering, versteht sich.

(Anti-)Pattern: Customers are Idiots

Das übertriebene Denken für den und anstelle des Kunden kommt dem Untergang gleich. Dass IT und Business sehr selten die gleiche Sprache sprechen, ist bekannt, und dieser Umstand wird durch immer weitere methodische Iterationen permanent verkleinert.

Jedoch maßen es sich sehr viele Architekten nach wie vor an, ganz genau zu wissen, was der Kunde braucht und wie er es braucht, ohne mit dem Kunden überhaupt ausreichend gesprochen zu haben. Desweiteren wiegt dieses Anti-Pattern oft dadurch schwerer, dass sich die Architekten seit Jahren fachlich mit der jeweiligen Materie auseinandersetzen und ernsthaft meinen, sie besser zu beherrschen als der Kunde selbst.

Dabei geht es doch gar nicht darum, wer was besser weiß. Man sollte sich ein für alle Mal folgenden Gedanken zu eigen machen: Wer zahlt, der bestellt die Musik. Nur in seltenen Fällen kann die IT selbst darüber entscheiden, wie was gemacht wird, und zwar aus rein fachlicher oder geschäftlicher Sicht. Der Kunde ist in der Regel König, und die Konzentration der Tätigkeiten des Architekten sollte vielmehr der Bereinigung diffuser und skurriler Vorstellungen des Kunden sowie dessen Lenkung in die erforderliche technologische Richtung gelten als dessen fachlicher Bevormundung.

Natürlich kann der Architekt aktiv Vorschläge zur fachlichen Orientierung der Software unterbreiten oder gar neue Geschäftsideen auf Basis seines technischen Wissens ermöglichen, und das soll er auch können – schließlich ist die Unternehmensmission ein Gemeinschaftswerk. Aber die Stimme des Kunden und vor allem dessen Vorstellungen zu ignorieren, ihm eigene Worte in den Mund zu legen und einfach den eigenen Stiefel zu machen, ist für den Architekten unverzeihlich.

Es gibt aber auch Fälle, da muss man für den Kunden denken, z. B. in der Prototypphase, um sich langsam an die Anforderungen heranzutasten. Das ist aber in jedem Fall ein Dialog von Gleichberechtigten, keineswegs ein Aufzwingen eigener Ideen.

Hypes sind aus der Sicht des Architekten generell gefährlich, da sich die IT-Laien unter den Businessleuten schon mal bei einem Whiskey gerne über Themen unterhalten, von denen sie keinerlei Ahnung haben, von denen sie aber hörten, sie wären so in. Es kann jederzeit passieren, dass man Dinge prüfen muss, die man selbst nie und nimmer initiieren würde, die aber unter Businessleuten und Managern heiß diskutiert werden – heutzutage ist es ganz einfach geworden, über die IT zu reden, denn sie verkauft sich nach außen immer transparenter und abstrakter, da muss man kein Geek mehr sein, um mitreden zu können.

Aus dem wahren Leben...

Ein Mitglied der Geschäftsleitung unserer Firma rief mich einmal zu sich. Es ging darum – oh Wunder – IT-Kosten zu sparen. Den IT-Leiter hatte er leicht übergangen und direkt mich gerufen, obgleich wir uns mit dem Chef vorab abgestimmt haben – was soll das? Der gute Mann sagte mir, er habe beim Golfen von seinen Mitbewerberkollegen gehört, sie steigen jetzt alle auf Google-Apps um. Das sei viel kostengünstiger, als sich mit den Word- und Excel-Lizenzen herumzuschlagen, und überhaupt hip und einfach – er könne sich dann vorstellen, die Hälfte des Betriebs bei uns einzusparen – die hätten dann eh alle nichts mehr zu tun. Ein typischer Vertriebler.

Ich musste ja nach dem ersten innerlichen Lachanfall zumindest etwas sagen. Er wollte, dass ich es prüfe und ihm in zwei Wochen Bericht erstatte. Das war mir willkommen, da es mich selbst brennend interessierte, aber die Zeit, mich damit zu beschäftigen, bis jetzt immer gefehlt hatte. Also tat ich wie geheißen, wohl wissend, dass der Mann spinnt. Was er ganz klar vergaß, war die Tatsache, dass seine Vertriebler viel mobil mit den Laptops gearbeitet haben und sich ständig in den Gebieten aufhielten, in denen sie nicht einmal Handyempfang hatten. Und er will da mit einer Onlineanwendung rein. Zudem meinte er wohl die Google-Docs, was aber an dieser Stelle egal ist. Mir war es recht, da ich endlich einen Vergleich ziehen konnte.

Langer Rede kurzer Sinn: Es war nichts dabei herausgekommen. Aufgrund der Arbeitsweise konnte man mit einem Online-Office-Paket nicht arbeiten, zudem existierten so viele stark zugeschnittene und eigens gestrickte Vorlagen und VBA-Lösungen, dass ein Wechsel weg von MS Office fast undenkbar war, nicht einmal nach OpenOffice, geschweige denn zu einem Onlineanbieter.

Ich musste seinen Traum platzen lassen, aber ganz sanft, was für ihn ein willkommener Strohhalm war. Ich ließ ihn zudem glauben, er habe selbst von Anfang an behauptet, es wäre alles ein Witz und jemand anderes hatte es alles initiiert, sodass er sein Gesicht wahren konnte – ein oft ganz einfaches und wirksames Mittel, einen angestellten Topmanager zu besänftigen.

Also, die Businessleute sind dafür bekannt, Spielzeuge zu lieben, sobald sie sie geschenkt bekommen. Wenn es etwas kostet und zudem ihre Provision belastet, wollen sie es plötzlich nicht mehr. Architekten können diesen Umstand natürlich nutzen, aber sachlich und nüchtern, denn es kommen ja ab und zu interessante Ideen von anderen, die vielleicht keinen alltagsbedingten Tunnelblick haben. Daher Augen und Ohren auf!

Aus dem wahren Leben...

Wir hatten ein richtig gutes, fettes Jahr. So viel Geschäft gab es noch nie, und alle freuten sich über goldene Zeiten. Das Management beschloss, dem gesamten Vertrieb das gleiche Geschenk zu machen: sie mit einem supermodernen, mit allem möglichen Schnickschnack vollgestopften Laptop auszustatten. Man hat dafür richtig Geld ausgegeben, und was die Dinger für Innereien hatten, war in dem Moment erste Sahne (gut, ein paar Monate später dann nicht mehr). Und obendrein bekamen sie lauter kleine Spielsachen – USB-Sticks, externe Platten etc.

In der gleichen Zeit stellte man einen Security-Manager ein, um uns auf einen gewissen Sicherheitsstandard anzuheben. Eine der ersten Taten des Mannes war es, mithilfe von einer speziellen Software sämtliche Peripherie und diverse Interna wie DVD-Laufwerke aller Firmencomputer zu sperren. Man ging sehr gründlich vor, sodass nur diejenigen einen Zugang zu bestimmten Geräten bekamen, die ihn auch wirklich brauchten.

Was zum Schluss dazu führte, dass die begeisterten Vertriebler ein paar Monate später kaum etwas mit ihren Laptops machen konnten als Word und ihre Vetriebssoftware. So ein Pech...

7.6 Cherry picking/Best of breed – pragmatischer Umgang mit Hypes

Wie der Titel schon impliziert: Hypes müssen beherrscht werden, bzw. der Architekt muss mit Ihnen pragmatisch umgehen. Was bedeutet das denn? Nun, zum einen sollte man nicht jedem Hype hinterherjagen. Das IT-Volk ist generell sehr neugierig und will gleich alles ausprobieren oder gar schon einführen, ob Alpha oder Beta oder was auch immer. Der Architekt sollte das natürlich auch tun – ein gesunder Spieltrieb ist für einen ITler immens wichtig. Doch der Architekt muss ein Auge dafür entwickeln, was Potenzial hat und was etwas faul nach einer Eintagsfliege riecht.

Und niemals den Hochglanzprospekten glauben. Sie verändern ihren Text ständig, sobald man anfängt, sie zu lesen. Sie sehen in die Gedanken des Lesers hinein und passen sich an diese an. Ganz gefährliche Kreaturen aus dem Geheimlabors des Marketings.

Ein pragmatischer Architekt ist generell misstrauisch und wählerisch. Es ist nämlich so, dass natürlich jeder Hersteller seine eigenen Produkte anpreist. Es ist auch so, dass jeder Hersteller versucht, den Markt um sein Hauptprodukt herum mit Nebenprodukten abzusichern. Nehmen wir doch einfach mal das Beispiel SOA-Suiten. An und für sich bietet nahezu jeder namhafte Hersteller hierzu die gesamte Palette an Produkten an. Und rein theoretisch sollten diese miteinander kommunizieren können, sofern da die wichtigsten Web-Service-Standards eingehalten werden. Aber hier liegt der Hund begraben: Kein Hersteller möchte natürlich, dass man sein Produkt neben dem der Konkurrenz einsetzt, was jedoch für unseren pragmatischen Architekten rein aus der technischen Perspektive heraus ziemlich egal sein sollte. Die einzige Sache, die die Objektivität im Hinblick auf die Alternativenbetrachtung trüben kann, sind vertragliche Aspekte – man macht mit dem Hersteller einen Deal, und dieser kann dazu führen, dass man Geld spart.

Bei einer Mischbetrachtung wählt der Architekt aus dem gesamten Angebot an Einzelprodukten immer die aus, die am besten für den jeweiligen Einsatz geeignet sind. Es kann im Einkauf zwar etwas teurer werden, die TCO wird sich aber später eventuell rechnen, da man mit guten Deals auch mal schlechte Rahmenprodukte einkaufen kann. Es ist einfach kein akzeptables Argument, dass ein Hersteller ein entsprechendes Produkt auch anbietet – aus der technischen Perspektive heraus gewinnt die bessere Qualität, bzw. das Preis-Leistungs-Verhältnis dann in der Gesamtbetrachtung.

Ein Architekt muss immer offen für Neuerungen sein, die bewährten Sachen allerdings nur unter absolutem qualitativem oder finanziellem Zwang ablösen. Warum? Weil bewährt eben bewährt ist. Es funktioniert. Never touch a running system. Allerdings wirkt dieser Spruch wirklich auch nur dann, wenn man vermeiden möchte, die Perfektion von Ausreichend zu suchen.

Cherry Picking bzw. Best Of Breed sind die Ansätze, die dem Architekten helfen, sich in dem Dschungel der Angebote zurechtzufinden. Immer objektiv bleiben und die tatsächlichen Bedürfnisse jetzt und demnächst im Auge behalten, niemals den Weitblick verlieren und immer auch auf die Preise schauen. Cool ist für einen Architekten auch kein Auswahlkriterium, zumindest nicht bei zentralen Themen. Immer wählerisch bleiben und sich dreimal überzeugen lassen, immer mindestens 2-3 Alternativen in der Tasche haben und Dinge, die nicht wie erwartet funktionieren, einfach verwerfen und sich anderen widmen.

7.7 I still haven't found what I'm looking for...

Es gibt keinen goldenen Hammer und keine vernünftige Allzweckwaffe. Auch das beste Schweizer Armeemesser hat seine Grenzen da, wo es nur um anspruchsvollere Tätigkeiten für die Teilkomponenten geht. Combi-VHS- und DVD-Geräte schwächeln bei beidem. Und auch kein Softwarehersteller dieser Welt kann sich in gleicher Qualität auf unterschiedliche Softwareprodukte konzentrieren. Also wird zugekauft und integriert, was aber oftmals zum Qualitätsverlust bei den Originalprodukten führt.

In jedem Fall geht die Suche für einen Architekten immer weiter. Es gibt immer Potenzial für Optimierungen, die Frage ist nur, ob der Benefit die Investitionen übersteigt. Der Architekt sollte sich immer nach Alternativen umsehen und niemals aufhören bzw. sich blind einem einzigen Produkt oder einer Suite anvertrauen. Das Gehirn und der gesunde Menschenverstand müssen immer eingeschaltet bleiben, und so kann man sich auf das Wesentliche konzentrieren – das Finden der optimalen, aber dabei auch kostengünstigen Lösungen. Das ist eine der Aufgaben des Architekten.

7.8 Im Zeitalter sanfter Revolutionen

Es ist immer sinnvoller, auf die Reife von Produkten zu warten, solange es keine empfindlichen Lebensmittel sind. Insbesondere, wenn es um die Software geht. Dadurch, dass es mit dem Internet so einfach geworden ist, Software zu aktualisieren – sei es die Verteilung, das Downloadangebot oder einfach nur eine Serveranwendung, hat das Schlampern bei der Softwareentwicklung stark zugenommen. Es ist nicht die Schuld der Entwickler, sondern des Time-to-Market. Da wo Tests als optional angesehen werden, kann kein Entwickler viel Disziplin mitbringen.

Zudem haben die ganzen Shoring-Modelle extrem zur Verschlechterung der Softwarequalität beigetragen. Es ist zwar generell auch bei Hardware und der Unterhaltungselektronik richtig schlimm geworden, da die Produkte einfach mal zusammengebastelt werden und nicht mal ansatzweise lange genug funktionieren, aber bei Software ist es ganz stark ausgeprägt.

Umso wichtiger ist es für die Architekten, in dieser rasanten Zeit wachsam zu bleiben. Wie auch die weltpolitische Bühne, so zeigt auch das IT-Geschehen, dass sog. sanfte Revolutionen viel mehr erreichen als Big Bangs. Der Architekt überlegt es sich ganz genau, welche Mittel und Produkte er einsetzt, um ein bestimmtes Ziel zu erreichen. Dabei sollte er immer versuchen, in kleineren Schritten vorzugehen und die Umstellungen lieber fortwährend vornehmen als sie am Schluss in einer Nacht-und-Nebel-Aktion übers Knie zu brechen und dann doch noch zurückrollen zu müssen.

Big Bangs bergen in sich die Gefahr der Masse. Ein kleinerer Fehler in einem kleineren Release ist in der Regel recht einfach zu finden und zu beheben. Wenn sich diese kleinen Fehler jedoch bei einem großen Release läppern, gibt es keine Rettung, da man von einem Problem ins andere stolpert. Die Zeit fehlt, die Probleme ordentlich zu analysieren, man versucht, die offenen Wunden zu versorgen und verletzt sich dabei noch mehr. Der Architekt muss in den Projekten für Ruhe sorgen, für ein Vorgehen, das zwar immer angespannte Zeitpunkte wie Releases mit sich bringt, das allerdings in einem kontrollierbaren Umfang.

Des Weiteren sollte kein Architekt dieser Welt auf die Idee kommen, bereits etablierte und fast schon als Gesetz angesehene Prozesse mit einem Schlag anzugehen, sie komplett in Frage zu stellen und dabei etwas Nebulöses als Alternative zu propagieren. Bestehende Prozesse haben einen entscheidenden Vorteil, egal, wie gut oder schlecht sie sind: sie sind etabliert. Man kennt sie, Kunden leben damit, und alles andere hat sich daran zu messen. Man muss sich seiner Sache schon auch mit Händen und nicht nur mit dem Kopf sicher sein, um bestehende Prozesse an der Wurzel zu packen und abzulösen. Eine Verschlechterung ist natürlich gar nicht akzeptabel, und hundert kritische Augen sehen einem dabei zu, wie man bei dem Versuch, bestehende Prozesse zu verändern, scheitert.

Aus dem wahren Leben...

Als goldener Ritter sah sich dieser Architekt an, der vom Management einmal gerufen wurde, um unsere angeblich maroden und uneffektiven Prozesse aufzukrempeln. Als eine Art Messias. In seinem Größenwahn war er dabei auch nicht nur ein Rhetoriker, sondern leider auch gar kein Praktiker, sodass er von vielen Dingen sprach, die er selbst nicht ausprobiert oder gar gesehen hatte. Er brachte uns eine ganze Menge neuer Ideen: UML, Roundtrip, Model-First, Model-as-the-Truth usw. Diese ganzen Ideen wollte er mit einer recht teuren und fragwürdigen Tools-Chain zu einem neuen Entwicklungsprozess verarbeiten. Allerdings noch einmal: nicht selbst, sondern mithilfe von ein paar recht teuren und qualitativ gesehen absolut überbezahlten Beratern.

Ein paar Monate lief das Vorhaben, sagen wir mal, gut. Zumindest hat man es laufen lassen, ohne dass es wirklich ganz konkrete Resultate ablieferte. Es roch vielmehr nach Forschung. Der zuständige externe Architekt hielt es nicht für nötig, sich mit der internen Truppe bezüglich des Vorgehens und der Inhalte abzustimmen, da er sie alle für Versager hielt. Er kam ja schließlich, um den alten maroden Wust durch supermoderne und bahnbrechende Methoden abzulösen. Und generell bezeichnete man ihn als recht beratungsresistent – der Mann hörte einfach niemandem zu. Er schaffte es ein paar Monate lang, das Management mit seiner überaus eloquenten Art von seiner Schnapsidee zu überzeugen – er ließ einfach keinen was sagen, nicht einmal den obersten Kunden selbst.

Ohne interne Unterstützung war das Vorhaben von Anfang an zum Scheitern verurteilt. Vielleicht hätten es die Kollegen eingesehen bzw. sie sahen es sogar ein, dass die bestehenden Prozesse leicht suboptimal waren, aber der Widerstand gegen jemanden, der durch sein Auftreten und durch seine Konzepte alle anderen chancenlos ließ und gar ihre Jobs gefährdete, war verständlicherweise enorm. Aber der Architekt sah das gar nicht ein und wurde sogar von seinen eigenen mitgebrachten Beratern infrage gestellt.

Was soll man da sagen: Das Projekt scheiterte kläglich. Der vollständig UML-basierte Entwicklungsprozess scheiterte. Das Tooling war nicht ausgereift, niemanden interessierte UML so wirklich, Kunden wollten vielmehr Programmdialoge als reinen Text oder bunte Grafiken sehen etc. Die Revolution hatte nicht stattgefunden, bzw. sie erstickte sich selbst in ihrer Sinnlosigkeit. Es wäre wirklich nicht viel notwendig, um bestehende Prozesse straff zu ziehen und etwas zu optimieren bzw. zu automatisieren. Der Prozess selbst war als solcher ideal für das Unternehmen, keine Frage. Eine Revolution war nicht notwendig, lediglich eine kleine Kurskorrektur.

7.9   Woher weiß ich, ob es etwas bringt?

Das ist an dieser Stelle ganz, ganz einfach. Wenn man sich nicht von Hypes leiten lässt, sondern immer abwartet, bis aus dem Hype etwas Solides geworden ist, wird man als Architekt Erfolg haben. Als Forscher vielleicht nicht, aber als solider Architekt. Das ist bei vielen Hypes zwar schwierig, weil sie nie aus dem Hype-Alter herauswachsen, aber es ist eben die Aufgabe des Architekten, immer up-to-date zu sein und seine Kollegen sowie das Management zu den Neuentwicklungen zumindest zu beraten. Ein Architekt, der aber immer auf den neuesten Zug aufspringt, riskiert mit diesem unterzugehen.

Bei den Standards ist es etwas komplizierter. Sie können ehemalige Hypes oder deren Folgen sein, müssen es aber nicht. Es kommt mal wieder darauf an, von wem und für wen der Standard erfunden wurde. Mittelständische ITs müssen sich nicht unbedingt an große Industriestandards richten, dagegen kann man bei der Flugsicherung nicht wirklich wie bei Kleinunternehmen schlampern, da Menschenleben auf dem Spiel stehen. Es ist alles eine Frage der Relation und der Perspektive, und der pragmatische Architekt weiß ganz genau, in welchem Kontext er sich befindet und wie viel vom Möglichen er als notwendig erachten sollte. Das ist es auch im Wesentlichen.

8 Nachhaltigkeit dank Pragmatismus

Die Nachhaltigkeit spielt neben der Entwicklung die entscheidende Rolle bei der IT-Architektur. Es ist nicht ausreichend, eine Architektur einmal zu entwickeln und sie dann zu managen. Die Entwicklung und Optimierung der Architektur stehen immer im Vordergrund. Niemals auf der Stelle treten und sich auf die Verwaltung beschränken. Verwaltung führt zur Bürokratie, und Bürokratie ist Gift für den Pragmatismus.

8.1　Face off - Architekturberater vs. Architekt

Es ist ein uralter Konflikt, der da zwischen den internen Mitarbeitern und den für teilweise teures Geld eingekauften externen Beratern stattfindet. Die internen Mitarbeiter sind immer der Meinung, nicht ausreichend gefördert und geschätzt zu werden, und jeder Externe wir automatisch als jemand angesehen, der ein Job gefährdet oder zumindest den Bonus, wenn er so viel Geld kostet. Zudem werden externe Berater sehr selten für langweilige Tagesjobs geholt. Für das für sie bezahlte Geld dürfen sie immer neue Projekte realisieren, neue Wege erforschen und überhaupt am Fortschritt teilnehmen. Die interne Truppe sitzt dagegen da und macht Wartung. Eine mit Sicherheit aus vielen Unternehmen bekannte Situation, und bei Weitem nichts Ungewöhnliches.

(Anti-)Pattern: Architekt laut Preisliste

Ein in erster Linie kaufmännisches Anti-Pattern. Ein Personaldienstleister versorgt seinen Kunden mit Köpfen für Entwicklungsprojekte. Dass sich dabei die Consultants in ihrer Qualifikation unterscheiden, ist verständlich und normal. Doch wenn der Kunde einen Architekturberater wünscht, wird dieser manchmal fabriziert, indem ein mehr oder weniger fortgeschrittener Entwickler zu einem höheren Preis angeboten wird, nur um den Zuschlag zu sichern.

Berater an sich haben manchmal den Anspruch, nahezu alles zu können bzw. alles schon mal gemacht zu haben. Das ist ein berufsbedingter Anspruch, der u. U. den Verkaufswert erhöht, während das Eingeständnis, etwas nicht zu können, den selbigen u. U. wieder senkt – zumindest ist die Befürchtung bei Beratern ubiquitär. In vielen Fällen steht hinter der Verkaufsfassade jedoch nicht das erwartete Wissen, und der Kunde ist gezwungen, den Berater dafür zu bezahlen, dass sich dieser zunächst die gewünschte Technologie überhaupt aneignet, bevor er sie in die Tat umsetzen kann.

Diese Falle ist archetypisch und wird leider viel zu häufig von dem Management unterstützt, das nicht genügend Vertrauen in die eigenen Leute hat und daher lieber extern einkauft.

Natürlich erlernt ein Berater eine neue Technologie eventuell viel schneller als der eigene Spezialist, da er es gewöhnt ist, fast in jedem Projekt mit immer neuen Themen konfrontiert zu werden. Was aber viel zu häufig übersehen bzw. vergessen wird, ist der anschließende Wissenstransfer von extern nach intern. Der Consultant zieht ab und es herrscht ein möglicherweise essenzielles Wissensdefizit. Ein Architekt muss dafür Sorge tragen, dass zum einen wirklich nur nachweisliche Expertise von außen eingekauft wird, statt Architekten laut Preisliste, und zum anderen, dass der Know-how-Transfer in das eigene Team erfolgt.

In einem Projekt hat ein angeblicher Architekt nach mehrmonatiger Arbeit nicht mehr abgeliefert als eine Excel-Tabelle, in der verschiedene Entwicklungstoolnamen inkl. Kurzbeschreibungen standen. Kein Inhalt, kein Mehrwert, keine Idee – einfach nur ein simple Liste. Mit entsprechender interner Unterstützung und Rückendeckung wurde diese Liste dem Management aber lange Zeit als der ultimative architektonische Lösungsweg und die letzte Wahrheit vorgegaukelt, bis der Schwindel auflog. Den Kunden hat der Pfusch aber bereits diverse Hunderttausende gekostet.

Allerdings ist es so, dass externe Berater an Schlüsselpositionen nicht wirklich immer sinnvoll sind. Eine dieser Schlüsselpositionen ist der Architekt. Lassen Sie uns betrachten, warum das so ist. Zum einen kommt ein externer Berater meistens, wenn nicht immer, als Projektarchitekt in ein Unternehmen. Sein Einsatz ist auf ein Projekt mit höchstens ein paar Folgeprojekten beschränkt. Die Tätigkeit ist also auf das Aufbauen einer gewissen Architektur reduziert, und was eindeutig fehlt, ist die Nachhaltigkeitskomponente. Darauf kommen wir im Laufe dieses Kapitels näher zu sprechen.

(Anti-)Pattern: Externer Architekt

Hier sollten wir zunächst die Begrifflichkeit klarstellen. Ein Enterprise Architect im Sinne eines Unternehmens ist ein firmeneigener Mitarbeiter, der die Architektur des Unternehmens federführend oder im jeweiligen Team treibt und verantwortet. Ein Enterprise Level Architect, obwohl es diesen Begriff an sich nicht wirklich gibt, wäre jemand, der in der Lage ist, erfolgreiche und solide Enterprise-Level-Architekturen zu konzipieren und umzusetzen. Man darf die beiden Begriffe nicht miteinander vermischen. Wenn sich in einem Unternehmen eine interne (IT-)Entwicklungsabteilung mit den Kundenlösungen beschäftigt, dann kann ein extern eingekaufter Experte kein Architekt sein, sondern lediglich ein Architekturberater. Er hilft dem Team dabei, eine passende Architektur zu entwickeln und verlässt das Unternehmen, sobald er nicht mehr gebraucht wird.

Ein externer Architekt kann schlichtweg eine der wichtigsten Aufgaben nicht erfüllen: verantwortlich und dauerhaft für die Nachhaltigkeit sorgen. Das ist die Aufgabe der internen Mitarbeiter, sodass diese in die Rolle der Enterprise-Architekten gehen müssen. Tun sie das nicht, bzw. wurde der Beraterabzug übergangslos durchgeführt, wird auch die beste Architektur hoffnungslos im Releasetempo erodieren.

Das gilt selbstverständlich dann nicht, wenn es keine eigene (IT-)Entwicklungsabteilung gibt. Dann wird aber ohnehin alles outgesourced, und die Architektenrolle in dem Dienstleistungsunternehmen ist dem Kunden gegenüber nahezu restlos transparent bzw. schlichtweg egal. Kontrovers? Ist aber mit diversen Erfahrungswerten gut belegbar.

In einem Projekt hinterließ der externe Architekt ein komplexes Build Script und hatte es leider versäumt, es entsprechend zu kommentieren und zu übergeben. Mit der Zeit entstanden da weitere zig Targets, die alle so ziemlich das taten, was im ursprünglichen Skript enthalten war. Niemand hat sich zum Schluss ausgekannt, und das Skript musste mit viel Aufwand neu erstellt werden.

Zum anderen ist es wieder der Konflikt zwischen intern und extern, der einen zugekauften Architekturberater daran hindert, eine Architektur überhaupt nachhaltig zu positionieren. Deswegen sollte man externe Architekten eher als Architekturberater auffassen und bezeichnen. Architekt ist eine stabile, bleibende Rolle, dagegen ist ein Berater zeitlich limitiert. Außerdem hat der externe Architekturberater durch die Kürze und den engen Fokus seiner Tätigkeit ein weiteres großes Problem: Er kann nicht so tief in das Unternehmen (in dessen relevante Bereiche natürlich) hineinblicken, wie es ein interner Mitarbeiter tun kann und darf. Meistens zumindest nicht, aber in Wahrheit lässt man die externen Berater nur in ihrem Tunnel bleiben.

Wenn wir uns also auf die im Rest des Buches diskutierten Faktoren beziehen, so kennt der externe Architekturberater zwar womöglich die Theorie und die Praxis, der Kontext bzw. das Wissen um diesen fehlt ihm aber nahezu komplett. Er kennt oft nicht die politischen Zusammenhänge im Unternehmen, die oftmals von so zentraler Bedeutung auch für die Architektur sind. Zudem kann es aber auch sein, dass dadurch, dass heutzutage nahezu jeder Entwickler im Enterprise-Umfeld als Architekt bezeichnet bzw. als solcher angeboten/verkauft wird, auch die Praxis und das Wissen fehlen. Das ist dann wirklich die unglücklichste Kombination von allen.

Aus dem wahren Leben...

Ich kam einmal in den Genuss eines Architekten nach Preisliste[1]. Dies ist ein Anti-Pattern, das beschreibt, dass jemand als Architekt zu einem höheren Tagessatz verkauft wird, ohne wirklich einer zu sein bzw. die Erfahrung dafür zu besitzen.

Er kam in unser Projekt relativ an dessen Anfang. Er war seit einem Jahr mit seinem Studium fertig und trug bereits einen „Senior Software Architect" auf der Visitenkarte. Aber nicht nur das – er dachte wirklich, er wäre einer. Er hatte richtige Allüren. Er dachte, er müsse keinen Code schreiben, denn er ist ja der Architekt. Es wäre aus seiner Sicht völlig ausreichend, wenn er sich darauf beschränken würde, andere Entwickler ohne die passende Visitenkarte in ihrer Arbeit zu weisen und zu kontrollieren. Er hatte nie eine Idee zur Umsetzung, nur ein schlaues Wort hinterher und ein „das wusste ich doch", falls etwas nicht lief.

---

1   P. Baron, „Archi-Zack!-ture", Java Magazin 07.08-09.08

Das Team schloss ihn aus, das störte ihn aber nicht – er hatte eine recht loser Zunge und wusste sie geschickt einzusetzen. Trotzdem hat es nicht geholfen – er flog nach nur einem Monat mit Pauken und Trompeten aus dem Projekt heraus. Warum? Weil er nicht programmieren konnte, und für das Reden war er nicht qualifiziert genug und auch nicht erforderlich. Wir brauchten Leute, die neben dem Reden auch viel agieren. Das war er nicht. Er hat es aber bis heute nicht gelernt – er wird weiterhin als Architekt teuer verkauft, kann durch seine Art zu arbeiten keine nennenswerten Erfahrungen sammeln und taugt nicht einmal zum Entwickler...

Na ja, es muss ja nicht gleich so schlimm sein wie in Abbildung 8.1 dargestellt. Ein bisschen Wahrheit ist aber schon dabei. Okay, für Fehler wird keinem physisch der Kopf abgerissen, aber ein falsches Architektenhandeln kann in jedem Fall böse Folgen haben. Diese sind meistens wirtschaftlicher Natur, können aber auch Menschenleben kosten, wenn es um kritische Projekte geht.

Das Wichtigste ist es, als Architekt das Gefühl der Verantwortung zu entwickeln und aufrecht zu erhalten. Der Architekt trägt eine Menge Verantwortung, und die geht weit über den Initialwurf eines Systems hinaus. Der eigentliche Job beginnt ja erst dann, wenn das System in der ersten Variante steht. Dann geht es erst richtig los – Optimierung, Skalierung, Ausbau der Variabilität, Hybride, Integration etc. Und eine ganze Menge Kontrolle darüber, dass das System nicht marode wird. All das sind die Tätigkeitn des Architekten, die er unbedingt wahrnehmen muss, sonst hat er sich nicht vom Status eines Beraters erhoben.

8.2 Ungeschriebenes Gesetz – Architekt haftet persönlich

Abbildung 8.1: Architekt haftet persönlich

Es ist aber auch normal, dass gravierende Fehler in der Architektur den Architekten arbeits-technisch den Kopf kosten können. Es ist der Faktor des unglücklichen Händchens. Man tauscht lieber aus, bevor es sich wiederholt. Es ist nichts Persönliches dabei, rein geschäft-lich, und es hat nichts mit den tatsächlichen Fähigkeiten und dem Wissen zu tun. Einfach nur der Austausch des Händchens. Wie im Fußball – auch exzellente Trainer müssen häufig gehen, weil sie keinen Erfolg haben. Nicht anders ist es auch mit dem Architekten.

Schlimmer kommt es natürlich dann, wenn tatsächlich Lebensgefahr durch die Fehler entsteht. Dann kann der Architekt, wie auch jeder Gebäudearchitekt, jederzeit zur Rechenschaft gezogen werden. Wenn ein Gebäude voller Menschen einstürzt, sind als erste der Architekt, der Bauleiter und der Besitzer/Betreiber dran. So ist das Gesetz. Und IT-Architekturen können inzwischen ebenso große Gefahren für Menschen bringen, wenn sie nicht richtig gebaut sind. Man denke nur darüber nach, was sich allein am Flug-hafen an IT tummelt und was das alles für potenzielle Gefahren in sich birgt.

8.3 Bauherr entscheidet – Architekt im Kontext der Unternehmensstrategie

Wie bei jedem Bauvorhaben, so auch in der IT: Der Bauherr entscheidet, was gebaut wird und wie es aussehen soll. Der Architekt macht dazu Vorschläge und Entwürfe, und der Bauleiter baut das Ding. Keiner der drei kann wirklich die Entscheidungen alleine tref-fen, ohne dass die anderen zumindest Einspruch erheben können. Final entscheidet aber immer noch der Bauherr, und im Fall der IT ist es halt der Kunde oder der Manager.

(Anti-)Pattern: Manager entscheidet final

Trauen Sie es Ihrem Management zu, über Ihre technischen Vorschläge qualifiziert zu entscheiden? Ist Ihr disziplinarischer Verantwortlicher ein Architekturexperte? Klasse, Sie haben es schöner und leichter als viele andere.

Meistens ist die Realität aber anders: Manager technischer Bereiche verfügen leider allzu selten über aktuelles technisches Wissen. Jedoch spricht heutzutage jeder Manager gerne von seiner IT-Expertise, der schon mal eine Ausgabe der Business Technology in der Hand gehalten hat, und auch davon, welche Erfolge er schon mit IT-Projekten gefei-ert hat. Auch hier bewegt man sich leider auf einer Metaebene. Das ist schädlich, denn der Architekt muss hier gegen Windmühlen kämpfen und verliert so wertvolle Zeit, indem er seine technisch bereits getroffenen Entscheidungen den Entscheidern noch-mals verkauft. Die Aufgabe des Architekten liegt eigentlich u. a. genau darin, dem Management gut vorbereitete und möglichst eindeutige Entscheidungsvorlagen zu lie-fern. Entscheider entscheiden, das ist ihr Job. Sollen sie es doch möglich machen, sie selbst haben die Mittel an der Hand.

Als der Autor einmal einem IT-Manager erklärte, wie mit rsync auf einem Unix-System große Datenmengen über mehrere Tage hinweg woanders hin kopiert werden können, hatte dieser gelächelt und gesagt: „Du meinst doch nicht etwa, dass ich das Tool nicht kenne? Ich lade doch auch daheim mit ReSync meine Dateien herunter. Pah!". Hm, er meinte wahrscheinlich das ReGet, und dieses unter Windows. Auch nicht schlecht…

Die Unternehmensstrategie ist immer der treibende Faktor für das IT-Geschehen, nicht die IT selbst. So auch die Architektur: Sie lebt von den Businessanforderungen, nicht von den tollen und interessanten Vorträgen auf der letzten Konferenz. Und wer verantwortet die Strategie eines Unternehmens, wenn nicht dessen Topmanagement? Also muss der Architekt immer ganz genau auf das Topmanagement hören – direkt oder indirekt, je nachdem, ob er Zugang dazu hat oder nicht. Das Topmanagement gibt die Richtung vor und entscheidet final über Projekte, Umfänge, Budgets und generell auch die Unternehmensarchitektur. Der Architekt ist dabei vielmehr die ausführende und beratende Kraft.

8.4 Vertrauen ist gut, Kontrolle ist besser – Review und Qualitätskontrolle

Kommen wir nun zu einem der wichtigsten Tätigkeitsbereiche des Architekten neben der eigentlichen Architekturentwicklung: der Überwachung der Einhaltung der Architektur und der Vermeidung von deren Erosion, sowie der nachträglichen Korrektur der Architektur anhand neuer Erkenntnisse, Anforderungen und Qualitätskontrolle.

Als Allererstes ist es dem Architekten anzuraten, jede grundlegende Entscheidung, jede Idee oder Sonstiges durch einen kompetenten Kollegen prüfen zu lassen. Es fällt einem doch kein Zacken aus der Krone, wenn man dies tut. Im Gegensatz, man sichert sich durch eine Expertenmeinung zusätzlich ab, und man muss offen gegenüber Kritik sein, da es manchmal bei Tunnelblick zu Erblindungen kommen kann, die man damit ausschließt.

Aus dem wahren Leben...

Ich kam einmal zum neuen Vorstand, der mich zu einer ganz menschlichen Uhrzeit – also so um 21 Uhr – zu sich gerufen hat. Er hatte generelle Verständnisprobleme beim Thema Architektur. Er wusste nicht, was ich tue, er hatte keinen IT-Leiter, da dieser absprang kurz bevor er kam, und er musste sich erst einen Neuen suchen. Also übernahm er die Rolle des Ober-ITlers und hatte dabei eine wirklich vage Vorstellung von IT. Betrieb imponierte ihm – das konnte man alles anfassen. Bei der Software ging's schon los: Releases waren nur Zahlen auf einem Zeitstrahl. Und Architektur: Nun ja, ich war da, und man musste ja mit mir etwas anstellen.

Also kam ich, sehr interessiert, wie es da weitergehen soll. Er fragte mir eine paar Löcher in den Bauch, nur um zu sehen, ob ich zügig genug antworte. Ich tat es, und das schien ihn zumindest zu beruhigen. Es ging um Netze und Server, ich kann mich nicht mehr genau an diesen Schwachsinn erinnern, da es in Wahrheit nur um heiße Luft ging. Ein Glück, dass ich auch seine Sprache beherrschte.

Zu einem Zeitpunkt in der Unterhaltung ging es darum, dass ich ihm ein Big Picture abliefere, und zwar für all seine bevorstehenden Vorhaben – schnell mal eben. Ich sagte ihm, dass ich das gerne tun kann, da allerdings gerne noch eine zweite Meinung einholen möchte. Seine Reaktion war einfach nur: „Können Sie das nicht selbst?" Ich musste ihm erklären, dass sich die Meinung eines Experten von außerhalb nicht nur erfrischend, sondern vor allem auch korrigierend auf das Gesamtresultat auswirken kann, und dass es so gang und gäbe ist.

Immer noch misstrauisch, fragte er mich, was das kosten würde. Ich stellte eine Beispielkalkulation an, und er tat sie sofort als zu teuer ab. Stattdessen empfahl er mir, zu einem Drittel des Preises mich bei den Kollegen vom Mutterkonzern zu bedienen. Da könne er einen guten Deal machen, hieß es. Nun ja, das sei kein Bazar und wir benötigten qualitative Unterstützung, war meine Antwort. Er ließ sich davon aber nicht mehr abbringen und sagte mir gleich, dass die dortigen Kollegen weitaus mehr von der Sache verstünden als wir alle hier. Ein Schlag ins Kontor, zumal ich wusste, dass die Kollegen dort zumindest in Sachen Architektur ziemlich unterbelichtet waren, also zumindest die, die er im Kopf hatte. An die richtigen Experten kam man dort mit doppeltem Aufwand und fragwürdiger Zuverlässigkeit heran.

Langer Rede kurzer Sinn: Ich wandte mich erst gar nicht an die Konzernkollegen – ich traute der Sache nicht. Der Vorstand vergaß das Thema ziemlich schnell, und ich schmuggelte den Prüfauftrag an einen Kollegen meines Vertrauens über einen Beratungsposten ins Budget ein. Das war eine Nottat, die notwendig war, um die Sauberkeit und Richtigkeit der Architektur zu gewährleisten. Es führt für mich einfach kein Weg daran vorbei.

Einen erheblichen Teil seiner Zeit verbringt der Architekt damit, die Qualität der Umsetzung seiner Ideen, Visionen und Konzepte zu überwachen. Es ist um Gottes willen keine Controletti-Rolle. Es geht nicht darum, andere dafür zu kritisieren, dass sie ihren Job nicht richtig machen, denn wenn der Architekt das zu kritisieren hat bezüglich der Ausführung seiner Vorgaben, dann hat er diesen Job falsch gemacht – u. U. zu wenig erklärt, zu ungenau beschrieben oder vorgegeben etc.

(Anti-)Pattern – Controletti

Eines der kontraproduktivsten Anti-Patterns überhaupt. Der Controletti-Architekt nimmt dabei am Team- und Projektgeschehen als Mitwirkender nahezu gar nicht teil. Dafür vermag er es umso mehr, jede Kleinigkeit technischer Natur zu überwachen, zu hinterfragen und sich auf sonstige skurrile und demoralisierende Art und Weise als wichtig und unentbehrlich sowie restlos kompetent in Szene zu setzen.

Dabei trägt der Architekt dieser Art nichts dazu bei, dass das Projekt ein technischer Erfolg wird, was seine eigentliche Aufgabe ist, sondern will nur seinem Ego genügen. Dies führt oftmals dazu, dass er bei jeder E-Mail auf CC stehen möchte, dass er in jedes Meeting geht, und wenn dieses wegen seiner unmöglichen Ubiquität verschoben werden muss. Keine Entscheidung passiert ungesehen seinen Tisch, selbst wenn er sie auch nur abnickt.

Unser Architekt übersieht dabei wichtige Regeln in einem Projekt: gegenseitiges Vertrauen und Aufgabenteilung. Ein Team kann nur dann Erfolg haben, wenn er gemeinsam erreicht wird. Und statt zu kontrollieren und zu meckern sollte der Architekt vielmehr mit eintauchen in das Projektgeschehen, selber mal ab und zu Hand anlegen, die Kollegen unterstützen und sich über Erfolge anderer freuen. Der Erfolg ist ein Gemeinschaftswerk und kein Kontrollstempel.

> Ein Systemarchitekt war mal dafür berüchtigt, niemals selbst die Kastanien aus dem Feuer zu holen, sprich, er hatte immer eine Ausrede, warum er bei kritischen Aktionen wie Emergency-Fällen oder Groß-Launches nicht dabei sein wollte: Familie, private Termine etc. Kollegen luden ihn sehr ungern zu Meetings ein, weil er als destruktiv galt (warum denn eigentlich?). Das nahm er ihnen auch recht übel – er durfte offiziell jede Teamentscheidung beurteilen und hatte immer nach KO-Argumenten gesucht, wenn man ihn „überging". Auch jeden Misserfolg des Teams hing er gleich an die große Glocke. Die Atmosphäre im Team war mies, bis er durch seinen Weggang für Erlösung gesorgt hat.

Hier geht es darum, eine Architektur unter Kontrolle zu halten. Dies ist in der Entwicklung und darüber hinaus nur möglich, wenn man aktiv die mögliche Drift kontrolliert und rechtzeitig behebt. Dazu muss der Architekt auch als Macher im Mittelpunkt des Geschehens sein – es ist sein Werk, er trägt die Verantwortung dafür, dass es steht. Die bloße Abgabe der Gebäudeentwürfe ist keinesfalls ausreichend. Mit der Bereitstellung des Hauses fängt die Arbeit erst richtig an: Anbauten, Erweiterungen, Änderungen, Renovierungen etc. Alles Jobs, die ein Architekt planen und mit durchführen muss, idealerweise der gleiche, der es auch gebaut hat.

Was sind die Instrumente eines IT-Architekten, die ihm helfen, die architektonische Drift so wenig wie möglich zuzulassen bzw. sie aktiv zu vermeiden und zu bekämpfen? Tabelle 8.1 sowie die anschließenden Erläuterungen werfen etwas Licht darauf, und zwar querbeet durch alle IT-Bereiche.

Instrument	Kurzbeschreibung
Review	Aktive Überwachung am Code und an den Installationen
Simulation	Szenarien werden simuliert und nachgestellt
Roadshow	Der Architekt wirbt ununterbrochen für seine Architektur
Audit	Ein externes Audit vertreibt Dinge aus dem Schatten
Zweitmeinung	Man holt die Meinung eines unbeteiligten Experten ein
Gremium	Architekturverantwortung wird auf mehrere Schultern verteilt
Dokumentation	Die Architektur ist (aus der Kollegensicht) ausreichend dokumentiert
Mitwirkung	Der Architekt nimmt selbst an der Weiterentwicklung teil
Maßnahmenableitung	Kein Nutzen ohne abgeleitete Maßnahmen
Kommunikation der Ergebnisse	Keine Umsetzung der Maßnahmen ohne Kommunikation

Tabelle 8.1: Einige Instrumente zur Überwachung und Bekämpfung architektonischer Drift

Review

Ob Code-Review oder das Review einer Netzwerkkonfiguration, die Aufgabe des Architekten ist es, in regemäßigen Zeitabständen zu prüfen, ob seine Ideen und Vorgaben auch entsprechend umgesetzt wurden bzw. ob die zu kontrollierende Sache allgemeinen Normen und Best Practices entspricht.

Dazu gibt es z. B in der Software-Entwicklung eine Menge Mechanismen. Statische Code-Analyse z. B ermöglicht das Auffinden potenzieller Schwachstellen und Ungereimtheiten im Code mithilfe sog. Softwaremetriken[2]. Dabei können unterschiedlichste Parameter und Kriterien gemessen werden, die über die statische Qualität, also generell dessen Pflegbarkeit und Einhaltung von z. B vorgegebenen logischen Beschichtungen, aussagen. Dynamische Codeanalyse ergibt sich aus dem typischen Debuggen, Profiling, Memory Dumps, Monitoring etc. Dabei können Aufrufpfade nachverfolgt werden, die z. B der Effizienzprüfung einer Implementierung gelten können.

Dem pragmatischen Architekten stehen generell drei Wege zur Verfügung, um ein Review durchzuführen, ohne dafür gleich in die Schublade mit den teuren wuchtigen Kalibern zu langen. Der manuelle Walk-through lässt den Architekten stellenweise bzw. punktuell in den Code bzw. in die Installation hineinblicken, es werden dabei die aus der Sicht des Betrachters interessanten Stellen einfach mit dem Auge und dem Gehirn analysiert und bewertet, Szenarien durchgespielt etc.

Review-Tools – einzelne wie ganze Suiten – helfen dem Architekten bei der Analyse von Artefakten und Installationen. Sie können z. B Codemetriken messen und Schwellenwerte überprüfen, sie können Netzwerke automatisch nach Schwachstellen durchsuchen usw. Mithilfe der Tools kann man den Review-Prozess weitgehend automatisieren und über Benachrichtigungen arbeiten, was jedoch nicht das direkte Einmischen des Architekten in die Problembehebung obsolet macht – im Gegenteil, der Architekt muss dafür sorgen, dass die Schwachstellen eliminiert werden – ob selbst oder als Antreiber oder eben beides.

Der dritte Weg ist die Mischung aus Walkthrough und Automatik. Man nehme automatische Überprüfung und lass sie laufen. Sollten sich interessante Stellen ergeben, direkt manuell tiefer hineinschauen und analysieren, am besten gleich mit dem betroffenen ITler zusammen, damit es nicht als Kritik oder Controletti aufgefasst wird. Oder gar Fingerpointing – alles schon gehört.

Simulation

Ein weiteres sehr wichtiges Instrument ist die Simulation. Egal ob Lasttests, Stresstests oder einfach nur eine Szenarienprüfung – Simulationen sind in der technischen Wissenschaft extrem wichtig, und bei Architekturen ist es nicht anders. Ob man nur ein bestimmtes Benutzerverhalten nachstellt oder Regression mit immer gleichen Werten prüft oder einfach nur das Programm in einen speziellen Modus versetzt, Simulation hilft einem, Fehler zu finden oder gar zu vermeiden.

Wie will man sonst herausfinden, wie sich das Netz unter einer extremen Last verhält, oder ob die Load Balancer richtig verteilen? Nur durch Nachstellen. Wie will man sonst einen Fehler reproduzieren, der vom verärgerten User gemeldet wurde? Nur durch Nachstellen und Debuggen. Und die Liste ist endlos.

Auch Simulationen im Vorfeld eines Hardwarekaufs oder als Implementierung einer Referenzsoftwarearchitektur sind üblich und absolut wichtig. Man muss bestimmte Rahmenparameter und die Grundtauglichkeit bereit so früh testen, dass keine weiteren

---

2   http://de.wikipedia.org/wiki/Softwaremetrik

Schritte erfolgen, falls man auf Sand bauen sollte. Daher erstellt man gleich zu Beginn einen Skeleton oder holt sich Referenzhardware, um bestimmte Szenarien zu simulieren, die sich aus den nichtfunktionalen Anforderungen ergeben.

Roadshow

Der Architekt ist zwar nicht der Star, das darf ihn aber trotzdem nicht davon abhalten, sich auf den Weg zu begeben und um seine Architektur zu werben. Eine Roadshow ist dabei nichts anderes als eine Veranstaltung, geplant oder spontan, bei der der Architekt zu seinen Architekturthemen Rede und Antwort steht. Seine Tätigkeit ist niemals selbstverständlich, alles, was er sich in den Kopf setzt, muss erklärt und begründet werden.

Viele Architekten aus den fixierten Architekturabteilungen sehen sich als diejenigen, die das letzte Wort haben und ihre Entscheidungen nicht begründen müssen. Falls eine solche Unternehmenskultur in Bezug auf die IT herrscht, kann dabei nichts Vernünftiges herauskommen und es endet sowieso in übelster Bürokratie. Jede Kleinigkeit muss über den Tisch von jemandem, der nach Lust und Laune entscheidet – zumindest wie es seine Kollegen wahrnehmen. Das ist ein übles Anti-Pattern, und an dieser Stelle kann von Pragmatismus nie die Rede sein.

Roadshow bedeutet mit den Leuten reden, Beispiele am Code zeigen. Von sich aus mal Patterns erklären. Über eine neue Entwicklung am Markt berichten. Auf Fragen der Kollegen mit Interesse und Begeisterung eingehen und diskutieren, statt sich zurückzulehnen und einfach nur darauf zu spekulieren, immer endgültig entscheiden zu können. Einem solchen Fall sollte man in der Firma immer damit begegnen, dass der leitende IT-Manager das letzte Wort hat, und dieser wird nie und nimmer einem einzigen Mann oder einer abgehobenen Abteilung blind vertrauen.

Audit

Oh ja, das ist ein Feind und Freund in einem. Man muss allerdings stark differenzieren. Es gibt nämlich Audits, die einem von außen aufgezwungen werden. Partnerinspektionen, gesetzlich vorgeschriebene Untersuchungen, Konzernrevisionen etc. Und es gibt solche, die man selbst in Auftrag gibt, um auf bestimmte Dinge hin geprüft zu werden. Beide helfen der Architektur immer ungemein auf die Sprünge, die aufgezwungenen Audits sind jedoch zeitlich unkontrollierbar und erzeugen immensen Druck, was für einen kühlen Kopf schädlich ist. Die eigens initiierten Prüfungen sind dagegen gut planbar und fokussierter, da sie einen konkreten Bereich durchleuchten.

Einen Audit muss man immer als Gelegenheit sehen. Eine unabhängige zweite Meinung ist sowieso immens wichtig. Aber ein Audit erfolgt anhand konkreter Szenarien. Im Security-Bereich sind es z. B Penetration Tests, die ein System wie z. B eine Webseite so unter die Lupe nehmen, wie sie ein potenzieller Angreifer von allen Seiten betrachten könnte. Es kommen Dinge ans Licht, die u. U. so gefährlich sein können, dass sie dringend behandelt gehören.

Jeder Auditor – ob bestellt oder aufgezwungen – hat da sein Vorgehen, meistens ähneln sie sich stark in dem, was abgefragt und überprüft wird. Aber nicht das Bestehen des Audits steht aus Architektursicht im Vordergrund (obgleich geschäftlich gesehen sicherlich schon), sondern das Aufdecken von Lücken, Ungereimtheiten, Engpässen etc. Ein pragmatischer Architekt freut sich, wenn er einem Prüfer konkrete Szenarien nennen kann, aus welchem Bereich der IT auch immer.

Zweitmeinung

Es ist quasi so ähnlich wie ein Audit, aber weniger offiziell. Hierbei bittet man einen Kollegen seines Vertrauens oder einen Vertreter eines solchen Unternehmens mit guten Referenzen, seine eigenen Entwürfe bzw. Konzepte oder ganze Architekturen zu prüfen und sich ein Urteil zu bilden.

Ein pragmatischer Architekt darf niemals denken, dass eine Überprüfung seiner Tätigkeit etwas Gefährliches und Abwegiges ist. Ganz im Gegenteil, man muss froh darüber sein, wenn jemand die Architektur auf Herz und Nieren prüft und dabei so kritisch wie möglich darauf schaut. Es liegt zwar in der Natur des Menschen, vor allzu großer Kritik zurückzuschrecken, das darf aber den Architekten keinesfalls belasten. Wer sonst soll seine Entscheidungen prüfen? Die arme, gnadenlos überlastete IT-Truppe etwa? Nein, sie werden murmeln, wenn etwas nicht passt und sich demotiviert zeigen, aber niemand wird die Zeit dafür haben, sich die Gesamtarchitektenbrille aufzusetzen und Punkt für Punkt die Architektur zu überprüfen.

(Anti-)Pattern: One-Man-Show

Ein übles und tödliches Anti-Pattern. Der Architekt entwickelt Architektur, Frameworks und trifft Entscheidungen ganz allein, ohne das Team zu involvieren. Er sitzt zwar nicht im Ivory Tower, lässt aber niemanden an „seine" Architektur heran. In dem Fall, wenn er damit technisch gesehen Erfolg hat und sich später aber entschließt, das Weite zu suchen, kann die Firma seinen Weggang kaum ohne spürbare Verluste verkraften. Manchmal wird ein Unternehmen in der Entwicklung dadurch um Lichtjahre zurückgeworfen und erholt sich nie wieder so richtig davon.

Ein ganz schneller „Tod" tritt dann ein, wenn unser Architekt gar keinen Erfolg hat und ein wichtiges Vorhaben komplett durch Ver-, Unter- oder Überschätzung ins Verderben führt. Dann ist sein denkbarer Weggang das kleinste Übel. Single Head of Knowledge oder gar personifizierten Single Point Of Failure kann sich ein Unternehmen eigentlich auf keiner Position leisten, insbesondere nicht im Basisarchitekturbereich, wo es um das Fundament einer oder mehrerer missionskritischer Lösungen geht. Redundanz ist an dieser Stelle kaum denkbar, sodass vielmehr eine architektonische Arbeitsteilung erfolgen sollte. Und wieder setzen wir Entwickler und Architekten auf denselben Ast.

Ein ambitionierter Architekt hatte mal auf eigenen Wunsch und ohne Mitwirkung von jemand anderem aus dem Team die Projektstruktur einer ganzen, hochkomplexen Anwendung völlig umgekrempelt, Build Scripts umgebaut, die Entwicklungsumgebung umkonfiguriert. Als das Gebilde nach Monaten immer noch nicht funktionieren wollte und die Kollegen langsam zu Kritik übergegangen waren, war er total frustriert und hat das Team verlassen. Einen Weg zurück zum alten Stand gab es aber auch nicht mehr. Es hat Monate gekostet, wieder stabil entwickeln zu können.

Außerdem ist es viel besser, wenn das von außen erfolgt. Architekten oder Berater, die die internen Zwänge des Unternehmens, seine Historie und die politischen Zusammenhänge nicht kennen, sehen rein objektiv auf die Prüfobjekte. Da ist zwar immer eine ganze Menge Akquise mit dabei, wenn sich ein so beauftragtes Unternehmen auf einen möglichen Rearchitekturauftrag freut, wir haben aber eingangs gesagt, wir suchen Personen unseres Vertrauens.

(Anti-)Pattern: Architektur ohne Review

Dieses Anti-Pattern ist implizit in einigen hier gelisteten vertreten. Ein Architekt, der entweder aus eigenem Antrieb bzw. Willen heraus oder durch die Macht der Umstände oder schlichtweg mangelnde Ressourcen bzw. Sparmaßnahmen die Architekturentscheidungen alleine trifft und sie nicht adäquat und kritisch reviewen lässt, läuft ganz klar Gefahr, das Vorhaben durch den einen oder anderen Kardinalfehler buchstäblich an die Wand zu fahren.

Viele wollen sich nicht in die Karten schauen lassen, einige würden es gerne, haben aber keine Möglichkeit dazu. Ein guter Architekt sollte sich darauf freuen, seine Konzepte durch einen geschätzten oder gar anerkannten Kollegen kritisch prüfen zu lassen, denn wie sonst soll unser Architekt überhaupt ohne Vergleiche und Ratschläge jemals besser werden?

Ein ehemaliger Kollege genoss die zweifelhafte Freiheit, an einer unternehmenskritischen und zentralen Lösung quasi unbeaufsichtigt zu arbeiten – ohne jedwede technische Reviews, rein im Zweiaugenprinzip. Er tat es einige Jahre lang zumindest mit äußerlichem Erfolg, bis die Komplexität der Lösung den Einsatz weiterer Entwickler nötig machte. Den Leuten standen die Haare zu Berge, als sie feststellten, dass diverse Räder wie Rules-Management-Komponenten ohne Drittbibliotheken ganz eigens neu erfunden wurden, dazu noch solche Grenzen bezüglich der erforderlichen fachlichen Erweiterungen aufwiesen und über den ganzen Code verteilt waren, dass nichts anderes mehr übrig blieb, als wie bisher weiterzuentwickeln und die Leiche punktuell zu parfümieren.

Man bekommt idealerweise einen objektiven Bericht. Darin muss mit aller Härte und völlig gnadenlos aufgelistet werden, wo die Probleme liegen bzw. wo sie vermutet werden. Die beiden Architekten verständigen sich dann bei unklaren Fragen auf ein Resultat, und unser beauftragender Architekt ist heilfroh darüber, dass jemand seine Erzeugnisse auf Tauglichkeit untersucht hat. Wie schlimm das Ergebnis auch sein mag, man lernt mit jedem Schritt. Und wenn nur wenige wirkliche Hämmer dabei sind, dann sind wir doch froh, dass wir einen guten Job gemacht haben.

Gremium

Es ist in diesem Buch bereits mehrfach erwähnt worden: Die Architektur wird nicht von einem Einzigen gemacht, es ist ein Gruppenthema. Ein Thema für ein gutes Team. Dieses sollte im pragmatischen Fall niemals fest und dediziert sein. Es setzt sich lediglich aus Vertretern verschiedener Teilteams zusammen, die gemeinsam über architektonische Themen walten und entscheiden, das aber unter der Regie und Moderation des Architekten.

Es ist auch hier wieder ähnlich wie bei der Zweitmeinung: Der Architekt benötigt unbedingt Bodenkontakt, Kontakt zu Leuten, die seine Ideen und Ansichten auch mal hinterfragen bzw. in Frage stellen oder eine Alternative anbieten bzw. vorschlagen. Die Welt wäre langweilig, wenn es keine Alternativen gäbe, und es wäre verrückt, wenn grundsätzliche IT-Architekturentscheidungen von einer einzigen Person oder von einer festen Gruppe von Menschen mit Subordinationszwängen getroffen würden.

(Anti-)Pattern: Single Point of Decision

Bei diesem Anti-Pattern überlässt das Team jede Architekturentscheidung explizit dem Architekten, wodurch dieser zum Bottle Neck mutiert.

Architekturentwicklung ist ein Gemeinschaftswerk, die Basisdemokratie hat jedoch Grenzen. Irgendwann müssen ganz klar architektonische Entscheidungen getroffen werden, und leider Gottes hat das meistens sehr früh im Projekt zu geschehen. Umso nachhaltiger sind dann diese Entscheidungen, je früher sie getroffen werden. Aber eines darf auf gar keinen Fall passieren: Der Architekt darf niemals jede kleinste Architekturentscheidung alleine treffen müssen – er verzweifelt!

Vielmehr ist es die Aufgabe des Architekten, sich diese lästigen kleinen Entscheidungen buchstäblich vom Leibe zu halten, indem er technische und organisatorische Frameworks zusammen mit seinem Team etabliert, die das Treffen solcher Kleinentscheidungen viel einfacher machen. Der Architekt muss einen Rahmen für das technische Projektgeschehen definieren und vor allem kommunizieren, und das Team muss dieses unter eigener Mitwirkung akzeptieren und leben. Je löchriger das Framework, umso häufiger und größer der Bedarf für Kleinentscheidungen, und mit jedem weiteren Projekttag werden es immer mehr. Daher muss der Architekt auch hier recht früh im Projekt dafür sorgen, dass seine Teamkollegen arbeiten können, und dazu zählt vor allem das Treffen laufender technischer Entscheidungen, sofern diese keinen generellen Richtungswechsel nach sich ziehen. Der Architekt darf niemals ein Bottle Neck sein.

Als in einem Projekt einige unglückliche technische Lösungen aufkamen, erklärte der etwas frische Architekt, es möge doch in Zukunft alles, was mit der Technik zu tun hat, über seinen Tisch laufen. Die Jungs hatten es verständlicherweise in den falschen Hals bekommen und bombardierten den Architekten ab da mit jedem Kleinmüll. Das Projekt kam gut voran…

Ein Architekturteam ist ein sehr wichtiges Mittel für den Architekten, seine Ideen und Konzepte auch mal ohne teure externe Aufträge und Audits kontinuierlich überprüfen zu lassen. Kein Auditor wird einem Vorschläge zur Verbesserung machen. Keine externe Zweitmeinung wird so tief in dem Geschäft des Unternehmens stecken, um zugeschnittene Architekturvorschläge machen zu können. Nur eigene Leute – die Gremiumsmitglieder – können es gemeinsam schaffen. Vielleicht ist die Qualifikation jedes einzelnen nicht die eines externen Architekturberaters. Aber wenn Dinge gemeinsam diskutiert und überprüft werden, funktioniert es meistens deutlich besser als eine Zweitmeinung – denn die alleine könnte sich ja auch irren, und wo bitte schön soll das dann enden?

Aber ganz, ganz wichtig: Gremien neigen dazu, in Endlosdebatten zu enden. Das ist eben ein weiterer Job des Architekten, diese unbedingt im Keim zu ersticken.

(Anti-)Pattern: Design by Commitee

Bezogen auf die Architektur als solche kann dieses Anti-Pattern frappante Auswirkungen haben und tut es auch meistens.

Dabei handelt es sich darum, dass zentrale Designentscheidungen ausschließlich von einer Gruppe von Leuten quasi basisdemokratisch getroffen werden, ohne dass es bei Pattsituationen einen finalen Entscheider gibt. Diese Situation kann dann entstehen, wenn es keinen dedizierten bzw. benannten und verantwortlichen Architekten gibt oder dieser die Entscheidungen doch nicht final treffen darf, da das Management sich Basisdemokratie wünscht und selbst keine finalen architektonischen Entscheidungen zu treffen wagt.

Die Angst vor Entscheidungen eines Einzelnen ist generell vertretbar, da es kein Polster gibt, falls die Entscheidung doch falsch war. Unter Berücksichtigung alternativer Meinungen und nach Betrachtung sämtlicher relevanter Aspekte ist aber eine finale Entscheidung durch eine Instanz absolut sinnvoll. Fängt man aber im Team an, ewig über die kleinsten Partikel zu diskutieren, ohne dass die gegenteiligen Meinungen durch entsprechende Autorität konsolidiert werden, kann es endlos dauern, bis überhaupt eine Entscheidung getroffen wird. Oftmals haben die Endlosdebatten politische oder schlichtweg egoistische Ursachen: Ich diskutiere, also bin ich, und die Luft um mich herum ist heiß, also ist es auch mir warm. Auch nicht selten kommt es dazu, dass bereits offensichtlich getroffene Kompromissentscheidungen hinterher von denjenigen ignoriert, umgangen oder schlichtweg weiterdiskutiert werden, deren Meinung den Kürzeren gezogen hat. In Unternehmenskulturen, wo dies möglich ist bzw. toleriert wird, gibt es überhaupt keine tragbaren Entscheidungen, weil man es jedem recht machen muss.

Da hat der Architekt wenig Spielraum und kann den Missionserfolg nicht garantieren. Also, Teamdiskussionen zu Architekturentscheidungen sind absolut sinnvoll und eigentlich Pflicht, jeder muss zu Wort kommen, sofern es zu der Entscheidungsfindung beiträgt. Danach gilt aber: So möge er jetzt reden oder für immer schweigen (es sei denn, die Entscheidung stellt sich im Umsetzungsprozess als falsch heraus. Hier muss man laut schreien).

Ist eine Entscheidung getroffen worden, meistens durch einen finalen Entscheider, hat sich jeder daran zu halten. Diese Kultur im technischen Sinne zu etablieren, ist ebenfalls die Aufgabe des Architekten.

Man sieht es deutlich u. a. auch am JCP, wo nach Konsolidierung sämtlicher Vorstellungen aller Gruppenmitglieder oftmals der kleinste gemeinsame Nenner als JSR herauskommt, der nicht selten sofort zum Wunsch nach einer Folgeversion führt. Standardisierungsgremien haben es nicht leicht, die Nutzer deren Ergebnisse haben es jedoch oft noch schwerer – die Erwartungen werden im schlimmsten Fall nicht erfüllt, und man geht den proprietären Weg, um seine eigene Lösung schneller und solider an den Markt zu bringen – auf Kosten der Produktunabhängigkeit.

Dokumentation

Ja, da war doch was. Ist eine Architektur gut, wenn sie nur im Kopf existiert? Nein, sie ist es nicht. Und es reicht auch nicht aus, sie aus dem Kopf umzusetzen – das kann dann nur der Kopfinhaber selbst. Ohne Dokumentation der Architektur gibt es keine Architektur, es gibt nur Chaos. Es kann niemand ohne Dokumentation entwickeln, niemand kann ohne sie prüfen, keiner schafft es, ohne Dokumentation die Entscheidungen nachzuvollziehen und andere zu treffen.

Architekturdokumentationsempfehlungen gibt es wie Sand am mehr. Wir sind aber in erster Linie pragmatisch, sodass sich die pragmatischen Architekten aus dem ganzen Wust an Empfehlungen immer das herausholen sollten, was für sie und ihre Kollegen völlig ausreicht. Nicht mehr und auch nicht weniger. Es reicht oftmals ein Überblick statt detaillierter Pläne, etwas Text in freier Form statt quälender standardisierter Tabellen, in die man sowieso nur Dummy-Text in die Platzhalter einfügt.

Aus dem wahren Leben...

Wir hatten vor, unseren Betrieb in unseren Konzern zurück zu überführen, den wir als Startup seinerzeit externalisiert bekamen. Wir selbst waren zwar keinesfalls ein Konzern und unsere Prozesse allesamt extrem schlank und dynamisch, unsere Mutter dachte aber anders darüber und sagte uns, wir sollen uns ins große Ganze fügen. Und wir versuchten es.

Im Lauf des Projekts hätten diverse Dokumente entstehen müssen: Sicherheitskonzept, Betriebskonzept, Risikoanalyse usw. Die Kollegen vom Konzern kannten sich mit den Dokumentvorlagen an sich überhaupt nicht aus, außer dass das alles irgendwo „im ARIS" war. Und sie kannten unsere Systeme und unsere Programme nicht. Sie hatten zwar versucht, mehr Einblick zu gewinnen, das aber ohne sichtliche Motivation – sie waren konzernintern Monopolisten und mussten sich bezüglich Kundenarbeit überhaupt nicht anstrengen, was sie auch nicht taten.

Wir unsererseits verloren den eigenen Betrieb. Einige Jungs zitterten um ihre Jobs, sodass auch bei uns die Motivation weniger als null war. Eine sehr gute Ausgangsbasis also, um ein Großprojekt loszutreten.

Wir bekamen die Dokumentenschablonen mit der Bitte, sie auszufüllen. Ich und meine Kollegen, wir sahen uns das Ganze an und waren baff: Alleine die Schablonen ohne viel Text gingen jeweils über 100 Seiten und erwarteten ein Ausfüllen in der Größenordnung eines Verlags! Wir lehnten ab. Die Kollegen aus dem Konzern waren ein solches Vorgehen scheinbar gewohnt, also übernahmen sie das Ausfüllen.

Zum Schluss – und das hier ist jetzt kein Witz – hatte man als Dokumentation lauter Schablonen wieder, in denen die Platzhalter allesamt durch ein simples TBD (to be defined) ersetzt wurden. Und das nur – halten Sie sich jetzt fest – um das Projekt überhaupt in ARIS anlegen zu können. Hä? Ist das nicht Wahnsinn? Und die eigene Unvollkommenheit gleich auf ein Tool zu schieben, ist auch fragwürdig – jemand hat doch die ganzen Word-Schablonen angelegt. Na ja, diejenigen waren schon seit Jahren nicht mehr im Unternehmen und haben es versäumt, ihre Schablonen entsprechend zu dokumentieren. Ironie des Schicksals also.

Mitwirkung

Ein Architekt, der nicht selbst Hand anlegt, wird niemals für Kontinuität sorgen können. Nur durch die eigene Mitwirkung kann er allen zeigen, dass die Architektur trägt. Nur durch die Arbeit an der vordersten Front kann er sichergehen, dass sie es auch wirklich tut. Eigene Mitwirkung ist ein unersetzbares Instrument eines jeden pragmatischen Architekten, und wenn Not am Mann ist, dann halt selbst einspringen – es gibt in der IT keine Zacken, die einem aus der Krone fallen können – wir stecken alle gleichermaßen mit drin. Je mehr man selbst kann und tut, umso sicherer ist die Sache.

Das buchstäbliche Hauen in die Tasten seitens des Architekten vermittelt desweiteren auch Respekt und Anerkennung sowie ein sichereres Gefühl gegenüber der Architektur unter den IT-Kollegen. Wenn man dagegen seine Sachen über den Zaun wirft und sich feige verzieht, wird es wirklich nichts. Wenn die Kollegen sehen, dass der Architekt da voll mit drinsteckt, er zieht selber mit und scheint an die Sache zu glauben, dann scheint es doch wirklich richtig zu sein.

Abbildung 8.2: Qualitätskontrolle durch den Architekten (Mann, ist das Bild schlecht!)

Aus dem wahren Leben...

In unserem Unternehmen plagte man sich seit mehreren Jahren mit der Tatsache herum, dass die Basisanwendungen allesamt in einer uralten Technologie programmiert wurden, die langsam ihrem Tod entgegenflog. Es lief schon noch irgendwie, mit moderneren Mitteln würde man aber die Entwicklungen in deutlich niedrigerer Zeit mit deutlich geringeren Kosten und bei deutlich geringeren Risiken abwickeln können.

Warum? Nun ja, die automatisierte Testbarkeit war z. B nicht gegeben. Es gab keinerlei Ansätze zur Kontrolle der Abhängigkeiten zwischen den Komponenten, und es gab nicht mal nennenswerte Komponenten – alles war ein prozeduraler und unübersichtlicher Brei. Und die Protagonisten, die viele Jahre lang an diesem Monstrum geschraubt haben, hatten es natürlich mit aller Gewalt verteidigt und alles Neue schlichtweg abgelehnt.

Als ich daher kam und vorschlug, die statischen Abhängigkeiten der Codeschnipsel untereinander zu messen, traf ich auf einen derart großen Widerstand, dass ich fast meine Lust verlor. Aber eben nur fast – die Kollegen jammerten ständig darüber, dass sie in keiner Prozedur etwas ändern können, ohne dass 20 weitere davon betroffen sind. Und selbst da: Man kann nie sicher sein, dass man die restlichen richtig mit nachgezogen hat, denn es gibt ja keine Regressionstests außer sich in das Anwendungs-GUI zu begeben und die Stelle auszuprobieren. Alles in allem ein sehr erfolgreiches modernes Vorgehen.

Ich setzte mich also hin und passte ein Tool aus freien Sourcen so an, dass es diese exotische Technologie verstand und die Abhängigkeiten messen konnte. Als ich die Liste bekam, kam mir das Schmunzeln, denn meine Befürchtungen haben sich mehr als bestätigt. So viele Zyklen hatte ich bis dato noch nie in meinem Leben gesehen. Das Anfassen einer kleinen Routine könnte bedeuten, dass man gleich die halbe Codebasis mit anfassen muss.

Ich ging damit zum Entwicklungsleiter und zeigte ihm das. Er sah es sich missmutig an und fragte mich, wieso ich da herumbohre. Ich antwortete, ich würde dies aus meinem Architektenantrieb heraus tun. Er war außer sich vor Wut. Es mache doch gar keinen Sinn, das alles zu messen, es sei nicht pragmatisch, und den Code können sie auch schon so ohne mich unter Kontrolle halten, du das sei alles völliger Quatsch etc.

Als es eines Tages dazu kam, dass man etwas auf Produktion schob, was bei Nichtfunktion die Hälfte der Anwendungen lahmlegte, und man konnte es weder reproduzieren noch testen noch überhaupt finden, kam ich mit meinem Tool daher und fand das Problem innerhalb kürzester Zeit – es war eine zentrale, sehr unglückliche rekursive zyklische Abhängigkeit. Es half, das Problem zu beheben, und das war das Wichtigste. Aber danach ging man zum IT-Leiter und überzeugte ihn von der Richtigkeit solcher Messungen und Kontrollen und davon, an der Codebasis auch in der alten Technologie viel erreichen zu können, wenn man nur die richtigen Dinge misst – wie z. B Abhängigkeiten – und sie dann per kontinuierlichem Refactoring los wird.

Die Lebensdauer der Codebasis konnte so trotz veralteter Technologie um diverse Jahre verlängert werden, was in dieser Größenordnung absolut sinnvoll ist, alleine schon aus finanziellen Gründen. Und die Codequalität wird dort noch heute gemessen, Refactorings durchgeführt und Regressionstests erstellt. Zum Glück also ein Volltreffer.

Maßnahmenableitung

Die vielen technischen Möglichkeiten erfreuen lediglich das Herz eines Technikers. Die bunten Berichte nutzen nichts, wenn man daraus keine konkreten Maßnahmen ableitet, denn der Code korrodiert ja allmählich. Was soll man denn tun, wenn die Tools einen mit Problemmeldungen und über- oder unterschrittenen Schwellenwerten überhäufen? Naja, zunächst mal: don't panic. Das lernen wir ITler doch immer als Allererstes. Nicht nur in Ihrem System gibt es laut Tools so viele Probleme. Das bedeutet nicht, dass man ein schlechtes System hat, sondern lediglich, dass man einige Dinge verbessern könnte bzw. sollte. Wenn man mit den Prüfungen früh genug angefangen hat, dann dürfte einen auch die Masse nicht erschlagen, es sei denn, man prüft gerade die Resultate einer Wochenlieferung des Near- bzw. Off-Shore-Partners.

Viele Dinge können in den Berichten gemeldet werden, aber die Kunst liegt darin, aus der Flut das Wichtigste zu extrahieren, das eben, was dieses System wirklich in Korrosionsgefahr bringt. Das geht nur mit Erfahrung und Systemkenntnis. Ein Architekt, der die Codebasis des Systems nicht kennt und sich nur auf dessen abstrakte Sichten beschränkt, wird schlichtweg keinen sinnvollen Maßnahmenextrakt machen können. Er könnte aus eigener Erfahrung versuchen zu sortieren, welche Meldungen wichtig und welche nice-to-have sind und diese bereits im Vorfeld abschalten. Was ihm klar fehlen wird, ist die semantische, kontextbezogene Bedeutung einer Problemmeldung in dem zu prüfenden System. Das ist auch einer der Gründe, warum die Qualitätsprüfungsberichte, die die IT-Verantwortlichen manchmal extern in Auftrag geben, meistens ihre eigenen Tische nicht verlassen oder zumindest an das Entwicklerteam nicht kommuniziert werden. Das Team würde keinen Bericht akzeptieren, der z. B von einem externen Berater angefertigt wurde, ohne dass sich dieser nachweislich ausreichend mit dem inneren Leben des Systemcodes und den fachlichen Zielen der Lösung beschäftigt hat. Und ein Bericht aus dem Ivory Tower kommt noch schlechter an. Auf diese Aspekte gehen wir gesondert in diesem Kapitel ein.

Also sollte man sich auf das Wesentliche konzentrieren. Es würde den Rahmen dieses Kapitels sprengen, darzustellen, welche rein technischen Möglichkeiten der Architekt hat, um die gemeldeten Problemstellen wieder in Ordnung zu bringen: Refactoring, Restrukturierung, Redesign etc. Diese technischen Maßnamentypen wollen wir hier auch nicht in den Mittelpunkt stellen. Vielmehr ist es wichtig zu verstehen, wie man die erarbeiteten technischen Maßnahmen richtig platziert, sprich kommuniziert. Denn gerade die Kommunikation ist eine der wichtigsten Maßnahmen einer Qualitätsprüfung. Ohne Kommunikation lebt man in dem bereits mehrfach erwähnten Ivory Tower und ist zum Scheitern verurteilt. Das Thema Kommunikation wollen wir in diesem Kapitel später noch etwas stärker diskutieren.

In der modernen IT zählen in erster Linie schnelle und zugleich nachhaltige Erfolge. Die Agile-Bewegung findet umso mehr Anhänger, je weiter diese Tatsache bekräftigt wird. Und auch bei der Definition der Maßnahmen aus einer Qualitätsprüfung sollte der Architekt zunächst diejenigen Wählen, die bei geringstem Aufwand den größten Erfolg versprechen. Er sollte da auf seine internen oder externen Kunden hören: Welche Bereiche des Systems sind erfahrungsgemäß am häufigsten von Weiterentwicklungen strapaziert und wie zufrieden ist da die Kundschaft z. B mit der Entwicklungsperformance? Treten hier und da mal Aussagen auf, wie „Das dauert doch ewig, bis die IT das programmiert!" oder „In der IT kennt sich doch eh keiner mit diesem Feature aus!", weiß man, dass man einen potenziellen Kandidaten für gezielte Maßnahmen gefunden hat. Wie salopp diese Sprüche auch klingen mögen, sie sind sehr oft wahr, obwohl man zunächst allergisch darauf reagiert. Es gibt offensichtlich in dieser und jener Funktion technische Defizite, die eine Weiterentwicklung bremsen, sei es struktureller oder rein programmierstilistischer Natur. Und genau hier können die besagten Tools gezielt eingesetzt werden und den Architekten bei der Problemanalyse unterstützen.

Es gibt auch einige Unterschiede bei Neuentwicklungen und sozusagen Legacy-Systemen. Wir wissen alle, das beste System von heute ist morgen bereits Legacy – wenn man nichts dagegen unternimmt. Im Moment der Entstehung ist man sich immer sicher, das Beste der Welt zu bauen, und morgen... morgen ist morgen, da wird eben neugebaut. Aber während man in der Neuentwicklung zumindest im ersten Implementierungsdrittel noch aktiv strukturelle Korrekturen vornehmen kann, sofern die Zeit es noch erlaubt, so ist man bei einem Legacy-System zunächst auf seine bestehende Architektur und Struktur beschränkt. Maßnahmen aus Qualitätsprüfungen unterscheiden sich dahingehend, dass sie bei Legacy-Systemen von langer Hand geplant und „ausgerollt" werden müssen (man denke da nur an umfangreiche Regressionstests), während sie zu Beginn einer Neuentwicklung meistens nur Kurskorrekturen bewirken. Das soll jedoch nicht heißen, dass die Maßnahmen bei Neuentwicklungen nicht geplant werden müssen. Ganz im Gegenteil. Aber es läuft meistens auf punktuelles Refactoring und Restrukturierung hinaus, während es bei Legacy nicht selten größere Redesigns des Systems sind, die man ebenfalls über kleinere Refactorings erreichen könnte.

Kommunikation der Ergebnisse

Die am meisten unterschätzte Aufgabe eines Architekten ist der buchstäbliche Vertrieb der Resultate seiner Arbeit und die sprichwörtliche Akquise von Aktivitäten zur Optimierung und Weiterentwicklung der Systemarchitektur. Jawohl, der Vertrieb, und jawohl, die Akquise. Denn die Rolle des Architekten, wie sie korrekterweise interpretiert werden sollte, ist bei weitem nicht selbstverständlich und wird oft sogar als überflüssig empfunden. Wenn der Architekt sich voll und ganz auf die Technik beschränkt, ist er nichts weiter als ein fortgeschrittener Ingenieur (das soll natürlich nicht abwertend klingen, sondern als reine Feststellung). Neben den technischen Skills gehört auch eine gehörige Portion sozialer Kompetenz zu seinem Handwerk. Und im Mittelpunkt dieser Kompetenz steht die Kommunikationsfähigkeit.

Kein Verkäufer kann erfolgreich sein, wenn er nicht redet. Als Architekt wird man von allen möglichen Akteuren in die Pflicht genommen. Entwickler akzeptieren ihn nur dann, wenn er mindestens das kann, was auch sie können, und selbst dann nur widerwillig. Projektleiter haben häufig einen etwas betagten technischen Background, was sie in der Regel nicht von Mitsprache an technischen Überlegungen abhält. Das Management ist auf Zahlen und Termine fixiert, genauso wie auf Prognosen und Erfolge. Dienstleister sind lediglich an einer möglichst unaufwändigen, jedoch kostenbringenden und risikoarmen Erfüllung ihrer Verträge interessiert. Und jedes Gesamtteam im Kontext eines Projekts und Unternehmens unterscheidet sich mehr oder weniger von allem, was man bisher erlebt hat. Aber gerade deswegen ist eine rege Kommunikation auf Seiten des Architekten unentbehrlich, um nicht reagieren, sondern proaktiv agieren zu können. Ein Architekt, der wartet, bis man ihn mit Arbeit versorgt, kann genauso auch in die Entwicklung zurückkehren, ohne dass das jeweilige System spürbar darunter leidet.

Ein Architekt lebt außerdem in Zwängen, die ebenfalls kontextabhängig variieren. Denn auch die Codequalitätsprüfung unterliegt zeitlichen, finanziellen, organisatorischen und sozialen Zwängen, die ein Projekt oder ein System üblicherweise mit sich bringt. Architektur inklusive des Architekten ist kein Selbstzweck, sie lebt von Anforderungen, Zielen und Zwängen des gesamten Kontexts. Gehen wir doch mal durch die bereits angesprochenen sog. Stakeholder, ihre Interessen und Ziele, um anschließend zu erörtern, wie der Architekt die Ergebnisse einer Codequalitätsprüfung an die einzelnen Stakeholder kommunizieren und sie ihnen gegenüber gemäß seiner Rolle vertreten kann.

Gleich vornweg: Es gibt nicht *das* Rezept für die Kommunikation, sonst könnte man jetzt schon die Welt mit Robotern bevölkern. Man kann nur noch auf eigene Erfahrung bauen und auf die anderer Menschen, um für sich die Fähigkeit zu entwickeln, schnell nach passenden Rezepten zu suchen.

Fangen wir an mit den Entwicklern. Jawohl, Entwickler sind Stakeholder einer Architektur, und zwar ganz wichtige. Eine Architektur trägt nicht, wenn Entwickler sie nicht mittragen. Sie bleibt nur auf dem Papier bestehen und wird umgangen, wenn die Entwickler sozusagen nicht mit im Boot sitzen. Denn jeder Entwickler ist an sich ein Mit-Architekt des gewünschten Erfolgs. Und jemand, der die Rolle eines dedizierten Architekten ausfüllt, muss auch sinnvollerweise entwickeln können, und das sogar sehr gut. Ein moderner Entwickler ist eine Diva (seid mir bitte nicht böse, ich bin doch selber eine). Er weiß, wie Dinge funktionieren. Und das weiß er auch für seine Arbeit zu nutzen. Diese Eigenschaft war früher wohl nur Hexen vorbehalten (Terry Pratchett lässt grüßen). Er hört es nicht gerne, wenn ihm jemand erzählt, was er wie und wo verbessern sollte, besonders dann nicht, wenn er richtig gut ist. Das weiß er doch eh alles besser, und wer will sich schon mit lästigen Altlasten beschäftigen und im alten Code wühlen, wenn da neue Technologien, Patterns und Lösungen rufen? Vielleicht verpasst er sogar etwas von dem neuen Hype, wenn er zu lange bei dem alten Stoff bleibt. Das ist doch Arbeit für die Ameisen. Und da kommt noch dieser Möchtegern von Architekt daher und will, dass ich punktuell refactore. Das ist ja schon fast Fingerpointing, und ich habe den Code ja eh nicht geschrieben. Pah! Mir gefällt der Code doch eh nicht, da setze ich mich doch schnell mal hin und mache eine ganz eigene, supertolle, superelegante und hocheffiziente Lösung. Na, hat der Leser so etwas schon mal gehört oder erlebt oder gar selbst gedacht?

Wo setzt man als Architekt an? Man könnte mangels Erfahrung auf die Idee kommen, seine Maßnahmen über das Management zu erzwingen, wenn man ausreichend Rückendeckung hat. Lassen Sie es, denn das geht nur in die Hose. Ein Entwickler unter Zwang ist nur ein Viertel seiner selbst und wird nur noch nach Lücken oder Irrtümern in den Maßnahmen suchen, um dem Architekten eins auszuwischen. Man könnte sich aber auch mit dem Entwickler streiten und dabei seine vermeintliche technische Höherstellung auszuspielen versuchen. Erfahrungsgemäß führt das zu nichts, und das Verhältnis ist auf lange Zeit gestört. Auch ein Schlichter hilft hier selten weiter. Auch die Idee, das einfach bleiben zu lassen bedeutet, dass der Architekt versagt hat, nicht der Entwickler. Ihr Vorgesetzter wird Ihnen genau dasselbe sagen. Aber diese Situation ist auch bei erfolgreichen Architekten nicht selten, denn wir alle sind Menschen und es gibt nie eine hundertprozentige Idylle. Dagegen gibt es kein Rezept, außer vielleicht organisatorische Mittel und Wege in dem jeweiligen Projekt.

Aber was könnte man sinnvollerweise tun? Ein möglicher und oft genutzter Weg könnte es sein, in Vorleistung zu gehen und mit der Maßnahme selbst zu beginnen, um am lebenden Beispiel zu zeigen, wie sich die Maßnahme z. B auf Effizienz auswirkt. Mittlere bis größere Refactorings können so langsam ins Team überführt werden, dessen Einbeziehen nie früh genug beginnen kann. Kleine Maßnahmen können nur durch entsprechende technische Argumentation mit ständiger Wiederholung begründet werden. Der Architekt kann niemals erwarten, dass die Entwickler diese Maßnahmen gerne durchführen würden. Also kann er von ihnen auch niemals erwarten, dass sie sich nebenbei an der Erarbeitung dieser Maßnahmen beteiligen, es sei denn, der Architekt hat ihnen entsprechende Werkzeuge an die Hand gegeben und für Prozesse gesorgt. Aber auch da bleibt Refactoring für Entwickler erfahrungsgemäß ein „notwendiges Übel", insbesondere wenn sie sich mit den entsprechenden Passagen nicht identifizieren, weil sie jemand anderes programmiert hat. Da will man lieber gleich komplett redesignen, gleich die neueste und tollste Technologie ausprobieren, über die man neulich im Java Magazin gelesen hat. Ohne Rücksicht auf Verluste und mit brachialer Gewalt, was leider sehr häufig zu „warmen Codeleichen" führt, die fachlich wenig mit der ursprünglichen Lösung zu tun haben und die neue tolle Technologie auch nur punktuell platzieren, was wiederum zu einer unnötigen Erhöhung der Pflegekomplexität und Deployment-Schwierigkeiten führt. Ein Code-Review sollte so etwas unbedingt verhindern, einige der besagten Tools können einen dabei unterstützen, diese „Eskapaden" aufzuspüren.

Denn das häufigste Argument, das ein Architekt von den Entwicklern zu hören bekommt, wenn es um Qualitätsverbesserung geht, ist: Ich habe keine Zeit! Ich habe keine Zeit, zu kommentieren, Javadoc zu schreiben, Benennungen und Schichten einzuhalten, das muss doch schnell mit dem Release live gehen, und ich habe ja nur zwei Tage dafür, da schaffe ich ja nicht mal die Funktionalität, geschweige denn auch noch die Qualität. Naja, klingt nicht überzeugend, oder? Diese Denke trifft einen wie ein Bumerang, aber mit mehrfacher Wucht gleich bei der nächsten Codeänderung. Aber es ist ein Irrtum, zu glauben, dass der Entwickler das nur aus eigenem Antrieb heraus sagt, sondern meistens hat er leider Recht: Er hat wirklich keine Zeit, weil man ihm diese Zeit nicht eingeplant hat. Womit wir gleich beim nächsten Stakeholder angekommen sind, der für diese Zeit direkt verantwortlich ist: dem Management.

Es interessiert sich nicht dafür, wie toll die jeweilige Aufgabe technisch gelöst ist. Es hat kein Interesse daran, zu erfahren, welche Patterns man eingesetzt hat. Es interessiert sich nur dafür, was das Projekt kostet und ob es in-budget läuft, wie lange es dauert und ob es in-time läuft, wie die Investitionen gesichert sind und was die Lösung letztendlich finanziell einbringen wird, wenn sie eingesetzt wird. Es interessiert sich zwar noch für viele andere Dinge, wir sollten uns aber nur auf die relevanten konzentrieren.

Dem Management gegenüber stehen Sie als dedizierter Architekt in der Pflicht, für eine kostenbewusste und zugleich zukunftssichere Lösung zu sorgen, wenn sie gerade eine bauen oder umbauen. Bei Legacy-Systemen z. B will es von Ihnen, dass sie das Überleben des Systems solange wie möglich sichern, da es einen Wert darstellt, der mit vorangegangenen Investitionen verbunden ist. Aber plötzlich sieht sich der Architekt mit einer nicht kleiner werdenden Flut an Qualitätsmängeln konfrontiert. Was tut er? Wenn der Architekt in Panik gerät und unerfahren ans Werk geht, lautet seine erste Reaktion auf Qualitätsmengel mittlerer Größe oftmals wie die des Entwicklers: Das System muss komplett redesignt werden! Aber wie oft war die Antwort des Managements auf diesen

Vorstoß ein schlichtes „Nein"? Und das Management hat Recht: wenn ein System trotz Legacy-Status weiterhin geschäftlich nutzt und direkt oder indirekt zu immer mehr Umsatz bzw. Gewinn führt, kommt es nur äußerst selten zu einem Greenfield-Approach. Aber ob Neuanfang oder Redesign, das Management erwartet von seinem Architekten, dass er beweist, dass die erarbeiteten QS-Maßnahmen sinnvoll sind, und zwar belegt mit Zahlen, Trends und Prognosen. Man hat oft nur einige Minuten Zeit, um den Bedarf zu platzieren, indem man den PowerPoint-Architekten in sich spielen lässt und eine entsprechende kurze Präsentation hält. Das Management reagiert wirklich auf belegte negative Prognosen und Trends, weil es sehr gut rechnen kann. Wenn in der Prognose auch noch steht, was ein negativer Trend bei Nichtumsetzung von Maßnahmen zu Codequalitätsverbesserung finanziell bedeutet, hört man den Satz, auf den man zu Beginn einer solchen Präsentation hofft: „Okay, verstanden, was benötigen Sie dafür?" Und auf diesen Spruch muss sich der Architekt bereits im Vorfeld gut vorbereiten, denn das ist der Zeitpunkt, wo er Terminverschiebungen, Kapazitätenfreigaben und ggf. auch finanzielle Mittel erwirken kann. Verpasst man den Moment, fängt man wieder von vorne an. Beim Thema zusätzliche Ressourcen greift man häufig schnell auf die Dienstleister zurück, und sie sind unser nächster und letzter Stakeholder.

Die Erkenntnis, die leider meistens zutrifft, ist: Dienstleister muss nicht auf Qualität und Zukunftssicherheit achten, wenn er nicht explizit dazu verpflichtet wird. Bitte an dieser Stelle kein Aufschrei: Gute Dienstleister leisten bei adäquaten Arbeitsbedingungen auch gute Dienste. Ein häufig gemachter Fehler z. B in den Werkverträgen ist es, dass die Funktionsfähigkeit der Software verlangt wird, die Qualität jedoch zu kurz kommt. Es reicht nicht, im Vertrag zu erwähnen, dass die Software qualitativ gut sein soll. Es sollte vielmehr explizit fixiert werden, dass der Auftraggeber oder gar der Dienstleister selbst regelmäßige Reviews durchführt, und dass die erarbeiteten Maßnahmen nachweislich im Werkrahmen abgearbeitet werden. Anders kann es bei hohem Zeitdruck auch mal vorkommen, dass hier vielmehr die vertraglich fixierte Masse und Funktionalität „auf Biegen und Brechen" umgesetzt wird, um die Werkbedingungen zu erfüllen. Hat man hier nicht an Qualität gedacht, spielt man das russische Roulette – der Dienstleister wird sich im Krisenfall immer auf den Vertrag beziehen. Der Architekt sollte sich aber in die Vertragsverhandlungen zwecks Schaffung technischer Voraussetzungen von sich aus einmischen, direkt oder indirekt, da die fachlichen und finanziellen Ziele die Technik leider immer überwiegen werden.

Kontinuität

Einmalige Code-Reviews bzw. Codequalitätsprüfungen sind in erster Linie bei Erstprüfungen von Systemen durch z. B Berater oder bei gezielter, meilensteinbezogener Qualitätsprüfung der Lieferungen von Dienstleistern relevant. Mit der Erstprüfung kann man sich ein erstes und so wichtiges Bild von dem bislang noch unbekannten System verschaffen. Wenn man die Leistungen von Lieferanten prüft, sollte man den Prüfungsbericht einfrieren und dem Code-Review-Dokument samt Maßnahmen in elektronischer Form beilegen. Am besten auch gleich das Tool-Set und/oder Konfigurationen mitliefern – Tools lügen nicht, da sie von jedem analog verwendet werden können.

Einmalige Maßnahmenableitung nutzt jedoch im Alltag recht wenig. Zum einen veraltet sie mit jedem einzelnen SVN/CVS-Commit und zum anderen kann man keine Trends beobachten, die vor allem in der Legitimation der Maßnahmen gegenüber dem Management so wichtig sind. Es muss sehen, dass nach einem beauftragten Maßnahmenblock die Problemzahlen geringer werden, sonst hat der Architekt seinen Job nicht richtig gemacht. Aber auch im Team sollte ein anhaltender positiver Trend als Erfolg gewertet und bei größeren Aktionen gar gefeiert werden.

Nachdem sich alle erwähnten Tools entweder in Ant oder Maven oder in beide integrieren lassen, bietet sich daher auch die Aufnahme in die Continuous Integration als sinnvolles Mittel an, um die Codequalitätsmessung zu automatisieren und Trends zu beobachten. Die Maßnahmen muss der Architekt nach wie vor selbst ableiten, er hat aber regelmäßig Messwerte, die er dazu nutzen kann. Man kann sich auch überlegen, die Resultate in HTML-Form zu generieren und nach jedem Build-Lauf zu veröffentlichen. Ich würde an dieser Stelle vor der Erwartung warnen, es würde sich jemand sofort die Ergebnisse ansehen und mit der Problemstellenbehebung loslegen, denn das ist Utopie. Aber veröffentlichte Messergebnisse sind wie die Wandzeitung: Man liest sie, ohne gezwungenermaßen zu konkreten Aktionen animiert zu werden, nutzt sie aber als Informationsquelle. Bei einem stark verteilten Team kann so eine Veröffentlichung auch schon mal Kommunikationsaufwand reduzieren. Erfahrungsgemäß tut sich z. B eine Eclipse-Integration der jeweiligen Tools am leichtesten, den Weg in die Herzen der Entwickler zu finden. Aber, wie gesagt, man darf hier die Flut an Problemmeldungen nicht gleich komplett einblenden, man sollte eher die Anzahl der Rotmeldungen auf ein Minimum beschränken, denn im Gegensatz zu einem zentral kontrollierten CI-Prozess ist das lästige QS-Plug-in im Eclipse schneller abgeschaltet als der Architekt den Raum betreten kann.

Der Architekt steht in der Pflicht, eine kontinuierliche Umsetzung der von ihm erarbeiteten Verbesserungsmaßnahmen durchzusetzen. Dabei kämpft er ressourcentechnisch gegen Großkaliber wie den Fachbereich und das Management. Entwickler sind dabei auch recht unzuverlässig in ihren Prioritäten: Die fachliche Funktionalität steht ja im Vordergrund, daran wird gemessen, ob es einer „geschafft" hat oder nicht, und dann die Boni etc. Die Denke stimmt so natürlich nicht wirklich, aber in kritischen Situationen wird nicht selten so einfach gedacht. Darum ist viel Fingerspitzengefühl erforderlich, und auch große Kompromissbereitschaft, Zureden, hartnäckiges Am-Ball-Bleiben, Verkaufen, Überzeugen, Einplanen-Lassen usw. Der Architekt versagt, wenn er seinerseits nicht in der Lage ist, die wirklich notwendigen Maßnahmen mit allen erlaubten und zielführenden Mitteln durchzuboxen. Und das ist um Himmels Willen nicht „Einer gegen Alle", sondern „Alle miteinander".

Und noch ein ganz wichtiger Punkt ist die Kontinuität des Review-Prozesses. Die Überprüfung auf Schwachstellen welcher Art auch immer sollte möglichst automatisch und regelmäßig ablaufen. In der modernen Softwareentwicklung kann man im Rahmen des Continuous-Integration-Prozesses bereits Metriken sammeln und bei Unregelmäßigkeiten alarmieren. Bei Hardware und Netzwerken ist es etwas anders: Hier sollte aber zumindest terminlich eine regelmäßige Überprüfung fixiert werden. Dann setzt sich mal eben einer mit passenden Tools hin und prüft: offene Ports, Angriffsstellen etc. Das kann auch ein regelmäßig bestellter Auditor sehr gut tun – keine Angst davor, wenn selbst bestellt, hilft es meistens mehr als es schadet.

8.5 Wie bei Autos: regelmäßige Inspektion statt Gesamtreparatur

Es macht gar keinen Sinn, darauf zu warten, bis das System sich abnutzt – das macht man nahezu nirgends in der Technik. Systeme werden gewartet, und zwar nicht nur aus der Sicht deren funktionaler Erweiterung, sondern vor allem, damit sie länger leben. Schauen Sie sich bloß die Brücken an – jeden Tag krabbeln da Leute darunter herum, um Schrauben zu prüfen, zu ölen, strammzuziehen und zu kontrollieren sowie Rost zu entfernen. Und nicht anders sollte es auch bei den IT-Systemen die Regel sein.

Dazu ist im Softwarebereich natürlich felsenfest der Begriff „Refactoring" verankert. Das Refactoring ist nicht mehr wegzudenken und ein sehr wichtiges Instrument, um den Verschleiß einer Software in deren laufender Weiterentwicklung und dem Betrieb zu minimieren und ihre generelle Qualität zu verbessern. Und es ist kein Verdienst bzw. kein Monopol der moderneren Programmiersprachen bzw. der Softwareentwicklung generell. Das Refactoring funktioniert auch mit veralteten Sprachen und mit den IT-Systemen insgesamt. Oder wie würden Sie permanente Optimierung der Skripte bzw. das Einspielen aktueller Patches auf Systemen bezeichnen? Betrieb? Wartung? Das Gleiche irgendwie.

Das Geheimnis des Refactorings liegt in der Kontinuität. Es reicht bei Weitem nicht aus, die Qualität einmal zu verbessern und dann nie wieder. Es ist ein On-going-Prozess. Mit jedem neuen Release bzw. Change werden Kompromisse gemacht, die danach per Refactoring wieder geglättet werden müssen, damit aus einem sauberen System keine Chaosveranstaltung wird. Es muss nicht immer ein Extra-Release sein, es reicht einfach, nach jedem Release etwas Zeit dafür einzuplanen. Und Refactoring motiviert die Truppe übrigens ziemlich stark. ITler mögen es, Dinge zu optimieren, insbesondere wenn es Dinge anderer sind – da kann man immer so schön schmunzeln und jammern.

Aber kein Refactoring ohne Regressionstestabsicherung! Wie will man denn sonst prüfen, dass das, was man optimiert hat, funktional dasselbe tut wie die vorherige „unsaubere" Lösung? Zu Fuß testen? Quatsch! Testen ist menschlich, und Menschen machen Fehler. Die dummen Maschinen denken dagegen nur in den vorgegebenen Nullen und Einsen – da gibt es kaum Spielraum für Fahrlässigkeit. Es muss immer recht automatisiert gewährleistet werden, dass es nach dem Refactoring zumindest funktional wie vor dem Refactoring aussieht.

Zurück zum Thema der modernen Sprachen. Tools, die über die Jahre nun in Java entwickelt wurden, können auch für andere, „benachteiligte" Programmiersprachen herhalten. Java ist eine Plattform, da laufen halt Tools darauf. CI-Tools kann man mit allem anderen auch verwenden – wir hatten sogar mal Java-Wrapper um Cobol herum entwickelt, um den Legacy-Code per CI mit Unit-Tests zu beschießen. Es ist also keineswegs so, dass man sich bei älteren Programmiersystemen und -plattformen zurücklehnen sollte – man sollte Refactoring stattdessen als ein wichtiges, moderneres Instrument ansehen, das in allen Bereichen helfen kann.

So auch bei den IT-Systemen. Ein Skript, das einige SQL-Statements auf die Datenbank losschickt und die Antwortzeiten misst, wenn man von einem DB-Server auf einen anderen umsteigt und dessen Durchsatz prüfen möchte, ist ein Instrument, mit dessen Hilfe Optimierungen angestoßen werden können – Refactoring. DB-Refactoring ist ohnehin ein interessantes Thema.

Kennen wir nicht alle die Situation der äußerst kurzen, oftmals durch extrem übereilte Vertragsunterzeichnung oder schlichtweg durch eine auf Kulanz versprochene Lösung künstlich erzeugte Time-to-Market, die einen enormen Druck auf die Entwicklung ausübt, sich somit wie ein roter Faden eben durch die gesamte Entwicklung der Lösung zieht und blutige Spuren der dreckigen Kompromisse hinterlässt? Wir sind uns alle der Risiken solcher Lösungen bewusst und haben über die Jahre gelernt, solchen Problemen durch Refactoring zu begegnen und den Code eben hinterher sauber zu ziehen.

Aber wer hat vom DB-Refactoring gesprochen? Und was soll das denn überhaupt sein? Was die Datenbank betrifft, so gilt hier die ultimative goldene Regel: Nichts lebt länger als ein Provisorium. Warum? Na, wenn sich da schon mal Unmengen von Daten angesammelt und sich die besagten teuflischen Kompromisse in ihrer Struktur und Semantik festgebissen haben, gestaltet sich ein „DB-Refactoring" als ein hochriskantes Unterfangen –als eine vollwertige Datenmigration. Es sind eben Live-Daten, hier ist eine hundertprozentige Datenregressionssicherheit unumgänglich, sonst könnte es Klagen und sonstige Übel hageln.

Also muss man immer darauf achten, dass die Daten strukturell akzeptabel modelliert sind (man muss ja nicht gleich in Schönheit sterben) und Patterns wie Steady State als Pflicht für die Entwicklung gelten, egal, wie kurz die Time-to-Market sein mag. Es bleibt auch noch aus technischer Perspektive anzumerken, dass ein DB-Refactoring in der Regel von einem guten DBA durchgeführt werden sollte, da es sich um massive Datenrestrukturierungen handeln kann und die hochkritischen Datenbanken zum Teil ein sehr kurzes Wartungsfenster haben können (z. B von 2 Tagen bis 2 Minuten – alles ist möglich). DB-Refactoring ist teuer. Aber Datenqualität ist für Kunden um ein Vielfaches wichtiger als irgendein wissenschaftliches Merkmal der Software wie z. B ihre Pflegbarkeit – von Daten lebt man. Also rentiert sich hier immer ein gewisser Aufwand.

Abbildung 8.3: Die Hebebühne – eines der wichtigsten Instrumente des modernen Architekten

(Anti-)Pattern: Wozu refactoren?

Ein äußerst häufig anzutreffendes Anti-Pattern. Das Management sieht dabei, trotz mehrfacher Schilderung der Notwendigkeit mithilfe wissenschaftlicher und praxisbezogener Argumente, weiterhin keinen Grund, ein anscheinend äußerlich funktionierendes und dem aktuellen Geschäft entsprechendes System anzufassen und Teile davon, die an ihre technischen Grenzen gestoßen sind, zu refactoren.

Die Zeit wird dafür nicht vorgesehen, Planungsvorschläge abgelehnt. Sobald es zu den ersten Anzeichen von Problemen, oder meistens zu wirklich massiven Problemen kommt, wird der Auftrag erteilt, an den punktuellen Symptomen zu schrauben, statt in die Ursachenforschung zu gehen, nur um die aktuellen Schwierigkeiten ohne Nachhaltigkeit aus dem Weg zu räumen. Man kann dabei auch vom projizierten Schmerz sprechen.

Der Architekt kann dem z. B entgegenwirken, indem er seine Argumentation in Horrorszenarien transportiert und diese begründet und in Form von konkret errechneten Prognosen aufzeigt. Das kommt zwar in der Regel sehr negativ an, ist aber oft der einzige Weg, um offiziell technische Verbesserungsmaßnahmen durchzusetzen. Eine andere Möglichkeit, die aber meist nur kurze Lebensdauer hat, wäre das Verschleiern der Verbesserungen in dem normalen Entwicklungszyklus ohne deren explizite Erwähnung. Das reduziert jedoch den Durchsatz bei der Entwicklung und führt schnell dazu, dass die Kundschaft mehr Transparenz über die Entwicklungszeiten verlangt und diese letztendlich dann auch bekommt. Stellt sich da heraus, dass die Technik „eigenen Stiefel" macht, wird man gerügt, und die Puffer werden gestrichen.

Ein anderes Management-Extrem kann bei diesem Anti-Pattern sein, dass das Refactoring zugunsten eines Redesigns abgelehnt wird. Dabei wird außer Acht gelassen, dass die Redesigns meist rein fachlichen und keinen spürbaren technischen Hintergrund haben. Die Featuritis gewinnt, und auch der neue, redesignte Code beginnt mit der ersten Zeile zu riechen. Ein Teufelskreis entsteht.

Der Autor war einmal am Komplett-Redesign eines großen Systems beteiligt, in dem diverse Mannjahrzehnte Entwicklung steckten. Das System war in einem derart maroden Zustand, dass ganze Entwicklergenerationen um den bestehenden Code herum nicht nur Zwiebelringe gebaut, sondern es zum Ebenbild des Saturns gebracht haben. Warum taten sie das? Ganz einfach: Das Management hatte an akuter Featuritis gelitten und sämtliche Wartungsaufwände gestrichen. Das Redesign (klar nach dem Green-Field-Approach) hatte in etwa das Vierfache von dem gekostet, was die ganze Weiterentwicklung im Laufe der Jahre gekostet hat.

8.6 Erstschlagstruppe vs. Nachzügler – Kontinuität im Team

Es ist ein ganz normaler Prozess: Ein System wird von den einen entwickelt und von den anderen gewartet. Überlegen Sie es sich: Eine junge Startup-Firma wird gegründet. Kapital wird in Form von Krediten aufgenommen, und eine Idee steht im Mittelpunkt der gesamten Existenz. Man möchte eine Plattform aufbauen, eine Onlineplattform für den Verkauf von, sagen wir mal, Rhabarber. Und das Ganze muss innerhalb von höchstens 1-2 Monaten stehen und bereits Umsatz generieren. Die Gründer setzen sich mit ein paar freiwilligen oder zugekauften Enthusiasten hin und basteln am Konzept. Und irgendwann holt man sich einen eigenen ITler, der das Ganze nun umsetzen soll.

Da am Anfang das Geld ziemlich locker sitzt und auch die Zeit extrem drängt, kauft man sich für sehr hohe Tagessätze sehr teure Leute ein. Idealerweise solche, die schon mal an solchen Einsätzen teilgenommen haben, idealerweise sogar zusammen. Das lässt sich manchmal wirklich gut arrangieren, wenn man den richtigen ITler mit guten Kontakten mit der Team-Suche beauftragt. Dieser holt dann sogar vielleicht ein eingespieltes Team von Freelancern, die Projekte am laufenden Band klopfen und niemals schlafen. Oder man wendet sich an einen guten Near-Shore-Anbieter seines Vertrauens und bekommt eine Schlaflostruppe zur Verfügung, die rund um die Uhr zu arbeiten scheint.

Aus dem wahren Leben...

In satten Zeiten hat sich einer der Geschäftsbereiche unseres Unternehmens einem Wandel unterzogen. Vorstände haben einmal durchgewechselt, und die neuen Herren (aus bisherigen eigenen Reihen) hatten bahnbrechende Ideen. Es klang wirklich interessant, und sie schalteten mich ein, damit ich die IT-Seite vorbereiten kann, sprich jemanden finde, der das Ganze in äußerst kurzer Zeit umsetzt. Denn die Idee war so heiß, dass die Konkurrenz das Gleiche auch hätte sehr schnell machen können, und davon hing die Existenz und das Gedeihen eines ganzen Geschäftsbereichs unserer Firma ab.

Also hatte ich folgenden Plan: einen internen Projektleiter und einen internen Architekten installieren und das Projekt von den beiden treiben lassen. Zum eigentlichen Abarbeiten dann eine Kombination aus einigen guten Freelancern vor Ort, die sozusagen die Kerntruppe bilden würden, und eine Truppe günstigerer Entwickler am Near-Shore mit einem guten „Anpeitscher", die die Masse abarbeiten würden. Alles in allem ging es dabei um diverse tausende von Mannstunden. Ein guter Plan – wenn er so funktioniert.

Vorweggenommen: Er funktionierte, jedoch nicht vollständig, was aber das Endresultat nicht beeinflusste – die Software war in-time und in-budget fertig gestellt worden. Es ist nur so: Während der Entwicklung gab es ständige Reibereien zwischen den drei Gruppen: PL/Architekt, Freelancer und die Near-Shore-Entwickler. Alle kannten sich kaum zwischen den Lagern, dafür unter sich umso besser. Jeder dachte, der andere macht seinen interessanteren Teil und jammert nur ständig herum, was auch stimmte. Die Freelancer und die Near-Shore-Anbieter fuhren ganz klare Linie gegeneinander, um sich gegenseitig loszuwerden.

Was mir viel wichtiger war, ist das Resultat. Denn ich wusste von Anfang an etwas, was sie alle nicht wussten: Sobald der Launch durch ist, fliegen alle im hohen Bogen heraus. Das klingt hart, aber so ist das Business. Wer bleibt, das sind die beiden internen mit Fachexpertise und Architekturkontrolle und ein paar weitere interne Leute, die die Wartung übernehmen würden. Nicht mehr als das. Also ließ man alle Fronten mit so viel Energie wie nur möglich arbeiten, und wusste sie aber als sehr endlich.

Unterwegs hatte sich der Weg herauskristallisiert, die Near-Shore-Jungs häufiger einfliegen zu lassen. Sie waren sehr gut, ruhig, fleißig und extrem produktive. Die Freelancer dagegen redeten und diskutierten nur über Architekturen und performten nicht wirklich gut. Also baute man zwei von dreien ziemlich bald ab. Und ließ die „Ameisen" arbeiten. Tage und Nächte waren sie im Büro, wahrhaft Tage und Nächte. Sie dübelten wie die Verrückten. Und der Fortschritt war großartig.

Die Software wurde fertig – durch den Festpreisvertrag mit der Near-Shore-Firma absolut in-budget und vor allem in-time, was für den Launch von sehr hoher, wenn nicht gar zentraler Bedeutung war. Und dann verließen alle externen von der Erstschlagstruppe die Bühne und traten kaum mehr in Erscheinung (nur bei Fixes und generellen Anpassungen in den ersten Monaten nach dem Launch). Und die Moral? Nun ja, das ist die Moral – man übernahm die anschließende Wartung dann insgesamt mit 2,5 Mann. Intern. Günstig. Zuverlässig. Aber eben keine Hellköpfe, was auch nicht notwendig war.

In jedem Fall ist das Team, das die Super-Duper-Idee verwirklichen soll, hochqualifiziert und äußerst temporär. Es handelt sich dabei um Tagessätze in einer Höhe, in der eine anschließende Wartung schlichtweg undenkbar ist, denn nach der initialen Investition muss die Ertragsphase in die Nähe rücken, und es wird zunächst einmal kräftig gespart.

Helle Köpfe rentieren sich in der Wartung nicht. Absolut und gar nicht. Sie sind dann aber auch an sich gelangweilt und wollen weiterziehen. Es gibt diesen extrem großen Unterschied zwischen denjenigen, die einem Vorhaben das Initialleben einhauchen, und denjenigen, die danach aus der zweiten Reihe übernehmen. Wie im Krieg: Die einen stürmen, die anderen räumen hinterher das Feld ab.

Was aus Architektursicht übrigens immer extrem wichtig ist: Der Architekt muss bei der Auswahl von Technologien und der Genialität der umgesetzten Konzepte immer bedenken, wer danach die Pflege übernehmen wird, wie hoch das vorausgesetzte Qualifikationsniveau des künftig wartenden Personals sein muss. Denn geniale Konzepte und ganz viel Abstraktion, Beschichtung, AOP, Patterns usw. sind womöglich keine gute Basis für die Arbeit, wenn die Stunde des gemeinen umgeschulten Anwendungsentwicklers schlägt. Die Architektur wird garantiert verbaut werden. Egal, wie gut man es überwacht – das erreicht dann wirklich Dimensionen, in denen man jedes Stück Code quasi neu schreibt, statt es zu refactoren, was mindestens zum doppelten Aufwand führt.

Aus dem wahren Leben...

Unsere Plattform war marode und alt. Jahrelang hatte man sie technisch gesehen vernachlässigt, da zum einen die wartenden Entwickler keine technischen Gurus waren, und zum anderen das Management völlige Transparenz in der Aufwandsberechnung verlangte und damit sämtliche technische Verbesserungen beschnitt. Als wir einmal die Gelegenheit bekamen, endlich mal technisch loszulegen, da die Plattform in der anvisierten neuen Infrastruktur nicht ohne größere Modifikationen laufen konnte, flippten wir völlig aus – das lange Warten hatte endlich ein Ende!

Wir holten uns ein paar richtig gute Experten und legten in einer Mischtruppe kräftig los, um die Plattform technisch komplett umzukrempeln. Wir schmissen überalterte Frameworks weg und führten neue ein. Wir bauten auf die modernsten Tools und Mechanismen auf: AOP, DDL, DI etc. Wir laborierten mehrere Monate herum, bis wir es endlich soweit hatten, dass das Ganze in Wartung ging. Aber nun ja… diejenigen, die zu warten hatten, waren damit völlig überfordert – sie kamen schon mit den vorherigen Konzepten kaum zurecht und verbauten sie ständig. Und nun kamen wir mit dem supermodernen Kram, für den ihnen einfach das Wissen und das Können fehlten.

Und noch schlimmer: Wir waren ja nicht doof und meldeten für die Technologien bei dem Management frühzeitig Schulungsbedarf für die Leute an. Bloß das Management hat entschieden: keine Schulung. Ok, es wäre immer noch möglich, die Experten, die mitentwickelten, schulen zu lassen. Aber das Management hat gesprochen: hinfort mit ihnen. Und das war es… Mit aller möglichen Kraft hatten wir Verbliebenen versucht, das Ganze soweit zu enablen, dass die Leute wenigstens Code schreiben konnten. Es gelang, aber mit welchem Aufwand und welchen Opfern!

Und die Moral wieder? Immer Rückendeckung des Managements sichern und nicht ausflippen, wenn man was Technisches machen darf. Immer daran denken, was danach kommt und wer es danach übernehmen wird. Das ist Pragmatismus, und daraus ergibt sich: Mach nur so viel, wie unbedingt notwendig ist.

Es ist nicht rentabel und schlichtweg dumm, obgleich das auch generell ein modernes Entwicklerproblem ist: Jeder, der ein Stück fremden Codes sieht, denkt oder sagt, dieser wäre Schrott und ist bestrebt, das alles selbst zu machen. Wenn man dafür wahnsinnig genug ist, soll man das tun – Wochenenden durcharbeiten, Nächte, und dabei trotzdem Misserfolg riskieren.

Aus dem wahren Leben...

Wir hatten einen Kollegen, der geradezu darauf versessen war, alles komplett umzubauen, was die anderen gebaut haben. Und das wirklich Eigenartige dabei war, dass er es nicht einfach so machte, sondern aus der Überzeugung heraus, dass er mit seinen Umbauten den anderen hilft. Die Kollegen fanden es recht schräg, schätzten ihn aber allzu sehr, um dagegenhalten. Ok, manchmal sagten sie auch mal etwas dazu, aber eben nicht laut genug. Sein Vorgesetzter wusste davon ebenfalls und hasste es wie die Pest. Aber der Mann schlief fast nie, arbeitete Tage und Nächste und Wochenenden durch und performte einigermaßen gut. Durch die Extremknigge im Unternehmen war auch diesbezügliche Kritik nicht wirklich angebracht, und durch seine Umbauten wusste ständig fast ausschließlich nur er alleine, wie das Basisframework funktionierte.

Eines Tages ging es darum, eine neue Basistechnologie einzuführen. In dieser war er recht unbeholfen, hatte seine Einstellung allerdings nicht geändert. Er hatte sich wahrscheinlich aus schierer Angst vor Bezugsverlust überall eingemischt, Entwicklungen ausgebremst, Umbauten gestartet, die dann kläglich scheiterten etc. Kein Spaß – nicht für ihn und nicht für die anderen.

Eine Weile lang ließ man es so laufen, danach sprach sein Vorgesetzter aber ein ernstes Wörtchen mit ihm. Doch der gute Mann bekam es in den falschen Hals und war ab da nur noch demotiviert und kontraproduktiv, bis er schließlich entgeistert das Weite suchte.

Es liegt in der Natur einiger Menschen, mit dem Umbaudrang zu übertreiben. Er war halt einer aus der Urzeit, einer aus der Sturmtruppe. In der Wartung tat er sich extrem schwer und machte alles falsch.

Mithilfe einfacher und übersichtlicher Konzepte sowie weniger bewährter Frameworks erreicht man mehr als mit ausgefallenen Kopfständen und akrobatischen Salten, die niemand nachahmen kann. Lieber Fachentwicklung ermöglichen, statt mit eigenen Technologieexperten zu rechnen. In der Wartungsphase ist es ausreichend, gute Leute zu unterhalten und keine hellen Köpfe. Und die guten Leute müssen sich vielmehr mit der Fachlichkeit beschäftigen und nicht mit der technischen Brillanz.

8.7 Mit Astrolabium oder Sextant – Kurskorrekturen im Lebenszyklus

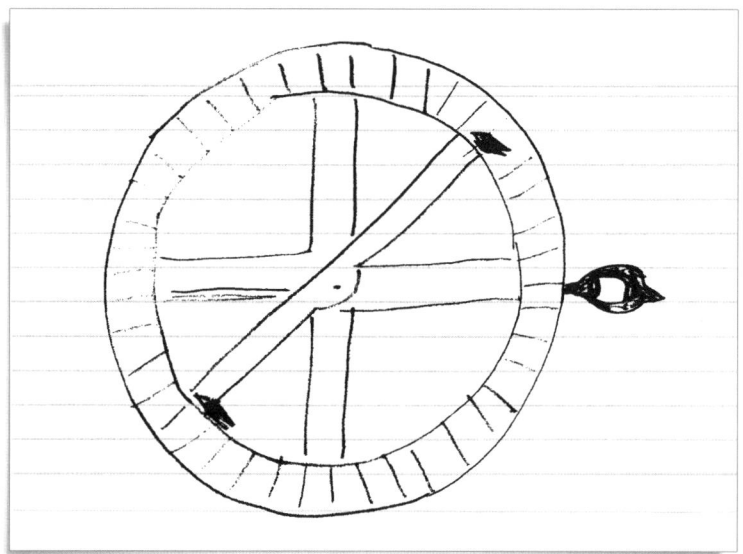

Abbildung 8.4: Ein passendes Architektenwerkzeug (soll ein Astrolabium sein)

Es muss als Allererstes klar sein: Keine Architektur ist in Stein gemeißelt. Geschäftsentwicklung, Anpassungen am Geschäftsmodell, Marktfluktuationen, neue Businesskanäle, Firmenzukäufe etc. – das alles zerrt ungemein stark an jeder Architektur. Sie ist ständig externen und internen Einflüssen ausgesetzt, und kein Architekt der Welt kann sie so bauen, dass sie absolut resistent gegenüber Veränderungen ist. Das Open/Close-

Prinzip ist zwar die ultimative Prämisse, wir haben das aber in Kapitel 2 bereits erörtert – es kommt so nie. Es gibt immer Grenzen in der Flexibilität und Erweiterbarkeit, und die Frage ist nur, wie hart oder weich diese sind.

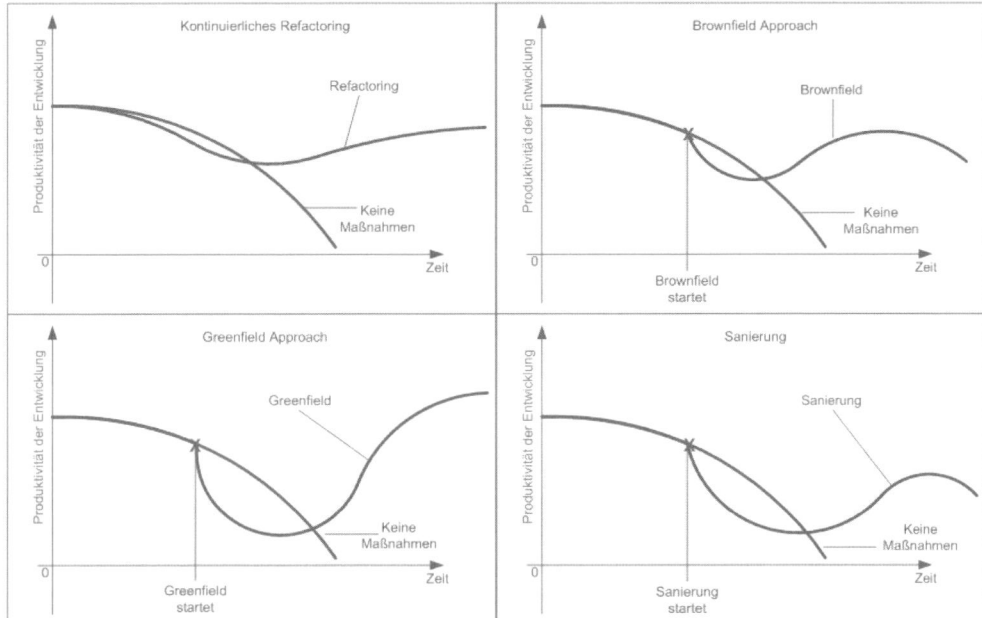

Abbildung 8.5: Mögliche Kurskorrekturen und die damit verbundene Produktivität der Entwicklung im Lebenszyklus eines IT-Systems (Beispiel Software)

Aber irgendwann kommt ein System bzw. dessen Architektur an die Grenzen dessen/deren Existenz. Die Aufgabe des Architekten ist es, im laufenden Lebenszyklus des Systems notwendige Korrekturen vorzunehmen. Es existieren vier grundsätzliche Ansätze, um z. B die Lebenserwartung eines Softwaresystems, die zunächst kurz ist, zu verlängern. Diese werden in Tabelle 8.2 vorgestellt und anschließend näher erläutert.

Weg der Kurskorrektur	Kurzbeschreibung
Kontinuierliches Refactoring	Das System wird ununterbrochen verbessert
Brownfield Approach	Das System wird im laufenden Lebenszyklus punktuell umgebaut
Greenfield Approach	Das System wird von Neuem gebaut
Sanierung	Das System wird im laufenden Lebenszyklus rundumsaniert

Tabelle 8.2: Korrekturmöglichkeiten im Lebenszyklus

Kontinuierliches Refactoring

Das ist der wohl „sauberste" Weg, ein System im laufenden Lebenszyklus regelmäßig und im Kleineren so zu verändern, dass sich die Phasen nach der Einführung deutlich stärker dehnen und das System dadurch viel länger überlebt, als es bei einem reinem fachlichen

Ausbau der Fall wäre. Es gibt keinen konkreten Zeitpunkt auf der Lebenszykluskurve, an dem dieser Ansatz beginnen sollte – das Wort kontinuierlich suggeriert bereits einen Lebenszyklusbegleiter. Dieser Ansatz beginnt von Anfang an und darf auch kein Ende haben. Das Hauptproblem dabei ist nur, dass sich dadurch die Aufwände für die Umsetzung neuer Funktion z. B in der Ausbauphase um einiges erhöhen, denn Refactoring kostet Zeit. In Unternehmen, in denen z. B der interne Kunde von der Entwicklung völlige Transparenz der Kosten und Ressourcen verlangt, funktioniert dieser Ansatz schlichtweg nicht: Refactoring steht in keinem Marketing- oder Vertriebslexikon und verhindert nur die Ad-hoc-Featuritis. Wir wissen wohl alle, was dann zugunsten neuer Funktionen geopfert wird. Auf der anderen Seite: Wenn der Entwicklungsprozess von Anfang an so gestaltet und dem Kunden auch transparent gemacht wurde, dass bei jedem Release ein Anteil der Kapazitäten für die „unsichtbaren" Verbesserungen einkalkuliert wird, könnte es für den Kunden in den späteren Lebenszyklusphase sehr schwierig werden, diesen Prozess umzukippen und dadurch zu mehr Ressourcen zu gelangen. Die Beurteilung des Erfolgs dieses Ansatzes kann nur anhand der Kürze des Stabilisierung und der Dauer der stabilen Ausbauphase erfolgen, also nichts, was der Sponsor sofort sieht.

Brownfield Approach

Das ist der Mittelweg zwischen dem kontinuierlichen Refactoring und einem kompletten Neuaufbau. Dabei wird nicht das gesamte System neu aufgesetzt, sondern die mit der Zeit an die fachlichen und/oder technischen Grenzen geratenen Primärfunktionen bzw. Komponenten umgestellt und mit dem Rest des Systems „verwoben". Der denkbar beste Zeitpunkt im Lebenszyklus, an dem diese Kurskorrektur vorgenommen werden kann, ist in etwa mitten in der Ausbauphase, wenn der Systemnutzen langsam abzusteigen beginnt. Bei einer permanenten Messung der Entwicklungsperformance würde der Scheitelpunkt der Effektivität auffallen, und die Zeit ist reif für diesen Ansatz. Der Erfolg dieses Ansatzes hängt jedoch auch hier wieder ganz klar davon ab, wie gut die eigentliche Codebasis ist und wie unfallfrei Komponenten bzw. ganze Module extrahiert und umgebaut werden können. Ist der fachliche Code über mehrere Bereiche verteilt und existieren keine Basisabstraktionen, ist es schwer, diesen Ansatz zu befolgen, denn er erfordert recht hohe Kohäsion der Komponenten. Dieser Ansatz hat sich im Übrigen bei diversen Vorhaben als der goldene Weg herausgestellt, um die fachlichen Systemgrenzen auszuweiten, ohne dabei den funktionalen Ausbau entscheidend zu stören. Die Sponsoren mögen dieses Vorgehen, da sie auch dessen Resultate im laufenden Lebenszyklus sehen können. Jedoch Vorsicht: Es gehört eine Menge Koordination dazu, um eine normale Entwicklung mit dem parallel laufenden bzw. begleitenden partiellen Umbau zum Erfolg zu bringen. Ohne durchdachte Prozesse und Branch-Strategie klappt es wohl kaum. Bei Brownfield ist in der Regel die gleiche Truppe am Werk wie beim kontinuierlichen Refactoring – eben bestehende Teammitglieder mit tief gehendem Systemwissen.

Greenfield Approach

In vielen Köpfen ist immer noch die Meinung verankert, dass dieser Ansatz, der einen kompletten Neuaufbau auf grüner Wiese beschreibt, dann zum Tragen kommt, wenn alle Stricke reißen und ein System nicht mehr zu retten ist. Das ist jedoch in den meisten Fällen falsch. Ein Neuaufbau, also der Start eines neuen Lebenszyklus, muss bereits sehr früh, z. B noch in der Stabilisierungsphase beginnen. Zu diesem Zeitpunkt ist das Gleichgewicht zwischen funktionalem Umfang und der Systemqualität noch vorhanden, und das System ist nicht unnötig überladen oder müde. In der Stabilisierungsphase gewinnt man Erkenntnisse über das System, die wahren Anforderungen der Nutzer bei der Arbeit damit oder seitens des Betriebs. In Wahrheit jedoch können und sollten sich diesen Ansatz nur (Standard-)Produkthersteller erlauben – für hauseigene Systeme kommt Greenfield nahezu an keiner einzigen Stelle im Lebenszyklus in Frage – die Investitionen sind zu hoch, das Revenue muss vom Altsystem über immer mehr neue Funktionen gesichert werden usw. Der Erfolg dieses Ansatzes hängt davon ab, wie kurz die Phasen Entwicklung und Einführung für das neue Produkt ausfallen – man hat ja schließlich aus den Fehlern des ersten Zyklus gelernt. Dieser Ansatz wird niemals funktionieren, wenn man ihn erst in der Phase der Ermüdung startet – da ist es schlichtweg zu spät, und man geht praktisch für eine ganze Weile in den Untergrund, ohne von dem Altsystem noch profitieren zu können. Übrigens, am besten startet man ein Greenfield mit einem frischen und motivierten Team. Entwickler fahren sich nach Jahren der Entwicklung eines und desselben Systems in einem Tunnel fest, und Conway's Law ist für sie absolut bindend, sodass das neue System so ziemlich eins zu eins nach dem alten ausfallen würde. Neue Mitarbeiter haben dagegen den Vorteil des frischen Geistes. Bisherige Entwickler greift man aber als Berater mit auf und gibt ihnen somit die Chance, an der Neuentwicklung zu partizipieren und den Anschluss rechtzeitig zu bekommen.

Sanierung

Ist man bereits tief in der Ermüdungsphase angekommen, hilft nur noch die Sanierung, um die Nutzenkurve zumindest nicht steil abfallen zu lassen. Dieser Ansatz ist daher als der letzte Rettungsversuch bzw. als Hinauszögern des Todeszeitpunkts zu verstehen. Man könnte dann währenddessen auch ein Brownfield versuchen, u. U. führt das zur Umkehrung der Kurve. Das ganze Unternehmen muss aber mitziehen – hier ist kein Platz mehr für den Ressourcenkampf. Dabei werden auch manche Marktgelegenheiten unbeachtet bleiben müssen, sonst ist der Marktauftritt womöglich zu kurz. Bei diesem Ansatz spielt hauptsächlich die Technik eine wichtige Rolle: Über ein geplantes Tech-Up werden technische Systemgrenzen ausgeweitet und die Weichen für den weiteren, etwas geordneteren Ausbau gestellt. Einführung von Prozess- und Rules-Engines da, wo bislang Abläufe und Entscheidungen direkt im Code verankert waren, Umstieg auf Portalphilosophie oder ein Komponentenframework anstelle schlecht wiederverwendbarer Skripte, um die visuelle Seite zu flexibilisieren, oder z. B Umstieg auf leichtgewichtige Frameworks anstelle des Upgrades auf eine neue Standardinkarnation – das sind alles Beispiele dessen, was die Inhalte eines Tech-Ups sein könnten, um ein alterndes System um zusätzliche Evolutionspunkte zu erweitern, die so wichtig sind, um den Lebenszyklus auszudehnen.

Abbildung 8.5 zeigt die Produktivitätskurven der Entwicklung für alle vier beschriebenen Szenarien. Und nun: Welche konkreten Mittel stehen in der modernen Java-Welt zur Verfügung, um leicht oder stark überholte Systeme wieder auf Vordermann zu bringen, ohne dabei in Extreme wie Greenfield Approach zu verfallen? Da wäre zum einen die Domänenmodellierung. Domänenmodelle fehlen vielen Systemen gänzlich. Bei nominaler Objektorientierung kapseln Objekte einfache Prozeduren, die Kohäsion ist gering, dadurch die Kopplung der Klassen untereinander sehr hoch. Vielen Fachanwendungen fehlen Grundabstraktionen wie Currency oder Interest. Sie werden stattdessen vielmehr direkt im verstreuten Code im schlimmsten Fall dupliziert. Ein durchdachtes Domänenmodell kann dagegen nicht nur als ubiquitäre Sprache bzw. zentrale Dokumentation fungieren, sondern als Enabler für die aufkommenden Kundenwünsche, denn Fachdomänen ändern sich sehr langsam, sodass ein beschriebenes und umgesetztes Domänenmodell bereits vorprogrammierte und erwartete Evolutions- und Variationspunkte enthält sowie Capabilities, aus denen lediglich neue Features abgeleitet werden – entsprechend den Marktanforderungen.

Sehr stark hat sich in diversen Vorhaben „rettender" Art z. B im Java-Umfeld der Einsatz von Spring behauptet. Da, wo immer noch ältere EJB-Standards verwendet werden, ist der Weg nach Spring in Wahrheit in etwa gleich lang wie der zu EJB3. Dafür sind aber die resultierenden POJOs restlos ohne Heavy-Weight- oder Embedded-Container testbar, und die Grundeigenschaften des Spring-Containers werden sich in den nächsten Monaten wohl weniger verändern als die des EJB3-Standards, der nach Meinung vieler Experten immer noch stark verbesserungswürdig ist. Beide Lager liefern sich zwar sehr hitzige Diskussionen, bei einem Tech-Up spricht aber zumindest die erste Tech-Up-Regel für Spring: Nimm die Komplexität komplett weg, werde wieder einfach – komplexer kann es später immer noch werden. Abgesehen von reinen IoC-Containern (NanoContainer, PicoContainer etc.) ist Spring immer noch der einfachste integrierende Container unterhalb des EJB3-Standards.

Ein weiteres Mittel zum Zweck ist die Einflechtung der für die Entwickler transparenten Aspekte, um so die orthogonalen Konzepte wie Security, Error Handling etc. aus dem müden Code auszulagern und den fachlichen Code wieder pflegbar zu machen. Das ist überhaupt eines der wichtigsten Tech-Up-Ziele: Ermögliche wieder die Fachentwicklung, befreie den Code von der technischen Last – deine Entwickler werden es dir danken. Zum gleichen Zweck sollte man sich auch überlegen, auf generative Ansätze zu bauen. Dabei werden die technischen Aspekte eben zur Build-Zeit dem System beigebracht, ohne dass sich Entwickler mit deren Kodierung während der Implementierung des fachlichen Codes beschäftigen müssen. Und grundsätzlich gilt bei einem Tech-Up: automatisiere, automatisiere, automatisiere.

8.8 Woher weiß ich, ob es hält?

Das erkennt man vor allem daran, wie gut die Kollegen Ihre Architektur kennen. Wenn sie nur auf dem Papier besteht und niemand sie wirklich wahrnimmt, hat der Architekt seinen Job nicht gut gemacht, sogar wenn er die bestmögliche Architektur gebaut hat. Der Teufel steckt nämlich in der Nachhaltigkeit: Wie gut ist die Verbreitung der Information im Team, wie wachsam sind die Kollegen selbst bezüglich architektonischer Zwänge und deren Einhaltung, wie gründlich kontrolliert der Architekt die Einhaltung eigener Ideen und hilft dem Team, diese zu verstehen und umzusetzen etc.

Am besten ist es, wenn der Architekt gleich nach dem Bau auch weitermacht und bei jeder mittleren und größeren Änderung mit dabei ist, Mechanismen baut und aufstellt, die es erlauben, die Einhaltung architektonischer Vorgaben zu überprüfen und daraus Korrekturmaßnahmen abzuleiten usw. Aber vor allem ist es wichtig, dass der Architekt mit Leib und Seele dabei bleibt, denn wenn er abzieht, waren alle Bemühungen umsonst: Die beste Architektur lebt solange, bis ein Blinder (zugegeben, hartes Wort – besser: ein Uneingeweihter) sie unkontrolliert ruiniert.

A Software Architecture Document (SAD) - ein Beispiel

Nachfolgend wird ein SAD aus einem echten Pilotprojekt aufgeführt. Es sind nicht alle Teile enthalten, die das Originaldokument aufwies, da es lediglich der Veranschaulichung dessen dient, wie man ein solches Dokument aufsetzt und was es alles enthalten sollte. Nicht alle Sichten sind aufgeführt, und es fehlen einige Topics aus dem Original – es ist ein Snapshot aus einem sehr frühen Projektstadium, in dem es noch sehr viel Nebulöses und Unentschiedenes gab. Diese Anlage dürfte aber in jedem Fall ihren Zweck erfüllen. Und hoffentlich kann ein interessierter Leser auch für sich einige Erkenntnisse gewinnen und diese in der Praxis anwenden.

Die Sprache ist im Übrigen Englisch – zumindest eines, in welchem nach bestem Wissen und Gewissen in einem internationalen Projekt kommuniziert wurde, ohne dass auch nur eines der Projektmitglieder ein Native Speaker war. Aber auch hier zählt vor allem der Pragmatismus: Solange die Inhalte unmissverständlich wahrgenommen und umgesetzt werden, hat das Dokument seinen Zweck erfüllt, und sei es auch auf Chinesisch/Mandarin geschrieben. Englisch ist aber besser – es wird von nahezu allen IT'lern gesprochen oder zumindest verstanden, sodass es besser ist, solche zentralen Dokumente in der englischen Sprache zu erstellen – man kann nie wissen, welche Near/Off/On-Shore-Spezialisten je an dem Projekt teilnehmen werden. Lieber gleich auf Englisch, statt danach mühsam übersetzen zu müssen.

Kurz zur Gliederung. Am Anfang eines jeden SAD sollte erklärt werden, in welcher Form dieses vorgefunden wird, wie die Inhalte beschrieben werden etc. Danach kommen Protokolle sämtlicher Entscheidungen mit betrachteten Alternativen und ungeklärten Phänomenen, und anschließend werden die verschiedenen Sichten beleuchtet. Diese Form wird von Craig Larman empfohlen und ist eine der vielen möglichen – die Form spielt beim pragmatischen Vorgehen eine eher untergeordnete Rolle. Das Wichtigste sind die knappen und ausreichenden Inhalte.

A.1 Example SAD for an integration project (Java/Cobol)

Architectural Representation - Introduction

This document details the architecture using the **views** in the so-called "**n+1**" form. According to this, there are 4 main views (logical, process, deployment and data) and one orthogonal view (use case, always the "**+1**"). Further views are optional and are picked here to match the requirements of further important stakeholders.

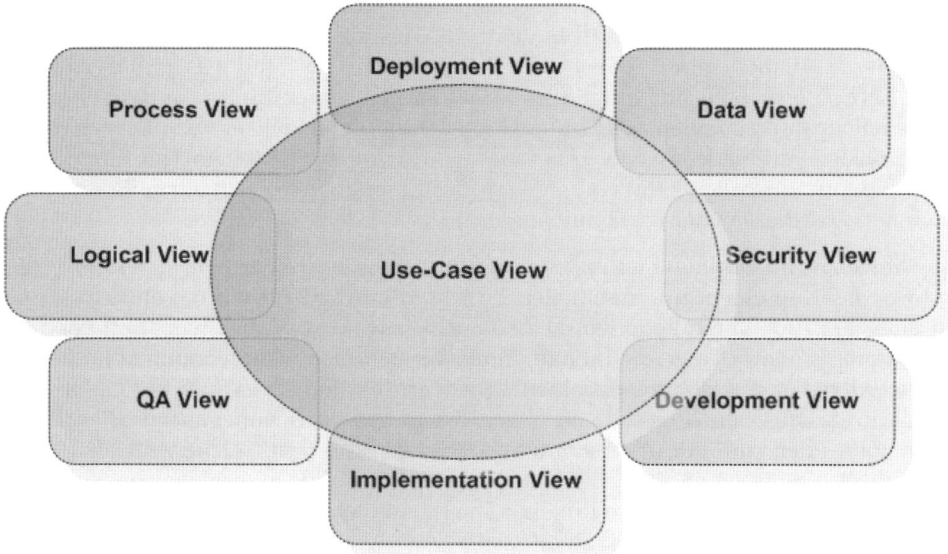

The **views** used are:

View	Description
Logical view	Describes the application's layering, packaging and object/domain model. Comments on the large scale structure and functionality of major components
Deployment view	Describes the physical deployment of the system's major components and the target operation infrastructure
Process view	Describes the interactions between the processes and threads of the system
Data view	Describes main data structures and flows in the system as well as mechanisms for mapping data schemas into the application code and vice versa
Use Case view	Describes the most architecturally significant use cases
Development view (optional)	Describes the development environment as well as different supporting tools and overall naming conventions for artefacts and configurations

View	Description
Implementation view (optional)	Describes deliverables as well as generators to create deliverables
Security view (optional)	Describes points within the architecture where security is applied
QA view (optional)	Describes the tooling used to prove and to assure the quality of the source code continuously

Furthermore, the **architectural factors** described in the Supplementary Specification are resolved through architectural decisions called **technical memos**. This is a very common form of description of how an application has to be built – even examined from the point of view of different architecture's stakeholders.

Architectural Factors

(These factors are described in detail in the Supplementary Specification and are listed here in a short form. They are referenced by and referencing to the concerning technical memos.)

Factor	Memo
Logging and error handling	Locking, Logging and Error Handling/Traceability
Pluggable rules	Rules Engine Integration
Security	n-tier Architecture
Human Factors	Unit of Work
Recoverability	Locking, Deployment Strategy, Timeout
Availability	n-tier Architecture, Deployment Strategy, Timeout
Performance	n-tier Architecture, Locking, Deployment Strategy
Adaptability	n-tier Architecture, Deployment Strategy
Configurability	n-tier Architecture
Implementation constraints	Java
Testability	Interface-driven design, Microcontainer (Spring), n-tier Architecture, Testing and Test-Coverage
Developers' orientation and skills	Java, Interface-driven design, Design Principals, Microcontainer (Spring), OR/M (Hibernate/JPA), n-tier Architecture, Design Patterns
Future-proof implementation	Java, Interface-driven design, Design Principals, Microcontainer (Spring), OR/M (Hibernate/JPA), n-tier Architecture, Design Patterns, Timeout, Unit of Work
Scalability (vertical, horizontal)	DTO Pattern, n-tier Architecture, Locking

Technical Memos

Technical Memos is a form in which we describe our architectural decisions in this document. Each memo has the related factor (in some cases, memos are as global as they cannot reference single factor so they don't), the solution and motivation statement and also points out unsolved issues as well as possible alternatives.

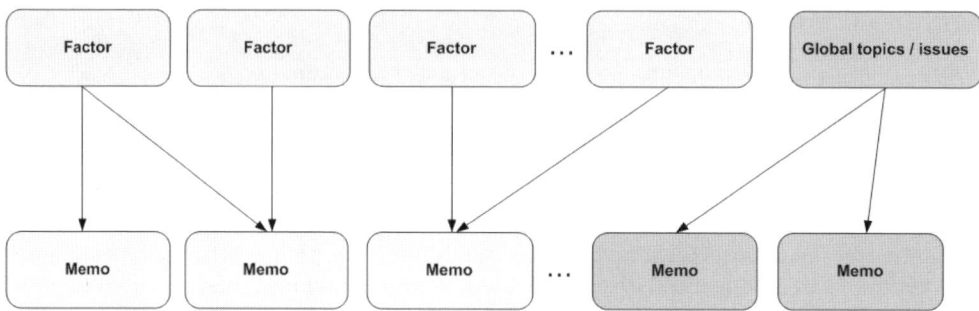

Technical Memo

Topic: Java

Solution Summary: we use the **Java** programming language as well as the **J2EE** (modern name **JEE**) technology set depending on the necessity.

Factors

- Future-proof implementation
- Developers' orientation and skills
- Implementation constraints

Solution

The whole relevant application code has to be written using the Java programming language in version 1.5 and above. J2SE 1.5 or higher is used to develop, compile and operate. The Sun J2EE technology set is used only on demand.

Generally, all classes/interfaces have to be written as so-called POJOs and POJIs. Artefacts around them should be generated instead of being coded and/or version controlled.

Motivation

The platform has to be future-proof, and Java orientation is an industry standard for building such applications.

Unresolved Issues

Media disruptions between our application and the "outside-world" are not considered or solved yet. This has to be handled transparently by e.g. web service platform.

Alternatives Considered

The most considerable alternative is .NET. Microsoft's technology and strategy are not very welcome. Developers have been picked with exact Java skills. .NET is out of further consideration.

Technical Memo

Topic: Interface-driven Design

Solution Summary: we explicitly build on the engineering paradigm called "interface-driven design" in order to stabilize the component interfaces in the early development phase and to be flexible with further and deeper implementation or even implementation shift.

Factors

- Testability
- Developers' orientation and skills
- Future-proof implementation

Solution

We design interface-driven. We specify interfaces of and between components in the very early phase of development – design or prototype. Those interfaces and whatever communication/invocation patterns (contracts) will be agreed by all relevant designers/implementers and documented well. It needs an agreement from all involved sites to change a contract, and this process has to be standardized – it never happens ad hoc.

Furthermore, we hide all foreign modules/libraries – as far they are not central like Microcontainer – behind our own interfaces to avoid direct development against a technology and to advance the implementation toggling.

Motivation

Interface-driven design is one of the central modern paradigms in the object orientation. In Java this concept is allowed by the separation of the interface from its implementation. The next step is usually to combine interfaces of a package to an API in one JAR and their implementation in another. In this case one achieves the API separation for whole cohesive modules and can switch implementations of whole APIs.

Interface-driven design allows the separation of specification and its implementation. Doing so, we can finely specify the component interaction in the very early phase and start implementing parallel, having only to update the interface from time to time if necessary.

The parallel implementation of a caller's code and a component can be also done using the strategy pattern, whose central building block is an interface:

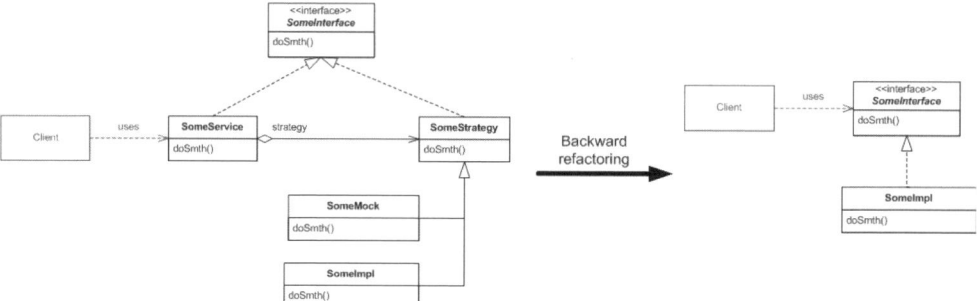

After implementing against a mock implementation for a space for testing purposes, the caller will later start using the real implementation even without having to modify his code.

Unresolved Issues

In individual cases it has to be decided if an own interface really can adequately encapsulate/hide a foreign technology.

Alternatives Considered

No real considerable alternatives are available for this paradigm in the modern object-oriented world. The paradigm called "design by contract" goes one step further, allowing describing semantics of methods beside their signatures described by the interface.

Design by contract can also be evaluated since it's very close to the aspect programming.

Technical Memo

Topic: Design Principals

Solution Summary: modern and world-proved design principals such as high cohesion and loose coupling are what we strongly build on.

Factors

- Developers' orientation and skills
- Future-proof implementation

Solution

Following are some of the most important design principals we build on:

Principal	Short explanation
Loose coupling	Components are loosely coupled e.g. using interfaces/contracts so their implementations can be toggled without having to modify the caller's code.
High cohesion	In a module, components or classes or whatever parts are "inside-oriented" and have a minimum of direct interaction with the world outside the module.
Modularity/Packaging	Components or Classes or whatever parts are organized in well designed, highly cohesive packages.
Encapsulation	A paradigm of the object-oriented programming describing objects encapsulating their own functionality completely within. Separation of Concerns and some of the IoC/Dependency Injections idioms breach the encapsulation sometimes, but for domain objects implementing domain logic, it's still a very central mechanism.
Separation of Concerns	It is very common and very advisable to separate logic from technology or e.g. cross cutting concerns. A business object doesn't really have to know anything about logging or transactions.
Aspect orientation	Whenever possible, an aspect can hide a foreign concern from a business object (using Spring, aspect orientation can be very comfortably used to separate concerns and so to keep the domain code "clean"). We explicitly decide to separate those concerns which are really cross-cutting: security, transaction handling, logging, error handling, data and type transformations between layers etc. We use aspects (via dynamic proxying – no AspectJ!) to implement such CCCs.
Single Source Principal	In order to implement things only once, we can use a sort of generic solutions or even a model-driven design. Though we currently have to implement only one product (platform) not really having a product family, we still can use some of the ideas from the MDA/MDD/MDSD or generic/generative development or annotation-based development etc. to create artifacts from the source code somehow.
Technology Abstraction	Regardless which technology is used (except for the very basic technologies like Java itself), every technology should be abstracted using an abstraction layer common to the application and hiding technology details from the application.

Motivation

Since the modern world strongly builds on such principals there is no reason for us to avoid them. No further motivation is needed for a modern developer to use such concepts.

Unresolved Issues

Generic / generative approach or MDD must be analyzed in depth in individual cases. Furthermore, all those concepts are for orientation only, their usage must be analyzed and decided individually. We start with an MDA-based approach working with an analysis model, transforming it to the design model and the code artifacts. We start using MagicDraw as our tool for this approach and collect experience. If it works as expected, we will decide to fix this approach.

Alternatives Considered

No real considerable alternatives are known for such basic paradigms.

Technical Memo

Topic: Microcontainer (Spring)

Solution Summary: we implement technology-independent POJOs and POJIs and run them in a lightweight, non-invasive microcontainer with **IoC** and **dependency injection** as basic services. We explicitly pick "**Spring**", version 2.5 and higher.

Factors

- Testability
- Developers' orientation and skills
- Future-proof implementation

Solution

We explicitly pick Spring microcontainer since it is a de facto standard for implementing modern JEE applications with a minimum of dogmas and technical dependencies.

We use Spring as it is, building our own extensions and services upon it and also using stable and common foreign Spring extensions. But what we definitely try is to completely avoid our dependency on Spring. Using standardized annotations etc. we prepare a way to switch later for example to a fully-blown EJB-container.

Motivation

Our platform has to be highly scalable – concerning the operating as well as design. From this point of view, the very minimum of real invasive hurdles is acceptable which can be confronted whenever we have to decide to scale up or down.

Furthermore, we want to separate the core technical from the core business development, so different developers can have their own accents, but still knowing about and understanding the whole.

We want to develop software without having to burden ourselves with a heavyweight and inflexible EJB-container though its usage is also an option on a coarse grained level of service orientation/distribution. The domain POJO orientation is what we focus on.

With Spring, one implements domain POJOs and exposes them via Spring's wiring within the application, so Pure technology dependencies like EJB interface references are very opaque. With Spring, a high level of technology transparency all over the JEE techstack is common. Further technologies can also be wrapped by Spring very comfortably (JMX, security etc.).

Even if one decides later to run a Spring service as a distributed component no change of client code is necessary since only the service declaration/configuration has to be changed. So with Spring a very maximum of transparency of component and service wiring can be reached, and performance and availability improvements can be done without breaking the logic of the application.

Spring can be used within a web container as well as within a fully-blown JEE application server (EJBs can only be run in an EJB container which is outside of the scope of the web container). Mixed combinations of POJO-based spring services as well as referenced web services or EJBs are possible all the time.

Spring boosts the testability of the software. Since it is nearly completely non-invasive, POJOs can be implemented against unit tests without having to build on wrapping JEE patterns like business delegate.

Furthermore, Spring supports the aspect-oriented development very well. From the current point of view, it's though not necessary to drive the development completely by aspects, but for cross cutting concerns like security, transaction handling or logging, it is a very transparent way to hide them behind aspects which are configured in Spring instead of polluting the domain code with them.

Unresolved Issues

With Spring, a special application architecture has normally to be implemented. A DAO abstraction (or integration sub-tier) is e.g. used to wrap the O/R M or whatever data access layer into a standard CRUD-based implementation. It's not really an issue, but we have to mix Spring's guidelines with our domain-driven design so we have to take care of not breaking one of or both paradigms.

Further evaluation is needed for the abstraction of Spring itself using the JSR 250 (common annotations).

Alternatives Considered

In the JEE world, EJB container is a clear alternative to such microcontainers. With EJB3, Entity Beans are now indeed container-independent (can be reached through tiers or detached/attached), but Session Beans are still not. So it is a "hack" again to make those components unit-testable without having to run an EJB container. Further alternatives are PicoContainer, NanoContainer and Google Guice, but all of them don't even have the maturity of Spring or in the case of Google shouldn't strategically be taken in account.

Technical Memo

Topic: O/R M (Hibernate/JPA)

Solution Summary: normally, we don't develop directly against a database using e.g. SQL statements. Instead, we map data models into Java POJOs (no matter if entities or value objects) using the **O/R M** framework "**Hibernate**", version 3.x or higher.

Factors

- Developers' orientation and skills
- Future-proof implementation

Solution

Following are the aspects we are driven by using O/R M:

Aspect	Short description
One data model per layer	Physical layers support own data models (network traffic minimization, detail hiding etc.).
Caching	We use caching mechanisms to reach the best possible performance. Low-level query cache as well as intelligent object cache are possible concepts.
DAO abstraction	We never use the O/R M directly, but Spring's abstractions (JPA/HibernateTemplate and DAO) instead. So we can theoretically switch the O/R-Mapper later (that is not very realistic, but possible). We implement the CRUD-pattern (create, read, update, delete) using a generic DAO abstraction and concretize it for specific finder methods.
Loading/Fetch strategies	Lazy-loading, open session in view etc. are concepts helping to improve the overall performance, so we use them whenever it's necessary.
Low-level speed-ups and batches	To reach the best possible performance, it is very ok to develop using JDBC and SQL sometimes. Possible situations are database-near tunings and batches. See Database memo for details.

Motivation

We need a mechanism to abstract away from the database in order to map the domain model into the data model still using POJOs. Further, we want to abstract away from the technology itself, so we use DAO. We also use a generic CRUD-DAO to avoid the copy-paste anti-pattern.

We don't pick one of Hibernate's features explicitly and use it dogmatically. Instead, we take the best solution for a given case, and for another one maybe it will be a different one (valid for all technologies used).

Only in cases where we need a performance boost or when we work with tons of records at a time, direct JDBC/SQL usage is reasonable.

What we further do is to abstract away Hibernate itself. The very common way to do it will be to use JPA as a standard, but we definitely use Spring's abstraction (JPATemplate) for this standard in order to hide its details.

Unresolved Issues

As with every technology, skills and knowledge about it are required if one wants to use it. With Hibernate, one must understand database and performance tuning concepts in order to achieve the best mix of object orientation and high performance which may not get lost, whatever abstraction of the code seems to be attractive.

Deep knowledge about Hibernate performance tuning, loading/fetch strategies etc. has to be exposed by developers. The same thing would be required if one implements directly using SQL and JDBC – performance is more important than abstraction.

Database administrators have also to expose that kind of knowledge – on a relevant level.

It also can happen that instead of JPATemplate we will work with HibernateTemplate if the JPA standard wouldn't satisfy all our needs.

Alternatives Considered

JDO is one considerable alternative. Since it's an API and not a technology it only describes concepts. A good and reliable implementation is still needed and can currently be found only under commercial license.

TopLink is another alternative. It's also a complete O/R M (Oracle).

Lightweight JDBC-Abstractions like iBATIS could also be considerable alternatives, but are very SQL near an don't really map well into objects (e.g. the hierarchical composites are not or insufficiently supported).

Direct JDBC is also an alternative. But in the world of O/R M it's only attractive for very database-near operations like stored procedure calls or even batch script execution.

Technical Memo

Topic: DTO Pattern

Solution Summary: we use the classic DTO pattern.

Factors

- Scalability (vertical, horizontal)

Solution

Instead of working directly with entities in all application layers we decide to work with the anemic value objects (DTOs) instead. So we avoid problems with the reattachment of the entities – with the XUL layer it simply will not work properly. Further, the direct entity accessibility is not relevant for our service orientation since service could get deployed over machine boundaries. In such cases, we have to minimize the amount of data being pushed over the line.

Further, we decide not to recycle DTOs for different cases but instead to concentrate on somehow generating them from our model, but even different DTOs for different situations.

Motivation

We know that we will have to leave machine boundaries between the layers – using XUL, or Cobol or even our own physically separated services. We have to minimize the amount of data which passes the lines.

Further, the DTO pattern will complement the interface-driven design to stabilize the interlayer contracts very early. DTOs will be negotiated during the design phase, and however the business logic might change later, the client code will stay more stable since it will use DTOs which have to be handled by the business logic in a stable way.

Unresolved Issues

It depends on the concrete situation if an object graph or a flat thing will be the working DTO. It cannot be standardized from the very beginning.

Alternatives Considered

An alternative would be to work with entities directly – see motivation for reasons why we don't take it in account further.

Technical Memo

Topic: n-tier Architecture

Solution Summary: we establish an n-tier architecture.

Factors: relevant for nearly all factors

Solution

The tiers we entrench are:

Tier	Short description
View	GUI resides here, including its validation rules, flow etc. XUL is also residing here and is normally not allowed to do any business logic.
Controller Frontend	The part of the controller which can interpret the rules coming up from the backend for form configuration, flow and validation.
Transport Frontend	The part of the transport layer residing on the client and encapsulating communication format details (for the frontend).
Transport Backend	Communication format encapsulation resides here (for the backend).
Controller Backend	The server-side part of the controller which delivers all the rules to the frontend controller.
Data Transformation	The translation between the client model and the service model happens here.
Application Services	Our service facades reside here which encapsulate the business objects just giving them events and collecting their results. Application services can be composites of smaller simple services as well as complete processes.

Tier	Short description
Domain Logic	Pure business logic objects (POJOs) reside here.
DAO	The DAO abstraction will be used in order to hide data storage details as well as technologies connecting to them.
Integration	Everything relevant for integration with the outside world (Cobol, further services etc.) resides here. In order to use a service some part of this layer has always to get used – no direct coupling will happen.
Persistence	Data persistence resides here (database, files etc.).

See the logical view for a detailed image as well as the access rules between the layers.

Motivation

The n-tier architecture is widely-proven and is de facto standard for web applications.

Besides the physical layering, a well organized (on a package base etc.) logical tier architecture dramatically improves development performance (clarity, compliance with design principals etc.).

We also hide technical aspects and components from the business logic tier to assure technology transparency.

Unresolved Issues

The mapping between physical layers and logical tiers has to be very carefully designed and implemented.

Alternatives Considered

There is no really considerable alternative to tier separation. There are different names and cuts of tiers known from the literature, but they all are often very similar. Tier separation is a very basic principal of modern architectures.

Technical Memo

Topic: Locking

Solution Summary: we use the concept/pattern of optimistic lock.

Factors:

- Logging and error handling
- Scalability
- Performance
- Recoverability

Solution

We don't lock any records in the database explicitly. Instead, we work with a version field (either number or timestamp) which will be automatically handled by the O/RM framework. Each user can read a record and modify the runtime data for it. If the record gets saved, and another user has already saved a modification of the same record, the framework will register that one is saving a record with an "older" version and will throw an exception to a higher layer. There, the error must be handled.

We also decide not to retry automatically to save this record but to show an error to the user instead.

Motivation

We don't expect our users to work that often on the same record. Further, O/RM frameworks such as Hibernate provide an out-of-the-box solution for optimistic lock since the pessimistic lock is often up to the database system.

Unresolved Issues

The consequence of our decision is that the user who cannot save his record will possibly lose his work for this record and will have to type the values again. It's up the UI layer to avoid – if possible – this data loss.

Alternatives Considered

Of course we have considered the pessimistic lock. This solution wouldn't scale since everybody waits till the user having the lock saves the record to the databases and gives up the lock. Further, pessimistic lock could be a problem in an environment with more than one running application nodes: some synchronization overhead can be necessary.

Technical Memo

Topic: Deployment Strategy

Solution Summary: we design our projects and organize our source code as well as corresponding build processes to be able to select any possible deployment strategy. At minimum, all partial applications of the platform have to be deployable with a "simple" web container like Tomcat.

Factors

- Recoverability
- Availability
- Performance
- Adoptability

Solution

The source base, basic technologies and project organization as well as build processes will be implemented so that we can select any reasonable deployment strategy.

We start with the acceptable minimum – web container to be able to run our solutions completely without significant add-ons. Using Spring as our base framework, we can comfortably hide distribution details from client code.

As soon as we know how and what to separately deploy/distribute (services, apps, components etc.) we must have a very minimum of coding effort to shift the deployment strategy.

For the moment, we explicitly decide to deploy single WARs on Tomcat.

Motivation

At this point of time, we simply don't know if the project will implement everything we architecturally plan. We also don't know if and how the domain cut will be done so no details about distributable domain services are currently available.

To minimize the risk of a hard and difficultly transposable deployment/distribution strategy we decide to stay open as far as we can.

Unresolved Issues

The evaluation of a possible deployment has already happened (see deployment views for details). In a very early phase of the project, when we know what and how we can distribute, tests (load, stress etc.) must happen beside the evaluation of the best possible deployment strategy.

Alternatives Considered

Sure, we can explicitly pick a deployment strategy now, but we will be fixed to it. Without early refactoring as soon as we really know how we have to deploy, it will stay for the next couple of years.

Technical Memo

Topic: Rules Engine integration

Solution Summary: since our platform presents a lot of different decision paths relaying on the business/domain logic we should use a RETE algorithm-based rules engine in the future. For the first step, we decide not to do it and refactor later if needed.

Factors

- Pluggable rules

Solution

We decide to use a RETE-based rules engine (forward chaining) later (not yet, but with the growing mass of applications). We use it whenever we need a flexible decision implementation whose rule set should be modified e.g. without source code compilation and is large enough to have a potential to be implemented using a rules engine (e.g. 100 rules and higher etc.). We also use its capability of applying rules circularly.

We pick an engine which supports the JSR 94 API. Since this specification doesn't describe any rules description format it doesn't play a role – from the current point of view – which format our engine uses. More optimal are Java-based descriptions because of their better readability for developers. But a definition of a DSL can also be a good option if we want domain experts to be able to define rules by themselves.

The usage of a rules engine doesn't mean that all decisions must be rule-based as if the whole source code is free of if-statements. Rules engine is needed whenever the amount of rules and the frequency they are updated with are considerable and could make the source code inflexible for changes and unclear and in the case when there are circular rule impacts.

Motivation

Many of our business rules are updated frequently: calculations, marketing events etc. Configurable rule sets and the engine handling them are a very good solution to boost code and rule readability and manageability.

Unresolved Issues

A proof of concept as well as product evaluation is still needed for a concrete rules engine selection. Candidates are JBoss Rules (Open Source) and JRules (commercial), alternatively Jess (commercial).

Alternatives Considered

One conceivable alternative is a script-based solution, mixed with a model-driven approach, but it's not that comfortable and can appear as fallback if the rules engine concept will not work for some reason. In many cases, a set of context-dependant specification-pattern implementations will do its job well to expose business rules and/or constraints. This is a very good alternative to creating small rule sets for individual cases, where a rules engine would simply be overkill.

Technical Memo

Topic: Design Patterns

Solution Summary: we build on commonly known and widely proved design, analysis, integration, communication patterns and develop our own reusable patterns if necessary.

Factors

- Developers' orientation and skills
- Future-proof implementation

Solution

During the design, we try to "phrase" our design decisions using a set of world-proved design patterns like:

- GoF (Gang of Four)
- Analysis patterns (Fowler)
- Sun's Core J2EE patterns (e.g. Bien)
- POSA (Buschmann et al)
- Patterns of enterprise applications (Fowler)
- Enterprise integration patterns (Hohpe et al)
- GRASP (Larman)
- Domain-driven Design Patterns (Evans)
- …

It is always the first decision to check for an existing pattern which has already been described by an expert before we "risk" creating our own one. In the design and its implementation patterns have to be cognizable (naming etc.) to enable a document or code reader to quickly understand the structure and concentrate on the logic instead.

Based on commonly known patterns, we can also develop our own to better match our domain logic or implementation specifics. But it's hardly possible in the modern world to have a pattern being completely new and not deriving from an existing one. And still, the base pattern has to be somehow cognizable.

Furthermore, we follow typical principals of software design like loose coupling, high cohesion, modularity (packaging), encapsulation etc.

Motivation

Patterns are essential whenever reusable software has to be developed. Some accounted experts like Fowler have created sets of reusable software parts called patterns for different purposes and situations.

Using known patterns guarantees that our concepts have in those parts been proven by many people and projects, so we "only" have to add our business-specific delta. The reading of our concepts and code will become comfortable for new colleagues also knowing about patterns.

We can build our own patterns on top of the common patterns just to emphasize the specialty of our domain.

Further important arguments for using patterns can be found in the literature and really would blast this motivation section.

Unresolved Issues

A naming or whatever agreement about the ability to recognize original patterns in the code has to be made.

Alternatives Considered

No real considerable alternatives except of anti-patterns are known for patterns. Anti-patterns must animate to be replaced by patterns.

Technical Memo

Topic: Timeout

Solution Summary: whenever we use external systems or other media breaches, i.e. a Cobol service, we explicitly decouple/protect our implementations from those external services/systems using the timeout pattern.

Factors

- Availability
- Recoverability
- Future-proof implementation

Solution

We use the Timeout Pattern in the following situations:

- If calling an external service (i.e. Cobol)
- If calling an external executable
- If using an external system via whatever protocol
- Further similar situations possible

The timeout ensures that the call to an external "object" will not take infinite time. The timeout can be done in a hard (just breaking the connection) or soft (break and retry asynchronously) way – it depends on the requirement and situation.

Motivation

Infinite calls to external systems would couple our availability completely to that of this system. It is a bad practice to do so, since overflows are getting reached through all coupled systems followed by chaos. Even if the program functionality cannot be ensured without the external system or service, its availability and robustness are.

Unresolved Issues

There are a couple of possibilities how to do a timeout. For simple process execution, Java even doesn't support any by default, so it has to be developed manually (library). We must create a couple of pattern implementations for different kinds of target systems.

Alternatives Considered

Circuit Breaker is another pattern which could be used. It goes far behind the timeout since it tries to decouple availabilities intelligently. It can be considered in cases where the target system has throughput bottlenecks and the source system has to wait for a time window to do the job.

Technical Memo

Topic: Testing and Test-Coverage

Solution Summary: we design our software so the way it can be mostly **automated unit-tested** – during releases' test phases as function and regression tests, during development for independent coding. Where possible, we develop completely test-driven. We use **Jmock** and **DbUnit** (or similar) for mocking database and external services. Furthermore, a high-end testing framework (e.g. UI-based, Fit etc.) will be evaluated and maybe integrated to allow acceptance and UI-tests.

Factors

- Testability

Solution

We build on the concept of unit testing. That means, we design and implement so that we can test units/functionality with different granularity. We also assure an agreed coverage for our unit tests. Supporting frameworks like Jmock (mocking) or DBUnit (database unit testing) can/should be used if necessary.

For regression tests as well as business rules tests and functional tests, we entrench a set of tools (functional tester, acceptance tester – e.g. Fit, UI-tester). We make them official part of the QA process.

Further, we wrap Cobol entry points with JUnit-Tests in order to ensure their regression safety from now on.

Motivation

The current code's test coverage is not good. We are not sure if our code really does what it should do and rely completely on manual tests. With every new release, we are never sure if the old release's stuff still works properly.

To assure the basic quality of our code and to dramatically increase our confidence in implementing and delivering right, we must entrench a wide concept and toolset for automated and reliable testing, for small development units as well as for business rules and complex UI interactions and functions.

Unresolved Issues

Fit framework for integrated test could be a driver for the testability of business rules from the beginning, since unit tests are very developer-near and a UI-based test not really satisfies a domain customer since he/she still doesn't know after the test if all background calculations or decisions where correctly made. Fit should be evaluated very early, and even entrenched so we have a chance to build acceptance tests together with our customers during the redesign.

It's also to be decided how high the coverage of unit tests should be. The current idea is to accept the coverage of 20 % for purely functional (CRUD etc.) code and 94 % for mathematical, algorithmic etc. code (both line coverage, branch coverage must be considered separately). The exact numbers have to be agreed.

Furthermore, Cobertura must become part of the QA process to frequently test the coverage.

UI-tester and functional tester (tools) have not been considered yet (current tools from IBM don't seem to be a considerable option, but who knows – it must be evaluated).

Alternatives Considered

Manual testing is what we do now, it is an alternative to automated, tool-supported testing. But one can't measure the success of the test since one doesn't have a feeling how regressive it really was. One can test new features, but much more is needed to be really confident of having tested well. Manual testing is also error-prone.

Technical Memo

Topic: Logging and Error Handling/Traceability

Solution Summary: we don't separate between technical and domain-specific logging. Logging could be implemented as aspect. Furthermore, technical and domain-specific exception handling will also be implemented and separated as aspect and will be wired with the GUI in order to show relevant error messages to the user in a readable form. Further, a configurable monitoring capability will be added to the architecture.

Factors

■ Logging and error handling

Solution

We implement logging as far as possible as Spring aspect and set it up for domain POJOs and whatever classes we need it for.

We don't separate logging into these possible two paths: technical logging, which has to be marked explicitly, and business logging, presenting some kind of logical logging structure so one can find out the logical path from the logs.

Our logs have to expose at any time a human-readable and machine-automated analyzable activity path for an error reason to be found as fast as possible.

Maybe we will use an own log appender which can protocol errors as a nested list (or tree).

Furthermore, we create a net of exceptions for both separated areas: technology and domain logic. Ideally, technology exceptions are runtime exceptions, not having to be declared explicitly in a method's signature. Domain exceptions or business exceptions should be checked and method-declared, but since Spring works with unchecked exceptions only it should be individually decided to mark an exception as checked.

Only one business exception will be placed per logic component (package). Messages will be localized.

All exceptions have to be caught explicitly, empty catch blocks and Throwable/Exception-catching and further-throwing are unacceptable.

An error having to be exposed to the web-user can be e.g. placed into a sort of error context and read out by the presentation.

Further, operating monitoring automats like Nagios etc. have to be able to monitor our applications. Some additional information about durations of a call, call chains, as well as the number of executions (can be derived from the number of relevant log records) will be placed into the log files to enable this monitoring.

Furthermore, using an aspect a configurable chain of monitors can be placed around a method call in order to protocol the call in whatever matter it needs. For example use cases are performance monitors.

Motivation

We can lose a lot of time analyzing our unorganized and format-arbitrary log entries and exception stack-traces-messages. We need to improve the readability – human or machine-driven – of our logs.

We must separate technical and business messages in order to be able to analyze both paths separately whenever a problem occurs. E.g. calculations must be understandable and applied rules easily cognizable.

Our applications have also to be fully traceable and monitorable through operating.

Unresolved Issues

It's unclear if we use checked exceptions since Spring itself doesn't at all.

It's also unclear how exactly user-relevant messages should "reach" the web user.

Alternatives Considered

Still possible but not really acceptable is direct and unorganized logging (just drop a log entry whenever you like to) and exception handling (declare and catch whatever exception). Monitoring can and will be also done using external non-invasive tools.

Technical Memo

Topic: Unit of Work

Solution Summary: we explicitly establish the "Unit of Work" pattern to track modifications to a group of objects and to persist or drop them all in one piece.

Factors

- Future-proof implementation
- Human factors

Solution

We establish the "Unit of Work" pattern. Our implementation will allow collecting modifications to a group of objects over several UI steps. The modifications will be kept "virtual" so that no modifications will be done to the database and no live Cobol methods will be called until the unit of work gets committed. It also can be rolled back meaning that nothing ever happened to this data at all.

The UI will directly start and end a unit of work. The services are "aware" of it only with the aid of an aspect so the services will not have to know if they are in the context of the unit of work. Over several UI screens, if a unit of work is active, it will collect more and more relational data (DTOs). Single data records will keep a flag characterizing the operation which has later to be done physically: CREATE, DELETE or UPDATE. The unit of work takes an end event from the UI to clear itself dropping or saving the whole thing.

Motivation

For hierarchical operations (items with sub items) where the whole object graph counts but only pieces of it no garbage may be produced in the backend by partially saving data particles. Instead, all operations must be done "virtually" and fulfilled on the backend and the database in one piece to ensure consistency.

Unresolved Issues

The technical implementation is now completely open and must be checked in a sort PoC.

Another point is that the whole unit of work will be held in memory by the web container before it gets persisted in one piece. If the container instance somehow crashes, the unit of work will get lost. This drawback seems to be acceptable from the current point of view, but must be further considered if high availability and recoverability will become current later.

Alternatives Considered

Frameworks like JBoss SEAM or Spring Webflow have their own implementations of the conversation pattern which is very similar to an abstract unit of work. We will evaluate if we can pick them from the big framework as a part and use them for our purposes, though it seems that they either can save simple attributes (Spring) or depend completely on the transaction manager (SEAM).

Logical view

The layering model of the platform is based on a responsibility layering strategy that associates each layer with a particular responsibility.

This strategy has been chosen because it isolates various system responsibilities from one another, so that it improves both system development and maintenance.

Following the logical layers as well as their access logic are shown:

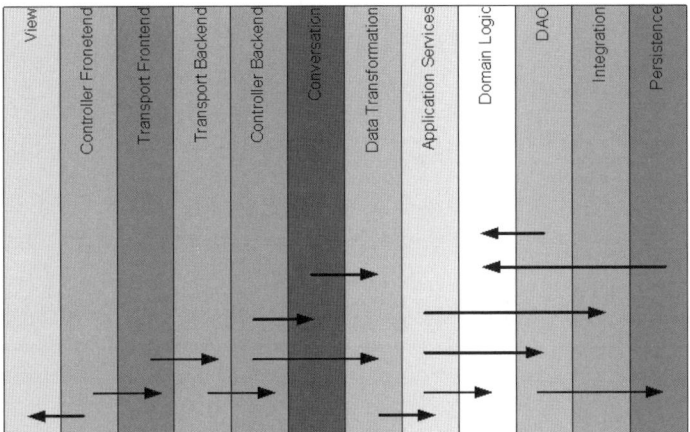

Here is the packaged class diagram describing the artifacts and their place in the overall logical architecture:

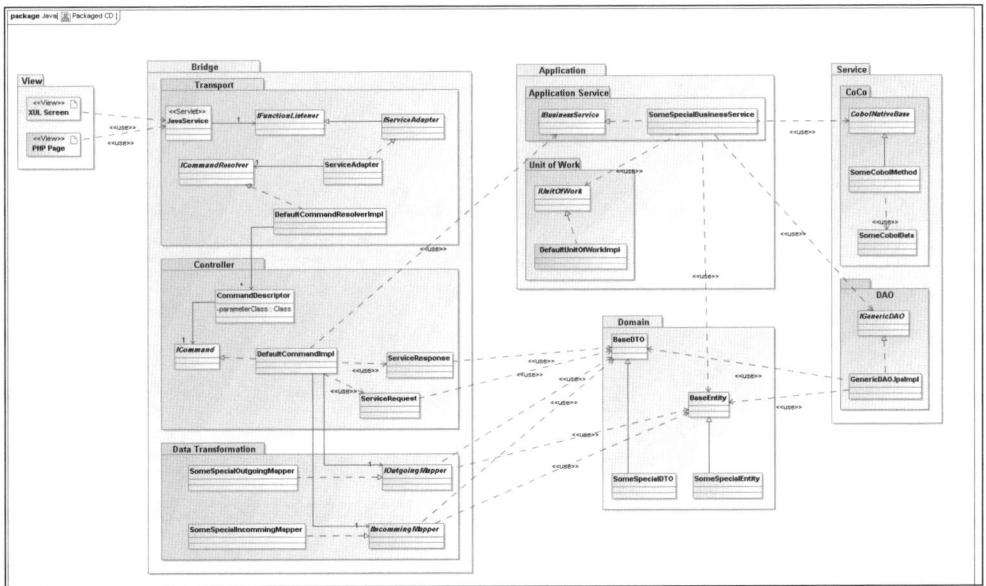

And here is the sequence diagram showing the primary parts of the whole communication chain (from request to response):

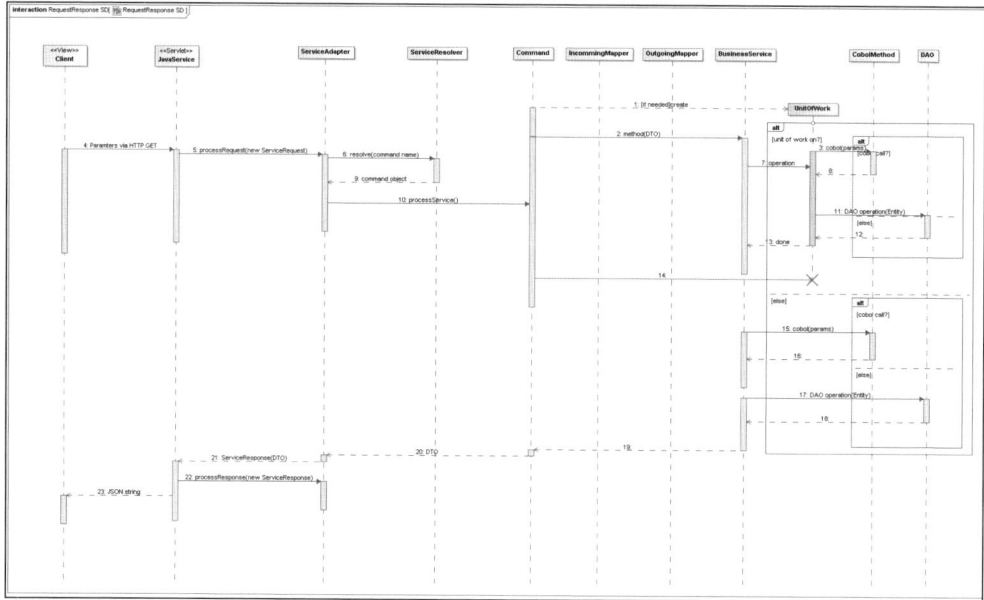

Development view

The tool chain relevant for the Java layer of our applications can be visualized as follows (yellow are people, green are tools, blue are loose artifacts, red are services and systems):

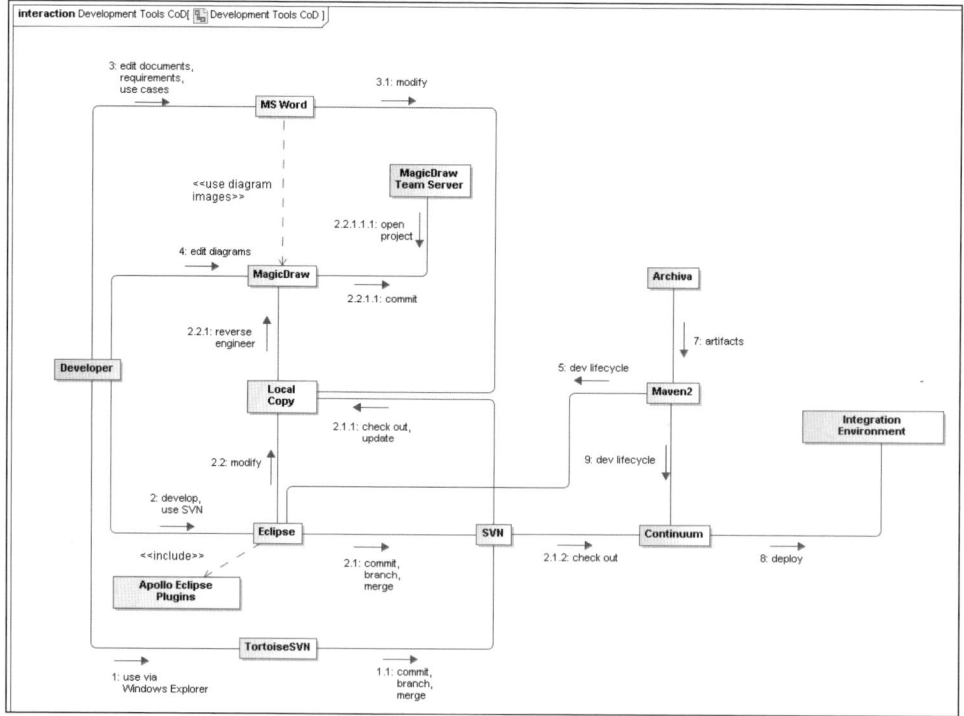

Following tools and their extensions are supporting our development process:

Tool/Extension	Comments
Eclipse	Our one and only IDE for Java Development. Maven will always describe where the newest Version including our settings can be found (including all relevant basic plug-ins for the daily work).
Maven2	Our build and repository manager. We build completely upon it and don't use any locally managed libraries etc.
Archiva	Our repository cache. Refer to Maven to find out where and how it runs.
MagicDraw	Our one and only UML Designer and Reverse Engineering Tool.
JUnit4	Our one and only unit testing framework.
Continuum	Our CI-tool. Refer to Maven to find out where and how it runs.
CreateCommandPlugin	Our own Eclipse-Extension for rapid command creation. Refer to Maven to find out where and how it can be downloaded, installed and used.
Subversion (SVN)	The one and only VCS.
TortoiseSVN	Our Windows Explorer extension published via Citrix64 for SVN-usage.

Following are our naming conventions which are partially constrained by our generators and plug-ins and partially by best practices of organizing typical Java and domain artifacts (rules have to be applied AS A WHOLE):

Scope	Rule
Interface	Interface names always start with an *I*
Interface implementation	Default interface implementation bears the name of the interface without leading *I*. Any implementation of our own interfaces has always a trailing *Impl* in its name. Implementations of application-specific interfaces must be put into a sub package relative to the package of the interface itself by the name of *impl*.
Business interface	Business interfaces must always extend IBusinessService and have the trailing *BusinessService* in their names.
Spring configuration	Bean names of business services bear the name of the Class with lower first character and without trailing *Impl*. Abstract commands must be created for every business service. Abstract command bean's name must start with *abstract* followed by the name of the business service bean without trailing *BusinessService* and ending with *Command*. DTO-Mapper bean names must be the same as their classes with the lower first character.
Package	Package root is always *com.apollo.xyz*. Subpackage *core* contains the basic framework, *common* contains the common business services, *legacy* contains legacy adapter like *cobol* etc. Applications will be put under the root package with its name. The substructure there will be: *business, command, model, view, util* – even according to their logical structure. *model* contains *dao, dto* and *entity*.
Command	Commands must start with the following prefixes, depending on their purpose: "create", "read", "update", "delete", "search".

QA view

The QA view describes quality aspects (as well as the means to measure it) of the future platform's code, expressed using widely known code metrics and supported by a set of corresponding tools. It also defines the QA process in terms of tests and checks used to sequentially ensure the quality.

Abidance of most important design principals is measurable. There are code quality metrics measuring cohesion, layering quality, coupling, dependencies etc.

Before this project we already have provided a set of well-known and integrated QA tools to measure the quality of the code and also to find possible "hidden" bugs very early.

Following some of the most important metrics and corresponding measurement tools are listed which we will use within this project for early bug detection and code quality measurement:

Metric	Short description	Tool
Amount of classes/interfaces	The number of concrete and abstract classes (and interfaces) in the package is an indicator of the extensibility of the package.	JDepend, JavaNCSS
Afferent Coupling (Ca)	The number of other packages that depend upon classes within the package is an indicator of the package's responsibility.	JDepend
Efferent Coupling (Ce)	The number of other packages that the classes in the package depend upon is an indicator of the package's independence.	JDepend
Abstractness (A)	The ratio of the number of abstract classes (and interfaces) in the analyzed package to the total number of classes in the analyzed package. The range for this metric is 0 to 1, with A=0 indicating a completely concrete package and A=1 indicating a completely abstract package.	JDepend
Instability (I)	The ratio of efferent coupling (Ce) to total coupling (Ce+Ca) such that $I=Ce/(Ce+Ca)$. This metric is an indicator of the package's resilience to change. The range for this metric is 0 to 1, with I=0 indicating a completely stable package and I=1 indicating a completely instable package.	JDepend

Metric	Short description	Tool
Distance from the main sequence (D)	The perpendicular distance of a package from the idealized line A+I=1. This metric is an indicator of the package's balance between abstractness and stability. A package squarely on the main sequence is optimally balanced with respect to its abstractness and stability. Ideal packages are either completely abstract or stable (x=0, y=1) or completely concrete and instable (x=1, y=0). The range for this metric is 0 to 1, with D=0 indicating a package that is coincident with the main sequence and D=1 indicating a package that is as far from the main sequence as possible.	JDepend
Package dependency cycles	E.g. Package A depends on Package B depends on Package A	JDepend, Classycle
Class dependency cycles	E.g. Class A depends on Class B depends on Class A	Classycle
Coding format	Is source code correctly formatted (tabs, line breaks etc.)?	Checkstyle
Coding style	Does source code style (method definitions etc.) comply to configured requirements?	Checkstyle, PMD
"Hidden" bugs	E.g. possible endless loops, usage of possible null values etc.	PMD, Findbugs
Copy-paste anti-pattern	Self-explanatory	CPD
Code documentation	Quality of JavaDoc	JavaNCSS, Doxygen
Unit test	Do unit tests run as expected?	JUnit
Test coverage	How high is the unit test coverage of the source code?	Cobertura

B Literaturverzeichnis

Allspaw, John: The Art of Capacity Planning, O'Reilly, 2008

Beck, Kent: Extreme Programming Explained: Embrace Change, 2005

Beck, Kent: Implementation Patterns, 2008

Beck, Kent: Test Driven Development. By Example, 2003

Brooks, Frederick P. (): Mythical Man Month: Essays on Software Engineering, 1995

Brown, William J./Malveau, Raphael C./McCormick, Hays: Anti-patterns. Refactoring Software, Architecture and Projects in Crisis, 1998

Buschmann, Frank/Meunier, Regine/Rohnert, Hans/Sommerlad, Peter: A System of Patterns. Pattern-Oriented Software Architecture, 1996

Crane, Dave/Pascarello, Eric/James, Darren: Ajax in Action, 2005

Czarnecki, Ulrich W./Eisenecker, Krysztof: Generative Programming: Methods, Tools and Applications, 2000

Duvall, Paul M./Matyas, Steve/Glower, Andrew: Continuous Integration: Improving Software Quality and Reducing Risk, 2007

Erl, Thomas: Service-Oriented Architecture: Concepts, Technology and Design, Prentice Hall International, 2005

Evans, Eric J.: Domain-Driven Design: Tackling Complexity in the Heart of Software, Addison-Wesley Longman, 2004

Fowler, Martin: Analysis Patterns. Reusable Object Models, 2000

Fowler, Martin: Patterns of Enterprise Application Architecture, Addison-Wesley Longman, 2002

Fowler, Martin: Refactoring: Improving the Desigh of Existing Code, Addison-Wesley Longman, 2005

Gamma, Erich/Helm, Richard/Johnson, Ralph E.: Design Patterns. Elements of Reusable Object-Oriented Software, 1998

Havey, Michael: Essential Business Process Modeling, 2005

Hohmann, Luke/Fowler, Martin/Kawasaki, Guy: Beyond Software Architecture: Creating and Sustaining Winning Solutions, 2003

Hohpe, Gregor/Woolf, Bobby: Enterprise Integration Patterns: Designing, Building, and Deploying Messaging Solutions, 2003

Hunt, Andrew/Thomas, David/Cunningham, Ward: The Pragmatic Programmer: from Journeyman to Master, 2000

Kerievsky, Joshua: Refactoring to Patterns, 2005

Larmann, Craig: Agile & Iterative Development: A Manager's Guide, 2004

Larman, Craig: Applying UML and Patterns: An Introduction to Object-Oriented Analysis and Design and Iterative Development, 2004

Nygard, Michael: Release It!: Design and Deploy Production-Ready Software, 2007

Poppendieck, Mary/Poppendieck, Tom: Implementing Lean Software Development: from Concept to Cash, 2007

Pulier, Eric: Understanding Enterprise SOA, 2006

Schlossnagle, Theo: Scalable Internet Applications, 2006

Beedle, Mike/Schwaber, Ken: Agile Software Development with Scrum, 2002

Weerawarana, Sanjiva/Curbera, Francisco/Leymann, Frank/Ferguson, Donald F./ Storey, Tony: Web Services Platform Architecture: Soap, WSDL, WS-Policy, WS-Addressing, WS-Bpel, WS-Reliable Messaging and More, 2005

entwickler.press

Stichwortverzeichnis

entwickler.press

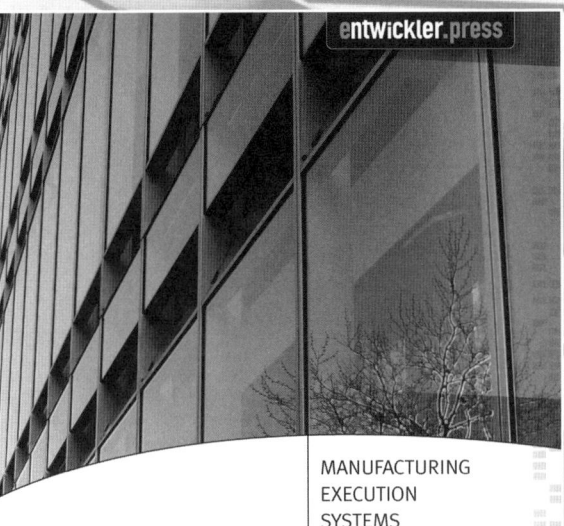